U0272924

国 家 科 技 重 大 专 项

大型油气田及煤层气开发成果丛书

（2008—2020）

卷 7

渤海湾盆地（陆上）油气精细勘探关键技术

宋明水　王永诗　王延光　伍松柏　操应长　王居峰　等编著

石油工业出版社

内 容 提 要

本书系统介绍了渤海湾盆地咸化环境烃源岩和煤系烃源岩成烃机理、古近系—新近系油气成藏与富集机理、潜山油气成藏机理与富集规律等我国东部断陷盆地油气地质理论，以及油气资源评价技术、宽频宽方位高精度地震勘探技术、录井—测井精细评价关键技术、提高产能井筒工艺技术等关键技术的最新进展，论述了渤海湾盆地（陆上）油气勘探的潜力和方向。

本书可供从事油气勘探的科研人员及院校相关专业师生参考。

图书在版编目（CIP）数据

渤海湾盆地（陆上）油气精细勘探关键技术 / 宋明水
等编著 .—北京：石油工业出版社，2023.5
（国家科技重大专项·大型油气田及煤层气开发成果丛书：2008—2020）
ISBN 978-7-5183-5730-7

Ⅰ . ① 渤… Ⅱ . ① 宋… Ⅲ . ① 渤海湾盆地 – 油气勘探
Ⅳ . ① P618.130.8

中国版本图书馆 CIP 数据核字（2022）第 200465 号

责任编辑：刘俊妍
责任校对：郭京平
装帧设计：李 欣 周 彦

审图号：GS 京（2023）0800 号

出版发行：石油工业出版社
　　　　　（北京安定门外安华里 2 区 1 号　100011）
　　　　网　　址：www.petropub.com
　　　　编辑部：（010）64523707　图书营销中心：（010）64523633
经　　销：全国新华书店
印　　刷：北京中石油彩色印刷有限责任公司

2023 年 5 月第 1 版　2023 年 5 月第 1 次印刷
787×1092 毫米　开本：1/16　印张：27
字数：640 千字

定价：270.00 元

ISBN 978-7-5183-5730-7

《国家科技重大专项·大型油气田及煤层气开发成果丛书（2008—2020）》

编委会

《渤海湾盆地（陆上）油气精细勘探关键技术》

编写组

组　　长：宋明水

副组长：王永诗　王延光

成　　员：
伍松柏	操应长	王居峰	王学军	刘国勇	张洪安
张学军	张晋言	慈兴华	郝雪峰	熊　伟	刘海涛
王　茹	王　勇	李红梅	金　强	周　艳	蒋有录
颜　菲	苏克晓	远光辉	彭　君	王名巍	何　生
韩宏伟	程秀申	周凤鸣	朱宽亮	赵忠新	相九涛
吴　均	刘　庆	曹国滨	曾溅辉	徐进军	董雄英
刘　华	于梦红	刘景东	孙　雨	卢宗盛	蔡进功
王艳忠	孙永河	冯德永	于海涛	刘会平	安天下
李永新	杨德宽	梁鸿贤	单亦先	王　娟	张　洪
庞雄奇	王仲琦	李振春	甘华军	刘　伟	孙成禹
孙建孟	卢　聪	牛　强	张子麟		

能源安全关系国计民生和国家安全。面对世界百年未有之大变局和全球科技革命的新形势，我国石油工业肩负着坚持初心、为国找油、科技创新、再创辉煌的历史使命。国家科技重大专项是立足国家战略需求，通过核心技术突破和资源集成，在一定时限内完成的重大战略产品、关键共性技术或重大工程，是国家科技发展的重中之重。大型油气田及煤层气开发专项，是贯彻落实习近平总书记关于大力提升油气勘探开发力度、能源的饭碗必须端在自己手里等重要指示批示精神的重大实践，是实施我国"深化东部、发展西部、加快海上、拓展海外"油气战略的重大举措，引领了我国油气勘探开发事业跨入向深层、深水和非常规油气进军的新时代，推动了我国油气科技发展从以"跟随"为主向"并跑、领跑"的重大转变。在"十二五"和"十三五"国家科技创新成就展上，习近平总书记两次视察专项展台，充分肯定了油气科技发展取得的重大成就。

大型油气田及煤层气开发专项作为《国家中长期科学和技术发展规划纲要（2006—2020 年）》确定的 10 个民口科技重大专项中唯一由企业牵头组织实施的项目，以国家重大需求为导向，积极探索和实践依托行业骨干企业组织实施的科技创新新型举国体制，集中优势力量，调动中国石油、中国石化、中国海油等百余家油气能源企业和 70 多所高等院校、20 多家科研院所及 30 多家民营企业协同攻关，参与研究的科技人员和推广试验人员超过 3 万人。围绕专项实施，形成了国家主导、企业主体、市场调节、产学研用一体化的协同创新机制，聚智协力突破关键核心技术，实现了重大关键技术与装备的快速跨越；弘扬伟大建党精神、传承石油精神和大庆精神铁人精神，以及石油会战等优良传统，充分体现了新型举国体制在科技创新领域的巨大优势。

经过十三年的持续攻关，全面完成了油气重大专项既定战略目标，攻克了一批制约油气勘探开发的瓶颈技术，解决了一批"卡脖子"问题。在陆上油气勘探、陆上油气开发、工程技术、海洋油气勘探开发、海外油气勘探开发、非常规油气勘探开发领域，形成了6大技术系列、26项重大技术；自主研发20项重大工程技术装备；建成35项示范工程、26个国家级重点实验室和研究中心。我国油气科技自主创新能力大幅提升，油气能源企业被卓越赋能，形成产量、储量增长高峰期发展新态势，为落实习近平总书记"四个革命、一个合作"能源安全新战略奠定了坚实的资源基础和技术保障。

《国家科技重大专项·大型油气田及煤层气开发成果丛书（2008—2020）》（62卷）是专项攻关以来在科学理论和技术创新方面取得的重大进展和标志性成果的系统总结，凝结了数万科研工作者的智慧和心血。他们以"功成不必在我，功成必定有我"的担当，高质量完成了这些重大科技成果的凝练提升与编写工作，为推动科技创新成果转化为现实生产力贡献了力量，给广大石油干部员工奉献了一场科技成果的饕餮盛宴。这套丛书的正式出版，对于加快推进专项理论技术成果的全面推广，提升石油工业上游整体自主创新能力和科技水平，支撑油气勘探开发快速发展，在更大范围内提升国家能源保障能力将发挥重要作用，同时也一定会在中国石油工业科技出版史上留下一座书香四溢的里程碑。

在世界能源行业加快绿色低碳转型的关键时期，广大石油科技工作者要进一步认清面临形势，保持战略定力、志存高远、志创一流，毫不放松加强油气等传统能源科技攻关，大力提升油气勘探开发力度，增强保障国家能源安全能力，努力建设国家战略科技力量和世界能源创新高地；面对资源短缺、环境保护的双重约束，充分发挥自身优势，以技术创新为突破口，加快布局发展新能源新事业，大力推进油气与新能源协调融合发展，加大节能减排降碳力度，努力增加清洁能源供应，在绿色低碳科技革命和能源科技创新上出更多更好的成果，为把我国建设成为世界能源强国、科技强国，实现中华民族伟大复兴的中国梦续写新的华章。

中国石油董事长、党组书记
中国工程院院士　　戴厚良

石油天然气是当今人类社会发展最重要的能源。2020 年全球一次能源消费量为 $134.0 \times 10^8 t$ 油当量，其中石油和天然气占比分别为 30.6% 和 24.2%。展望未来，油气在相当长时间内仍是一次能源消费的主体，全球油气生产将呈长期稳定趋势，天然气产量将保持较高的增长率。

习近平总书记高度重视能源工作，明确指示"要加大油气勘探开发力度，保障我国能源安全"。石油工业的发展是由资源、技术、市场和社会政治经济环境四方面要素决定的，其中油气资源是基础，技术进步是最活跃、最关键的因素，石油工业发展高度依赖科学技术进步。近年来，全球石油工业上游在资源领域和理论技术研发均发生重大变化，非常规油气、海洋深水油气和深层—超深层油气勘探开发获得重大突破，推动石油地质理论与勘探开发技术装备取得革命性进步，引领石油工业上游业务进入新阶段。

中国共有 500 余个沉积盆地，已发现松辽盆地、渤海湾盆地、准噶尔盆地、塔里木盆地、鄂尔多斯盆地、四川盆地、柴达木盆地和南海盆地等大型含油气大盆地，油气资源十分丰富。中国含油气盆地类型多样、油气地质条件复杂，已发现的油气资源以陆相为主，构成独具特色的大油气分布区。历经半个多世纪的艰苦创业，到 20 世纪末，中国已建立完整独立的石油工业体系，基本满足了国家发展对能源的需求，保障了油气供给安全。2000 年以来，随着国内经济高速发展，油气需求快速增长，油气对外依存度逐年攀升。我国石油工业担负着保障国家油气供应安全，壮大国际竞争力的历史使命，然而我国石油工业面临着油气勘探开发对象日趋复杂、难度日益增大、勘探开发理论技术不相适应及先进装备依赖进口的巨大压力，因此急需发展自主科技创新能力，发展新一代油气勘探开发理论技术与先进装备，以大幅提升油气产量，保障国家油气能源安全。一直以来，国家高度重视油气科技进步，支持石油工业建设专业齐全、先进开放和国际化的上游科技研发体系，在中国石油、中国石化和中国海油建立了比较先进和完备的科技队伍和研发平台，在此基础上于 2008 年启动实施国家科技重大专项技术攻关。

国家科技重大专项"大型油气田及煤层气开发"（简称"国家油气重大专项"）是《国家中长期科学和技术发展规划纲要（2006—2020 年）》确定的 16 个重大专项之一，目标是大幅提升石油工业上游整体科技创新能力和科技水平，支撑油气勘探开发快速发展。国家油气重大专项实施周期为 2008—2020 年，按照"十一五""十二五""十三五" 3 个阶段实施，是民口科技重大专项中唯一由企业牵头组织实施的专项，由中国石油牵头组织实施。专项立足保障国家能源安全重大战略需求，围绕"6212"科技攻关目标，共部署实施 201 个项目和示范工程。在党中央、国务院的坚强领导下，专项攻关团队积极探索和实践依托行业骨干企业组织实施的科技攻关新型举国体制，加快推进专项实施，攻克一批制约油气勘探开发的瓶颈技术，形成了陆上油气勘探、陆上油气开发、工程技术、海洋油气勘探开发、海外油气勘探开发、非常规油气勘探开发 6 大领域技术系列及 26 项重大技术，自主研发 20 项重大工程技术装备，完成 35 项示范工程建设。近 10 年我国石油年产量稳定在 $2 \times 10^8 t$ 左右，天然气产量取得快速增长，2020 年天然气产量达 $1925 \times 10^8 m^3$，专项全面完成既定战略目标。

通过专项科技攻关，中国油气勘探开发技术整体已经达到国际先进水平，其中陆上油气勘探开发水平位居国际前列，海洋石油勘探开发与装备研发取得巨大进步，非常规油气开发获得重大突破，石油工程服务业的技术装备实现自主化，常规技术装备已全面国产化，并具备部分高端技术装备的研发和生产能力。总体来看，我国石油工业上游科技取得以下七个方面的重大进展：

（1）我国天然气勘探开发理论技术取得重大进展，发现和建成一批大气田，支撑天然气工业实现跨越式发展。围绕我国海相与深层天然气勘探开发技术难题，形成了海相碳酸盐岩、前陆冲断带和低渗—致密等领域天然气成藏理论和勘探开发重大技术，保障了我国天然气产量快速增长。自 2007 年至 2020 年，我国天然气年产量从 $677 \times 10^8 m^3$ 增长到 $1925 \times 10^8 m^3$，探明储量从 $6.1 \times 10^{12} m^3$ 增长到 $14.41 \times 10^{12} m^3$，天然气在一次能源消费结构中的比例从 2.75% 提升到 8.18% 以上，实现了三个翻番，我国已成为全球第四大天然气生产国。

（2）创新发展了石油地质理论与先进勘探技术，陆相油气勘探理论与技术继续保持国际领先水平。创新发展形成了包括岩性地层油气成藏理论与勘探配套技术等新一代石油地质理论与勘探技术，发现了鄂尔多斯湖盆中心岩性地层大油区，支撑了国内长期年新增探明 $10×10^8$t 以上的石油地质储量。

（3）形成国际领先的高含水油田提高采收率技术，聚合物驱油技术已发展到三元复合驱，并研发先进的低渗透和稠油油田开采技术，支撑我国原油产量长期稳定。

（4）我国石油工业上游工程技术装备（物探、测井、钻井和压裂）基本实现自主化，具备一批高端装备技术研发制造能力。石油企业技术服务保障能力和国际竞争力大幅提升，促进了石油装备产业和工程技术服务产业发展。

（5）我国海洋深水工程技术装备取得重大突破，初步实现自主发展，支持了海洋深水油气勘探开发进展，近海油气勘探与开发能力整体达到国际先进水平，海上稠油开发处于国际领先水平。

（6）形成海外大型油气田勘探开发特色技术，助力"一带一路"国家油气资源开发和利用。形成全球油气资源评价能力，实现了国内成熟勘探开发技术到全球的集成与应用，我国海外权益油气产量大幅度提升。

（7）页岩气、致密气、煤层气与致密油、页岩油勘探开发技术取得重大突破，引领非常规油气开发新兴产业发展。形成页岩气水平井钻完井与储层改造作业技术系列，推动页岩气产业快速发展；页岩油勘探开发理论技术取得重大突破；煤层气开发新兴产业初见成效，形成煤层气与煤炭协调开发技术体系，全国煤炭安全生产形势实现根本性好转。

这些科技成果的取得，是国家实施建设创新型国家战略的成果，是百万石油员工和科技人员发扬艰苦奋斗、为国找油的大庆精神铁人精神的实践结果，是我国科技界以举国之力团结奋斗联合攻关的硕果。国家油气重大专项在实施中立足传统石油工业，探索实践新型举国体制，创建"产学研用"创新团队，创新人才队伍建设，创新科技研发平台基地建设，使我国石油工业科技创新能力得到大幅度提升。

为了系统总结和反映国家油气重大专项在科学理论和技术创新方面取得的重大进展和成果，加快推进专项理论技术成果的推广和提升，专项实施管理办公室与技术总体组规划组织编写了《国家科技重大专项·大型油气田及煤层气开发成果丛书（2008—2020）》。丛书共 62 卷，第 1 卷为专项理论技术成果总论，第 2～9 卷为陆上油气勘探理论技术成果，第 10～14 卷为陆上油气开发理论技术成果，第 15～22 卷为工程技术装备成果，第 23～26 卷为海洋油气理论技术装备成果，第 27～30 卷为海外油气理论技术成果，第 31～43 卷为非常规油气理论技术成果，第44～62卷为油气开发示范工程技术集成与实施成果（包括常规油气开发7卷，煤层气开发5卷，页岩气开发4卷，致密油、页岩油开发3卷）。

各卷均以专项攻关组织实施的项目与示范工程为单元，作者是项目与示范工程的项目长和技术骨干，内容是项目与示范工程在2008—2020年期间的重大科学理论研究、先进勘探开发技术和装备研发成果，代表了当今我国石油工业上游的最新成就和最高水平。丛书内容翔实，资料丰富，是科学研究与现场试验的真实记录，也是科研成果的总结和提升，具有重大的科学意义和资料价值，必将成为石油工业上游科技发展的珍贵记录和未来科技研发的基石和参考资料。衷心希望丛书的出版为中国石油工业的发展发挥重要作用。

国家科技重大专项"大型油气田及煤层气开发"是一项巨大的历史性科技工程，前后历时十三年，跨越三个五年规划，共有数万名科技人员参加，是我国石油工业史上一项壮举。专项的顺利实施和圆满完成是参与专项的全体科技人员奋力攻关、辛勤工作的结果，是我国石油工业界和石油科技教育界通力合作的典范。我有幸作为国家油气重大专项技术总师，全程参加了专项的科研和组织，倍感荣幸和自豪。同时，特别感谢国家科技部、财政部和发改委的规划、组织和支持，感谢中国石油、中国石化、中国海油及中联公司长期对石油科技和油气重大专项的直接领导和经费投入。此次专项成果丛书的编辑出版，还得到了石油工业出版社大力支持，在此一并表示感谢！

中国科学院院士　贾承造

《国家科技重大专项·大型油气田及煤层气开发成果丛书（2008—2020）》

◇◇◇◇◇ 分卷目录 ◇◇◇◇◇

序号	分卷名称
卷 1	总论：中国石油天然气工业勘探开发重大理论与技术进展
卷 2	岩性地层大油气区地质理论与评价技术
卷 3	中国中西部盆地致密油气藏"甜点"分布规律与勘探实践
卷 4	前陆盆地及复杂构造区油气地质理论、关键技术与勘探实践
卷 5	中国陆上古老海相碳酸盐岩油气地质理论与勘探
卷 6	海相深层油气成藏理论与勘探技术
卷 7	渤海湾盆地（陆上）油气精细勘探关键技术
卷 8	中国陆上沉积盆地大气田地质理论与勘探实践
卷 9	深层—超深层油气形成与富集：理论、技术与实践
卷 10	胜利油田特高含水期提高采收率技术
卷 11	低渗—超低渗油藏有效开发关键技术
卷 12	缝洞型碳酸盐岩油藏提高采收率理论与关键技术
卷 13	二氧化碳驱油与埋存技术及实践
卷 14	高含硫天然气净化技术与应用
卷 15	陆上宽方位宽频高密度地震勘探理论与实践
卷 16	陆上复杂区近地表建模与静校正技术
卷 17	复杂储层测井解释理论方法及 CIFLog 处理软件
卷 18	成像测井仪关键技术及 CPLog 成套装备
卷 19	深井超深井钻完井关键技术与装备
卷 20	低渗透油气藏高效开发钻完井技术
卷 21	沁水盆地南部高煤阶煤层气 L 型水平井开发技术创新与实践
卷 22	储层改造关键技术及装备
卷 23	中国近海大中型油气田勘探理论与特色技术
卷 24	海上稠油高效开发新技术
卷 25	南海深水区油气地质理论与勘探关键技术
卷 26	我国深海油气开发工程技术及装备的起步与发展
卷 27	全球油气资源分布与战略选区
卷 28	丝绸之路经济带大型碳酸盐岩油气藏开发关键技术

序号	分卷名称
卷 29	超重油与油砂有效开发理论与技术
卷 30	伊拉克典型复杂碳酸盐岩油藏储层描述
卷 31	中国主要页岩气富集成藏特点与资源潜力
卷 32	四川盆地及周缘页岩气形成富集条件、选区评价技术与应用
卷 33	南方海相页岩气区带目标评价与勘探技术
卷 34	页岩气气藏工程及采气工艺技术进展
卷 35	超高压大功率成套压裂装备技术与应用
卷 36	非常规油气开发环境检测与保护关键技术
卷 37	煤层气勘探地质理论及关键技术
卷 38	煤层气高效增产及排采关键技术
卷 39	新疆准噶尔盆地南缘煤层气资源与勘查开发技术
卷 40	煤矿区煤层气抽采利用关键技术与装备
卷 41	中国陆相致密油勘探开发理论与技术
卷 42	鄂尔多斯盆缘过渡带复杂类型气藏精细描述与开发
卷 43	中国典型盆地陆相页岩油勘探开发选区与目标评价
卷 44	鄂尔多斯盆地大型低渗透岩性地层油气藏勘探开发技术与实践
卷 45	塔里木盆地克拉苏气田超深超高压气藏开发实践
卷 46	安岳特大型深层碳酸盐岩气田高效开发关键技术
卷 47	缝洞型油藏提高采收率工程技术创新与实践
卷 48	大庆长垣油田特高含水期提高采收率技术与示范应用
卷 49	辽河及新疆稠油超稠油高效开发关键技术研究与实践
卷 50	长庆油田低渗透砂岩油藏 CO_2 驱油技术与实践
卷 51	沁水盆地南部高煤阶煤层气开发关键技术
卷 52	涪陵海相页岩气高效开发关键技术
卷 53	渝东南常压页岩气勘探开发关键技术
卷 54	长宁—威远页岩气高效开发理论与技术
卷 55	昭通山地页岩气勘探开发关键技术与实践
卷 56	沁水盆地煤层气水平井开采技术及实践
卷 57	鄂尔多斯盆地东缘煤系非常规气勘探开发技术与实践
卷 58	煤矿区煤层气地面超前预抽理论与技术
卷 59	两淮矿区煤层气开发新技术
卷 60	鄂尔多斯盆地致密油与页岩油规模开发技术
卷 61	准噶尔盆地砂砾岩致密油藏开发理论技术与实践
卷 62	渤海湾盆地济阳坳陷致密油藏开发技术与实践

渤海湾盆地位于中国东部，地跨渤海及沿岸地区，覆盖天津、北京、河北、河南和山东等省市部分地区。沿北北东方向展布，包括华北平原、下辽河平原和渤海海域，盆地面积 $19.5×10^4km^2$。构造上处于中朝地台的华北台陷，北为燕山台褶带，东为胶辽台隆，东南为鲁西隆起，西为太行山台隆，它是一个中生代—新生代和元古宙—古生代复合型沉积盆地。盆地包括"八坳二隆"，分别是辽河坳陷、冀中坳陷、黄骅坳陷、济阳坳陷、昌潍坳陷、临清坳陷、渤中坳陷、辽东湾坳陷、沧县隆起和埕宁隆起。其构造演化经历了 4 个阶段，即中元古—新元古代克拉通边缘拗拉槽阶段、古生代克拉通阶段、中生代挤压隆升剥蚀阶段和新生代裂谷阶段。古近系渤海湾盆地构造活动主要是断裂活动，新生代产生了其他方位断裂，构成该盆地独特的构造格局。印支运动后，在太平洋板块俯冲作用下，区域张扭应力经过鲁西和燕山隆起之间的宽阔增张带时，边界条件发生变化，渤中坳陷北部、辽河坳陷和临清坳陷呈北北东向狭长条带状展布，盆地中部受鲁西、燕山隆起阻挡作用，形成了东西长、南北窄的济阳坳陷。同时，盆地叠加演化及动力学环境构成了该盆地复式成盆系统，孕育了多个有效烃源岩发育的黄金时期。因而，形成了油气富集的济阳、辽河、冀中、黄骅、渤中 5 个大型富油坳陷。

渤海湾盆地（陆上）油气均已经进入高勘探程度阶段，由于断陷盆地的复杂性，剩余资源分布预测、复杂地质体和成藏要素的精细刻画、复杂储层测录井评价及提高产能的井筒技术等亟须进一步深化研究与攻关配套，主要表现在针对复杂隐蔽勘探对象有效预测、目的层准确识别与评价、勘探配套技术系列等方面与勘探实践需求还有一定的距离。主要体现在：

一是资源基础方面。在前期研究基础上，进一步完善咸化环境烃源岩成烃理论认识，特别是建立深层高（过）成熟度烃源岩成烃恢复和资源潜力评价方法，丰富成烃理论认识；深化石炭系—二叠系煤系烃源岩生烃潜力，完善剩余油气资源量分布预测方法，建立经济资源量评估方法，进一步落实油气资源潜力，为增储领域研究提供更为科学、可靠的资源依据。

二是勘探理论方面。针对日益隐蔽和复杂的勘探领域和目标，迫切需要依托新的勘探成果，进一步深化断陷盆地精细地质模型，完善油气有序性分布理论认识，发展断陷盆地油气富集机制及成藏动态评价技术，促进目标评价的科学化和定量化，从而为渤海湾盆地增储领域研究提供有效理论指导，促进渤海湾盆地成熟探区油气精细勘探。

三是关键技术方面。渤海湾盆地主力凹陷已达较高勘探程度，对勘探技术的精确性、实用性、针对性要求越来越高。针对复杂地质目标（薄层、深层、潜山等），地震勘探面临着进一步提高地震资料空间分辨率、成像精度等方面的技术挑战，需要继续攻关适应复杂地表及地质条件的地震采集技术，集成高精度地震勘探关键技术。针对低渗透复杂地质体精细表征和评价，亟须进一步配套随钻测录井精细评价、大幅度提高油气产能的井筒关键技术，支撑中深部复杂储层的有效增储。

四是增储领域方面。渤海湾盆地已探明储量空间分布极不均衡。除依托理论认识和配套关键技术的不断创新、发展，结合精细勘探实践，实现成熟探区增储领域持续挖潜外，更需要依靠理论和技术的进步，深化富油洼陷斜坡带、深层和天然气等低认识、低勘探程度领域油气富集成藏规律的研究，拓展有效勘探空间，落实油气增储新领域。

为解决渤海湾盆地（陆上）油气勘探面临的科学难题，科技部、财政部、国土资源部联合设立国家科技重大专项·大型油气田及煤层气开发成果，由中国石化、中国石油两大油公司联合中国石油大学、中国地质大学、东北石油大学、西南石油大学、北京理工大学、同济大学等高等院校组成攻关团队。利用产学研相结合的优势，对相关问题进行了整体的、系统的、全面的攻关研究，突出凹陷和区带油气富集成藏的控制因素、探区剩余油气资源赋存状态、深层和复杂目标精细评价的关键物探和井筒技术、主要增储领域的科学评价四个主线索，以剩余资源赋存状态评价为核心，深化资源认识；以油气成藏主控因素分析为线索，完善成藏理论；以中深层系复杂地质目标为对象，发展勘探技术；以复杂目标针对性、中深层系适用性、未来勘探前瞻性为目标，攻关高密度地震勘探技术、全面提升目标识别能力，发展测井评价和测试改造工艺技术，保障有效勘探、拓展增储领域；以技术集成及其科学实践为目的，落实增储领域。

通过 13 年的持续攻关，形成了渤海湾盆地精细勘探理论和关键技术，有效指导了渤海湾盆地的勘探实践，在成熟层系、斜坡带、洼陷带、潜山带等领域落实了 50 个千万吨级及以上的规模增储区带，取得了显著勘探成效，为渤海湾盆地持续稳定增储上产起到了重要的支撑作用。

全书共分 6 章，具体编写分工如下：第一章由宋明水、王学军、张学军、金强、王茹、伍松柏、刘庆、卢宗盛、蔡进功、刘会平、王娟、徐进军等编写；第二章由宋明水、王永诗、郝雪峰、熊伟、伍松柏、刘海涛、王勇、何生、曾溅辉、刘华、王艳忠、安天下、于海涛、李永新、张洪、彭君、周艳、李永新、单亦先、朱宽亮、赵忠新、庞雄奇、甘华军等编写；第三章由王永诗、操应长、王居峰、金强、刘海涛、蒋有录、远光辉、王名巍、徐进军、董雄英、刘景东、孙雨、孙永河等编写；第四章由宋明水、王延光、李红梅、张洪安、韩宏伟、曹国滨、冯德永、杨德宽、梁鸿贤、王仲琦、李振春、孙成禹等编写；第五章由宋明水、慈兴华、张晋言、刘伟、牛强、蒋宏娜、程秀申、苏克晓、相九涛、孙建孟等编写；第六章由宋明水、刘云刚、刘国勇、周凤鸣、颜菲、吴均、于梦红、张子麟、卢聪等编写。最后，由王永诗、伍松柏、王学军负责统稿，由宋明水审核。

目 录

第一章　剩余油气资源潜力与分布 ·· 1

第一节　优质烃源岩特征、形成及演化 ··· 1

第二节　油气资源评价技术 ·· 48

第三节　剩余油气资源经济性评价及有利勘探领域 ··························· 74

第二章　渤海湾盆地古近系—新近系油气成藏与富集机理 ··············· 94

第一节　地层压力—流体—储集性演化与油气成藏 ·························· 94

第二节　盆地压力—流体—储集性协同演化机理及控藏模式 ············ 135

第三节　古近系—新近系油气分布有序性及差异性富集机理 ············ 146

第四节　渤海湾盆地古近系—新近系精细勘探实例 ························· 160

第三章　渤海湾盆地潜山油气成藏机理与富集规律 ······················ 168

第一节　前古近系储层特征、成因及分布规律 ······························ 168

第二节　潜山油气成藏模式与富集规律 ··· 197

第三节　渤海湾盆地潜山勘探实例 ··· 230

第四章　宽频宽方位高精度地震勘探技术 ··································· 251

第一节　宽频宽方位高精度地震采集技术 ····································· 251

第二节　复杂地质目标高精度地震处理技术 ·································· 269

第三节　复杂地质目标精细地震解释技术 ····································· 288

第五章　录井—测井精细评价关键技术 ·· 305

第一节　复杂储层油气录井检测及评价技术 ·································· 305

第二节　复杂地质体测井评价技术 ··· 326

第六章 提高产能井筒工艺技术 ·················· 365

第一节 动态负压射孔技术 ·················· 365

第二节 深部低渗透储层提高产能压裂技术 ·················· 381

参考文献 ·················· 408

第一章 剩余油气资源潜力与分布

渤海湾盆地是中国东部最富油的盆地之一，在中国油气资源中占有极其重要的地位。历经 50 余年的勘探，已发现大量油气田，为国家能源建设做出了重要贡献。但是渤海湾盆地剩余油气资源潜力与分布不清，需要在深化烃源岩生烃认识的基础上，运用多种方法开展资源潜力评价，结合油气来源精细划分技术和油气资源经济性评价方法，更加科学地分析了剩余油气资源空间分布特征，明确了剩余油气资源分布规律及有利勘探方向。

第一节 优质烃源岩特征、形成及演化

一、古近系优质烃源岩特征、形成及演化

渤海湾盆地古近系孔店组、沙河街组均存在咸化湖相沉积，形成了多套咸化烃源岩。在勘探早期，受钻孔、地震资料和勘探认识程度的限制，对咸化环境烃源岩的评价整体不高。近年来随着勘探程度和地质认识水平的提高，咸化烃源岩研究相继取得了一定进展。张林晔（1996）认识到济阳坳陷咸化烃源岩具有早生、早排的特点，有利于形成低熟油；"十五"期间研究成果表明东营凹陷沙四上亚段咸水至半咸水环境形成的烃源岩是一套优质烃源岩，其成藏贡献非常大（宋国奇，2002；张林晔等，2005）。以东营凹陷为例，根据估算，其成藏贡献可占到整个盆地已探明储量的 50% 以上，而且随着深层隐蔽油气藏的勘探，该比例还在上升（李丕龙等，2004）。上述成果表明深化咸化环境烃源岩的研究对于成熟探区勘探具有重要的指导意义。

1. 优质烃源岩的宏观—微观特征

1）优质烃源岩宏观特征

（1）有机质丰度特征。

东营凹陷作为渤海湾盆地典型的富油凹陷之一，烃源岩有机质丰度非常高（图 1–1–1），沙四上亚段烃源岩有机碳频率统计呈现双峰形分布，第一频率主峰为 2.0%～3.0%，分布范围为 1.5%～4.5%，而 6.5%～10.0% 范围内仍有样品出现，对应的生烃潜量（S_1+S_2）第一频率主峰为 16～20mg/g，分布为 4～28mg/g，而 44～72mg/g 之间也有样品出现。

沙三下亚段烃源岩有机碳频率统计同样呈现双峰形分布，第一频率峰主峰为 2.0%～3.0%，分布范围为 1.0%～3.5%，而 6.0%～10.5% 仍有样品出现，形成第二频率分布区，对应的岩石生烃潜量（S_1+S_2）也为两个主峰，第一频率主峰为 16～20mg/g，分布范围为 4～32mg/g，而第二频率分布区为 40～56mg/g。

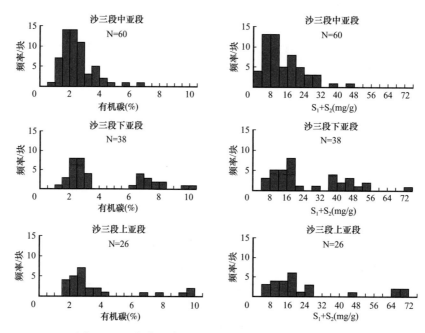

图 1-1-1　东营凹陷主要烃源岩有机碳及 S_1+S_2 频率图

与前两套烃源岩层系相比，沙三中亚段为单峰形分布，仅存在有机质丰度较低的前峰，而丰度较高的第二峰不明显。其中有机碳主峰频率分布为 1.0%～5.0%，主峰为 1.5%～3.0%，对应的生烃潜量频率分布为 4～48mg/g，S_1+S_2 频率主峰为 4～12mg/g。

沙四上亚段、沙三下亚段，高值峰的烃源岩均达到优质烃源岩的标准（图 1-1-1）。根据岩心观察和录井分析，优质烃源岩的比例应高于该值，其原因主要是：区内洼陷带钻至沙四上亚段和沙三下亚段的探井较少，样品主要源于斜坡地区，由于相变的原因，样品的代表性差一些。而沙三中亚段由于洼陷带取心井较多，如牛庄地区，因而洼陷带样品比例很高，这造成沙三中亚段达到优质烃源岩标准的样品有一定比例，但总体有机质丰度仅略高于下限值。从层位分布上看，优质烃源岩主要见于沙四上亚段和沙三下亚段。

非均质性是所有烃源岩都具有的一项共同特征性质。非均质性不仅存在于不同的烃源层之间，而且存在于同一烃源层内部。由于烃源岩中的有机质是一种复杂混合物，其生物性质多种多样，并受沉积环境、气候变化及湖平面的影响，因此有机质丰度往往具有较强的非均质性。不仅体现在有机质特征方面，而且体现在岩性组合、古生物发育等方面。

以洼陷边缘的坨 73 井沙四上亚段为例（图 1-1-2），由于湖泊环境变动，造成粉砂纹层与泥质页岩直接接触，因此有机质丰度的非均质性表现得更加明显。粉砂薄层的总有机碳含量一般小于 0.5%，页岩的总有机碳含量均高于 5.0%。以处于洼陷带内的河 130 井沙三下亚段为例，页岩和灰质泥岩总有机碳含量相差也较为明显，页岩总有机碳含量为 8.0%，灰质泥岩总有机碳含量为 3.0%。

（2）有机质类型。

陆相断陷盆地复杂多变的沉积环境决定了其沉积物中有机质组成的复杂性，即存在外源和内源（水生生物）两种有机质类型。不同类型的成烃母质具有不同的成烃潜力，水生生物和高等植物有机质相对数量的多少，决定了沉积物中成烃母质的类型。陆相断陷盆地烃源岩有机质类型具有多样性，有以水生生物为主的腐泥型（Ⅰ型），有以水生藻类为主、陆源有机质输入为辅的混合型（Ⅱ型），也有以陆源有机质为主的腐殖型（Ⅲ型）。

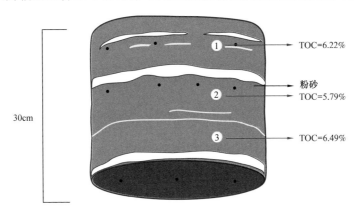

图 1-1-2　坨 73 井（沙四上亚段）夹粉砂薄层的泥页岩总有机碳分析结果示意图

根据全岩光片和干酪根有机显微组分鉴定，东营凹陷的三套烃源岩有机质的主要来源为低等水生生物，有机质类型一般为腐泥型和混合型，但对不同层段、不同体系域的烃源岩层，各种有机质类型的相对比例明显不同（图 1-1-3）。对于水进体系域的优质烃源岩，腐泥组分一般大于 85%，特别是沙四上亚段、沙三下亚段的油页岩中，腐泥组分一般大于 95%，绝大多数为典型的 Ⅰ 型富油干酪根，具有很高的生烃潜力。而低位体系域和高位体系域的普通烃源岩，特别是沙三中亚段的块状泥岩和粉砂质泥岩，陆源显微组分含量有一定程度的增加，干酪根以 Ⅰ 型和 Ⅱ 型为主，部分层段以 Ⅱ 型和Ⅲ型为主。因此与优质烃源岩相比，普通烃源岩的生油能力要差一些。

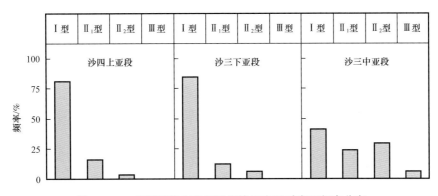

图 1-1-3　东营凹陷主要烃源岩镜鉴有机质类型频率分布

（3）烃源岩的生烃潜力。

沙三中亚段、沙三下亚段、沙四上亚段三套不同环境形成的烃源岩不但在有机质丰度类型方面存在较大差异，而且在生烃潜力方面也存在明显的差异。岩石热解烃的烃指数随 T_{max} 的变化如图 1-1-4 所示。由于烃指数是 S_1 与总有机碳的比值，而与 S_2 无关，可消除由于生油岩类型的差异而引起的产油潜量 S_2 的变化而导致的影响。

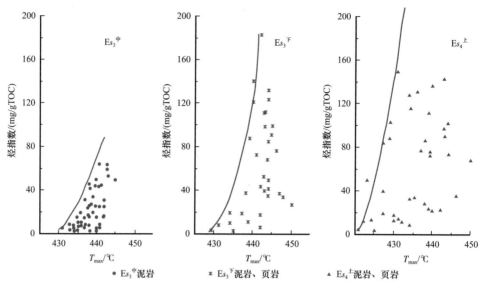

图 1-1-4　不同烃源岩烃指数随成熟度变化趋势图

从图 1-1-4 中看出，以 $T_{max}=440\,℃$ 为标准，沙三下亚段、沙四上亚段烃源岩的烃指数远大于沙三中亚段烃源岩。而沙四上亚段烃源岩又大于沙三下亚段烃源岩。说明东营凹陷在相同温度下烃源岩的生烃潜力以沙四上亚段最好，沙三下亚段次之，沙三中亚段应属第三位。

2）优质烃源岩微观特征

（1）纹层构造。

纹层是细粒沉积物中最重要沉积构造之一。纹层的形成必须具备两个重要条件，一方面要求输入物、化学条件及生命活动等改变引起沉积物组成上的变化；另一方面要求环境条件必须能够保存沉积物纹层构造免受生物扰动的影响。因此纹层是一种事件性沉积，是表征沉积底水含氧量的一种重要指标，对于研究烃源岩发育及有机质的形成和保存具有重要意义。另外，纹层还可以用于研究地质时间、古生产率等。

纹层大致可分为以下几种类型：① 陆源输入物粒径大小变化引起的纹层；② 生物成因的纹层，如硅藻纹层、颗石藻纹层、藻席或菌席纹层等；③ 化学纹层，如水体中直接沉淀形成的纹层，早期成岩纹层等。

东营凹陷的纹层泥页岩主要有以下几种类型：富碳酸盐纹层、富泥质纹层、富有机质纹层，此外还存在少量富黄铁矿纹层和粉砂纹层等，一般为毫米、微米级。

富碳酸盐纹层和富黄铁矿纹层为化学或生物化学成因。富碳酸盐纹层主要由泥晶和微亮晶碳酸盐组成。在成岩阶段的早期，富碳酸盐纹层一般由泥晶碳酸盐组成，随成岩作用的加强泥晶碳酸盐逐渐发生重结晶作用，变为微亮晶或亮晶。碳酸盐纹层相对较纯，难以见到有形的有机质颗粒，无机碎屑矿物也较少存在。根据镜下估算，碳酸盐的纯度应大于 50%。用纤素红染色后，部分未染色片中均一的泥晶碳酸盐会显示出丝状或纤维状结构。这种丝状结构在较厚的碳酸盐纹层中一般平行于纹层理，而在薄层中，则存在穿层现象，而且存在分节现象。该结构表明这种丝状碳酸盐的生物成因，是藻类或菌藻类生物活动的标志。在碳酸盐沉淀期也是生物活动期，在沉积物表面形成一层生物席，生物的活动是导致丝状碳酸盐沉积的主要原因。

富有机质纹层则属于生物成因纹层，主要有藻类纹层和菌藻类纹层等。富泥质纹层和粉砂纹层为陆源输入物粒径大小变化引起的纹层。富泥质纹层主要由不同的黏土矿物和分散状的藻类和壳屑物质组成，有时还可见到一定量的石英碎屑和自生黄铁矿颗粒。随沉积环境的不同，有机质含量存在较大的差异。有机质的含量与泥质纹层的发育程度有一定关系，纹层理发育越好，有机质的含量越高，反之则含量降低。随着有机质含量的增高，颗粒有机质连续性增强，并逐渐演变为富有机质纹层。

不同烃源岩类型中，纹层组成具有较大的差异。钙片页岩和油页岩的纹层一般包括3～4个纹层，由下向上分别是富碳酸盐纹层、富有机质纹层和富泥质纹层，有时还夹有富黄铁矿纹层，其中富碳酸盐纹层主要由泥晶方解石组成，具较强的黄色荧光，但可能因粒径微小，难以辨别有机质的赋存形态。在纹层页岩中，年纹层一般由富有机质纹层和富泥质纹层组成，少量夹有富碳酸盐纹层。在纹层泥岩中，年纹层一般由颜色深浅不一的泥质纹层组成，不同颜色的泥质纹层有机质含量不同，部分可过渡为富有机质纹层。不同类型的纹层以不同的比例和方式相互组合，形成了不同的岩石类型，同时也是造成烃源岩非均质性的主要原因。纹层理面是烃源岩中的薄弱面，烃源岩的非均质性特别是纹层的差异将会影响其生排烃过程。

（2）生物扰动构造。

生物扰动构造的形成与生活于沉积物表面或内部的底栖生物群落的生命活动有关，而沉积过程中底层水或孔隙水的充氧程度则直接影响着生物的发育。可以按水体中溶解氧浓度将其生活环境分为三类，即充氧（aerobic）环境（含氧量>1mL/L）、贫氧（dysaerobic）环境（0.1mL/L<含氧量<1mL/L）及缺氧（anoxic）环境（含氧量<0.1mL/L）。每一类环境都有不同的遗迹化石组合及生物扰动构造。

利用遗迹化石的定性解释能提供重要的环境信息。具体说来，就是根据岩层中生物扰动的百分比、潜穴的密度、分异度、潜穴叠复程度及原生沉积组构的清晰度等指标来划分每个生物扰动的等级，每个等级给定一个数值，作为生物扰动指数（BI）（表1-1-1）。通过对生物扰动指数曲线的解释，可以得出湖水充氧程度，进而判别湖水分层状况。

表 1-1-1　生物扰动指数（BI）表

等级	生物扰动百分比 /%	分类
0	0	无生物扰动构造
1	1～4	生物扰动构造罕见，层理清晰，含极少分离的遗迹化石及逃逸构造
2	5～30	低生物扰动构造，层理清晰，低密度的遗迹化石，常见逃逸构造
3	31～60	中等生物扰动构造，层理边界清晰，遗迹化石相互分离，罕见叠复现象

等级	生物扰动百分比 /%	分类
4	61～90	高生物扰动构造，层理边界不清晰，高密度遗迹化石，并常见叠复现象
5	91～99	强生物扰动构造，层理被完全破坏
6	100	完全的生物扰动构造，由于反复的叠复使沉积物彻底改造

东营凹陷沙四上亚段、沙三下亚段和沙三中亚段的不同类型烃源岩中，生物扰动构造的发育极为不同。

富有机质纹层页岩和油页岩：无论是岩心肉眼观察，还是在光学显微镜下甚至背散射电镜下观察，都没有发现生物扰动构造，纹层构造完整。

钙质纹层页岩：也只存在显微生物扰动构造，但其出现的频率更高，有时在一个薄片中可以观察到生物扰动强度的逐渐变化，从无扰动的连续纹层，到有一定程度的扰动，但纹层边界仍较清晰，再到纹层构造完全消失，全部为生物扰动。

钙质纹层泥岩：岩心肉眼观察看不到生物扰动构造，但在光学显微镜下观察一些样品的薄片，可见数量不同的显微生物扰动构造。如薄片中的显微生物扰动，微型虫穴可以垂直向下贯穿水平纹层，穴径约 0.3mm。在背散射电镜下观察，这种显微生物扰动构造主要分布在细粒方解石纹层中，使原本连续成层的细粒方解石变成断续分布的透镜体，单就这种极细纹层中的生物扰动强度，根据生物扰动指数，至少可以达到 3～4 级。

红、灰条带状粉砂质泥岩：肉眼观察就可看到生物扰动构造，但红、灰两层情况明显不同。灰色层具清晰的水平层理，粒径相对较粗，基本无生物扰动构造；而红色层普遍存在生物虫穴，但每个细层的边界都较清晰，虫穴相互分离，形态单调，垂向为主，少量水平状，个体小而均一，穴径一般为 1mm，可能为石针迹与漫游迹。对牛 38 井红、灰条带状粉砂质泥岩集中分布的一个层段（2774.5～2777.3m）的详细生物扰动构造分析发现，凡是红色层出现时，生物扰动指数变高，一般为 2～3 级。

块状泥岩：岩性均匀，颗粒极细，无论肉眼和显微镜下都看不到原生层理构造。这类细粒沉积，作为悬浮沉积作用的产物，如果没有生物扰动的破坏作用，应该能保存层理构造。现在的均匀块状是生物扰动彻底改造的结果，而且生物扰动最强烈。

综合上述各类泥页岩生物扰动的发育情况，可以看出富有机质纹层页岩和块状泥岩是两个极端，用表 1-1-1 所示的生物扰动指数来表示，其等级分别为 0 和 6。钙质纹层泥岩和钙质纹层页岩中，虽然也有生物扰动构造，但仅仅局限于极个别层段的极薄纹层中，是一种显微生物扰动构造，与其较为完整、连续、清晰的韵律纹层相比，其百分比含量是很低的，所以它们的生物扰动指数可定为 1，钙质纹层页岩中生物扰动层较为频繁，最多也只能达到 2。红、灰条带状粉砂质泥岩中生物扰动构造较为发育，但也不均匀，加上层理边界较为清晰、遗迹化石相互分离、密度低，所以其扰动指数介于 2～3 之间。

（3）有机质的赋存方式。

微观结构分析表明不同烃源岩的有机质的分布形式、成分及与矿物接触关系均有很大不同，可将有机质划分为两大类，即"富集有机质"和"分散有机质"（表1-1-2）。

表1-1-2 沉积岩中固体有机质赋存方式划分

赋存方式	微观形态	与矿物层的接触关系
富集有机质	连续纹层状 断续纹层状	连续平整 波状接触 脉状接触
分散有机质	分散状 粪粒团块状 絮凝状	网状接触 完全混合

"富集有机质"多呈丝带状、长条状，大致相当于有机显微组分中的"层状藻"或"结构藻"，荧光较强。"分散有机质"多表现为均匀混杂在无机矿物之间，破碎而分散，呈星点状，连续性差，荧光较弱，在富泥质纹层内部和缺少纹层的块状泥岩中最为常见。从镜下形态和荧光特征分析，"富集有机质"主要源于藻类等低等水生生物，而"分散有机质"虽然也以低等水生生物为主，但源于高等植物的碎屑物质含量已有大幅度增加，表明二者的母源存在一定差异性。由于"富集有机质"总是顺层排列，并且总是与纹层伴生，因此其保存条件优于分散有机质。

两种赋存方式的固体有机质在不同岩相烃源岩中的分布很不均匀。连续、平整的纯有机质纹层往往分布在富有机质纹层页岩中；而分散状有机质分布在砂质含量较高的粉砂质泥岩和红、灰条带状泥岩中；藻类化石纹层可以分布在钙质纹层页岩中，也可以分布在钙质纹层泥岩和纹层状泥岩中；而在块状泥岩中，有机质往往与矿物层完全混合，有机质呈絮凝状分布；断续纹层状有机质分布在粉砂质泥岩和红、灰条带状泥岩中；粪粒团块状有机质则见于钙质纹层泥岩和纹层状泥岩、块状泥岩中。

2.优质烃源岩形成机制及演化

1）古近纪湖盆演化与烃源岩形成

构造运动和气候变化是决定湖盆类型的重要因素。对于陆相断陷盆地而言，构造运动尤其是断裂活动控制着盆地古地理面貌，决定着盆地蓄水空间的形成与消亡，是湖盆形成的决定性因素；气候的变化控制着降雨量、蒸发水量，从而控制着河水的注入及沉积物的供应，进一步影响着湖平面的变化。

渤海湾盆地新生界充填演化可划分为3个阶段：早期裂陷充填、中期断陷充填及晚期的裂后充填，而烃源岩主要形成于中期断陷充填阶段。纵向上，湖盆演化表现出明显的阶段性和有序性，总体可划分为盆地演化早期的过补偿湖盆、中期的欠补偿和均衡补偿湖盆及晚期的过补偿盆地几个阶段，不同阶段烃源岩特征存在明显的差异，下面以东营凹陷为例加以分析（图1-1-5）。

（1）断陷初始期欠补偿湖盆（孔店组—沙四下亚段）。

孔店组—沙四下亚段沉积早期，盆地尚处于断陷活动的早期，气候干旱或半干旱，降水量远远小于蒸发量，以河流冲积红层沉积为主；沙四下亚段沉积中期，降水量有所增加，盆地中北部深洼陷带内部开始汇水，形成间歇性盐湖沉积，岩性以厚层的盐岩、膏岩和含膏泥岩沉积为主，局部见杂卤石和钙芒硝矿物。根据蒸发盐矿物组合特征分析，卤水浓缩可达石盐沉淀晚期和钠镁硫酸盐沉淀早期阶段，盐度最高可达 300‰。在间歇性盐湖较发育阶段，盐湖中心部位形成暗色烃源岩沉积。

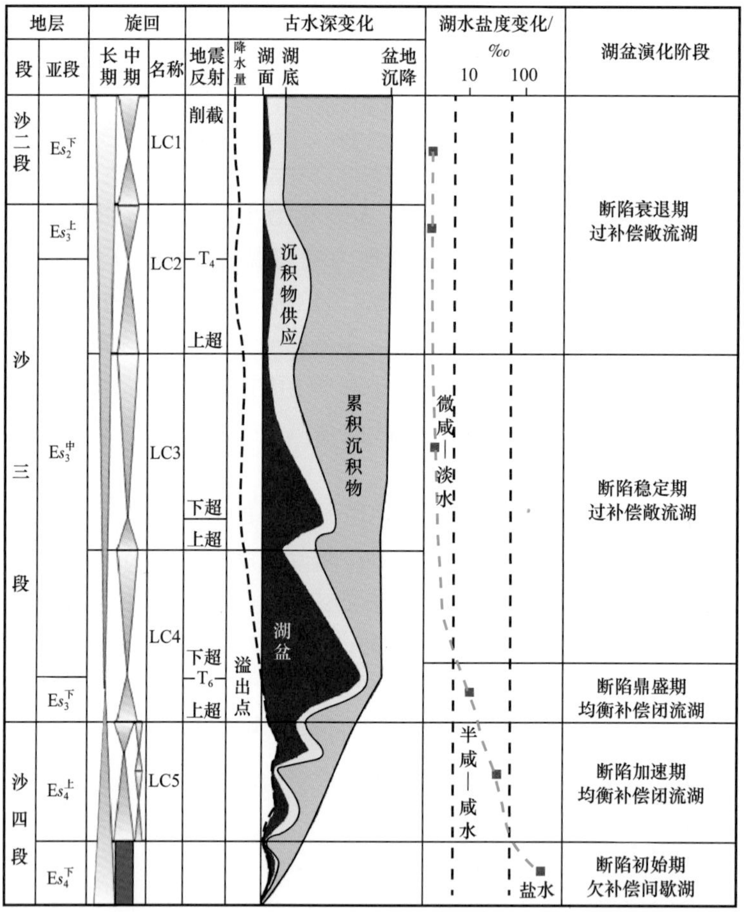

图 1-1-5　东营凹陷沙四下亚段—沙二下亚段湖盆演化模式图（据张林晔等，2005，修改）

（2）断陷加速期均衡补偿湖盆（沙四上亚段）。

沙四上亚段沉积时期，断陷活动开始逐渐加强，气候开始转向湿润，降水量开始增加，湖平面逐步上升，并迅速淹没了凹陷宽缓的南斜坡和较陡的北斜坡。该时期潜在可容纳空间的变化从早期的持续超过沉积物＋水的供应到晚期的基本均衡两个阶段，实现了季节性盐湖向永久性湖泊的转化，湖泊总体表现为封闭式水文特征。沙四上亚段沉积物中原生白云石含量较高，局部夹有含膏泥岩。在广大的南斜坡地区，钙片页岩中见有大量的颗石藻化石。湖水演化总体处于碳酸盐矿物沉淀阶段或碳酸盐与硫酸盐沉淀的过渡阶段。尽管盐度有一定程度的下降，但仍比正常海水盐度（35‰）偏咸。根据对平方王地区沙四段上部藻礁分析，虽然多细胞生物数量很大，局部形成腹足类或介形虫介壳灰岩，但生物多样性明显十分单调，即主要只有腹足类、介形虫和蠕虫类三类生物。此外，藻礁中早期碳酸盐胶结作用非常强烈，说明水体盐度仍然偏高。综合蒸发盐矿物组合、古生物组合和硼元素古盐度分析，总体认为古盐度为35‰～50‰，属于咸水环境。沙四上亚段由于盐跃层的存在，湖水经常存在盐度分层，底部长期处于强还原环境，有利于有机质的保存和优质烃源岩的形成。

（3）断陷鼎盛期均衡补偿湖盆（沙三下亚段）。

沙三下亚段沉积时期东营凹陷断陷活动迅速加强，盆地沉降很快，同时气候湿润，大量淡水注入，携带矿物质进入湖盆，导致水体变深。但该时期大部分时间内沉积物＋水的供应和潜在可容纳空间大致呈现平衡的状态。湖水的注入足够间断性地充满可容纳空间，但达到湖水外泄的情况较少，保持了封闭式湖泊水文特征，成为真正意义上的深水常年闭流湖。根据硼元素古盐度测定，沙三下亚段沉积时期湖水盐度平均为12‰，较沙四上亚段沉积时期盐度大幅度降低，但仍保持了一定的古盐度，属于半咸水环境。该时期生物多样性得到了明显加强，在湖盆边缘地区或者湖水表层生长了大量的微咸水—淡水浮游藻类，如渤海藻、副渤海藻等。由于水体较深且存在一定的盐度，深湖区存在永久性分层，有利于有机质的保存和优质烃源岩的形成。该时期深湖相背景下烃源岩岩石组合以纹层页岩、钙质纹层页岩、钙片页岩为主。

（4）断陷稳定期过补偿湖盆（沙三中亚段）。

沙三中亚段沉积时期为盆地由断陷鼎盛期向稳定期转化时期，沉降速率减缓，气候湿润，湖水的注入量大大超过蒸发量，沉积物＋水的供应长期超过潜在可容纳空间，湖平面超过泄水口，表现为过补偿湖盆的性质。湖水的盐度大幅度降低，硼元素古盐度测定为1.5‰。尽管该时期湖水较深且广，但由于盐度降低，湖水分层主要源自与温度有关的季节性分层，不利于有机质的保存和优质烃源岩的形成。

（5）断陷衰退期过补偿湖盆（沙三上亚段—沙二下亚段）。

沙三上亚段沉积时期，随着陆源碎屑的不断进积作用，可容纳空间逐渐减少，湖水逐渐变浅，湖盆开始收缩。反映沉积环境稳定程度的Al/Ca比值越来越高，也表明了水体的变浅。沉积物以灰色、灰绿色粉砂质泥岩和泥岩为主，块状层理、波状层理或交错层理发育，有机质丰度较低。

沙二下亚段沉积时期为断陷盆地的末期，盆地经过前期充填，可容纳空间已经丧失殆尽，只在局部低洼地区有滨浅湖淡水水体的存在，并常常有沼泽环境的出现。该时期沉积物多现红色色调，以杂色泥岩、粉砂质泥岩和粗粒碎屑岩为主，有机质丰度很低。

由此可见，东营凹陷的优质烃源岩主要形成于沙四上亚段和沙三下亚段沉积时期，对应着湖盆演化的均衡补偿阶段。该阶段对应着干旱气候向潮湿气候过渡，由盐湖向咸化湖和半咸化湖转变时期。而从区域上分析，优质烃源岩的发育与盐类富集存在明显的相关性。

渤海湾盆地（陆上）其他凹陷的湖盆演化也具有类似东营凹陷的旋回性和阶段性特征，但由于构造演化及其所处气候带的差异，造成旋回的完整性和咸化烃源岩的类型及厚度等存在一定差异。总体来讲，构造和气候变化控制的湖盆类型影响湖盆的水化学特征，并最终在沉积物及烃源岩的岩性组成和结构上有所体现，湖盆类型最终决定着湖相沉积物和烃源岩的发育。

2）咸化环境烃源岩有机质来源及保存

（1）咸化湖相烃源岩有机质的来源。

从宏观沉积岩石学和显微特征、生物标志化合物等方面对不同类型湖相烃源岩中的有机质进行了对比分析，并从有机质来源和保存条件对其差异性进行了研究。

烃源岩的手标本揭示了研究区咸化环境烃源岩中低等水生生物来源有机质的大量存在。在沾化凹陷沙四上亚段泥膏岩中见到大量微生物构造，一般与肠状石膏伴生，可见到微生物生长过程的穿层构造（图 1-1-6）。根据前人研究，该现象主要见于咸化泥坪相下部（潮间带下部）。据此分析，特定的咸化湖—盐湖环境，高有机质生产率和强还原环境，可造成底栖微生物在较浅水带即可大量生长并有效地保存。

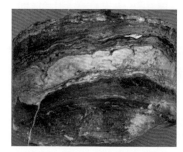

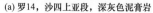

(a) 罗14，沙四上亚段，深灰色泥膏岩　　　　　(b) 罗67，3387m，沙四上亚段，灰色泥膏岩

图 1-1-6　咸化—盐湖相烃源岩手标本中的微生物有机质

烃源岩显微特征分析同样也揭示了烃源岩中微生物来源有机质的存在。图 1-1-6（a）为东营凹陷沙四上亚段底部的样品，可见到微生物活动来源的大量生物碳酸盐的存在，并呈现球粒状构造。而随着水深的增加，碳酸盐往往形成独立的纹层，指示高有机质生产率。在碳酸盐集合体之外，可见到一系列黑色（荧光较弱）纹层状有机质，存在分叉现象，可观察到与碳酸盐中夹有的丝状有机质相同的特征。有机质纹层和碳酸盐纹层呈弯曲肠状，指示沉积过程沉积物表面的有机质和碳酸盐早期可能具有松软、黏性的特征，这与现代盐湖富有机质沉积特征非常相似。图 1-1-6（b）为东营凹陷沙四下亚段顶部的烃源岩，可见到有机质集合体夹杂在矿物基质中，呈现出明显的微细纹层特征，而不同的微细纹层还表现出交错、分叉等现象，分析认为可能与底栖微生物的穿层生长有关。

生物标志化合物分析也表明不同环境烃源岩中有机质来源的差异性。根据对东营凹陷不同烃源岩的生物标志化合物分析，沙四上亚段低成熟烃源岩（埋藏深度<3000m）芳香烃中含有丰富的烷基苯系列化合物，占芳香烃总馏分的 15%～30%，碳数分布范围较宽为 C_{14}—C_{36}，以 C_{15}—C_{27} 之间的碳数为主，具弱的偶碳优势。其中含有丰富的植烷基苯及 1- 甲基 -3 植烷基苯，在 $m/z106$ 烷基甲苯系列中 1- 甲基 -3 植烷基苯呈绝对的主峰，且随成熟度的升高，其含量有降低的趋势（图 1-1-7），主要存在于咸水、半咸水—咸水环境烃源岩的未熟—低熟阶段。长链烷基苯、甲苯系列中出现的植烷基苯和 1- 甲基 -3 植

烷基苯与类异戊二烯烃中的植烷具有共消长的关系，从一定程度上表明其母质来源的特殊性。

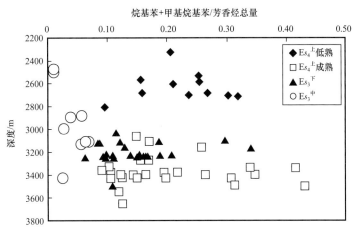

图 1-1-7　东营凹陷古近系长链烷基苯含量分布图

沙四上亚段成熟烃源岩（埋藏深度＞3000m）芳香烃中可检测到较为丰富的烷基苯及甲基烷基苯系列化合物，占芳香烃总馏分的 10%～40%（图 1-1-7），碳数分布范围较宽为 C_{14}—C_{39}，以 C_{18} 为主峰碳。含有少量的植烷基苯及 1- 甲基 -3 植烷基苯，1- 甲基 -3 植烷基苯不再是 m/z106 烷基甲苯系列中主峰，由此可见随烃源岩成熟度的升高，植烷基苯及 1- 甲基 -3 植烷基苯含量有降低的趋势，其主要存在于未熟—低成熟演化阶段，综合分析认为成熟的早期阶段即可能发生转化或生烃脱离烃源岩。

东营凹陷沙四上亚段烷基苯系列化合物的分布也存在一定的非均质性。在所分析的样品中，以南部缓坡带最高，其中又以梁家楼、纯化地区最为突出，而在陡坡带和洼陷带含量较低。这种差异性说明沉积相带对其分布也存在重要影响。

在沾化凹陷咸化湖相碳酸盐岩中还发育了一些特有的、在泥质岩中含量很低的萜类化合物，如丰富而完整的 C_{28}—C_{36}2α- 甲基藿烷系列、C_{28}—C_{30}3α- 降藿烷系列、C_{32}—C_{35} 六环藿类系列及芳基类异戊二烯化合物等。它们的出现均与微生物活动有关（王广利等，2006）。芳基类异戊二烯化合物来源于营光合作用的棕褐色种绿硫菌，反映了透光、还原的沉积环境，表明湖相碳酸盐岩沉积时水体较浅，能量较低，有利于有机质的保存，而高丰度 2- 甲基藿烷仅出现在浅水、低能量的碳酸盐岩沉积环境中，随着湖盆水体扩大和深度增加，2- 甲基藿烷指数 [2α- 甲基 -$\alpha\beta$ 藿烷 /（2α- 甲基 -$\alpha\beta$ 藿烷 +$\alpha\beta$ 藿烷）] 迅速减小，丰富的植烷、六环藿烷等均与盐湖相中嗜盐菌有关，大量的二苯并噻吩系列化合物则是硫酸盐还原菌作用的结果，这表明微生物是本区湖相碳酸盐岩极其重要的生源，在较浅的咸化水体环境中即可得到大量保存。

在济阳坳陷古近系沉积中，检测到丰富的具 C_1—C_4 侧链的 3β- 烷基甾烷类化合物，在盐湖相近物源沉积环境中 3β- 烷基甾烷尤其丰富（图 1-1-8）。而 4- 甲基甾烷的含量分布特征与其存在重要差异，在盐湖相中 4- 甲基甾烷丰度较低，而在咸水—半咸水环境中丰度较高。这两类化合物源自不同的生物类群，其中前者主要源自细菌，而后者则是沟鞭藻、颗石藻等浮游藻类的产物（王广利等，2006）。3β-甲基甾烷和4-甲基甾烷分布特征的差异，也进一步说明不同盐度湖相烃源岩的有机质来源存在重要差异。

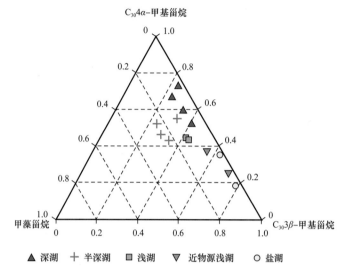

图 1-1-8　沾化凹陷沙四上亚段不同相带 C$_{30}$ 甲基甾烷相线组成（据王广利等，2006）

综上所述，渤海湾盆地湖相沉积的生物来源与盐度关系密切，随盐度的增加，在广大的浅湖环境，特别是存在透光带缺氧的条件下，菌藻类生物（尤其是底栖属种）由于适应这种特殊的生存和保存条件，在沉积物中得到了较好的富集。而对于沙三段和沙二段，由于湖水的盐度逐渐降低，微生物来源的有机质含量则逐渐下降。

（2）湖相烃源岩有机质的保存。

烃源岩中黄铁矿分析是研究湖水分层和保存条件的重要手段。根据对东营凹陷不同环境烃源岩的微观特征分析，咸化环境沙四上亚段黄铁矿丰度很高，颗粒细小，草莓状比例高，并且经常成层分布（图 1-1-9），而咸化程度相对较低的沙三下亚段黄铁矿丰度低，且主要为分散颗粒，粒径大小不一。表明从沙四上亚段到沙三下亚段，随湖水盐度和硫酸盐含量的降低，底水硫化氢含量也逐渐下降。沙四上亚段底水为富含硫化氢的滞水环境，而沙三下亚段为相对贫硫化氢的缺氧环境，高咸化环境具有更优越的有机质保存条件。综上分析，同等条件下，咸化湖泊随卤水盐度的升高，下部还原水体的顶界相对变浅，优质烃源岩相带会逐渐变宽。

除了母质来源以外，有机质保存条件也会对烃源岩有机质的形成及有机质性质产生重要影响。根据孢粉相观察，分析了 Kimmeridge 页岩有机质的特征，发现 Kimmeridge 页岩有机质主要由无定形构成（占总有机质 80%），根据其结构和颜色可以识别出三种不同类型：具棱角的橙色均一薄片，具模糊外缘的棕褐色非均质块体，不透明团块，这三种类型的无定形其保存环境和降解程度存在明显差异。Riboulleau 研究了上侏罗统 Middle Volgian Kashpir 油页岩地层（陆表海沉积，与北海 Kimmeridge 油页岩时代对应）中有机质的特征，根据结构和颜色，其有机质可以识别出三种不同类型：黑灰色至褐色疏松颗粒，通常与小的黄铁矿晶体伴生；黄色至橙色非均质团块；橙色均质胶状颗粒（纯有机质）。这三种类型的有机质在不同烃源岩中存在明显的差异。第一类在低 TOC 样品和低 HI 指数样品中占主要地位，第三类在高 TOC 样品和高 HI 指数样品中非常丰富，而第二类有机质在中等有机质丰度的烃源岩中含量最高。据此，Riboulleau 等认识到除以往认识到的选择性保存、降解—缩聚方式以外，还存在自然硫化（Vulcanisation）这种有机质保存方式。除显微观察外，不同的有机质保存方式有一定的判别方法，如热解方法可以用于区分自然硫化和降解—缩聚方式，前者含有大量含硫产物，而后者以低含量含硫产物和生成芳香化合物为特征等。

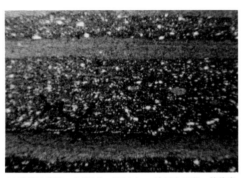 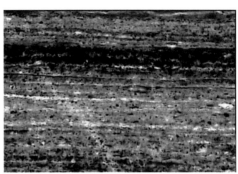

(a) 粉砂质纹层，丰深1井，3686.6m，沙四上亚段，单偏光　　(b) 黄铁矿纹层，纯372井，2568m，沙四上亚段，单偏光

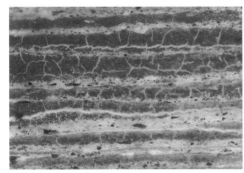 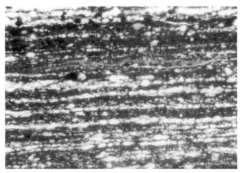

(c) 泥晶方解石纹层，纯372井，2508.5m，沙四上亚段，透射光　　(d) 重晶碳酸盐，王78井，3902m，沙四上亚段，透射光

图 1-1-9　济阳坳陷不同纹层类型

　　根据对东营凹陷沙四上亚段、沙三下亚段及沙三中亚段干酪根显微抽提物的镜下观察对比发现，沙四上亚段烃源岩中的有机质一般呈现均质薄膜状、片状，并且发亮黄色荧光，而沙三下亚段烃源岩中的有机质一般呈现非均质的团块状、颗粒状，荧光不均一，表明前者更多地保存有原始有机质的特征，降解程度较低，具有自然硫化有机质的性质，而后者则遭受了一定程度的微生物降解（图 1-1-10），从一定程度上与降解—缩聚有机质相近。而淡水环境的沙三中亚段烃源岩中的有机质主要为灰色至褐色颗粒状有机质，为抗降解的高等植物来源有机质选择性保存的结果。该类分析结果已经为生物标志化合物研究所证实，一些学者从沾化凹陷沙四上亚段盐湖烃源岩中识别出一系列透光带无氧的生物标志物，这种生物标志化合物主要与利用硫化氢营化学自养的紫硫细菌有关（王广利，2010）。这种分析也可从烃源岩的颜色方面得到证实，咸化湖和盐湖相烃源岩低熟阶段经常呈现不同程度的褐色、紫色，早期一般认为这种颜色的烃源

岩生烃能力有限，实际上这种颜色的存在，可能与紫硫细菌等微生物产生的特殊色素有关。

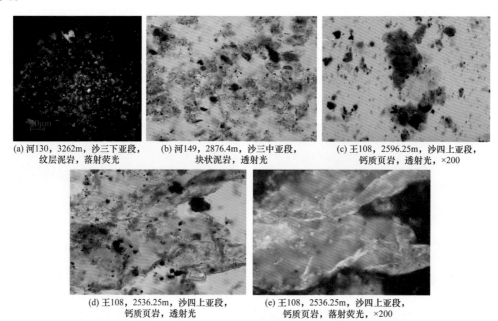

(a) 河130，3262m，沙三下亚段，
纹层泥岩，落射荧光

(b) 河149，2876.4m，沙三中亚段，
块状泥岩，透射光

(c) 王108，2596.25m，沙四上亚段，
钙质页岩，透射光，×200

(d) 王108，2536.25m，沙四上亚段，
钙质页岩，透射光

(e) 王108，2536.25m，沙四上亚段，
钙质页岩，落射荧光，×200

图 1-1-10　济阳坳陷不同烃源岩中有机显微组分特征

另外，显微特征分析发现，在一些蒸发岩矿物纹层中经常见到一些发亮黄色荧光的有机质，高倍显微镜下显示出类似液体的形态，如缺少固体有机质形态、存在大量近球形的个体等特征，表明其为可溶有机质（图 1-1-11）。根据其成层性分布、分布普遍等特征，推测其有可能为矿物结晶沉淀过程中直接从卤水中捕获的原生有机质。前人在对现代盐湖的研究中也发现卤水中富含可溶有机质的一些报道。这些证据进一步表明沙四上亚段和沙三下亚段沉积时期湖泊水体的分层性存在明显差异：沙四上亚段湖水盐度较高，易形成稳定的盐度分层，而沙三下亚段湖水盐度有所降低，湖水分层可能主要源自温度分层。湖水的分层性差异最终对所保存有机质的组成产生了重要影响（图 1-1-12）。

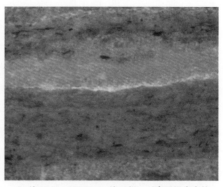

(a) 汶ZK16，170.52m，汶口组，示膏质泥岩中的
可溶有机质，落射荧光，×100

(b) 汶ZK16，170.52m，汶口组，示膏质泥岩中的
可溶有机质，落射荧光，×400

图 1-1-11　不同类型湖相烃源岩显微特征对比

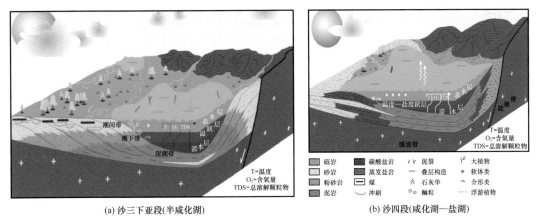

(a) 沙三下亚段(半咸化湖)　　　　　(b) 沙四段(咸化湖—盐湖)

图 1-1-12　济阳坳陷不同咸化湖相烃源岩形成模式（据 Bohacs et al.，2000，修改）

3. 咸化环境湖相烃源岩高效生排烃机制

济阳坳陷前期勘探主要集中在中浅层，深部高过成熟烃源岩取心较少，因此对深层烃源岩的研究工作有待深入。近年来，随着深层隐蔽油气藏勘探力度的加大，系统分析了不同咸化湖相烃源岩高效生排烃特征及其机制。

1）咸化湖相烃源岩高效生烃机制

前文分析表明，不同环境湖相烃源岩生烃演化存在明显差异。这种差异不仅表明不同环境烃源岩中的有机质性质存在差异，而且预示着其可能存在不同的生烃机制。利用CS2/NMP（二硫化碳 /N– 甲基 –2– 吡咯烷酮）超强混合溶剂抽提法，系统研究了烃源岩中有机质的结合方式和化学组成特征，并结合不同烃源岩的生烃动力学特征，分析了不同沉积环境烃源岩的生烃机制。分析表明，沙四段咸化环境的有机质富集层，大部分有机质可由超强溶剂抽提出，因而有机质 75% 是非共价键缔合结构，其键能比共价键低，容易断裂，演化早期即可大量生烃；而沙三段处于半咸化—淡水环境，仅有少部分为超强溶剂抽出，有机质 70% 以共价键方式结合，只能在成熟阶段生烃。

烃源岩有机质化学组成结构的研究与生烃动力学特征是一致的（图 1-1-13）。根据区内典型烃源岩系统的活化能分析，咸化环境的沙四上亚段样品活化能分布范围较宽，且低活化能区频率值较高，因而生烃范围跨度较大，具有早期生烃和持续生烃的特点，其中低活化能的官能团断键将会导致低熟油的生成；而半咸化环境的沙三下亚段样品活化

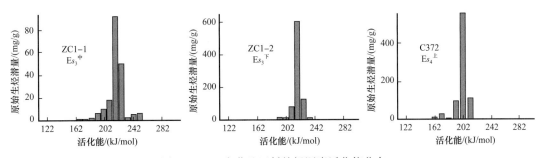

图 1-1-13　东营地区低熟烃源岩活化能分布

能较为集中，平均活化能相对较高，因而生烃过程相对集中，且具有晚期生烃和集中生烃的特点。偏淡水环境的沙三中亚段活化能分布虽然较分散，但其活化能值也相对偏高，因此也以晚期干酪根降解生烃为主。由此可见，两种烃源岩有机质化学组成结构的差异决定了其活化能频率分布的差异，进而对生烃过程产生重要影响。

综合咸化环境烃源岩母质来源及保存条件的研究，认为以下几个方面原因可能共同导致了其早期生烃和持续生烃：（1）强还原富 H_2S 沉积环境利于生物来源可溶有机质的大量埋藏保存；（2）强还原富 H_2S 环境对干酪根原始母质的缩聚有阻碍作用；（3）强还原富 H_2S 环境条件下，丰富的 H_2S 和低含铁量可能导致大量的硫进入干酪根，S—S 键和 C—S 键较弱易断裂导致在低成熟阶段即可产出较多的可溶有机质等；（4）膏盐层间的烃源岩排烃困难，生物残留烃和干酪根生成的烃为膏盐包裹等。

2）咸化湖相烃源岩高效排烃机制

细粒烃源岩进入大量生烃阶段时，成岩作用和压实作用已经较强，岩石变得更加致密，原始的孔隙度和渗透率已经大幅度降低，毛细管阻力对烃类的运移影响很大。从济阳坳陷的具体情况来看，进入大量生烃阶段时，烃源岩大多已进入突变压实阶段的后期和紧密压实阶段。由于烃源岩中的原生孔隙已显著降低，烃类在原生孔隙中的运移效率受到限制，需要借助其他更加有效的通道。近年来国内外许多研究表明，微裂隙是泥质岩石中最为重要的渗透通道，也是石油初次运移的主要通道（李明诚，2004）。

目前，对于烃源岩中微裂隙的产状及主要成因机制，不同研究者之间存在着一定的争论。在产状方面，一些学者认为烃源岩中异常高压产生的次生微裂隙绝大多数应为低角度或平行于地层层面，该观点得到了许多学者的认同。而另一些学者则认为烃源岩中的微裂隙应以垂直层面或高角度为主。因此，本文将细致描述次生微裂隙的发育状况及其产状。实际上两种类型的裂隙在济阳坳陷都已经发现并大量存在。对于微裂隙的成因机制，有些学者认为构造活动是微裂隙产生的主要原因，而另一些学者则倾向归因于流体异常压力。实际上，裂隙的成因与裂隙的类型或产状存在密切关系，分析中应加以区别。

早期对烃源岩中裂缝的研究相对较少。近年来，随着泥岩裂缝油气藏的发现和烃源岩排烃研究的需要，泥岩裂缝和微裂隙研究也有了一定进展（慈兴华等，2002）。本文从岩心观察着手，结合荧光显微镜分析技术和测井资料，对微裂隙母岩、形态、产状、充填物及纵向上的分布等特征进行了系统分析，并探讨了其与烃源岩排烃的关系。

（1）顺层或低角度裂隙。

亮晶方解石充填裂隙以顺层分布为主，很少切穿母岩纹层；裂隙中大多为次生亮晶方解石所充填，其晶体呈梳状排列，长轴方向一般垂直于纹层面，与周围的母岩纹层呈突变接触，表明其为次生成因（图1-1-14）。根据对岩心手标本的观察，该类型的微裂隙主要见于沙三下亚段、沙四上亚段优质烃源岩中，其中以缺氧相最为发育，在间歇充氧相中出现概率差异较大，而在低氧相和充氧相中较为少见。岩性以纹层理发育的页岩类和钙质页岩类为主，而在块状层理的泥岩中比较少见，表现出较强的非均质性。即使对于富有机质的烃源岩层段，裂隙的发育也具有非均质性。裂隙发育段具有较高的有机碳含量，而裂隙不发育段有机碳含量相对较低，两者的有机碳界线大致在2.0%～4.0%。因此，裂隙的发育与高有机质丰度有直接或间接的联系。上述顺层微裂隙的发育特征，与富有机质的Posidonia页岩微裂隙极为相似，说明富有机质的纹层泥质岩中顺层微裂隙的发育可能具有一定的普遍性。

(a) 坨142，3292m，沙四上亚段　　　　(b) 河130井，3245.53m，沙三下亚段，落射荧光，×200

图1-1-14　顺层微裂隙的镜下特征

除岩心观察以外，还查阅了大量录井资料对微裂隙的发育状况进行了分析。根据钻井取心和录井资料对比，优质烃源岩中出现顺层微裂隙时，综合录井中一般都有"方解石脉"的记录。据此对济阳坳陷顺层微裂隙的发育状况进行了面上的考查，发现微裂隙发育段在各个凹陷的深洼陷带都具有较广泛的展布，出现的顶界深度一般为2900～3000m。受钻井资料的限制，微裂隙发育的底界或深度下限尚难确定。其他凹陷也具有类似的分布特征。结合烃源岩生烃演化分析可见，裂隙的起始发育深度与优质烃源岩达到成熟阶段并快速生烃的时期基本吻合。

根据该类微裂隙的发育与烃源岩的岩性、有机质丰度及成熟度的上述关系，笔者认为，有机质生烃可能是顺层微裂隙形成的主要原因。优质烃源岩埋深达到2900～3000m以后进入成熟阶段，开始大量生烃。生烃过程体积增加，加之温度升高引起的水热增容等效应，使烃源岩孔隙内压力迅速升高，并超过岩石的抗破裂强度，导致了微裂隙的产生。从济阳坳陷的储层压力测试数据来看，异常压力很少能达到静岩压力的85%（大致相当于压力系数为1.95）。其中的原因可能是：一方面由于碎屑岩储层中的压力本身来自泥质烃源岩，因此前者压力要比后边低；另一方面岩石中的瞬时或局部超压达到破裂限时即可造成岩石破裂，其后孔隙压力会降低，这种瞬时或局部超压会高于烃源岩中的流体压力值。烃源岩微裂隙形成后发生的排烃过程造成裂隙中流体压力下降，碳酸盐逐渐达到过饱和而形成次生方解石沉淀。另外，从微裂隙的结构、构造特征来看，微裂隙既不存在分叉现象，也不存在相互切割现象，也基本排除构造裂缝的可能。

对于富有机质烃源岩来说，纹层理面应该是先期破裂最集中的位置。这首先因为对于同一纹层，矿物成分差别较小，而对于不同纹层的矿物成分差别较大，纹层面处于矿物成分变化的界面位置，有利于烃源岩沉积期破裂的形成。此外纹层面附近往往富集有机质，生烃过程固体干酪根的减少也能形成次生孔隙。因此富有机质岩石的纹层理面是岩石中的薄弱带，具有最低的破裂强度，容易导致水平裂隙的产生。该认识不仅解释了顺层微裂隙形成机制，也解释了该类裂隙主要存在于富有机质烃源岩中的原因。

根据对烃源岩样品的薄片观察，还可见到其他矿物充填（玉髓）或未充填矿物的裂隙（图1-1-15）。该类裂隙总体沿纹层面分布，相对缺少矿物充填，很难完全排除钻井及取心期间或样品制备过程中形成的可能。但以下特征似乎表明其在地下已经形成：一是从荧光显微镜下观察，少量裂隙中有时可见到液态烃类物质充填；二是以沙四上亚段更为常见，多分布于埋藏深度2000～3000m，即大体上对应着烃源岩的未熟—低成熟阶段。

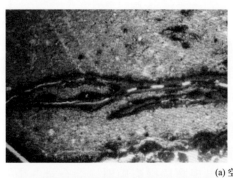
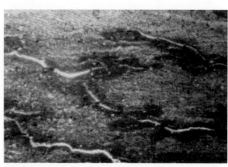
(a) 空裂隙

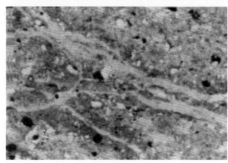
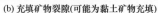
(b) 充填矿物裂隙(可能为黏土矿物充填)

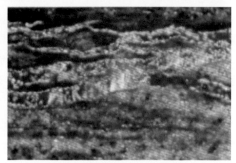
(c) 充填矿物裂隙(可能为玉髓充填)

图1-1-15　沙四上亚段为石油烃类充填的裂隙

（2）垂向或高角度裂隙。

裂隙产状多为垂直层面方向或与层面具有较大交角，往往存在分叉、交切现象，有些呈羽状排列，多表现为张性裂隙，有时还存在溶蚀现象。这与济阳坳陷古近系整体上所处的张性环境是一致的。慈兴华等（2002）系统描述了沾化凹陷四扣洼陷的高角度张裂缝：倾角为50°～80°，张开度为0.2～3.0cm，长度可达70cm，破裂面不平整，多数已被充填物完全充填或部分充填。

裂隙充填物较为复杂，矿物以颗粒状方解石、石膏、盐岩等次生矿物为主，并且经常为液态烃类浸染或含有固体沥青，如图1-1-16所示。

与顺层微裂隙的发育不同，垂向裂隙的母岩虽以优质烃源岩为主，但又不局限于优质烃源岩，目前在油页岩、页岩、块状泥岩及泥灰岩等各种岩石中均有所揭示。根据连续取心观察，发现脆性岩石中出现的概率较塑性岩石更高一些，一般说来，以斜坡带富含钙质碳酸盐的烃源岩最为发育。另外，许多垂向裂隙发育带的烃源岩中还伴生有大量低角度裂隙，分析认为是由于构造应力作用于各向异性较强的烃源岩造成的。

(a) 充填沥青和颗粒状方解石　　　　　(b) 充填碳酸盐、石膏和黄铁矿等矿物

图 1-1-16　济阳坳陷高角度裂隙的充填物特征

从埋藏深度来看，一般在埋深大于2500m之下，埋深大于3000m裂隙丰度逐渐增加，在埋藏深度接近4000m及更大的深度时，即使缺少断裂的存在，也能见到高丰度的该类裂隙，典型的如新利深1井。根据对烃源岩生成产物的分析，4000m大致对应着烃源岩生气量迅速增加的阶段，表明烃源岩生烃过程对该类裂隙也存在重要的控制作用，该类裂隙发育的地层往往对应着非常高的孔隙异常压力。

垂向裂缝在陆相断陷盆地古近系泥质烃源岩中比较发育。目前国内对这类裂缝的成因分析主要是在对泥岩裂缝油气藏研究过程中开展的。如大庆研究院认为，松辽盆地青山口组的泥岩裂缝主要是构造—成岩缝，把异常高压作用纳入成岩作用范畴，认为异常高压是裂缝形成的最主要原因，构造作用是一种次要作用；付广等（2003）认为松辽盆地古龙凹陷青山口组内发育大量的泥岩裂缝，应属于构造成因，曾联波等（1999）也认为以构造裂缝为主；丁文龙等（2003）认为古龙凹陷泥岩为非构造裂缝，主要与生烃、压实作用形成的超压有关；刘魁元等（2001）认为沾化凹陷的泥岩裂缝主要为构造成因等。由此可见，对垂向高角度裂隙的成因认识尚未统一。

从济阳坳陷区内的垂向裂缝分布特征来看，裂缝形成受到断裂发育、流体超压和岩相三重控制（图1-1-17），因而笔者认为是上述三重因素共同作用的结果：随着埋深的增加、生烃和黏土转化过程的进行，烃源岩力学性质逐渐由塑性向脆性转变，同时异常压力增高，异常流体压力可以大大降低作用在岩石颗粒上的有效应力，从而降低岩石的抗破裂能力，在区域和局部应力场的作用下，在应力集中的部位，脆性岩石将会发生破裂，进而发生烃类的聚集并形成裂缝性油气藏。

（3）泥页岩排烃通道发育特征。

根据前文分析，在构造不活跃的地区，微裂隙发育主要限于高有机质丰度的烃源岩。对于深度3000~3500m优质烃源岩，顺层面方向存在较好的有机质网络、纹层面和顺层微裂隙，其中夹杂的微小砂岩透镜体也可以提供顺层排烃的通道，三者形成了顺层排烃的通道网络系统，为烃源岩顺层排烃提供了良好的条件。与烃类和能量积累阶段相比，

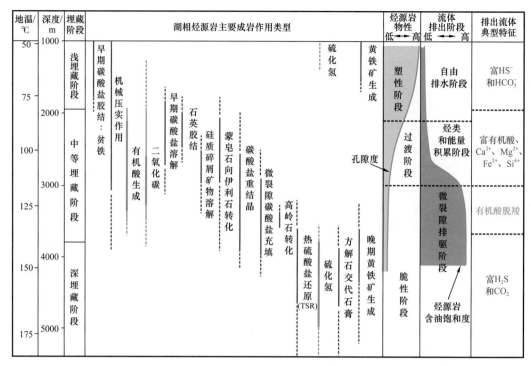

图 1-1-17　烃源岩成岩演化序列及流体成分的变化

有机质网络仍保持了较好的输导性能，但纹层面和夹杂的砂岩透镜体或薄砂条受压实作用的影响，其输导能力有一定程度的降低，而微裂隙的输导作用则逐渐增强（表 1-1-3）。

表 1-1-3　不同沉积有机相烃源岩中各类排烃通道的重要性差异评价

沉积有机相	成熟阶段	烃源岩排烃通道				
		原生孔隙	薄砂层	微裂隙	层理面	有机质网络
缺氧相	低成熟阶段	++	++	+	+++	++
	成熟阶段	+	+	+++	+	++
	高成熟阶段	+	+	+++	+	+
短暂充氧相	低成熟阶段	++	+++	+	+++	++
	成熟阶段	+	+++	+++	++	++
	高成熟阶段	+	++	+++	+	+
贫氧相、氧化相	低成熟阶段	+	+	+	+	+
	成熟阶段	+	++	+	+	+
	高成熟阶段	++	++	+	+	+

　　结合优质烃源岩韵律性强和岩性组合上表现出的互层特点，刘庆等（2004）建立了优质烃源岩的顺层排烃模式。该深度段优质烃源岩生成的烃类首先要经过在纹层面上或

顺层微裂隙内富集的过程，然后再经过顺层面运移的阶段，最终进入其他高效的输导体系，如较大的断裂、砂岩体、不整合面等成藏。对于埋藏深度 3500m 的优质烃源岩，由于强异常高压的存在，裂隙的产状趋向多元化，形成网状的微裂隙通道，输导烃的能力和效率明显增强。该阶段由于埋藏压实作用，与纹层面、薄砂层等有关的原生孔隙系统输导能力减弱，而由于大量的烃类生成，干酪根中吸附烃的能力和输导烃的能力也大幅度降低，因此微裂隙排烃成为最重要的方式，生成的烃类首先在微裂隙中富集，然后进入其他高效的输导体系。

（4）咸化湖相优质烃源岩排烃模式。

由前人成果可知，生排烃过程是在加载、增温、增压的大背景下，烃源岩经过了一系列物理和化学反应后，实现了成烃并完成了能量积累后发生的（关德范等，2005；Yuan et al.，2013），其中有机和无机演化均呈现出相似的分段性特点，表明二者存在密切的相互作用。济阳坳陷各个凹陷虽存在主力烃源岩的差异，但总体的地质背景，包括温度场和压力场差异性不大，总的排烃过程也具有较多的相似性。

根据济阳坳陷咸化环境主力烃源岩的烃类生成和成岩演化特点，将整个排烃过程划分为三个阶段，即自由排水阶段、烃类和能量积累阶段、微裂隙排烃阶段（图 1-1-18），其中深层烃源岩的排烃主要发生在微裂隙排烃阶段。微裂隙排出的烃类继续运移主要存在三种方式：① 当有断裂切穿微裂隙发育的有效烃源岩时，油气将沿断层垂向运移，形成他源型油气藏；② 当紧邻烃源岩上部存在区域性盖层且缺少断裂，特别是上层发育超压时，油气以层间或侧向运移为主，往往形成自源型的岩性或构造岩性油气藏；③ 在顶部发育超压并且顶部和侧向封堵良好的情况下，油气则可能沿断层向下运移。结合盆地内 Es_4—Ek 优质烃源岩的成熟过程及其与储层和区域性盖层的关系分析，认为由于烃源岩

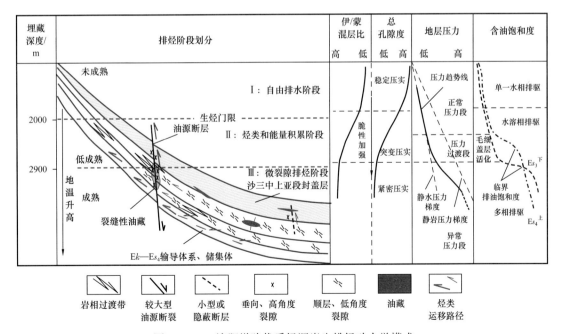

图 1-1-18 济阳坳陷优质烃源岩生排烃动力学模式

自下而上成熟，因此微裂隙排烃网络也自下而上产生，在上部紧邻沙三段巨厚区域性盖层的封盖下，容易造成烃源岩与下部储层的沟通和向下排烃。因此沙四段和沙三段烃源岩和盖层组合有利于深层 Ek—Es_4 产生的油气在滩坝砂岩、红层和潜山中富集。

二、前古近系烃源岩特征、生烃机理及演化

1. 石炭系—二叠系煤系烃源岩特征

1）沉积序列和残余地层分布特征

（1）上石炭统太原组（C_2t）。

太原组主要由深灰色、灰黑色泥岩、砂质泥岩、碳质泥岩、煤层、石灰岩与砂泥岩互层组成。下部发育厚层长石石英砂岩，与本溪组为连续沉积（邵龙义等，2014）。太原组厚度为150～220m，横向分布较为稳定，为典型的海陆交互相沉积，其中在博山剖面上可见厚度达30～40m的潟湖相深灰绿色泥岩。石灰岩和潟湖相泥岩是海相的相标志，该组发育石灰岩3～5层、单层厚度2～3m；煤岩和砂岩为陆相沉积标志，主要发育在该组的中上部（图1-1-19）。太原组含有丰富的动植物化石，主要有蠓类、珊瑚类、牙形石和古植物等。太原组与本溪组为连续沉积，与本溪组分界为徐家庄石灰岩以上泥岩顶或不稳定薄层石灰岩顶层面；与山西组分界为最上一层石灰岩之上深灰色泥岩之顶（山西组底部为一层厚层砂岩）。

（2）下二叠统山西组（P_1sh）。

山西组为一套灰色泥岩、砂岩夹碳质泥岩和煤层等组成的三角洲沉积组合，厚度为60～150m，底部以厚层石英砂岩与下伏太原组分界，为连续沉积。与太原组相比，山西组不含海相灰岩，砂岩含量及厚度增大，并且变化较大，局部含灰质砂岩；煤岩厚度稍小于太原组，一般在12m以下，集中在该组的中部；碳质泥岩和暗色泥岩单层厚度一般小于20m（图1-1-19）。总体看，山西组是在华北大陆上的含煤建造，只有短暂的海侵作用，煤系烃源岩属于近海陆相沉积，其中暗色泥岩是沼泽—湖泊环境沉积，与太原组潟湖沉积完全不同。暗色泥岩中富含植物化石，砂岩中含有菱铁质结核或条带，煤层硫分含量较低，是陆相含煤沉积的相标志。部分地区山西组保存不完整，上部常被剥蚀。除太原组和山西组发育煤系烃源岩外，本溪组也发育一些煤系烃源岩。因为本溪组是区域不整合面之上的填平补齐沉积，厚度变化大，在局部低洼处可以沉积厚度不超过5m的煤岩或煤线、不超过10m的碳质泥岩或暗色泥岩（图1-1-19），所以在区域上评价石炭系—二叠系煤系烃源岩时往往忽略它们的存在，但是在局部发育该组烃源岩时，可能成为重要的评价对象。

（3）残余煤系烃源岩的分布特征。

太原组和山西组层位上相邻，煤岩、碳质泥岩和暗色泥岩表现特征基本一致，所以常常称为石炭系—二叠系煤系烃源岩。由于中生代—新生代以来的两期裂谷构造活动导致的剥蚀，造成现今它们在渤海湾盆地不同构造单元内残余厚度有巨大差异。

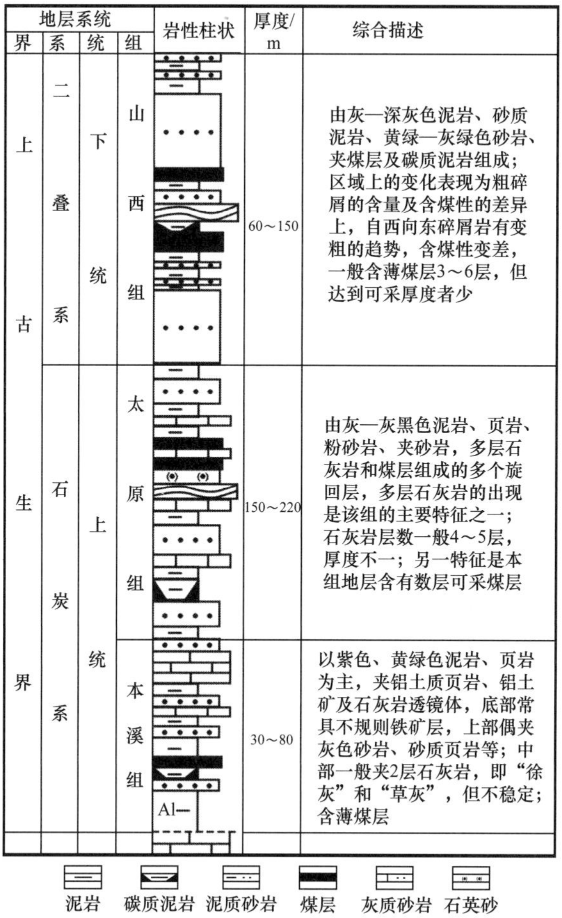

图 1-1-19　石炭系—二叠系岩性柱状图

例如，胜利油田在孤北潜山上发现了源于石炭系—二叠系的油气，其煤系烃源岩分布范围北起埕东断层、南至孤北断层、西起孤西断层、东至桩斜 398 井一带的 200km² 左右的区域（图 1-1-20）。

如图 1-1-20 所示，煤岩厚度在 0～30m，厚度中心分布在义 155 井－渤 93 井一带，义 155 井附近煤岩厚度约达 30m；暗色泥岩的分布范围与煤层一致，其厚度在 0～120m，厚度中心也位于义 155 井－孤北 21 井一带；碳质泥岩与煤岩和暗色泥岩分布相似，厚度中心也位于义 155 井－孤北 21 井一带，最大厚度约 30m。

由于煤系地层埋藏深度大（＞4000m），仅在洼陷边部有所钻遇，如渤 601 井等。地震资料显示其厚度在 100～800m，厚度中心位于义 155 井－渤 93 一带（图 1-1-21）。

2）煤系烃源岩地球化学特征

（1）煤系烃源岩有机质含量和组成特征。

太原组和山西组煤岩 TOC 比较高，为 65%～85%，碳质泥岩 TOC 基本上在 15%～25% 范围内，而暗色泥岩 TOC 在 5% 以下。例如在济阳坳陷的孤北地区，煤系烃源岩地球化学特征（表 1-1-4）。

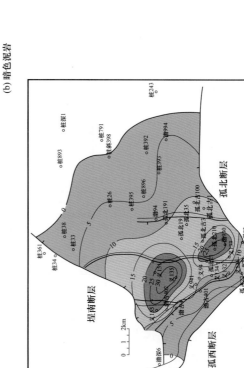

图 1-1-20 孤北潜山带石炭系—二叠系煤系烃源岩厚度分布图

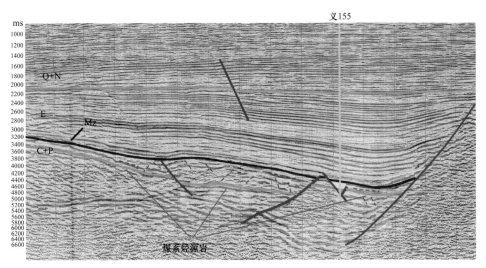

图 1-1-21　孤北潜山带过义 155 井南北向地震剖面图

表 1-1-4　孤北地区不同层系烃源岩地球化学对比特征

地区	层位	岩性	TOC/%	氯仿沥青 "A" /%	R_o/%	有机质类型
渤南洼陷	Es_1	泥岩	3.5～6.0	0.2457～0.7132	低成熟	Ⅰ—Ⅱ₁
	Es_3	泥岩	0.6～5.0	0.1075～0.6032	成熟—高成熟	Ⅰ—Ⅱ₁
	Es_4	泥岩	1.0～2.0	0.1160～0.3376	成熟—高成熟	Ⅰ—Ⅱ₁
	Mz	煤	49.3	0.4723	高成熟—过成熟	Ⅱ—Ⅲ
		泥岩	4.2	0.1036	高成熟—过成熟	Ⅲ
	C—P	煤	76.4	1.3274	高成熟—过成熟	Ⅱ—Ⅲ
		泥岩	4.8	0.1075	高成熟—过成熟	Ⅲ
	O	碳酸盐岩	0.12	0.0013	高成熟—过成熟	Ⅰ
潜山带	Mz	煤	60	1.253	低成熟—成熟	Ⅱ₂—Ⅲ
		泥岩	0.6～4.6	0.0864～0.1934		Ⅲ
		碳质泥岩	6.82～18.9	0.4721～0.7532		Ⅲ
	C—P	煤	65～82	0.5074～1.625	成熟	Ⅱ₂—Ⅲ
		泥岩	0.4～1.98	0.0695～0.1715		Ⅲ
		碳质泥岩	8.23～12.63	0.3917～0.8392		Ⅲ
孤北洼陷	Es_3	泥岩	1.0～7.0	0.14～1.24	成熟—高成熟	Ⅰ—Ⅱ₁
	Es_4	泥岩	2.0	0.0051～0.6855	成熟—高成熟	Ⅰ—Ⅲ
	Ek	泥岩	0.71～5.33	0.201～0.8407	成熟—高成熟	Ⅰ—Ⅲ

石炭系—二叠系发育多套煤层，单层厚度在 1～2m。RockEval 测试表明，煤岩生油潜量为 1.66～117.7mg/g，氯仿沥青 "A" 含量为 0.51%～1.63%，具有较高的生烃潜力（表 1-1-4）。碳质泥岩的总有机碳含量为 8.23%～12.63%，平均为 11.10%，生油潜量为 1.31～25.95mg/g，平均为 14.38mg/g，氯仿沥青 "A" 含量为 0.4%～0.8%（表 1-1-4），说明生油潜力较高。泥岩总有机碳含量为 0.4%～1.98%（平均为 1.06%），生油潜量为 0.02～1.11mg/g（平均为 0.35mg/g），氯仿沥青 "A" 含量为 0.07%～0.17%（表 1-1-4）。煤岩有机质类型以 Ⅲ 型为主（部分 Ⅱ$_2$ 型），暗色泥岩和碳质泥岩则以 Ⅲ 型有机质为主。孤北地区石炭系—二叠系煤系烃源岩热演化程度处于生油窗中后期—生气开始阶段，其 R_o 多在 0.89%～1.50%。由此可见，石炭系—二叠系煤系烃源岩正处于良好的生油、生气阶段。

从显微组分分析看，石炭系—二叠系煤岩镜质组相对含量为 75%～85%（其中富氢镜质组占 40%～50%），惰质组含量在 8.3%～18.17%，倾向于生油的腐泥组 + 壳质组含量在 4.8%～9.8%（表 1-1-5），说明煤岩既能够生气，也能够生出液态油。碳质泥岩和暗色泥岩显微组分的组成特征与煤岩相比，一个明显特征是惰质组含量明显高（在 21%～42%），可能与部分分散型有机质过度氧化相关，而能够生油的腐泥组 + 壳质组相对含量在 0～12.7% 范围内（表 1-1-5），说明也是能够生成一些液态油的母岩。

表 1-1-5　孤北地区煤系烃源岩显微组分组成特征

井号	层位	岩性	腐泥组 + 壳质组含量 /%	镜质组含量 /%	惰质组含量 /%
孤南 31	C	煤岩	4.81	85.89	8.3
	P	煤岩	6.54	75.29	18.17
	P	煤岩	9.81	75.79	11.4
义 135	P	煤岩	5.22	77.6	15.03
桩古 24	C	暗色泥岩	5.08	57.79	37.12
义 155	C	碳质泥岩	4.04	55.32	40.64
义东 11	C	暗色泥岩	5.53	58.86	35.61
	P	暗色泥岩	9.47	59.32	31.21
孤南 31	P	暗色泥岩	12.7	66.24	21.07
义 135	P	碳质泥岩	0	67.44	32.56
义 136	P	碳质泥岩	0	57.14	42.86
义 155	P	暗色泥岩	5.74	54	40.27

（2）煤系烃源岩生成的液态烃组成特征。

实验室对岩样用氯仿抽提出来的沥青，就是该岩样生成的并且是未排出的液态烃，对其饱和烃进行色谱—质谱分析，可以得到煤系烃源岩生成的液态油组成特征（Wu et al.，2013；徐春光，2014；胡洪瑾等，2017）。

　　通过对煤岩进行氯仿沥青抽提，发现其正构烷烃主峰碳为C_{19}、C_{30}以后的正构烷烃含量明显减少，异构烷烃中姥姣烷占优（Pr/Ph＞2），反映煤系烃源岩特征，与正常原油相比高碳数烃类稍微少一些，未检测出胡萝卜烷说明成熟度较高［图1-1-22（a）］；甾烷系列物中以规则甾烷为主，其中C_{29}胆甾烷含量达60%左右，是C_{27}和C_{28}胆甾烷的两倍以上，孕甾烷、C_{27}重排甾烷和4-甲基甾烷含量较低，而C_{29}重排甾烷也较高［图1-1-22（b）］；藿烷系列中以C_{27}—C_{33}藿烷为主、莫烷含量低［图1-1-22（c）］，三环萜烷总体含量低且系列不全，C_{19}三环萜烷、C_{20}三环萜烷和C_{24}四环萜烷含量相对高一些，C_{24}四环萜烷/C_{23}三环萜烷比值超过9.0，T_s/T_m不到0.5。

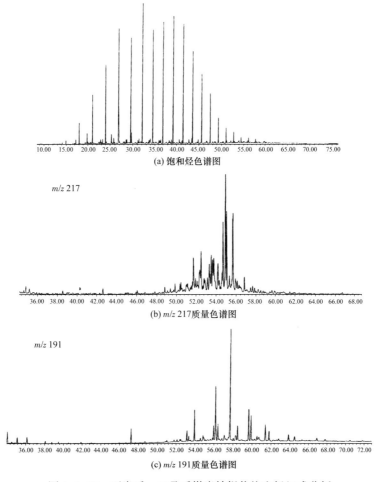

(a) 饱和烃色谱图

(b) *m/z* 217质量色谱图

(c) *m/z* 191质量色谱图

图1-1-22　石炭系—二叠系煤岩抽提物饱和烃组成分析

　　太原组碳质泥岩氯仿沥青抽提物中的正构烷烃分布与煤岩相似，也是C_{19}为主峰，但是碳数高一些，可以到C_{34}，姥姣烷/植烷比值稍低一些（1.0～2.0），如图1-1-23（a）所示；C_{29}胆甾烷仍然是*m/z*217谱图［图1-1-23（b）］最高峰，但是C_{27}和C_{28}胆甾烷含量比煤岩高一些，同时甾烷系列中重排甾烷比煤岩的高，另外C_{20}和C_{21}妊甾烷含量比煤岩的高［图 1-1-23（b）］；m/z191 质量色谱图反映出藿烷系列由 C_{27}—C_{33} 藿烷和莫烷组成［图 1-1-23（c）］，其中见有伽马蜡烷，伽马蜡烷指数为 0.12 左右，C_{19} 三环萜烷、C_{20} 三环萜烷和 C_{24} 四环萜烷的相对含量较高，C_{21} 和 C_{23} 等其他的三环萜烷含量次之，C_{24} 四环萜烷 /C_{23} 三环萜烷比值为 2.0 左右。该样品出现伽马蜡烷，说明了太原组是咸水沉积的特征。

太原组暗色泥岩的氯仿沥青抽提物的饱和烃特征与煤岩明显不同，正构烷烃主峰碳为 C_{21}，见到最高碳数是 C_{31}［图 1-1-24（a）］，饱和烃色谱图一个显著特征是植烷优势，姥姣烷 / 植烷比值小于 1.0，同时还出现了含量较高的胡萝卜烷。甾烷系列与前面描述的两种岩性抽提物不一样，C_{27} 胆甾烷含量高，并且与 C_{28} 和 C_{29} 胆甾烷组成了 "V" 形［图 1-1-24（b）］，该岩样中的孕甾烷、重排甾烷和 4- 甲基甾烷含量较低。藿烷系列分布比较正常［图 1-1-24（c）］，但是三降藿烷 T_s 与 T_m 的相对含量较低，T_s/T_m 比值在 0.4～0.8，伽马蜡烷含量明显高，其检测峰高于 C_{31} 藿烷的峰高，伽马蜡烷指数为 0.20～0.50，说明太原组暗色泥岩沉积水体是比较咸的，反映了海相潟湖沉积环境。

3）残余煤系烃源岩在渤海湾盆地的分布特征

通过胜利、中原、大港、华北和冀中等油田的资料调研，包括数百口井煤系烃源岩的测井识别、主要洼陷地震解释和大量分析测试数据的统计，编制了煤岩、碳质泥岩和暗色泥岩厚度分布图。

（1）山西组厚度。

综合覆盖渤海湾盆地全区的 240 余口单井地球化学综合柱状图和联井剖面图，依据录井与测井预测结果，按照煤岩、碳质泥岩和暗色泥岩等不同岩性进行厚度统计，绘制出了山西组和太原组的煤岩、碳质泥岩和暗色泥岩厚度等值线图。

总体来看，黄骅坳陷山西组煤岩厚度大于泥岩，介于 5～15m，且南部厚于北部，在歧口凹陷区遭受剥蚀。山西组煤岩累计厚度分布于 5～10m，以大港中南区为主要分布区，歧口凹陷地区遭受剥蚀，涧海地区、埕海斜坡、孔店凸起、乌马营潜山—沧县隆起南部厚度较大，最厚可达 15m（图 1-1-25）。冀中坳陷山西组煤岩整体呈现北东南西向分布，在文安斜坡和饶阳凹陷东侧厚度较大，可达 16～20m，武清凹陷—杨村斜坡—大城凸起带整体厚度较薄，为 2～4m，其他地区厚度分布在 4～10m（图 1-1-26）。济阳坳陷山西组时期沉积相基本近似南北向展布，煤岩厚度最大在 10m，呈现厚薄条带状分布（图 1-1-27）。临清坳陷山西组煤岩呈北东—南西向展布，在丘县凹陷厚度最大（>15m），其他地区厚度均在 10m 以下（图 1-1-28）。东濮凹陷山西组煤岩呈现西北—东南向展布，厚度超过 8m 的地区从南向北依次为长堰—马厂—马头集地区、庆祖集、卫城地区和宋王店地区，其他地区厚度均在 6m 以下（图 1-1-29）。

受海陆过渡相沉积影响，黄骅坳陷碳质泥岩整体呈近似东西向展布，由北向南主要分布在歧北斜坡、孔店凸起和埕海地区、盐山低凸起、王官屯和乌马营潜山—沧县隆起南部周缘，且在沧县隆起南部达到最大近 50m，其他地区碳质泥岩厚度较薄，介于 20～30m（图 1-1-25）。冀中坳陷山西组碳质泥岩厚度集中于中部和西南部，以饶阳凹陷东南部和阜城凹陷厚度最大，可达 55m，东北部的杨村—文安斜坡和武清凹陷厚度较薄，

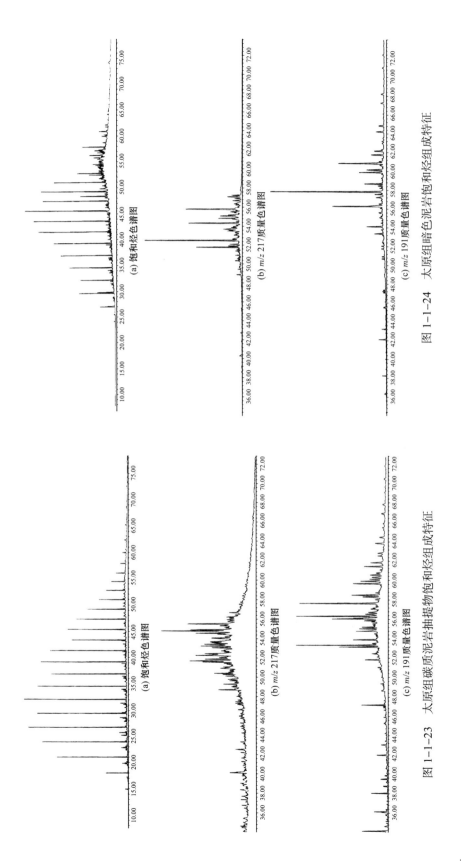

(a) 饱和烃色谱图

(b) m/z 217 质量色谱图

(c) m/z 191 质量色谱图

图 1-1-24 太原组暗色泥岩饱和烃组成特征

(a) 饱和烃色谱图

(b) m/z 217 质量色谱图

(c) m/z 191 质量色谱图

图 1-1-23 太原组碳质泥岩抽提物饱和烃组成特征

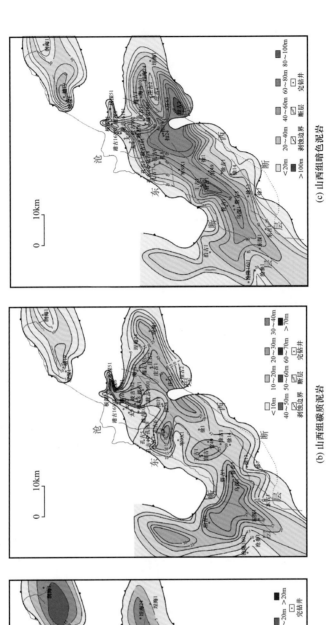

图 1-1-25　黄骅坳陷山西组煤系烃源岩厚度分布图

(a) 山西组煤岩

(b) 山西组碳质泥岩

(c) 山西组暗色泥岩

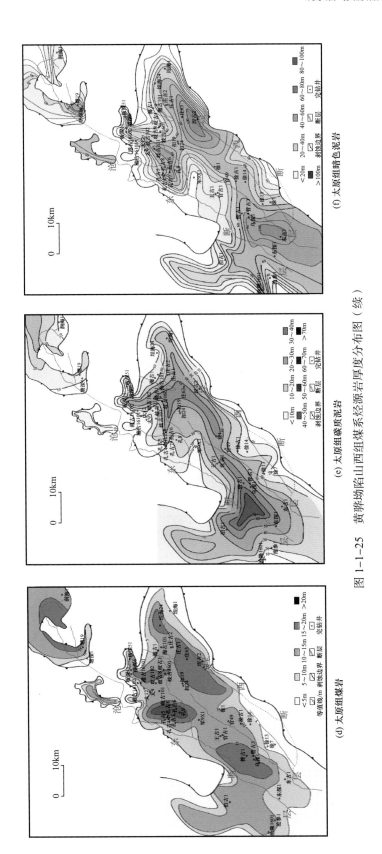

图 1-1-25　黄骅坳陷山西组煤系烃源岩厚度分布图（续）

（d）太原组煤岩　　　（e）太原组碳质泥岩　　　（f）太原组暗色泥岩

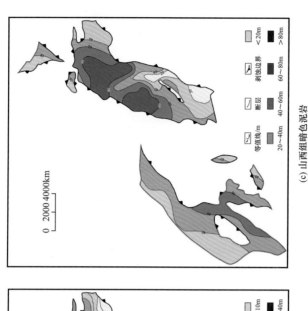

(c) 山西组暗色泥岩

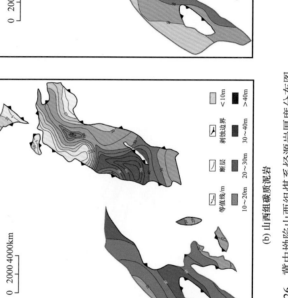

(b) 山西组碳质泥岩

图 1-1-26 冀中坳陷山西组煤系烃源岩厚度分布图

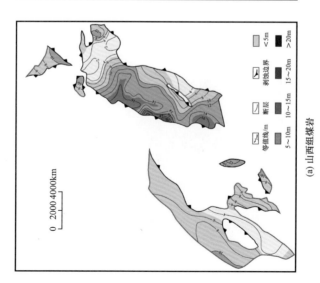

(a) 山西组煤岩

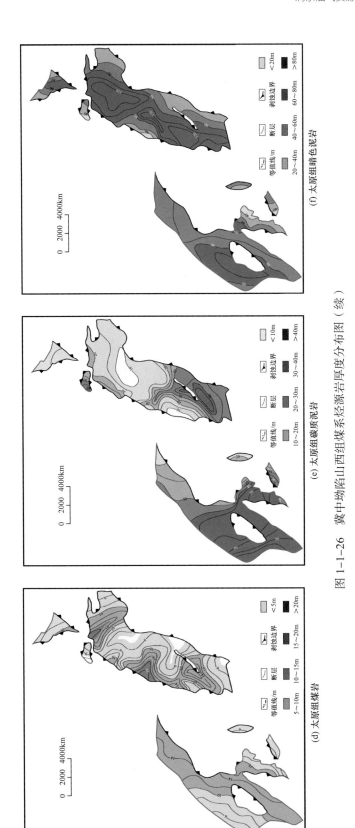

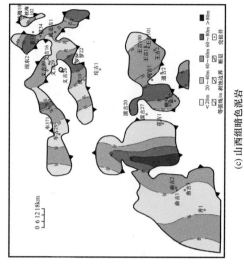

(c) 山西组暗色泥岩

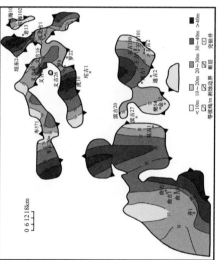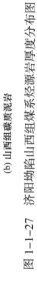

(b) 山西组碳质泥岩

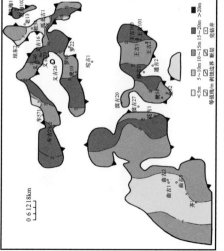

(a) 山西组煤岩

图 1-1-27　济阳坳陷山西组煤系烃源岩厚度分布图

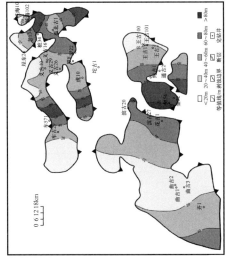

（f）太原组暗色泥岩

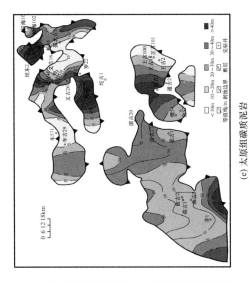

（e）太原组碳质泥岩

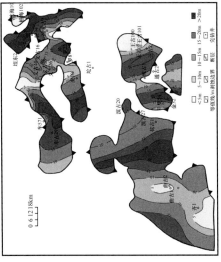

（d）太原组煤岩

图 1-1-27　济阳坳陷山西组煤系烃源岩厚度分布图（续）

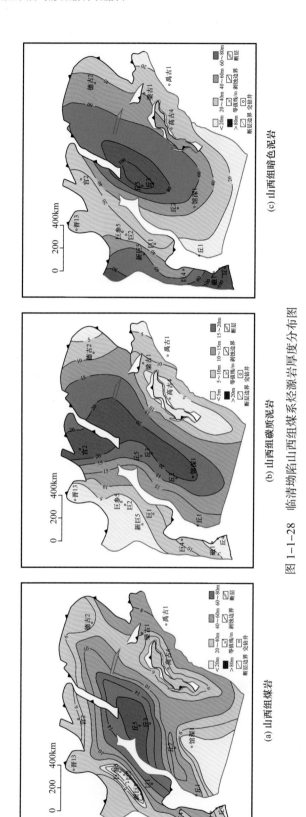

图1-1-28 临清坳陷山西组煤系烃源岩厚度分布图

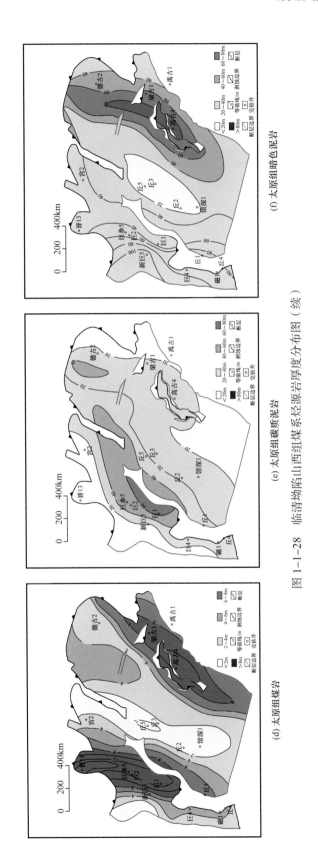

图 1-1-28 临清坳陷山西组山西组煤系烃源岩等厚度分布图（续）

(f) 太原组暗色泥岩

(e) 太原组碳质泥岩

(d) 太原组煤岩

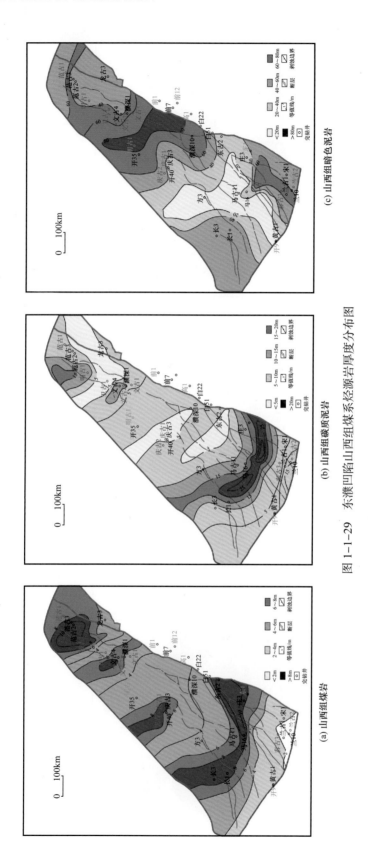

图 1-1-29　东濮凹陷山西组煤系烃源岩厚度分布图

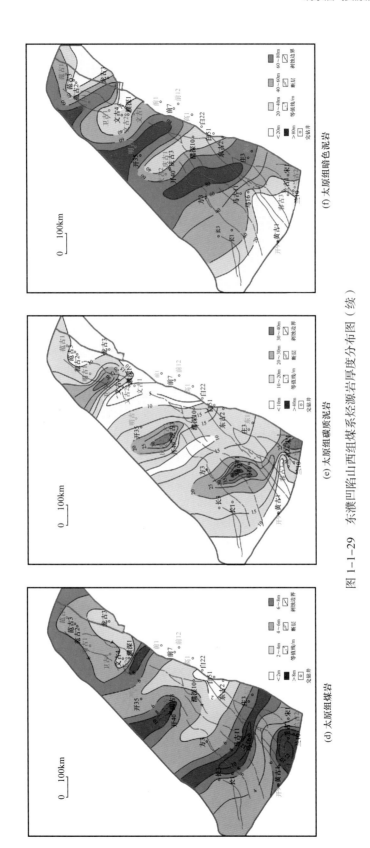

图 1-1-29 东濮凹陷山西组煤系烃源岩厚度分布图（续）

小于 10m，沿大城凸起方向厚度较大（图 1-1-26）。济阳坳陷山西组碳质泥岩在黄河口凹陷、莱州湾凹陷、沾化凹陷和惠民凹陷及东营凹陷地方较厚，也只有 40m，其他地方厚度小于 20m（图 1-1-27）。临清坳陷山西组碳质泥岩集中在大营镇凹陷、武城凸起、丘县凹陷、馆陶凸起地区，厚度也只有 20m 以上，大部分地区厚度小于 15m，整体较薄（图 1-1-28）。东濮凹陷山西组碳质泥岩厚度整体较薄，厚度小于 10m，仅在马厂—马头集地区厚度超过 25m（图 1-1-29）。

黄骅坳陷暗色泥页岩整体厚度明显大于煤岩与碳质泥岩，山西组的累计厚度最大可达 110m 以上，分布于扣村、张巨河地区，其次在王官屯、乌马营—沧县隆起南部厚度达到 70m 以上，总体呈现出东厚西薄的趋势（图 1-1-25）。冀中坳陷山西组暗色泥岩以北东—西南方向展布，在武清凹陷—杨村—文安斜坡一带厚度较大，最厚超过 80m，大城凸起西侧、里坦凹陷和阜城凹陷厚度减薄，在西南部的晋县凹陷—束鹿西斜坡地区厚度较大（>60m）（图 1-1-26）。济阳坳陷山西组厚层暗色泥岩集中在东营凹陷和惠民凹陷（宋明水，2004），最厚为 60m 以上，其他地区 20～40m 和 10～20m 互相条带状分布（图 1-1-27）。临清坳陷山西组暗色泥岩主要分布在丘县凹陷—武城凸起—馆陶凸起和西部的南和凹陷地区，厚度介于 60～120m，其他地区厚度明显较薄，小于 40m（图 1-1-28）。东濮凹陷山西组暗色泥岩分布基本与碳质泥岩互补，在胡状集—前梨园地区厚度较大（>60m），在马厂周缘厚度较薄（<20m），其他基本厚于 20m（图 1-1-29）。

（2）太原组厚度。

由于沉积早于山西组，受构造抬升剥蚀作用弱于山西组，太原组煤岩分布范围大于山西组，如黄骅坳陷北部和天津地区均有分布；太原组煤岩较山西组厚，累计厚度最大可达 20m，整体介于 10～15m，呈北东—西南方向展布。在埕海和徐黑地区厚度较薄，厚度在 5～10m（图 1-1-25）。冀中坳陷太原组煤岩分布不同于山西组，最大累计厚度分布在文安斜坡向洼一侧，厚度超过 18m，其在武清凹陷、杨村斜坡地区以西北—东南向展布，厚度可达 16m，其次在献县凸起两侧厚度较大，基本大于 10m（图 1-1-26）。济阳坳陷太原组煤岩分布趋势与山西组煤岩相近，受由南向北的海相进积方向影响，以近南北向分布，在惠民凹陷、车镇凹陷—沾化凹陷西部—东营凹陷厚度较大，均在 15m 以上，最厚超过 20m。其他较薄区域均在 10m 以下（图 1-1-27）。临清坳陷太原组煤岩分布特征明显区别于山西组煤岩，该时期的沉积厚度中心在冠县—莘县凹陷和巨鹿凹陷地区，厚度以后者较大为 14m 左右，前者厚度则介于 8～12m，大部分地区的煤岩厚度则明显减薄至 4m 以下（图 1-1-28）。东濮凹陷太原组煤岩厚度分布与山西组煤岩分布相近，除在长垣—马厂—马头集地区、庆祖集、文留地区厚度较大（>8m），在南部的东坝头地区厚度较大（>10m），其余地区厚度低于 6m（图 1-1-29）。

黄骅坳陷太原组碳质泥岩较山西组厚，累计厚度最大可达 60m，但主要厚度在 20～40m，在扣村、张巨河、盐山低凸起、王官屯和沧县隆起南部厚度较大，大港探区北部较薄（图 1-1-25）。冀中坳陷太原组碳质泥岩主要分布于南部，在沧县隆起南部及阜城、石家庄、晋县、束鹿等凹陷厚度较大，厚度超过 30m，东北部整体较薄，厚度基本薄于 20m（图 1-1-26）。济阳坳陷太原组碳质泥岩厚度非均质性较强，最厚达 80m，分布在沾化凹陷、陈家庄凸起以北地区，其余地区厚度均在 40m 以下（图 1-1-27）。临清坳陷太原组碳质泥岩厚度略厚于山西组碳质泥岩，整体大部分厚于 20m，在巨鹿凹陷、鸡泽低凸起区厚度可达 60m（图 1-1-28）。东濮凹陷太原组碳质泥岩厚度中心呈现三个地区发育，从北向南依次为卫城地区、庆祖集地区、马厂—固阳地区，厚度大于 25m，从北向南厚度增大，其他地区厚度小于 20m（图 1-1-29）。

　　黄骅坳陷太原组的暗色泥页岩主要分布在北大港凸起、板桥凹陷、埕北斜坡和盐北浅凹陷内，累计厚度最大为埕海地区，最厚达 100m 以上，呈现为明显的东厚西薄特点。在王官屯西部、乌马营潜山北部和徐黑凸起东南部较薄（图 1-1-25）。冀中坳陷太原组暗色泥岩在全区厚度均较大，最厚可达 120m 以上，集中于武清凹陷、杨村斜坡地区，整体厚度在 60m 以上，在个别向凸起或隆起区一侧厚度较薄（<40m）（图 1-1-26）。济阳坳陷太原组暗色泥岩整体厚度较薄，成近南北向的条带状分布，沿车镇凹陷—沾化凹陷—东营凹陷条带状厚度约 40～80m，其余地区整体小于 40m（图 1-1-27）。临清坳陷太原组暗色泥岩厚度中心在临清东部的冠县—莘县凹陷地区和南和凹陷，以南和凹陷地区厚度最大（>80m），其他地区厚度较薄，均薄于 40m（图 1-1-28）。东濮凹陷太原组暗色泥岩与碳质泥岩分布相似，从北向南为三个厚度中心，依次为文明寨—古云集地区、胡状集—前梨园地区、徐集—葛岗集地区，厚度超过 80m，这三个厚度中心之间暗色泥岩厚度均小于 40m（图 1-1-29）。

2. 石炭系—二叠系煤系烃源岩生烃过程与生烃模式

　　由于渤海湾盆地不同构造单元中生代—新生代以来经历的构造活动不一样，有的经历了两次埋藏活动，有的只经历了一次深埋活动，有的没有经历过深埋裂谷活动。通过系统研究，研究区煤系烃源岩经历了二次生烃、三次生烃过程，为此以大港探区的歧北斜坡和乌马营地区为例探讨二次和三次生烃过程，剖析多次生烃的动力学特征和生烃模式及其它们在渤海湾盆地的分布情况（张松航等，2014；王惠勇等，2015；徐进军等，2017；Chang et al.，2018；Zhao et al.，2018；Jiang et al.，2019）。

　　1）二次和三次生烃过程分析

　　（1）二次生烃过程。

　　① 二次生油。

　　二次生烃生成的液态烃产率❶特征如图 1-1-30（a）所示，一次生烃中止 R_o=0.76%，烃源岩在发生二次生烃作用时生成的液态烃在 400℃时才开始接近一次生烃在 300℃时的量，生油高峰在 500℃左右，液态烃产率约 40mg/gTOC，生油高峰同样存在滞后现象。

　　② 二次生气。

　　未成熟样品与起始成熟度达到 0.76% 的样品对比，二次生烃过程中都在温度处于500℃左右时开始发生大量生气反应，这与液态烃产率在二次生烃过程中具有迟滞的现象具有一致性［图 1-1-30（b）］。随着温度升高，二次生烃过程的产率明显低于一次生烃过

---

❶　烃产率为 HC/TOC。

程；当温度达 650℃时，气态烃产率为 240mL/g TOC。与起始成熟度低的二次生烃过程相比较，生成的气态烃产率降低，但与所生成的液态烃相比，产气能力仍在增加而产油能力开始降低，该生烃过程中所生成的产物主要以气态烃为主。

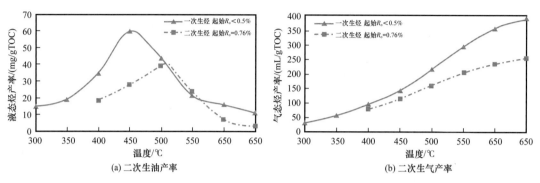

(a) 二次生油产率　　　　　　　　　　(b) 二次生气产率

图 1-1-30　不同二次、三次生烃过程液态烃产率特征对比

（2）三次生烃过程。

① 三次生油。

一次、二次、三次生烃过程中生成的液态烃产率特征如图 1-1-31（a）所示，三次生烃时 400℃的液态烃产率 ❶ 已经明显低于一次生烃和二次生烃，液态烃产率仅有 7.2mg/g TOC。生油高峰在接近 550℃时液态烃的产率约 15mg/gTOC。此时已经进入生油气阶段的湿气—干气阶段，液态烃产率有着明显的降低趋势。以上说明煤系烃源岩 R_o 达 0.9% 时仍然具有生烃能力。

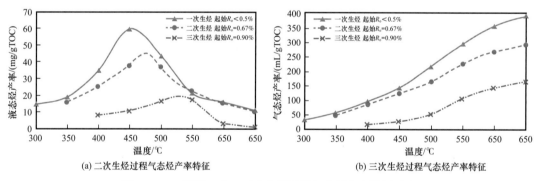

(a) 二次生烃过程气态烃产率特征　　　　(b) 三次生烃过程气态烃产率特征

图 1-1-31　不同二次、三次生烃过程气态烃产率特征对比

② 三次生气。

三次生气过程中温度处于 400℃时气态烃产率已经明显低于一次生烃和二次生烃过程，但气态烃产率仍有 20mL/gTOC［图 1-1-31（b）］。当温度达 500℃左右时才开始大量生气，随着温度逐渐升高，气态烃产率较一次生烃和二次生烃过程明显降低，当温度升至 650℃气态烃产率约达到 165mL/gTOC。此时，已经进入生油气阶段的湿气—干气阶段，液态烃产率有着明显的降低趋势而气态烃产率仍有增加趋势，说明该阶段仍有生烃潜力。

❶　烃产率为 HC/TOC。

　　通过两种生烃过程的比较发现，在生油高峰的早期阶段，煤岩起始成熟度为低成熟时，煤系烃源岩液态烃和气态烃的产率都较大；随着起始成熟度增大，生油气进入湿气阶段，液态烃产率开始降低，而气态烃产率仍随温度升高发生快速、大量的增加；当起始成熟度达成熟—高熟阶段，液态烃和气态烃的产率均出现明显减少，但气态烃产率仍在增加，生油能力低下，主要以气态烃为主。

　　2）二次和三次生烃动力学分析

　　（1）二次生油过程。

　　一次生烃与二次生烃（起始 $R_o=0.76\%$）的液态烃的活化能都呈现出正态分布的形态，一次生烃过程中的活化能主要分布在 180～220kJ/mol（众数为 190kJ/mol），二次生烃过程（起始 $R_o=0.76\%$）的活化能主要位于 260～280kJ/mol（众数为 270kJ/mol），二者众数相差 80kJ/mol［图 1-1-32（a）］。二次生烃的生油高峰比一次生烃生油高峰期晚、温度区间窄［图 1-1-32（a）］，表明二次生烃过程中有机质杂原子官能团丰富，键断裂需要更多的能量，更高的动力学条件。

　　相较于一次生烃，二次生烃（早期成熟）活化能分布更窄［图 1-1-32（a）］，随着演化程度的升高，产油能力逐渐下降，Ⅲ型干酪根较短的侧链在演化过程中易于断裂成气。

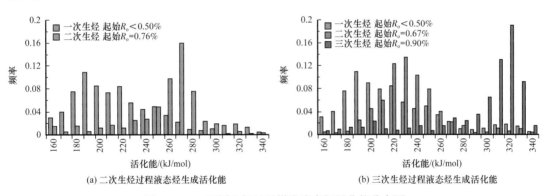

图 1-1-32　不同生烃过程煤岩液态烃活化能分布图

　　（2）三次生油过程。

　　三次生油的活化能呈现出正态分布，介于 310～330kJ/mol（众数为 320kJ/mol）［图 1-1-32（b）］。活化能分布较窄。随着演化程度升高，Ⅲ型干酪根侧链、官能团逐渐断裂消失，向芳香结构演化，以成气为主。

　　（3）二次与三次生气过程。

　　气态烃在 450～500℃时转化率开始迅速变大（图 1-1-33），说明在此时开始大量生气，且随温度升高气态烃转化率变化逐渐趋于缓慢。随着起始成熟度增加，气态烃转化率逐渐变大。不同生气过程中，煤岩随起始成熟度增大，更容易生成大量气态烃。

　　不同生烃过程中气态烃转化率的不同，其对应不同温度下气态烃活化能分布特征也不同（图 1-1-33）。气态烃活化能分布与液态烃活化能分布大致相似，不同之处在于发生二次生烃时，低成熟烃源岩生成的气态烃活化能较液态烃频率略高，两者活化能最高峰相差 10kJ/mol 左右，说明烃源岩在低成熟阶段更易生成液态烃。随着成熟度增加，气态烃活化能最高值分布与液态烃相差减小，说明进入了生油高峰后，油气大量生成，此后生烃演化更容易生成气烃。

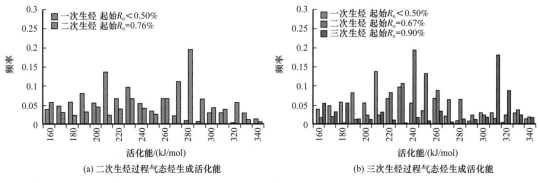

(a) 二次生烃过程气态烃生成活化能 　　(b) 三次生烃过程气态烃生成活化能

图 1-1-33　不同生烃过程煤岩气态烃活化能分布图

3）二次和三次生烃模式及其在渤海湾盆地的分布

（1）石炭系—二叠系煤系烃源岩油气生成模式。

① 早期低熟二次油气生成模式。

以 KG4 井为代表的二次生烃（早期低熟）过程生烃史分析（图 1-1-34）可知，烃源岩在约 248Ma 开始发生一次生烃后，距今约 235Ma、埋深约 2800m，烃源岩处于低成熟阶段，R_o=0.67%，油、气生成率分别为 22.6% 和 12.8%。进入晚三叠世时地层发生抬升导致一次生烃中止，直至进入古近纪地层再次发生沉积，现今埋深约 3775m，R_o 约 1.1%，油、气生成率分别为 11.6% 和 26.5%，其油气生成模式如图 1-1-35 所示。

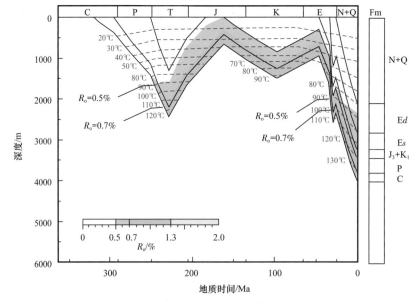

图 1-1-34　KG4 井石炭系—二叠系煤系烃源岩埋藏—生烃史

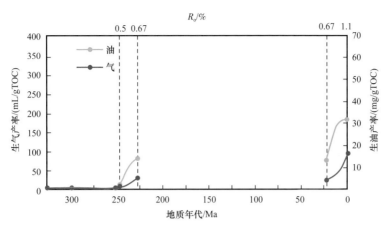

图 1-1-35 二次生烃（早期低熟）过程油气生成模式

二次生烃（早期低熟）过程中的各阶段油气生成率见表 1-1-6。

表 1-1-6 石炭系—二叠系煤系烃源岩各阶段油气生成率

层位	晚三叠世		晚白垩世		现今	
	气 /%	油 /%	气 /%	油 /%	气 /%	油 /%
C—P	12.8	22.6	—	—	26.5	11.6

② 早期成熟二次油气生成模式。

据 QG1601 井为代表的二次生烃过程（图 1-1-36）分析知，一次生烃后处于成熟阶段，距今约 230Ma，埋深约 2750m，R_o=0.76%，进入生油气高峰阶段，此时油、气生成率分别为 19.2% 和 25.6%，此时油的生成率比气高，以生油为主。

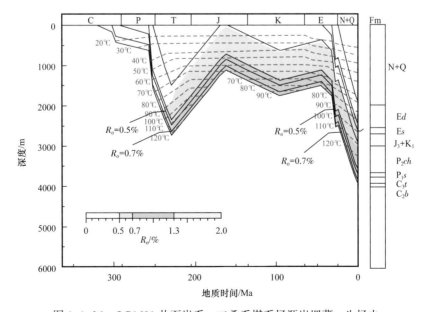

图 1-1-36 QG1601 井石炭系—二叠系煤系烃源岩埋藏—生烃史

二次生烃（早期低熟）过程中的各阶段油气生成率见表 1-1-7。

表 1-1-7　石炭系—二叠系煤系烃源岩各阶段油气生成率

层位	晚三叠世		晚白垩世		现今	
	气/%	油/%	气/%	油/%	气/%	油/%
C—P	19.2	25.6	—	—	31.8	8.7

进入晚三叠世时地层发生抬升导致一次生烃中止，直至进入古近纪以来距今约 25Ma 时，地层再次发生沉积，现今埋深约 3090m，R_o 约 1.1%，油、气生成率分别为 8.7% 和 31.8%，相较于起始成熟度低的二次生烃过程，产油率降低，产气率增加。其油气生成模式如图 1-1-37 所示。

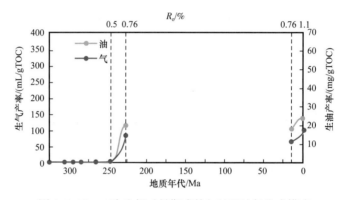

图 1-1-37　二次生烃（早期成熟）过程油气生成模式

③ 三次过熟油气生成模式。

据 WS1 井为代表的三次过程埋藏—生烃史分析（图 1-1-38）知，烃源岩在一次生烃后处于低熟阶段，距今约 225Ma、埋深约 2900m，此时 R_o=0.67%，以生油为主，油、气生成率分别为 9.9% 和 8.7%，进入晚三叠世时地层发生抬升导致一次生烃中止。当进入侏罗纪时地层又开始沉积，烃源岩发生二次生烃后处于生油高峰阶段，此时 R_o=0.9%，油和气都大量生成，进入晚白垩世时地层再次抬升导致二次生烃中止，此时距今约 98Ma、最大埋深约 3400m，油、气产率分别约为 15.8% 和 29.4%，此时烃源岩仍有生气潜力，但生油能力明显降低。进入古近纪以来地层再次发生沉积，现今埋深 5455m，R_o 约 1.6%，进入油气生成的湿气阶段，油、气生成率分别为 1.7% 和 35.6%，以生气为主，其油气生成模式如图 1-1-39 所示。

三次生烃（早期低熟）过程中的各阶段油气生成率见表 1-1-8。

表 1-1-8　石炭系—二叠系煤系烃源岩各阶段油气生成率

层位	晚三叠世		晚白垩世		现今	
	气/%	油/%	气/%	油/%	气/%	油/%
C—P	8.7	9.9	29.4	15.8	35.6	1.7

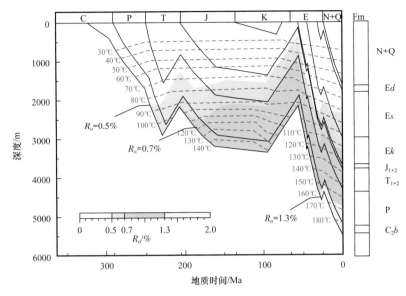

图 1-1-38　WS1 井石炭系—二叠系煤系烃源岩埋藏—生烃史

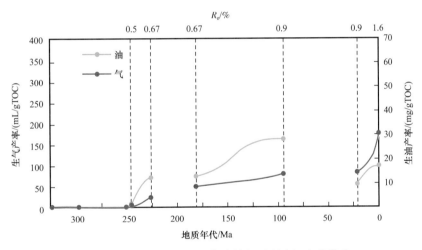

图 1-1-39　二次生烃（早期成熟）过程油气生成模式

（2）不同坳陷生烃期次分布特征。

据对整个渤海湾盆地残存石炭系—二叠系煤系烃源岩地区进行生烃史恢复，对目前六个主要坳陷（凹陷）区的生烃期次进行鉴别和分布分析。从绘制的渤海湾盆地石炭系—二叠系煤系烃源岩生烃期次分布图可知（图 1-1-40），一次生烃区主要分布在盆地西北部，如冀中坳陷的大城凸起区、黄骅坳陷的孔店凸起、埕海地区等。现在残存的晚侏罗世—早白垩世二次生烃主要分布在盆地中部，如沧县隆起、临清坳陷的馆陶凸起等，古近纪以来的二次生烃主要分布在黄骅坳陷北部的孔西斜坡—歧北斜坡—歧南次洼和歧口凹陷及东濮凹陷中央洼陷区。现今三次生烃区集中分布于盆地的中部南北，呈北东—南西向展布，从渤中坳陷、济阳坳陷—黄骅坳陷乌马营地区到临清坳陷（胡洪瑾等，2018）。

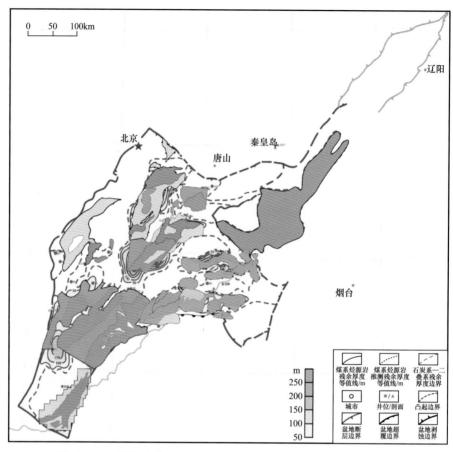

图 1-1-40　渤海湾盆地石炭系—二叠系煤系烃源岩生烃期次分布图

第二节　油气资源评价技术

据不完全统计，目前国内外常用的油气资源评价方法有十多种。尽管油气资源评价的方法很多，理论基础也存在着差异，各自运用的对象也不尽相同，但大致可归纳为成因法、统计法、类比法三大类，不同的油气资源评价方法各有其适用性和局限性。在不同地区、不同勘探开发阶段的石油资源评价应选用与其相适应的石油资源评价方法。在中高勘探程度的盆地，以统计法和成因法为主，兼类比法；在低—中低勘探程度的盆地，一般以类比法为主，兼成因法；在中等勘探程度的盆地，各方法都可适用。根据本次油气资源评价研究工作的总体思路和技术路线，针对不同评价单元的地质特点和勘探程度，选择了与之相适应的有效评价方法组合系列。针对古近系烃源岩的资源评价，由于渤海湾盆地整体勘探程度和地质认识程度较高，主要采用成因法和统计法相结合进行评价；但对于其中低勘探程度、低探明程度的凹陷/洼陷，采用成因法或类比法进行评价。对于上古生界烃源岩的资源评价，由于勘探程度和地质认识较低，主要采用成因法进行评价。

一、成因法油气资源评价

1. 成因法油气资源评价技术

成因法油气资源评价技术主要有氯仿沥青"A"法、有机碳法、干酪根降解法、计算机盆地模拟法等。成因法最大的优点是通过对油气生成、运移、聚集和保存的地质过程分析来评价油气资源，对于整体把握区域勘探潜力、方向和效益具有独到优势。但是，应用成因法计算的生烃量和排烃量进一步预测石油资源量时，由于运聚系数和排聚系数的定量评价极为困难，使得这一方法虽然在理论上较为科学，但在具体实践上可操作性较差，这也是随后人们更倾向于应用统计法的主要原因。

本次资源评价生烃量和排烃量采用的是化学动力学方法，对主力烃源岩层的生烃量和排烃量进行计算，在实际计算中，根据烃源岩生烃转化率、有机质丰度、有机质类型、厚度分布、埋深等资源评价基础参数，计算了目的烃源岩层的生烃量和排烃量。

生烃量的具体计算公式为：

$$Q_{生烃} = S \times H \times \rho \times TOC^0 \times HI \times F \tag{1-2-1}$$

式中　S——烃源岩面积；

H——烃源岩厚度，由暗色泥岩分布等值图获得；

ρ——烃源岩密度，由烃源岩埋深对应密度—深度关系曲线获得；

TOC^0——烃源岩原始有机质丰度，由现今 TOC 值及其生烃转化率获得；

HI——原始生烃潜力，根据烃源岩有机质类型及其生烃转化率确定；

F——有机质成烃转化率，由烃源岩埋深对应生烃剖面获得。

排烃量是通过生烃量与残留烃量的差值来获取，即：

$$Q_{排烃} = Q_{生烃} - Q_{残烃} \tag{1-2-2}$$

其中 $Q_{残烃} = Ka \times A$，Ka 是氯仿沥青"A"散失轻烃恢复系数，A 是氯仿沥青"A"含量。

本次高勘探程度地区的资源量主要应用统计法进行估算，并利用刻度区统计法预测不同来源石油总资源量与成因法计算的排烃量的比值来求取不同评价单元的聚集系数，并应用于低勘探程度地区，获取其资源量。

2. 油气资源评价单元

经过近 60 年的勘探开发，渤海湾盆地已进入较高勘探程度阶段，油气资源评价的目的已不是简单地获取一个资源量的数据，而是提出了更高的要求，要以明晰剩余资源及其分布为最终目的。以济阳坳陷为例，第二次油气资源评价主要以生烃小洼陷作为评价单元，共划分 17 个评价单元；第三次油气资源评价以聚油单元作为评价单元，依据排烃槽和流体压力，划分出 27 个"聚油气单元"；前几轮资源评价简单以生烃洼陷或排烃槽进行评价单元划分，已不能满足精细勘探的需要。

本次评价综合考虑评价区内构造、沉积体系、压力场、地层水特征及原油成因类型分布、油气运移等因素，建立评价单元划分原则，从而确定资源评价单元：首先利用构造特征、沉积体系、压力场等特征构建评价单元划分的宏观框架；对资料允许的地区，依据地层水成因类型、分布及油气运移的研究，分析含烃流体的宏观运移方向，明确含烃流体纵向和横向的化学分区；再通过精细油源对比，明确不同来源油气的空间分布及主控因素，划分成藏评价单元；最后通过典型地区解剖，优选适合的有效油气运移示踪标志，包括原油物性、生物标志化合物、轻烃、含氮化合物等参数，结合流体包裹体分析，确定油气运移路径，细化评价单元边界。

资源评价单元划分原则如下：

（1）宏观划分：相同水型、相同含烃流体单元，同一压力系统，相同构造和聚油背景；（2）单元细划：相同油源、相近运移路径、相同示踪矿物、同一构造层，考虑单元内已发现油藏的整体性和油藏个数，尽量与成因法资源统计结果对比和相互验证。

对于围绕古近系烃源岩的资源评价，根据划分原则，将济阳坳陷及其周边平面上划分为43个评价单元，其中东营凹陷14个、沾化凹陷11个、车镇凹陷5个、惠民凹陷3个、滩海地区7个、潍北地区1个、临清坳陷东部1个、辽东东1个；纵向上划分为5个层位，包括 Nm—Ng（新近系源外）、Ed—Es$_3$^{中}（古近系源外）、Es$_3$^{下}—Es$_4$^{上}（古近系源内）、Es$_4$^{下}—Ek（古近系源内）、Mz 及以下地层（潜山）（图 1-2-1 至图 1-2-3、表 1-2-1）。

对于围绕上古生界石炭系—二叠系烃源岩的资源评价，由于上古生界埋藏相对较深，勘探程度和地质认识较低，将济阳坳陷及临清坳陷划分为东营凹陷、沾化凹陷、车镇凹陷、惠民凹陷、德州凹陷和莘县凹陷6个评价单元进行评价。

3. 油气资源评价关键参数

本次油气资源评价主要采用成因法和统计法，其关键参数的取值及与实际地质特征的符合程度决定了结果的精确度和可信度。对成因法结果有重要影响的参数为有机碳恢复系数、有效烃源岩评价标准、产烃率图版和运聚系数；对类比法结果有重要影响的参数为类比评价参数体系与取值标准；对统计法计算结果有影响的参数为最小经济油田规模；对油气可采资源量有重要影响的可采系数等。

1）有机质丰度恢复系数

单位质量烃源岩生烃量的大小取决于其中所含有机质的丰度、类型（生烃潜力）和成熟度。由于现今获得的烃源岩有机质丰度实质上是残留的丰度值，因而，要客观地估算烃源岩的生烃量，需要了解其原始有机质丰度值。然而，在是否需要开展烃源岩原始有机质恢复这一问题上，不同学者争议很大。在 20 世纪 80 年代初以前，人们普遍认为烃源岩的生烃和排烃效率均很低（Hunt，1979，1990），因而实测的有机质丰度值被认为能近似地反映有机质的原始生烃能力。近年来对一些高熟优质烃源岩的研究发现，油气的生成和排出的效率实质上是很高的，因而对于已经发生过生排烃的烃源岩，其残余有机碳并不能准确反映有机质的原始丰度，很有必要恢复有机质的原始丰度和原始生烃能力，以使生油岩的定性评价和定量计算建立在更加可信的基础之上。

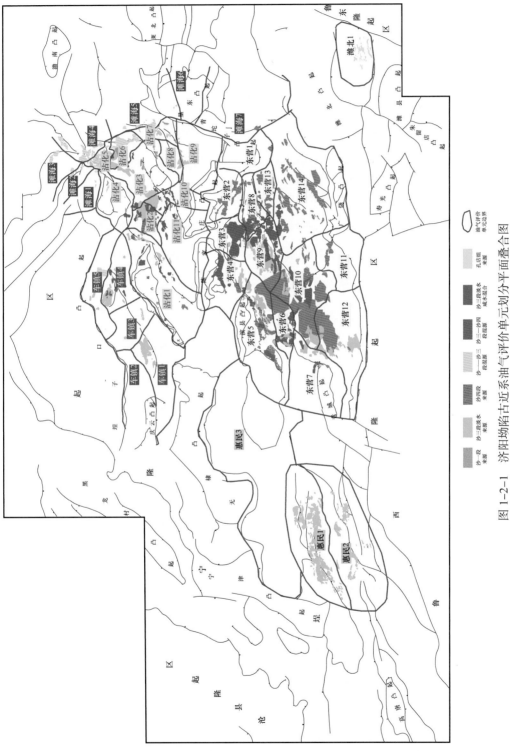

图 1-2-1　济阳坳陷古近系油气评价单元划分平面叠合图

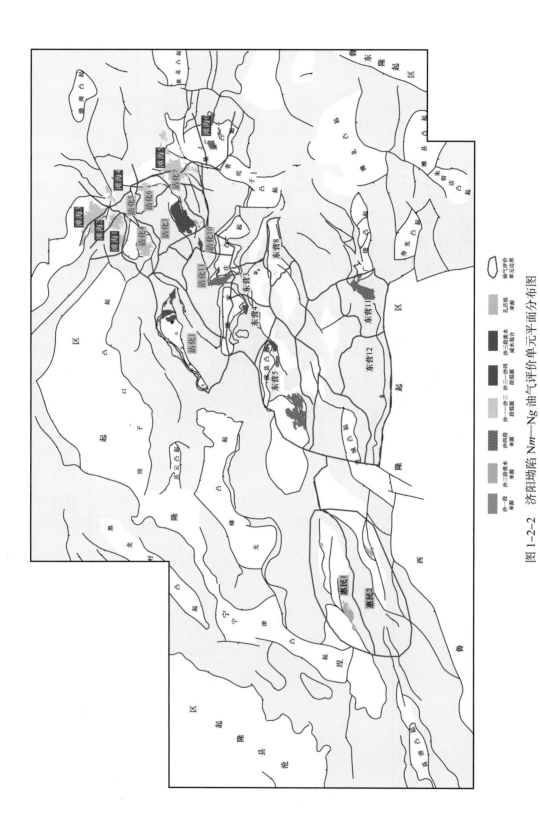

图 1-2-2 济阳坳陷 Nm—Ng 油气评价单元平面分布图

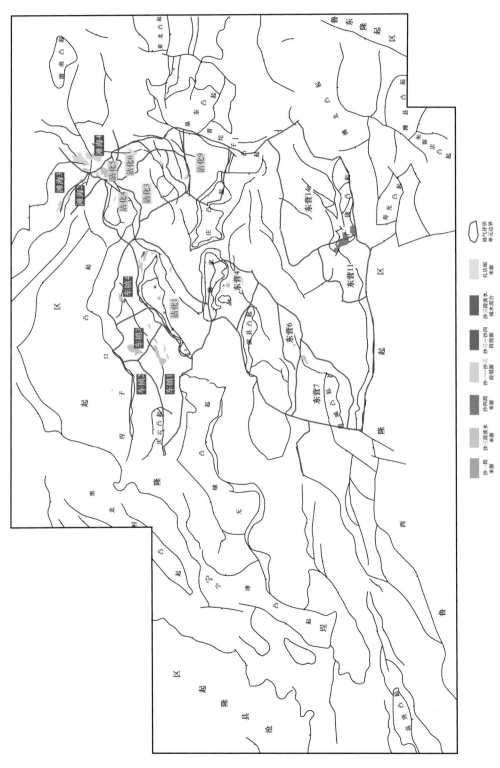

图1-2-3 济阳坳陷中生界—古生界油气评价单元平面分布图

表 1-2-1　济阳坳陷及邻区油气评价单元划分一览表

序号	含油气系统	评价单元编号	评价单元详细名称	序号	含油气系统	评价单元编号	评价单元详细名称
1	东营凹陷	东营1	青坨子凸起西缘和南缘	22	惠民凹陷	惠民1	临南北带
2		东营2	民丰洼陷盐家地区	23		惠民2	临南南带
3		东营3	胜坨油田主体区块	24		惠民3	阳信洼陷
4		东营4	利津洼陷北带中段	25	沾化凹陷	沾化1	义和庄凸起
5		东营5	滨南林樊家区带	26		沾化2	渤南洼陷带
6		东营6	利津洼陷平方王区块	27		沾化3	孤北洼陷南坡—孤岛油田
7		东营7	青城凸起	28		沾化4	埕东凸起
8		东营8	东辛油田主体区块	29		沾化5	桩北断层北带
9		东营9	中央隆起带现河区块	30		沾化6	桩北断层南部
10		东营10	梁家楼纯化大芦湖区块	31		沾化7	孤南洼陷东部—孤东油田
11		东营11	乐安油田主体区块	32		沾化8	孤南洼陷南部
12		东营12	博兴洼陷南部	33		沾化9	富林洼陷
13		东营13	牛庄洼陷东部广利地区	34		沾化10	孤岛西部
14		东营14	牛庄洼陷南坡	35		沾化11	渤南南斜坡
15	车镇凹陷	车镇1	车西洼陷南带	36	滩海地区	滩海1	埕北洼陷西南部
16		车镇2	车西洼陷北带	37		滩海2	埕北洼陷东北部
17		车镇3	大王北洼陷东带	38		滩海3	埕岛凸起
18		车镇4	大王北—郭局子南带	39		滩海4	桩海地区
19		车镇5	大王北—郭局子北带	40		滩海5	长堤—孤东—红柳区块
20	潍北地区	潍北	潍北凹陷	41		滩海6	垦东凸起
				42		滩海7	青东地区
21	临清坳陷	临清	临清坳陷东部	43	辽东东	辽东东	辽东东

国内外关于生排烃效率计算和原始有机质恢复的方法主要有四种：模拟实验法、化学动力学法、自然演化剖面法和物质平衡法，各有优缺点。其中物质平衡法是根据对自然剖面中不同成熟度和演化程度样品对比分析，根据物质守恒原理进行计算。由于可以回避复杂的机理，计算结果相对可靠。本次以该方法为基础开展研究工作。以东营凹陷为代表，对沙四段和沙三下亚段优质烃源岩进行了精细选取，选取的样品主要来自缺氧有机相和短暂充氧有机相的优质烃源岩，建立了系统的自然演化地球化学剖面。对沙四

段和沙三下亚段烃源岩的原始有机质丰度和生烃潜力进行了恢复，计算了不同成熟度条件下的生排烃效率，建立了烃源岩生排烃参数随深度的变化曲线，明确了不同演化阶段的烃源岩恢复系数（图1-2-4）。

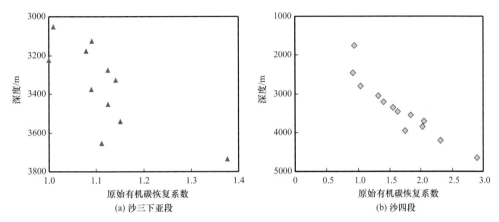

(a) 沙三下亚段　　　　　　　　　(b) 沙四段

图1-2-4　东营凹陷沙三下亚段、沙四段烃源岩原始有机碳恢复系数随深度变化曲线

随着深层勘探力度的加大，在东营凹陷沙四下亚段的钻井取心表明该段发育暗色泥岩和含膏泥岩，经综合地球化学分析表明，沙四下亚段顶部盐膏层为一套优质的烃源岩。由于深层沙四下亚段烃源岩热演化程度较高，缺少低熟烃源岩参照物，因此，选取了与济阳坳陷具有相似的构造沉积背景，且演化程度较低的汶东凹陷低演化烃源岩为模拟样品，样品有机碳含量为2.41%，成熟度R_o为0.38%，探讨了在不同模拟温度下，地球化学参数的演化规律，明确了其有机碳含量随着演化程度的变化过程（表1-2-2），并结合济阳坳陷成熟度R_o与深度的关系，最终建立了沙四下亚段烃源岩顶部盐膏层有机碳恢复系数随深度的变化规律（图1-2-5），对沙四下亚段烃源岩残余有机碳进行恢复，最终明确了其原始有机碳含量，沙四下亚段烃源岩具有较好的勘探潜力。

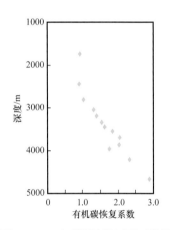

图1-2-5　东营凹陷沙四下亚段烃源岩原始有机碳恢复系数与深度的关系

表1-2-2　盐湖相烃源岩模拟样品原始有机碳恢复系数一览表

温度/℃	R_o/%	TOC/%	恢复系数
35	0.20	2.41	1.00
300	0.41	2.35	1.02
350	0.64	2.27	1.06
360	0.68	2.20	1.09

续表

温度/℃	R_o/%	TOC/%	恢复系数
370	0.72	2.09	1.15
380	0.77	2.01	1.19
390	0.83	1.92	1.26
400	0.89	1.79	1.35
410	0.97	1.63	1.47
420	1.07	1.45	1.66
430	1.17	1.25	2.09
440	1.28	1.09	2.21
450	1.40	1.00	2.41
460	1.52	0.98	2.46
490	1.96	0.88	2.74

2）烃源岩生排烃参数的厘定

生排烃效率求取是资源评价中的关键一环，"十一五"以来，在济阳坳陷已经建立起以生烃动力学方法来获取生烃量，应用氯仿沥青"A"来表征滞留烃量，并对氯仿沥青"A"的轻烃散失进行了简单的恢复。在生烃量和滞留烃量计算的结果上通过生烃量减去滞留烃量来获取排出烃量，从而计算排烃效率。

近年来，在济阳坳陷钻探了4口烃源岩系统取心井，累计取心超过1000m，深度在3000～3800m。济阳坳陷沙三下亚段、沙四上亚段两套主要烃源岩均具有完整的连续取心资料，这对烃源岩滞留烃的定量评价提供了宝贵资料。本次研究所用的滞留烃定量评价是经过散失轻烃恢复而获取，与以前相比可信度更高。

根据东营凹陷沙三下亚段、沙四上亚段烃源岩的生烃转化率演化（图1-2-6）、氯仿沥青"A"随深度的变化特征，计算出东营凹陷沙三下亚段和沙四上亚段不同有机质丰度烃源岩的排烃效率剖面（图1-2-7）。

根据沾化凹陷沙三下亚段、沙四上亚段烃源岩的生烃转化率演化（图1-2-6）、氯仿沥青"A"随深度的变化特征，计算出了沾化凹陷沙三下亚段和沙四上亚段不同有机质丰度烃源岩的排烃效率剖面（图1-2-8）。

从计算结果看，不论是沙三下亚段还是沙四上亚段，沾化凹陷的排烃门限均略浅于东营凹陷，以有机碳含量为4%的烃源岩为例，东营凹陷沙三下亚段排烃门限在3000m左右，沙四上亚段在2600m左右，而沾化凹陷分别在2800m和2400m左右，这可能与沾化凹陷地温梯度高于东营凹陷有关。

从排烃效率的计算结果看，有机质丰度高的烃源岩排烃相对较早，而且排烃效率较

高，高有机质丰度的烃源岩排烃效率可达 90%，而对于低有机质丰度的烃源岩（TOC<
1.0%），其排烃门限较深，排烃效率也较低，一般在 40% 以下。

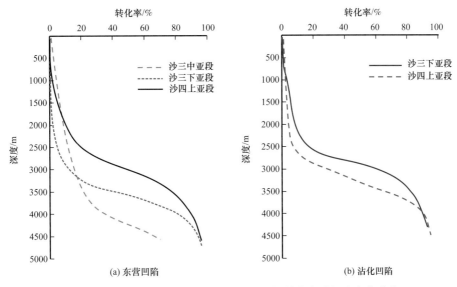

图 1-2-6　东营和沾化凹陷不同烃源岩生烃转化率随深度变化曲线

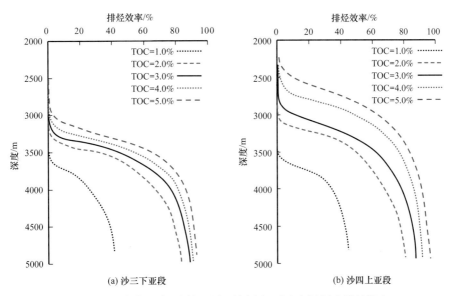

图 1-2-7　东营凹陷不同烃源岩不同有机质丰度烃源岩排烃效率

3）不同评价单元石油聚集系数

本次研究以渤海湾盆地勘探程度较高的济阳坳陷的富油洼陷为刻度区，首先在烃源
岩最新研究进展基础上计算得到各洼陷主要烃源岩层的生排烃量，再根据成藏统计法得
到不同洼陷不同来源（烃源岩层）的资源量（最小资源聚集量），结合已探明储量成因来
源劈分结果进行参数间的相互对比分析，最后结合早期聚集系数的研究成果与已探明油
气资源量，对油气聚集系数进行了综合评价（表 1-2-3）。

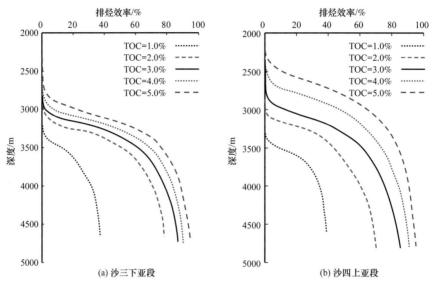

图 1-2-8　沾化凹陷不同烃源岩不同有机质丰度烃源岩排烃效率

表 1-2-3　济阳坳陷不同单元聚集系数汇总表

凹陷	评价单元简称	评价单元	聚集系数/%	凹陷	评价单元简称	评价单元	聚集系数/%
东营	东营 1	青坨子凸起西南缘	17	沾化	沾化 1	义和庄凸起	22
	东营 2	民丰洼陷北带	24		沾化 2	渤南洼陷带	25
	东营 3	胜坨地区	31		沾化 3	孤岛凸起	30
	东营 4	利津洼陷北带中段	23		沾化 4	埕东凸起	27
	东营 5	滨南林樊家地区	21		沾化 5	桩西地区	24
	东营 6	平方王地区	22		沾化 6	孤北洼陷	27
	东营 7	青城凸起	20		沾化 7	孤南东—孤东西部	27
	东营 8	中央背斜带东段	21		沾化 8	孤南洼陷	28
	东营 9	中央背斜带西段	20		沾化 9	富林洼陷	27
	东营 10	梁家楼纯化地区	20		沾化 10	垦西地区	23
	东营 11	乐安草桥地区	19		沾化 11	渤南南斜坡	24
	东营 12	博兴洼陷南坡	20	车镇	车镇 1	车西洼陷南带	18
	东营 13	广利地区	20		车镇 2	车西洼陷北带	16
	东营 14	牛庄洼陷南坡	22		车镇 3	大王北洼陷西部	18
惠民	惠民 1	临南北带	27		车镇 4	大王北—郭局子南带	20
	惠民 2	临南南带	23		车镇 5	大王北—郭局子北带	18
	惠民 3	阳信洼陷	13				

　　总体来说，济阳坳陷各洼陷的油气聚集系数要低于新一轮全国油气资源评价的结果。济阳坳陷沙四下亚段有效烃源岩主要分布在东营凹陷，聚集系数期望值为20%；沙四上亚段聚集系数期望值主要分布在20%～29%，各洼陷差别相对较小。沙三下亚段的聚集系数期望值在16%～37%，其中车镇凹陷各洼陷聚集系数普遍较低，惠民凹陷阳信洼陷也较低。沙一段烃源岩聚集系数期望值主要分布在20%～38%。

4. 成因法油气资源评价结果

　　渤海湾盆地（陆上）常规油气石油探明储量为$112.46 \times 10^8 t$，地质资源量期望值为$214.11 \times 10^8 t$，天然气探明储量为$6394.74 \times 10^8 m^3$，地质资源量期望值为$26265.62 \times 10^8 m^3$（表1-2-4）。常规石油探明可采储量为$29.43 \times 10^8 t$，地质可采资源量期望值为$53.88 \times 10^8 t$，天然气探明可采储量为$2394.94 \times 10^8 m^3$，地质可采资源量期望值为$12348.16 \times 10^8 m^3$（表1-2-5）。

表1-2-4　渤海湾盆地（陆上）常规油气地质资源量汇总表

评价单元名称	石油 /$10^8 t$		天然气 /$10^8 m^3$	
	探明储量	地质资源量	探明储量	地质资源量
辽河探区（辽河坳陷）	23.73	40.96	723.44	1292.52
冀东探区（南堡凹陷）	4.78	11.89	485.80	2511.80
大港探区（黄骅坳陷）	13.06	24.70	753.94	5412.21
华北探区（冀中坳陷）	11.41	24.39	374.33	3364.20
中原探区（东濮凹陷）	5.92	10.52	1388.38	3383.16
胜利探区（济阳及外围）	53.56	101.65	2668.85	10301.74
合计	112.46	214.11	6394.74	26265.62

表1-2-5　渤海湾盆地（陆上）常规油气地质可采资源量汇总表

评价单元名称	石油 /$10^8 t$		天然气 /$10^8 m^3$	
	探明可采储量	地质可采资源量	探明可采储量	地质可采资源量
辽河探区（辽河坳陷）	6.09	9.26	—	—
冀东探区（南堡凹陷）	1.03	2.45	485.80	995.69
大港探区（黄骅坳陷）	3.08	5.78	364.96	2729.80
华北探区（冀中坳陷）	3.18	6.80	185.56	1949.01
中原探区（东濮凹陷）	1.67	2.51	562.46	1416.34
胜利探区（济阳及外围）	14.38	27.08	796.16	5257.32
合计	29.43	53.88	2394.94	12348.16

济阳坳陷及其外围地区是渤海湾盆地（陆上）石油资源最为丰富的地区，地质资源量期望值为 101.65×10^8t，占总地质资源量的 47%，地质可采资源量为 27.08×10^8t，占总可采资源量的 50%。其次是辽河坳陷，地质资源量期望值为 40.96×10^8t，可采资源量期望值为 9.26×10^8t。天然气资源量也以济阳坳陷及其外围地区较丰富，其次为黄骅坳陷（冀东探区和大港探区），天然气地质资源量分别为 10301.74×10^8m³ 和 7924.01×10^8m³。

二、地球生物学油气资源评价

1. 地球生物学油气资源评价原理

烃源岩的形成与地质（微）生物作用密切相关。首先微生物的大量繁殖为优质烃源岩的形成提供了必需的物质基础，也是初级生产力的重要组成部分。生物体死后，经过一系列好氧微生物的降解，形成颗粒有机质和可溶有机质，前者通过自身的重力作用逐步下沉，而可溶有机质则需要通过与水体中悬浮的矿物颗粒或其他颗粒形成复合体然后逐步下沉。当这些有机质到达沉积物—水界面时，已转变为较为稳定的有机质。随着沉积作用的进行，这些有机质逐步进入沉积物并被埋藏，从而脱离水—沉积物界面，逐步进入缺氧环境。此时，生活在沉积物中的厌氧微生物（如硫酸盐还原菌等）一方面会对沉积物中的有机质进行进一步的降解和利用；另一方面，厌氧微生物还会对矿物晶格中的一些变价离子进行作用，如还原黏土矿物晶格中的 Fe^{3+} 而获得能量，从而使黏土矿物的晶格结构发生改变，造成矿物的溶解和转变，使得原来吸附在矿物上的可溶有机质重新释放出来。微生物的作用尤其是一些微生物功能群在烃源岩的形成过程中起着至关重要的作用，如光合自养微生物、厌氧异养微生物、硝酸盐还原菌、硫酸盐还原菌、产甲烷菌、嗜甲烷菌等。微生物除了能对有机质进行降解，造成沉积有机质数量的减少外，还能对有机质进行改造，使有机质的成烃性质和成烃特征发生改变。在低演化阶段，微生物参与改造有机质，可以使有机质直接转化为石油烃类。地质微生物作用几乎贯穿整个烃源岩形成过程始终（谢树成等，2006；殷鸿福等，2009）。

2. 地球生物学油气资源评价参数及模型

烃源岩形成的地球生物学过程可概括为三个阶段和四个参数（殷鸿福等，2011）。三个阶段是指三次有机质的产生和聚集阶段，分别是活的生物及与其生命活动相关的生物有机质阶段，生物死亡后的沉积有机质阶段，以及早期成岩完结（$R_o \leqslant 0.5\%$，$T \leqslant 60℃$）时的埋藏有机质阶段。用四个参数来表征这三个阶段，其中生物学参数两个：生境型和古生产力及其组成，地质学参数两个：沉积有机质和埋藏有机质。生物学参数决定了生活物质的有机质产率，地质学参数和生境型共同决定沉积有机质和埋藏有机质的情况。

1）生境型

具有相同结构、功能及对环境扰动反应的一组生境的组合。它对初级生产力及有机碳的沉积与埋藏均有重要意义。殷鸿福等（2011）对海洋划分了 7 个主要生境型和 25 个亚生境型。同一生境型可在不同时空出现，这为生境型的时空对比提供了条件。表征生境型的方法可根据沉积、古生态等特征综合观察予以确定。目前生境型方面的研究主要在海相，陆相湖盆生境型研究无可借鉴。

2）古生产力及其生物组成

生物有机质的产生和聚集的动力与古生产力及其生物组成有关。不同的生境型条件下古生产力及其组成有很大差异。2005年国家海洋局第二海洋研究所用遥感的方法以叶绿素为指标对我国海域生产力进行了调查，发现生产力随着生境型的变深（水深加大）而逐渐减小。生产力的生物组成不同，有机碳的产出各异。水体古生产力等表征方法较多，如用分子古生物学来研究古生产力的组成，如2-烷基-1，3，4-三甲基苯主要源自绿硫细菌，指示透光带缺氧环境（Grice et al.，2005），二甲基藿烷2-MHP常被认为生物为蓝细菌。目前用分子古生物学的方法已经可识别蓝细菌、绿硫细菌、真菌、甲烷菌、革兰氏阴性菌、疑源类、颗石藻、硅藻、红藻、绿藻和褐藻等绝大部分为微生物（谢树成等，2007）。如用古生态学方法，通过野外活镜下对生物丰度进行统计换算为古生产力。也可以使用生物地球化学替代性指标如TOC，生源Ba及Cu、Zn、Ni指标，颗石藻指标及分子化石的方法。

3）沉积有机质

沉积有机质在数量上等于初级生产力的有机质减去沉积过程中氧化、溶解和在食物链过程中损失的有机质。生物有机质经过水体变为沉积有机质过程中的损耗数量，受控于水体的氧化还原条件、颗粒有机质的沉积速率，以及水体的深度。真光层的古生产力生产的有机碳只有小部分能通过水柱到达水—沉积物界面，并保存为沉积有机质，通常古生产力中只有2%～10%可达到100m深的沉积物—水界面处，而只有<1%～2%可达到1000m深的洋底，这是因为古生产力生产的有机碳大多被食物链中的高级消费者消耗，或在出水体中沉降时被氧化（Mucci et al.，2000）。沉积速率与生产力保存为沉积有机质的比例关系密切。一方面，当有机碳的沉积速率越高，古生产力通过水体的耗时越短，水体中有机质的有氧矿化及有机质在沉积物—水界面的有氧矿化和微生物矿化作用历时越短，幸存下来的沉积有机质更多（Tyson et al.，1991）。另一方面，当有机碳的沉积速率低于碎屑沉积速率，有机碳即遭受稀释；细粒碎屑的沉积速率一般低于粗粒碎屑沉积速率，当碎屑沉积速率更高时，有机碳的稀释作用更强，保存效率更低。Ibach（1982）研究认为，细粒沉积岩中有机碳最佳堆积速率为10～100m/Ma。

目前尚未有明确的地层有机碳沉积速率的检测和分类方法，一般用碎屑的沉积速率代替颗粒有机碳的沉积速率。前人对北亚平宁渐新世同一时间地点未成岩沉积物研究发现，不同氧化还原条件，生产力保存为沉积有机质的比例相差2～4倍。沉积水体和沉积物—水界面的氧化还原特征对沉积有机质的保存至关重要，因此古氧相是研究沉积有机质的关键指标：埋藏有机碳。在第二阶段形成的沉积有机质，只有少量能幸存到早期成岩作用结束。沉积有机质在早期成岩过程中可能在氧气和厌氧微生物作用下发生几个阶段的矿化，包括有氧氧化带，硝酸盐还原带，铁（锰）还原带，硫酸盐还原带和甲烷生成带（Tyson，1991；Meyers et al.，1993）。有氧氧化带存在与否及该带在沉积有机质矿化中的作用大小，取决于氧化还原界面与沉积物—水界面的相对位置关系，当氧化还原界面低于沉积物—水界面，沉积有机质矿化可以从100%到甲烷生成带逼近于0。当氧化还原界面高于或接近沉积物—水界面，沉积有机质不发生有氧矿化。在早期成岩过程中，埋藏的沉积物一般都会经历所有这几个阶段直至氧化剂全部耗尽。有氧氧化带→硝酸盐还原带→铁（锰）还原带→硫酸盐还原带→甲烷生成带这一矿化带顺序是基于各带发生氧化还原反应从易到难排列的，然而实际中沉积有机质的矿化并不严格按照这一顺序进行，常常由于生物扰动，或水体的分层与混合运动改变了沉积物—水界面以下潜水和孔隙水的氧化还原性质，从而造成这些矿化带的重复出现。一般而言，在氧化条件下这种矿化阶段的重复更容易发生，而在贫氧和缺氧条件下这种情形要少得多，直到溶解氧为0时进入甲烷生成带才会不再重复。沉积有机质在早期成岩阶段的矿化作用以沉积物—水界面以下包括氧气和各厌氧微生物等氧化剂耗尽，或沉积有机质首先被矿化完毕为终结（图1-2-9）。

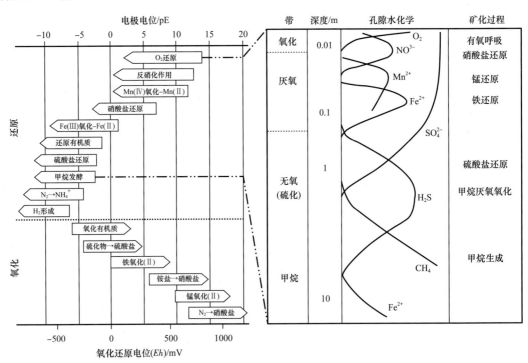

图1-2-9 早期成岩阶段有机质氧化序列示意图

3.地球生物学油气资源评价结果

应用古生产力—埋藏有机质—生烃的成因机质和实用模型研究成果，以济阳坳陷为例，重点开展了东营凹陷、沾化凹陷、车镇凹陷、惠民凹陷主要烃源岩层系有机质埋藏和生（排）烃量的评价。本次只对盐湖环境埋藏有机质进行生烃效率模拟实验，生烃效率平均26%（表1-2-6）。

表 1-2-6　山西运城盐湖、山东海滨盐池埋藏有机质生烃效率模拟实验

样品	岩性	烷烃 /%	芳香烃 /%	非烃 /%	沥青质 /%	总烃 /%
山西泥炭	泥炭	47.90	3.50	19.93	17.13	51.40
模池 2 泥炭 T250	模拟泥炭	17.28	7.85	40.31	21.99	25.13
模池 2 泥炭 T300	模拟泥炭	10.91	8.36	39.27	33.45	19.27
模池 2 泥炭 T350	模拟泥炭	8.51	7.45	28.19	59.04	15.96
模池 2 泥炭 T400	模拟泥炭	5.22	13.04	40.00	52.17	18.26

1）东营凹陷生烃量计算

通过东营凹陷重点井的微体化石、地球化学指标的分析，东营凹陷沙四段生烃量计算分为 4 个不同环境类型的地层单元进行，分别为沙四下亚段为盐湖沉积；沙四上亚段中所有指标整体也位于盐湖范围内；沙三下亚段咸水湖阶段；沙三中亚段为淡水环境。

各地层单元的地球生物学参数如下，$Es_3^{中}$烃源岩古生产力为 165gC/（$m^2 \cdot a$），埋藏效率为 26.8%，地层的综合沉积速率为 650mm/ka；$Es_3^{下}$烃源岩古生产力为 362gC/（$m^2 \cdot a$），埋藏效率为 22.3%，地层的综合沉积速率为 450mm/ka；$Es_4^{纯上}$段烃源岩古生产力为 110gC/（$m^2 \cdot a$），埋藏效率为 22.3%，地层的综合沉积速率为 450mm/ka；$Es_4^{纯下}$段烃源岩古生产力为 1005gC/（$m^2 \cdot a$），埋藏效率为 22.3%，地层的综合沉积速率为 381mm/ka。计算生烃量为 321.134×10^8t（表 1-2-7）。

表 1-2-7　东营凹陷地球生物计算生烃量总表

层位	古生产力 /［gC/（$m^2 \cdot a$）］	埋藏效率 /%	沉积速率 /（mm/ka）	烃源岩厚度 /m	面积 /km^2	埋藏有机质 /10^8t	生烃量 /10^8t
$Es_3^{中}$	165	26.8	650	深湖泥岩 250	3200	71.023	31.96
				浅湖泥岩 150	1800	19.800	8.91
$Es_3^{下}$	362	22.3	450	深湖泥岩 100	3000	153.817	69.242
				浅湖泥岩 50	1500	23.454	10.554
$Es_4^{纯上}$	1100	22.3	450	闭塞湖 100	2200	198.311	99.15
				闭塞浅湖 80	800	74.417	37.208
$Es_4^{纯下}$	1005	32.3	381	盐湖 90	900	128.210	64.11

2）沾化凹陷生烃量计算

沾化凹陷通过重点井的微体化石、地球化学指标的分析，得出 $Es_4^{下}$沉积时期应为咸水湖沉积，到 $Es_3^{下}$沉积时期，湖水开始淡化，到 $Es_3^{中}$沉积时期出现了淡水沉积。各地层单元的地球生物学参数如下，$Es_4^{上}$烃源岩古生产力为 1005gC/（$m^2 \cdot a$），埋藏效率为 26.8%，地层的综合沉积速率为 650mm/ka；$Es_3^{下}$烃源岩古生产力为 1100gC/（$m^2 \cdot a$），

埋藏效率为22.3%，地层的综合沉积速率为450mm/ka；$Es_3^{中}$ 烃源岩古生产力为110gC/（$m^2 \cdot a$），埋藏效率为22.3%，地层的综合沉积速率为650mm/ka。计算生烃量为188.6289×10^8t（表1-2-8）。

表1-2-8　沾化凹陷地球生物计算生烃量总表

层位	古生产力 / [gC/（$m^2 \cdot a$）]	埋藏效率 / %	沉积速率 / （mm/ka）	烃源岩厚度 / m	面积 / km^2	埋藏有机质 / 10^8t	生烃量 / 10^8t
$Es_3^{中}$	165	26.8	650	湖相泥岩200	1800	51.320	20.528
$Es_3^{下}$	1100	22.3	450	深湖泥岩150	1500	182.818	82.2681
				浅湖泥岩50	800	103.351	46.508
$Es_4^{上}$	1005	22.3	450	（闭塞湖）30	800	98.312	39.3248

3）车镇凹陷生烃量计算

车镇凹陷有效烃源岩主要发育 $Es_3^{下}$、$Es_3^{中}$，$Es_4^{上}$ 烃源岩发育比较差，$Es_4^{上}$ 为微咸水，到 $Es_3^{下}$ 为微咸水—淡化沉积，由黑色泥岩和油页岩组成，$Es_3^{中}$ 淡水沉积，为灰质泥岩和油页岩。各地层单元的地球生物学参数如下，$Es_4^{上}$ 烃源岩古生产力为362gC/（$m^2 \cdot a$），埋藏效率为26.8%，地层的综合沉积速率为650mm/ka；$Es_3^{下}$ 烃源岩古生产力为362gC/（$m^2 \cdot a$），埋藏效率为22.3%，地层的综合沉积速率为450mm/ka；$Es_3^{中}$ 烃源岩古生产力为165gC/（$m^2 \cdot a$），埋藏效率为22.3%，地层的综合沉积速率为650mm/ka。计算生烃量为36.4×10^8t（表1-2-9）。

表1-2-9　车镇凹陷地球生物计算生烃量总表

层位	古生产力 / [gC/（$m^2 \cdot a$）]	埋藏效率 / %	沉积速率 / （mm/ka）	烃源岩厚度 / m	面积 / km^2	埋藏有机质 / 10^8t	生烃量 / 10^8t
$Es_3^{中}$	165	26.8	650	湖相泥岩100	1200	29.25	11.7
$Es_3^{下}$	362	22.3	450	深湖泥岩150	1200	51.56	23.2
$Es_4^{上}$	362	22.3	450	（闭塞湖）20	600	3.75	1.5

4）惠民凹陷生烃量计算

惠民凹陷有效烃源岩主要发育 $Es_3^{下}$、$Es_3^{中}$，$Es_4^{上}$ 烃源岩发育比较差，$Es_4^{上}$ 为微咸水，到 $Es_3^{下}$ 为微咸水—淡化沉积，由黑色泥岩和油页岩组成，$Es_3^{中}$ 淡水沉积，为灰质泥岩和油页岩。各地层单元的地球生物学参数如下，$Es_4^{上}$ 烃源岩古生产力为362gC/（$m^2 \cdot a$），埋藏效率为26.8%，地层的综合沉积速率为650mm/ka；$Es_3^{下}$ 烃源岩古生产力为362gC/（$m^2 \cdot a$），埋藏效率为22.3%，地层的综合沉积速率为450mm/ka；$Es_3^{中}$ 烃源岩古生产力为165gC/（$m^2 \cdot a$），埋藏效率为22.3%，地层的综合沉积速率为650mm/ka。计算生烃量为78.5×10^8t（表1-2-10）。

表 1-2-10　惠民凹陷地球生物计算生烃量总表

层位	古生产力 / [gC/ (m²·a)]	埋藏效率 / %	沉积速率 / （mm/ka）	烃源岩厚度 / m	面积 / km²	埋藏有机质 / 10⁸t	生烃量 / 10⁸t
$Es_3^{中}$	165	26.8	650	湖相泥岩 50	3200	30.320	13.5
$Es_3^{下}$	362	22.3	450	深湖泥岩 80	3000	138.889	62.5
$Es_4^{上}$	362	22.3	450	闭塞湖 10	1000	6.250	2.5

三、烃源岩有机—无机协同演化的资源评价

1. 基于烃源岩有机—无机协同演化的生排烃模式

1）烃源岩有机质赋存模式和生烃母质的变迁

烃源岩由矿物和有机质组成，据矿物与有机质的关系及有机质构成特征的差异，可构建烃源岩有机质的赋存模式：可溶有机质（SOM）、矿物复合有机质（MOM）、颗粒有机质（POM）三种［图 1-2-10（a）］。SOM 是指赋存于烃源岩的孔隙或外表面以物理吸附的有机质；MOM 是矿物的内表面通过化学吸附的有机质，包括黏土矿物层间吸附的有机质，以无定形为主，品质好，利于生烃；POM 是指具有独立的形貌特征的有机质体或聚合体等，包括无定形和结构有机质等颗粒。烃源岩的 SOM、MOM 和 POM 赋存模式与干酪根模式［图 1-2-10（b）］相比：第一，前者更关注矿物—有机质间关系，后者更重视有机质自身特征；第二，MOM 经过酸处理除去无机矿物后，是干酪根中无定型有机质重要的来源之一；第三，MOM 的有机质形成了狭义的有机黏粒复合体，具有自己独特的性质，即不同于黏土矿物，也与有机质自身特征有别，其演化具有独特性（Bu et al.，2017）。

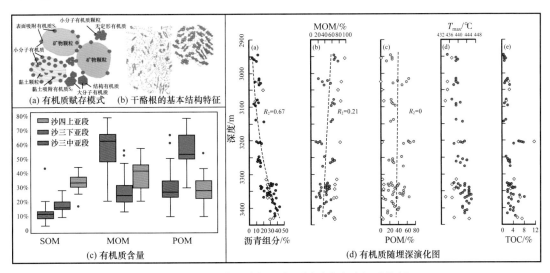

图 1-2-10　东营凹陷烃源岩不同赋存态有机质特征

采用抽提——过硫酸钠相继处理及热解检测等，可有效地分离和定量计算烃源岩的 SOM、MOM 和 POM 的含量（已经申请国家发明专利），在东营凹陷的沙三中亚段以 MOM 最为丰富，其次为 POM，而 SOM 最少；沙三下亚段以 POM 最为丰富，其次为 MOM 和 SOM；沙四上亚段 MOM、SOM 和 POM 三者较为平均，MOM 略高［图 1-2-10（c）］；而且随埋深演化［图 1-2-10（d）］SOM 逐渐增加，MOM 逐渐减少，POM 则基本不变，特别是 SOM 与 MOM 互为消长关系，表明在研究深度范围内 MOM 是主要的生烃贡献者，这些特征预示着不同赋存态有机质在演化过程中具有非同步性，即不同成岩环境和阶段某种赋存态有机质的生烃贡献最大，因此，在资源计算时关注何种赋存态有机质为有效的生烃母质是至关重要的。

2）有机—无机作用下有机质生烃机理和控制因素

烃源岩在埋藏过程中随着成岩环境的改变，黏土和碳酸盐矿物等发生变化，依据成岩矿物组合特征，可将东营凹陷烃源岩划分为两个成岩体系（图 1-2-11），即 3000m 以上以伊蒙间层 + 高岭石为成岩矿物组合开放体系，3000m 以下以伊利石 + 绿泥石 + 白云石为成岩矿物组合封闭体系；根据成岩矿物组合的化学属性，可划分出弱碱性—弱酸性—弱碱性等三个成岩环境：Ⅰ. 蒙皂石 / 伊蒙混层（弱碱性）；Ⅱ. 蒙皂石 / 伊蒙混层 + 伊利石 + 高岭石（弱酸性）；Ⅲ. 蒙皂石 / 伊蒙混层 + 伊利石 + 绿泥石 + 铁白云石（弱碱性），表明烃源岩在成岩演化过程中既有成岩体系的变化，如开放与封闭体系，也有成岩环境的变化，如酸性和碱性等，它们都将对有机质的生烃演化产生重大的影响（Du et al.，2019）。

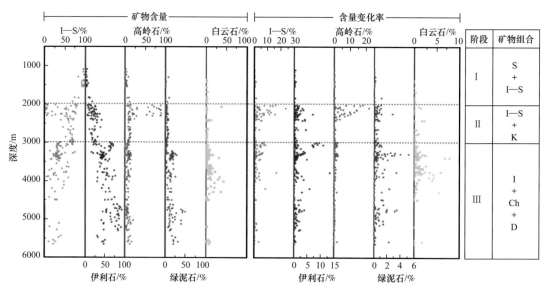

Ⅰ—蒙皂石/伊蒙混层(弱碱性)；Ⅱ—蒙皂石/伊蒙混层+伊利石+高岭石(弱酸性)；
Ⅲ—蒙皂石/伊蒙混层+伊利石+绿泥石+铁白云石(弱碱性)

图 1-2-11　成岩矿物组合的划分

对人工合成蒙皂石—硬脂酸复合体（Sm-OA）和抽提后的蒙皂石—硬脂酸复合体（Ex-Sm-OA）的生烃模拟实验发现，有机质生烃有三个阶段［图 1-2-12（a）］，在

200～300℃液态烃生成，烃少非烃多；在 350～450℃是生烃的高峰，烃量增加，非烃减少，并伴少量的气态烃，且液态烃量 Sm-OA 多于 Ex-Sm-OA，气态烃量 Ex-Sm-OA 多于 Sm-OA；在 450℃时以气态烃为主，液态烃量少，且 Ex-Sm-OA 生烃量远高于 Sm-OA。矿物演化分为二个阶段，全岩矿物在 200～400℃时以黏土矿物为主，有少量的石英和斜长石生成；400℃之后黏土矿物减少，有大量的石英、斜长石和铁白云石生成；蒙皂石伊利石化在 250～350℃矿物含量变化较快，多为无序构型，至 400℃时两组样品中伊利石均超过 85%，为有序构型，且 350℃之前 Ex-Sm-OA 比 Sm-OA 蒙伊化进程稍快，350℃之后两者进程相似。蒙皂石吸附有机质随着温度的增加逐渐得减弱至消失。对 350℃以上的烃的氢消耗量来源计算可知，有机质生烃过程中既有有机氢的加入，也有无机氢的加入，且 Ex-Sm-OA 的无机氢量远远高于 Sm-OA。综合模拟实验过程烃、矿物和吸附有机质的特征，可将蒙皂石伊利石的转化过程中有机质生烃划分为三个阶段，一是蒙皂石吸附有机质的解吸附及 B 酸作用（无机氢）加氢，生成烃少非烃多；二是蒙皂石吸附有机质解吸附与有机质裂解及无机和有机加氢，液态烃为主；三是有机质裂解作用和 L 酸去羧基化，无机和有机加氢，且 Ex-Sm-OA 气烃巨多，即有机质生烃过程矿物与有机质是协同演化的，解吸附、裂解和固体酸的作用及无机氢和有机氢的加入等共同控制烃产物和成岩矿物的形成，充分展现了矿物—有机质协同作用对有机质生烃的控制。

选取 804 号埋深 1271m 的 Es_1 及 830 号埋深 2534m 的 E$s_3$$^\text{上}$烃源岩样品，提取小于 2μm 有机黏粒复合体，开展生烃模拟实验［图 1-2-12（b）］，实验发现，有机质生烃与矿物演化也分三阶段。第一，在 250℃前以液态烃为主，但 804 号样品生成液态烃主要成分是芳香烃，而 830 号主要成分是非烃，存在较大差异；全岩矿物成分发生巨大的变化为显著特色，主要为黏土、石英和方解石等，黏土矿物向伊利石平稳转化，但黏土矿物结合的有机质仍然存在。第二，在 300～450℃液态烃和气态烃共存，且液态烃达到最大值，饱和烃最丰富，非烃和沥青质及芳香烃都出现，气态烃形成第一个高峰值，C$_1$—C$_4$ 成分都出现，且 830 号液态烃和气态烃量略高于 804 号；全岩矿物成分为黏土、石英和钾长石等，黏土矿物快速地向伊利石转化，黏土矿物结合的有机质消失，意味着黏土吸附的有机质解吸附。第三，在 500℃以上气态烃为主，C$_1$ 成分急剧增加，830 号增加量较 804 号大，但非烃和沥青质占比增加；全岩矿物中黏土矿物急剧萎缩，形成钾长石、斜长石（804）和方解石（830），黏土矿物以伊利石为主，充分展现了有机质生烃过程矿物—有机质协同响应的特征。

综合烃源岩的成岩矿物特征及人工合成的和天然的有机黏土复合体的生烃模拟实验可知，有机质生烃过程有矿物吸附有机质的解吸附，也有有机质裂解及有机加氢和无机加氢的作用，而且成岩矿物与烃产物具有协同演化的特征，同时还经历了开放体系与封闭体系及成岩环境的酸碱性变化等，表明烃源岩演化不同阶段有机质生烃机理是不同的，且生烃的控制因素随成岩环境的变化而变化，即水/岩比、离子、温度、pH、Eh 等多因素的控制，这与传统的干酪根生烃完全受热控制具有极大的差异。

3）有机—无机协同下不同赋存态有机质的生烃模式

运用地球系统科学的思维方法，从烃源岩有机—无机相互作用的角度出发，考虑到

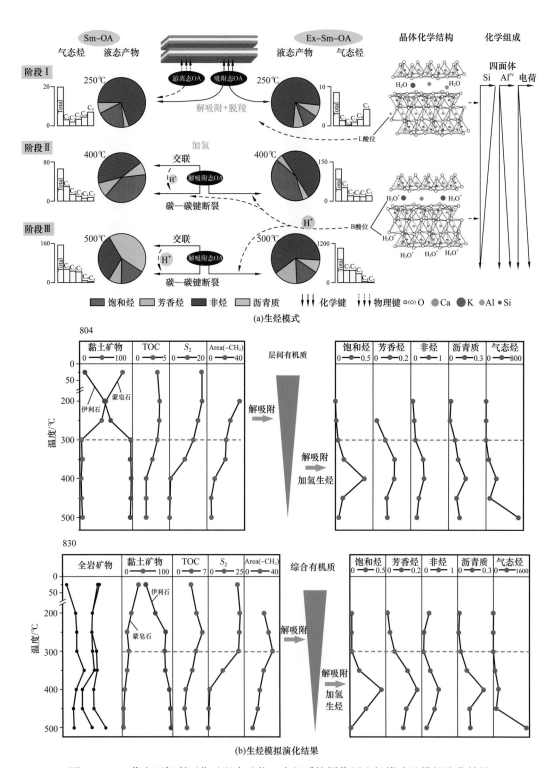

图 1-2-12　蒙皂石伊利石化过程中矿物—有机质协同作用生烃模式及模拟演化结果

烃源岩的形成和有机质赋存等特征、成岩演化过程中成岩体系和环境的变化的特点及有机质生烃机理和控制因素等差异，建立了烃源岩有机—无机协同作用下不同赋存态有机质的生烃模式（图1-2-13），在有机质演化生烃的每一个阶段，其生烃母质、生烃环境、生烃机理和控制因素及烃产物与成岩矿物等各具特色。

该模式重点关注以下几个方面的问题：（1）生烃阶段，烃源岩成岩演化具有差异性，机械压实阶段或开放体系与化学压实阶段或封闭体系，并可以进一步细分为早期成岩、机械压实、化学压实、深层成岩四个阶段；（2）生烃母质，由于烃源岩有机质具有可溶有机质（SOM）、矿物复合有机质（MOM）和颗粒有机质（POM）等赋存态，这与传统的仅仅强调干酪根一种生烃母质是不同的，且不同赋存态有机质随演化而变化，即生烃母质在发生变化；（3）生烃机理，由于烃源岩生烃母质的变化，有机质生烃机理既有矿物吸附有机质的解吸附作用，也有有机质的裂解作用，这与前人的仅仅强调有机质的裂解作用是不同的，而且伴随着成岩演化的进行生烃机理也在发生相应的变化或调整；（4）氢来源，有机质演化过程中加氢是控制有机质生烃的重要因素，氢有不同的来源，既有有机来源氢，也有无机来源氢，仅仅靠有机质供氢是足以生成极其丰富的烃；（5）控制因素，烃源岩成岩演化过程中水/岩比、离子、温度、pH、Eh等多因素的控制，但在不同阶段各控制因素的主次具有差异性，并与成岩体系和有机质生烃机理变化相匹配，这与仅仅考虑温度单一因素明显的不同；（6）产物，包括烃产物和成岩矿物等产物，二者间具有显著的响应特征。总之，有机—无机协同作用下不同赋存态有机质的生烃模式是动态与变化的，这对深刻理解不同区域或层段有机质生烃的差异性，预测新的资源潜力具有重要的意义。

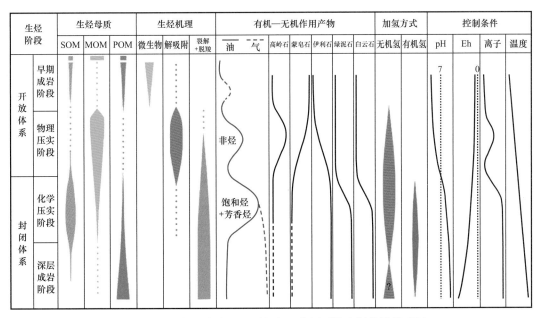

图1-2-13 烃源岩有机—无机相互作用下的生烃模拟模式图

2. 烃源岩有机—无机协同演化的资源潜力评价方法

1）不同成岩体系下生烃量计算参数的选取

根据有机—无机协同作用下有机质的生烃模式，确立了有机质生烃量计算参数的选取原则：第一，参数代表母质的变化特征，与烃源岩中不同赋存态有机质演化特征相匹配；第二，参数代表烃产物的变化特征，与不同成岩体系下烃产物的变化特征相匹配；第三，参数与烃源岩演化的开放体系和封闭体系相匹配；第四，参数易于获取且实用，便于生产实际运用和操作。总之，考虑到不同成岩体系下生烃母质、生烃机理、控制因素及矿物和烃或烃产物等不断变化的特征，进行了有机—无机相互作用下烃源岩生烃量计算参数的选取（表1-2-11）。

表 1-2-11　开放 / 封闭体系生烃量计算参数选取对比表

项目	浅层（开放体系）	深层（封闭体系）
生烃母质	MOM 为主	SOM+POM 为主
生烃机理	解吸附为主	裂解 + 解吸附
加 H 方式	矿物转化 H 为主	无机 H+ 有机 H
氯仿沥青 "A" 变化趋势	可溶有机质量增加	可溶有机质量减少
总烃 /（非烃 + 沥青质）比值	缓慢增加	快速增加
气态 / 液体烃比值	趋向减少	趋向增加
代表性生烃参数	S_2	S_1+S_2 最小值，TOC 最大值

2）开放 / 封闭体系界限的确定

烃源岩的成岩演化过程经历了开放体系和封闭体系阶段，而且成岩矿物与烃产物具有协同演化的特征，因此，可溶有机质和族组分及成岩矿物特征是划分的重要依据。以东营凹陷为例（图1-2-14），在3000m 以上属开放体系，成岩矿物以蒙皂石 / 伊利石混层为主，高岭石发育，可见方解石；氯仿沥青 "A" 逐渐增加，非烃含量高，且饱和烃含量偏低，以大分子的饱和烃为主。在3000m 以下属封闭体系，伊利石和绿泥石大量出现，结晶方解石和白云石广泛发育。这为计算开放与封闭体系下有机质的生烃量奠定了基础。

3）开放 / 封闭体系生烃量计算流程

在有机—无机相互作用下烃源岩的生烃过程中母质、产物和生烃量计算参数都在变化，因此，需先确定每个烃源岩柱在演化历史过程中每一米的生烃量 q_j，然后将开放 / 封闭体系范围内的每根烃源岩柱的生烃量加和得到总生烃量 Q。依据烃源岩演化过程中开放 / 封闭体系的特征及生烃母质、生烃机理和生烃参数的差异，建立了烃源岩在有机—无机相互作用下生烃量的计算流程（图1-2-15），其中开放体系下烃源岩中的生烃母质以

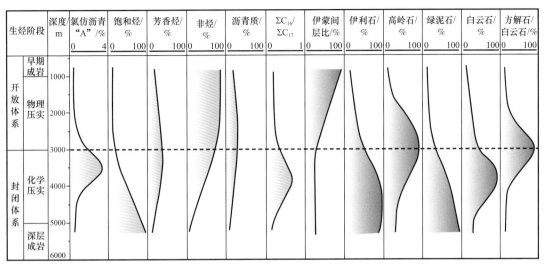

图 1-2-14 东营凹陷开放 / 封闭体系综合特征

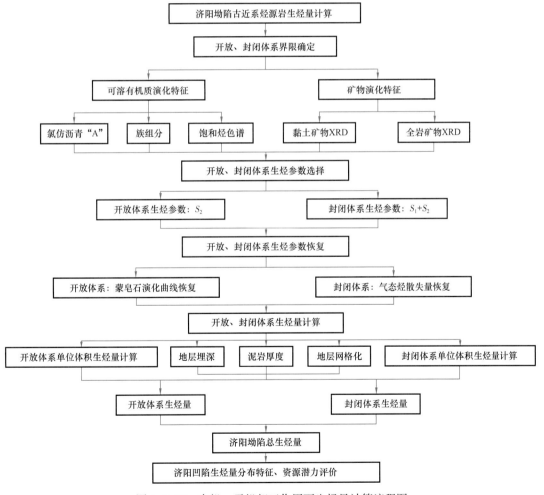

图 1-2-15 有机—无机相互作用下生烃量计算流程图

MOM 为主，而生烃量计算参数选取的是 S_2，但实验室测得 S_2 是残余生烃量，故需要恢复 S_2 的原始生烃量；而封闭体系下烃源岩的生烃母质以 SOM+POM 为主，生烃产物包含了液体烃和气态烃，且生烃量计算参数为 S_1+S_2，但在测试 S_1 过程中易于散失气态烃和轻烃等组分，故如何恢复 S_1 的气态 + 轻烃量是关键。

（1）开放体系生烃参数 S_2 的恢复。

开放体系下生烃母质以黏土复合的有机质（MOM）为主，而泥质烃源岩中蒙皂石是吸附有机质的主体。故根据黏土矿物伊蒙间层比的演化曲线，可对 MOM 复合有机质的量进行恢复。以东营凹陷为例，首先，根据东营凹陷烃源岩的伊蒙间层比数据绘制蒙皂石演化曲线，拟合出伊蒙间层比的平均演化曲线；根据烃源岩中实际检测的 S_2 值，利用伊蒙间层比的演化曲线回归可得到 S_2 的演化路径，从而得到 S_2 在演化历史过程中任意深度的原始含量［图 1-2-16（a）］。

（2）封闭体系生烃参数 S_1+S_2 的恢复。

封闭体系具有高温高压，有机质从固态向液态烃转化，然后又向气态烃转化的特点。因此，封闭体系的生烃量计算可分成两部分，液态烃量与气态烃量。理论上，S_1 既包括生成的气态烃量，也包括一部分液态烃，然而，气态烃和轻烃易于散失，实验室准确检测较难，因此在计算过程中需要对 S_1 进行恢复。考虑到封闭体系具有与外界不连通的特点，该体系中生成的烃仍储存封闭体系中，液态烃向气态烃转化具有物质守恒的规律。因此，可以从烃源岩的液态烃向气态烃转化的转折点，也即 S_1+S_2 含量开始减少的深度开始，用 S_1+S_2 的差异减少量表示 S_1 散失量，也即气态烃量［图 1-2-16（b）］。

（3）烃源岩生烃量计算过程。

不同烃源岩层的埋藏深度具有差异性，并且随盆地形态的变化而变化，如东营凹陷 Es_4 段烃源岩在各处的顶底深度和厚度都不一样，需要对每个区域的生烃量进行具体的计算。生烃量计算以每个烃源岩柱的单位体积为单元，然后将各个单位体积的生烃量累加、各烃源岩柱生烃量累加得到总生烃量。

以东营凹陷为例，首先对烃源岩进行网格划分，将东营凹陷在平面上均匀划分成若干个 $10km^2$ 的方格，每个方格将选择一口探井为代表，表示一个烃源岩柱；垂向上将每个烃源岩柱划分成若干个 1m 高的立方体，计算每个立方体的生烃量。其次将每个方格柱子在开放 / 封闭体系的生烃量累加，得到目标区开放 / 封闭体系的总生烃量。

3. 基于烃源岩有机—无机协同演化的资源评价结果

根据有机质—无机相互作用下不同赋存态有机质生烃的模式，对济阳坳陷的东营凹陷、沾化凹陷、车镇凹陷、惠民凹陷的沙三中亚段、沙三下亚段和沙四上亚段烃源岩层的生烃量进行了计算（表 1-2-12），总生烃量为 $393.3 \times 10^8 t$，其中开放体系总生烃量为 $106.9 \times 10^8 t$，封闭体系总生烃量为 $286.4 \times 10^8 t$；东营凹陷、沾化凹陷、车镇凹陷、惠民凹陷总生烃量分别为 $218.9 \times 10^8 t$，$107 \times 10^8 t$，$30 \times 10^8 t$，$37.4 \times 10^8 t$。

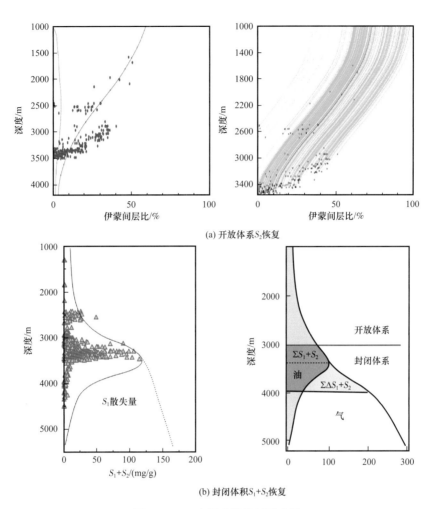

(a) 开放体系S_2恢复

(b) 封闭体积S_1+S_2恢复

图 1-2-16 生烃参数恢复示意图

表 1-2-12 济阳坳陷生烃量计算结果

凹陷	地层	开放体系生烃量 / 10^8t	封闭体系生烃量 / 10^8t	济阳坳陷生烃总量 / 10^8t
东营	$Es_3^{中}$	9.3	14.4	23.7
	$Es_3^{下}$	12.6	58.6	71.2
	$Es_4^{上}$	13.3	110.7	124
	东营合计	35.2	183.7	218.9
沾化	$Es_3^{中}$	9.4	17.8	27.2
	$Es_3^{下}$	24.2	28	52.2
	$Es_4^{上}$	3.7	23.9	27.6
	沾化合计	37.3	69.7	107

续表

凹陷	地层	开放体系生烃量/10^8t	封闭体系生烃量/10^8t	济阳坳陷生烃总量/10^8t
车镇	$Es_3^{中}$	5.3	2.1	7.4
	$Es_3^{下}$	7.6	9.8	17.4
	$Es_4^{上}$	2.1	3.1	5.2
	车镇合计	15	15	30
惠民	$Es_3^{中}$	7	1.2	8.2
	$Es_3^{下}$	10.1	13.2	23.3
	$Es_4^{上}$	2.3	3.6	5.9
	惠民合计	19.4	18	37.4
合计		106.9	286.4	393.3

第三节 剩余油气资源经济性评价及有利勘探领域

一、剩余油气资源经济性评价方法

1.已有评价方法的调研及优劣性对比

剩余油气资源经济性评价是对盆地内剩余油气资源量进行经济评价，测算其经济性资源量。目前国内外学者对于经济资源量的定义各不相同，国内主要有两种定义方法，一是根据甘肃省地矿局编制的《地球科学辞典》和中国石化石油勘探开发研究院张抗提出的概念，经济资源量指在近、中期（如30年）内可能被探明的地下可采资源。二是估算某个特定区域的某个圈闭、区带、盆地、国家或者整个世界的地下油气潜力。油气资源评价包括地质分析、工程评价和经济评价三方面内容。油气资源评价是在现代技术条件下，运用多学科、多手段、多方面资料成果和信息，在系统工程分析条件下，以石油地质研究内容为主线，对油气的过去、现在和将来状况的综合研究。

方法一：主要是根据美国地质调查局USGS在2000年第十六届世界石油大会上发表的定义，油气资源量只计算每类资源量级别中的经济部分（累计产量＋证实储量剩余可采储量＋待证实资源量中经济部分），因此，按照美国地质调查局标准计算的油气资源量等于油气经济资源量。

方法二：主要在国内使用较多，国内测算地质资源量是指资源的地下聚集量，是采用了从岩石的生烃量、排烃量、聚集量的传统思路逐步计算而得到的数值。这个资源量实际上指的是无时限的、未来可能探明的地质资源数量，缺少对于油气资源的经济边际的重视，缺乏国际油价、生产成本、投资、产量、油藏品质等系统性预测，因而包括了相当大数量的近、中期不具经济价值的油气资源。

以美国地质调查局 USGS 为代表的国外机构开展了大量关于油气资源经济评价研究工作，该机构是预测和评估待发现资源量权威的机构，其预测方法论主要包括三方面。

1）运用油气藏规模分布预测规模概率分布

待发现油气藏概率分布符合对数正态分布，对数分布的参数使用截头与移位帕累托分布（TSP）获取，认为截头与移位的帕累托分布是包含了转换与截断的双参数帕累托分布。在油气聚集区中，一些大的油气藏先被发现，而一些较小的油气藏的发现会贯穿整个油气田的开发过程中，且在后期数量有增加的趋势，该过程符合对数正态分布，也就是规模分布密度函数 $P_t(y)$ 具有以下的对数正态分布规律。

$$P_t(y) = \frac{1}{F(t)\delta_x\sqrt{2\pi}(y-\gamma)} \qquad (1\text{-}3\text{-}1)$$

2）油气藏数量的预测

待发现油气藏数量的预测使用历史发现量进行预测及估算。在油气聚集区的勘探开发基础上，石油地质学家通过分析一些参数，例如累计完井数量，已勘探油气区面积，油气勘探成功率等，确定高于最小油气藏规模的最小相对可行的油气藏数量的中值及相对最大可行的油气藏数量。

$$F_K(\infty) = \frac{F_K^{(w)}}{(1-e^{-x})} \qquad (1\text{-}3\text{-}2)$$

其中

$$x = CA_K(w)/B$$

式中　$F_K(\infty)$——大小级别 K 中的最终气田（气藏）数；

　　　$F_K^{(w)}$——钻了 w 口井后在大小级别 K 中识别的累计发现数；

　　　B——研究区域的面积，km^2；

　　　A_K——大小级别 K 中气田的评价面积延伸；

　　　w——研究区域所钻的累计探井数，口；

　　　C——勘探效率，%。

3）待发现油气资源的概率分布

运用蒙特卡洛模拟（Monte Carlo）方法，首先是确定之前待发现油气田的规模的概率分布与待发现油气田的数量的概率分布相乘，再运算 50000 次获取待发现资源概率分布的预测值。

表 1-3-1 确定和概念区带的定义

评估框架			
已发现气藏或气田		没有已发现气藏或气田	
确定区带		概念区带	
成熟	未成熟	主观	描述
用 Prtrimes 或 Arps–Roberts 方法评估	修正 Prtrimes、主观 Prtrimes 或 Delphi 方法	描述正和负系数、区带性质、可能的烃源岩、圈闭、储层和运移	
估计天然气地质储量		没有估计气地质储量	
估计标称初始可销售气		没有估计标称初始可销售气	

　　加拿大天然气潜力委员会（CGPC）进行天然气资源评价时，以勘探区带（表 1-3-1）为基础，采用经济极限法评价，该方法是根据生产历史数据中产量与时间、含水等变化趋势，外推到经济极限点时求得的累计产量，确定经济可采储量的方法。其中，经济极限点以上的累计产量为经济可采储量，经济极限点以下的累计产量为次经济可采储量。

　　上述方法的优势在于综合考虑了探区基础参数、以往探井成功率等，提高了最终结果的测算精度；劣势在于评价过程中过于依赖录入参数概率分布函数，不同的函数分布对最终结果的数学分布影响较大，同时最终输出结果为油气经济资源量的概率分布函数，不利于决策。

　　不同于油气经济可采储量评价，国内目前在油气经济资源量测算中存在诸多困难。

　　（1）资源量测算方法不考虑资源的时间价值、经济价值，只是静态分析方法，不符合国际惯例要求。

　　（2）对于原地资源量测算主要集中在勘探区带总数上，缺少具体油气藏数量、大小的数学预测，原地资源量预测精度导致经济资源量测算精度下降。

　　（3）对每种方法的适用条件细化不够，如哪些方法适用于探明已开发储量的评价，哪些方法适用于探明未开发储量的评价，因为对方法的细化不够，在实际研究过程中存在参数的选取与确定方面的主观性、模糊性所带来的评价结果的不确定性。

　　目前油气资源量经济评价的主要方法有贴现现金流量法、经济系数法、油田规模序列法等。

2. 剩余油气资源经济性评价流程及方法

　　本次研究是以济阳坳陷为样本点开展解剖工作，剩余油气经济资源量测算需要首先计算目标区域的最小经济资源量，以最小经济油田储量规模作为油田规模序列的经济截断储量，所得的资源量即为经济资源量。将盆地或区带内所有大于最小经济油田储量规模的油田或勘探目标的资源量相加即为盆地或区带的经济资源量。

　　最小经济资源量是评价单元内可投入经济开发的最小储量规模。该值的计算是资源量经济评价的核心。目标最小经济资源规模是指地质目标能否取得勘探开发经济效益的临界点，只有当资源量大于最小经济资源规模时，储量才是经济可行的。

计算时，应首先以近年来样本点地区济阳坳陷已发生投资数据为基础，分别构建符合区域地质和开发特征的投资模型、产量模型、油价模型、成本模型和税费模型，模型构建过程中涉及油藏深度、勘探开发投资、探井成功率和油藏采收率等相关地质开发投资等参数，相关参数取值均存在一定的不确定性，因此对不同参数建立相关的数学分布模型进行 Monte Carlo 模拟。根据图 1-3-1 的运行过程重复模拟运行 5000 次，就可以得到某一评价单元最小经济储量规模的频率直方图。依据概率论中的大数定理，当表征随机事件的试验重复次数足够多时，事件发生的频率收敛于事件的概率。以石油行业基准内部收益率 8% 为下限，分层系计算不同评价单元的最小经济储量规模。

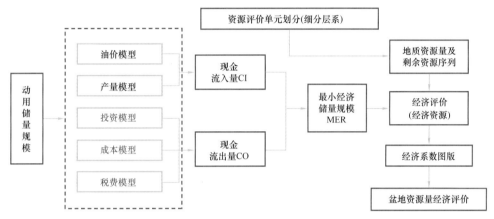

图 1-3-1　资源量经济评价技术路线图

贴现现金流法是国际通行的评价方法和体系，通常采用油气资源投入开发后产生的现金流入和现金流出，在一定基础收益率前提下的项目财务净现值来表示油气资源的经济价值。该方法的内涵是：通过预期未来现金净流量，利用一定的折现率对净现金流量进行贴现，进而计算出项目现值，该现值被视作项目公允价值。该方法由于考虑了货币时间价值，因为货币的时间价值是一种机会成本，一定程度上体现了投资的风险价值，因而更加客观适用。财务净现值计算公式为：

$$NPV = \sum_{t=0}^{n} \left(CI - CO\right)_t \left(1 + i_0\right)^{-t} \qquad (1-3-3)$$

式中　NPV——财务净现值，万元；

　　　CI——现金流入，万元；

　　　CO——现金流出，万元；

　　　i_0——基准折现率，%；

　　　t——年份，a。

贴现现金流法是当前国际上通行的经济评价方法，该方法的关键是相关模型的构建，进而获取项目的现金流量。

基于上述分析，建立了基本勘探开发气过程的勘探经济评价方法，其评价思路及流程如图 1-3-2 所示，部署探井评价图版如图 1-3-3 所示。

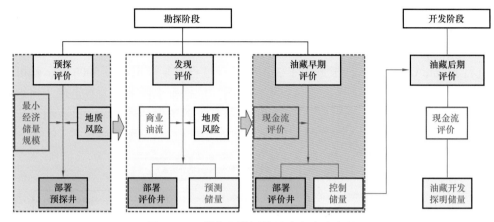

图 1-3-2　勘探经济评价思路方法及流程

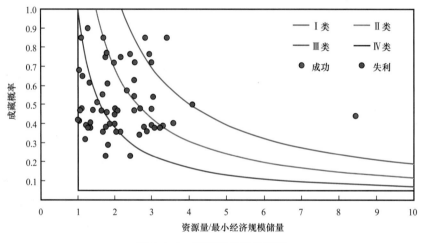

图 1-3-3　部署探井评价图版

二、剩余油气资源经济性评价模型

1. 勘探开发投资模型

新增投资是指评价起始年及其以后所发生的投资，包括勘探投资和开发投资（图 1-3-4）。评价起始年前成功钻井（可为开发生产所用能转成开发井的各类井）的投资计入净资产考虑折旧。

勘探投资主要包括物探、探井和部分装备投资。物探投资主要是二维和三维地震采集处理发生的投资，探井投资为钻井、测井和录井及部分试油费用。预计要发生的勘探投资也需要参与计算。大部分勘探工程投资按照投产后分 5 年计入开发费用。部分资本化的勘探投资和开发工程投资按一次性发生计入现金流出。

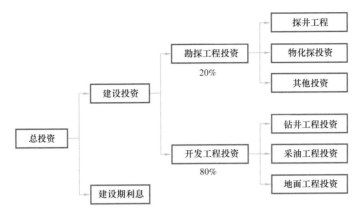

图 1-3-4 投资模型主要组成部分图

开发投资一般按开发方案或概念设计投资估算结果取值。开发投资包括开发井投资和开发建设投资。开发井投资为开发井总进尺与开发井每米进尺成本的乘积。钻井井数应考虑钻井成功率或一定的预备井数量。

开发建设投资包括地面油气集输工程、注气（汽）工程、储运工程、轻烃回收、供电工程、供热工程、供排水、通信、道路、计算机工程、后勤辅助、矿区建设、环保、节能、非安装设备购置及其他工程投资。

对老油区开发建设投资估算可简化处理，开发建设投资为成功开发井井数与单井地面建设投资的乘积，而单井地面建设投资可借用已开发区分摊的平均单井地面建设投资。

对于气藏、油气藏、凝析气藏、含硫化氢气藏和海上等特殊油气藏，需根据具体情况估算开发建设投资。

本次共收集济阳坳陷2010—2015年已发生的勘探、钻井、采油、地面工程投资数据，共计18000余数据点，涉及埋藏深度范围850~4000m，包括低渗透、稠油、整装等多个油藏类型，共5个凹陷加滩浅海地区72个油田开发工程投资数据。

以钻井工程投资为因变量，运用因子分析数学模型，明确不同影响因子对钻井工程投资的影响程度，计算模型流程如图1-3-5所示。

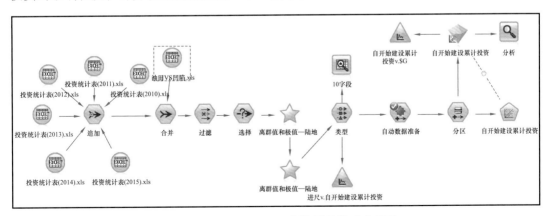

图 1-3-5 SPSS 开发工程投资计算模型流程图

成分因子分析模型公式：

$$X_i = A_{i1}f_1 + A_{i1}f_2 + \cdots + A_{ik}f_k + \varepsilon \qquad (1-3-4)$$

$$i = (1,2,3\cdots p)$$

式中　A_{ik}——因子载荷，该因子载荷数值越大，说明第 i 个变量与第 j 个因子的关系越密切，该因子对变量重要程度越高。

分析认为影响钻井工程投资的主控因素分别为钻井进尺、地域位置。二者对钻井工程总投资影响程度高达 81.1%，剩余影响因子影响程度为 18.9%（图 1-3-6）。

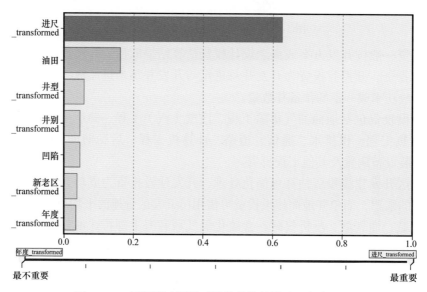

图 1-3-6　不同影响因子对钻井投资的影响程度分析图

明确钻井工程投资的主控影响因素后，针对主控因素，建立广义线性回归模型（图 1-3-7 至图 1-3-10），分别预测陆地、海上钻井工程投资。广义线性模型是一般线性模型直接推广，它使因变量的总体均值通过一个非线性连接函数而依赖于线性预测值，通过已发生钻井投资的非线性连接函数预测未来不同埋深条件下的济阳坳陷陆地油田钻井工程投资。

广义线性模型的一般形式：

$$g(\mu_i) = \beta_0 + \beta_1 X_{1i} + \beta_2 X_{2i} + \cdots + \beta_m X_{mi} + \varepsilon_i \qquad (1-3-5)$$

式中　X——钻井工程的影响因素；

　　　β——影响程度数值大小。

济阳坳陷海上油田钻井工程投资样本点较陆上投资样本点少，因此广义线性回归方法适用性差，采用人工神经网络法预测海上油田钻井工程投资。最初人工网络中所有的权重都是随机生成的，并且从网络输出的结果很可能是没有意义的。网络可通过对已有数据训练来学习。向该网络重复应用已发生钻井工程投资数据，并将网络给出的结果与

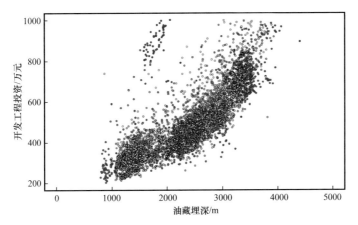

图 1-3-7 济阳坳陷油藏埋深与钻井工程投资关系曲线图

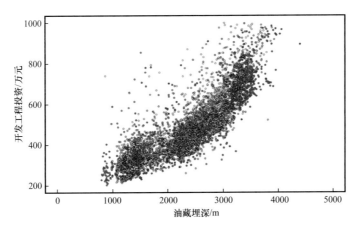

图 1-3-8 济阳坳陷油藏埋深与钻井工程投资关系曲线图（陆上）

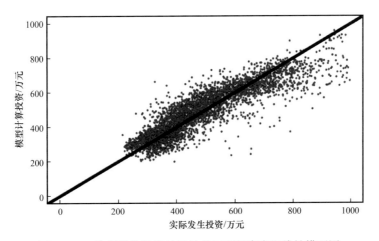

图 1-3-9 济阳坳陷陆地油田钻井工程投资广义线性模型图

已知的结果进行比较。比较中得出的信息会反向传递回网络，并逐渐改变权重。随着训练的进行，该网络对已知结果的复制会变得越来越准确。训练完成后，就可以将网络应用到未知结果的钻井工程投资预测中。最终建立基于BP神经网络的胜利海上油藏埋深与钻井工程投资模型。

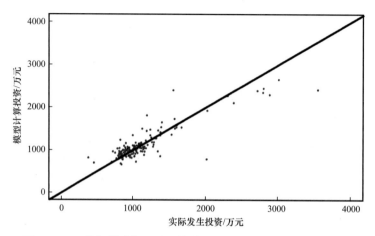

图 1-3-10　济阳坳陷海上油田钻井工程投资人工神经网络模型图

采油工程投资的预测主要根据 2011—2015 年实际已发生的钻井工程投资与采油工程投资的比值进行确定。通过统计分析钻井工程投资与采油工程投资的比值发现，该数值基本符合对数正态分布，二者比值的最佳数学期望值为 5.66（图 1-3-11）。

通常地面工程投资占总投资比例相对较小，统计地面工程投资占总投资比例，该比值呈现明显正态分布，均值为 19.40%，标准偏差为 10.0%，如图 1-3-12 所示。

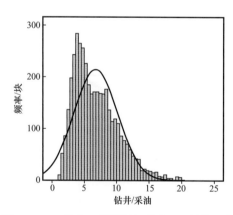

图 1-3-11　钻井工程投资与采油工程投资比值
概率分布直方图

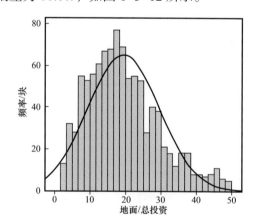

图 1-3-12　地面工程投资与总投资比值
概率分布直方图

在此基础上，建立开发工程投资预测模型，在待发现资源量评价过程中，可根据待发现资源量埋藏深度，利用式（1-3-6）快速确定单井开发工程投资。

$$I_{dev} = I_{dri} + \frac{I_{dri}}{N(5.66, 3.40^2)} + I_{dev} \times N(0.194, 0.10^2) \qquad （1-3-6）$$

式中 I_{dev}——储量投入开发所需要的总工程投资，万元；

　　　I_{dri}——储量开发所需钻井工程投资，万元；

　　　N——数据符合正态分布；

　　（0.194，0.10^2）——决定曲线分布形态的数学期望，方差。

对比预测结果与实际发生投资发现，该模型的计算结果与实际结果之间的误差仅9.6%（图1-3-13），基本可以满足后期对于投资预测的技术需求。

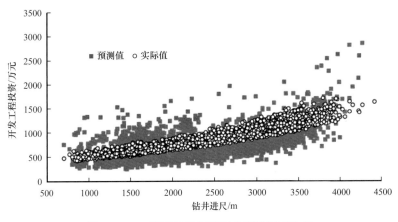

图1-3-13　预测投资与实际投资数据对比图

2. 油气产量模型

油气产量预测模型应以开发单元为基础进行预测。首先按照预测储量品质和规模，编制开发方案或概念设计。确定开发层系、开采方式、开发井网、开发井数及油水井比例等。开发指标预测的截止点为储量评价范围技术可采储量全部被采出的时点，从预测起始年开始给出分年度的开发指标。产量和递减率预测方法采用比采油指数法和类比法。

需要预测的开发指标为：天然能量开发的油田需要预测产油量、产液量；采用人工补充能量开发的油田还需要预测驱油物注入量。未开发油田初期产能评价应以评价井试油、试采资料为依据，并分析本油田（地区）或其他相似类型油田（油层）确定的初期产能与稳定产量的关系，若有差别，给出修正系数。稳产时间及递减率可采用类比法确定。考虑气藏地面条件、管道输气能力、市场需求、埋藏深度、储层物性、驱动类型和气体性质等因素，划分开发层系，确定合理的年采气速度、开发井距和开发井数。根据试采、稳定试井和不稳定试井结果确定单井产能。

对于气井而言，一般情况下，确定的单井产能以不超过无阻流量的1/4为宜。

3. 税费及成本模型

通常油气价格在储量寿命期保持不变。销售收入计算中应使用含增值税的油气价格。销售收入包括销售原油、天然气和副产品取得的收入。

$$INC = Q_o \cdot R_o \cdot P_o + Q_g \cdot R_g \cdot P_g + Q_s \cdot P_s \cdots\cdots R_f \quad\quad （1-3-7）$$

式中　INC——含增值税的销售收入，万元；

Q_o——年产油量，10^4t；

R_o——原油商品率，%；

P_o——含增值税的油价，元/t；

Q_g——年产气量，10^7m³；

R_g——天然气商品率，%；

P_g——含增值税的气价，元/10^3m³；

Q_s——年副产品产量，10^4t；

P_s——副产品价格，元/t；

R_f——副产品商品率，%。

如果财务部门提供的油价或气价是不含税价（即不含增值税价），则使用时应将不含税油价或气价转变为含税油价或气价，转化公式为：

$$P_o = P_{no} \cdot （1 + R_{vto}） \quad\quad （1-3-8）$$

$$P_g = P_{ng} \cdot （1 + R_{vtg}） \quad\quad （1-3-9）$$

式中　P_{no}——不含增值税的油价，元/t；

P_{ng}——不含增值税的气价，元/10^3m³；

R_{vto}——原油增值税税率，%；

R_{vtg}——天然气增值税税率，%。

对未开发储量，油价按储量所在石油公司每年公布的建设项目经济评价参数取值；对探明已开发储量，油价按评估基准日各地区分公司销售价格（含增值税）取值。

油气生产过程中开采可销售的副产品如轻烃、液化气、硫磺和二氧化碳等，原则上采用市场价。

（1）根据储量评价的范围确定天然气出厂价格。

（2）有多个不同类别用户时，应根据分配的气量取加权平均价格。

按照不同油公司项目评价的气价取值，或者参照邻近已开发气田近几年销售的平均气价确定。商品率可根据本地区近几年或最近权威部门公布的统计数据取值。

（1）原油商品率是原油商品产量与原油核实产量的比率。原油商品产量是核实产量扣除原油损耗量和企业内部自用量的产量。

（2）天然气商品率是天然气商品产量与工业产量的比率。天然气商品产量是指工业产量扣除了各种损耗（包括火把、运输损失）和企业内部自用（未发生市场交易）的产量。

油气生产成本是指油气生产过程中实际消耗的直接材料、直接工资、其他直接支出和其他生产费用等，包括油气操作成本、折旧、折耗。应根据已开发油气田近几年成本的变化趋势综合确定。

操作成本是通常所说的直接经营成本，它是采油厂生产油气所发生的直接劳动费用。陆上油田基本上为自营自筹资金方式开发，操作成本包括材料、燃料、动力、生产工人工资、职工福利费、驱油物注入费、井下作业费、测井试井费、维护及修理费、稠油热采费、轻烃回收费、油气处理费、运输费、其他直接费、厂矿管理费15项费用。

折旧折耗费按照产量法进行折旧，即根据当年产量与当年剩余 SEC 储量的比值计算折旧折耗费。

期间费用包括管理费用、财务费用和销售费用。管理费用包括摊销费、矿产资源补偿费和其他管理费。对自营贷款开发的油田，还应计算利息费用。

生产成本和费用包括操作成本、折旧折耗费和期间费用。

经营成本和费用是生产成本和费用扣除折旧、折耗费、摊销费和利息支出后的余额。它可分为可变成本和固定成本。

（1）可变成本是随油气产量的变化而变化的费用，包括材料费、燃料费、动力费、驱油物注入费、井下作业费、测井试井费、稠油热采费、轻烃回收费、油气处理费、运输费、销售费用、管理费用中的矿产资源补偿费。

（2）固定成本是基本与油气产量变化无关的费用，包括生产工人工资、职工福利费、维护及修理费、其他直接费、厂矿管理费用、财务费用、管理费等。

成本预测不考虑通货膨胀和紧缩的影响。

税费按国家相关的法律和条例执行。税费指销售税金及附加、矿产资源补偿费，销售税金及附加包括特别收益金、增值税、城市维护建设税、教育费附加、资源税。

石油特别收益金实行 5 级超额累进从价定率计征，按月计算、按季缴纳。石油特别收益金征收比率按石油开采企业销售原油的月加权平均价格确定（表1-3-2）。

表 1-3-2　石油特别收益金具体征收比率及速算扣除数

原油价格 /（美元 /bbl）	征收比率 /%	速算扣除数 /（美元 /bbl）
40～45（含）	20	0
45～50（含）	25	0.25
50～55（含）	30	0.75
55～60（含）	35	1.50
60 以上	40	2.50

具体计算公式为：

$$F_{sr} = \left[\left(P_{no} - 40 \right) \times R_{sr} - C_{sr} \right] \times Q_{so} \times R_{tb} \times R_h \qquad （1-3-10）$$

式中　F_{sr}——特别收益金，万元；

　　　P_{no}——不含税油价，美元 /bbl；

　　　R_{sr}——征收比率，%；

C_{sr}——速算扣除数，美元/bbl；

Q_{so}——可销售原油产量，10^4t；

R_{tb}——吨桶比，bbl/t；

R_h——美元兑换人民币汇率，元/美元。

计算石油特别收益金时，原油吨桶比按评价基准日所在年度公布的不同油公司建设项目经济评价参数选取；石油特别收益金征收比率及速算扣除数见表1-3-2；美元兑换人民币汇率以评价基准日中国人民银行公布的月平均价计算。

应纳增值税税额具体计算可采取两种方法。

（1）按占销售收入的比例计算（进销比估算）。

根据税赋水平的统计资料，可按增值税占销售收入的比例估算应缴增值税税额。

（2）按增值税规定条例的方法计算。

城市维护建设税等于增值税税额乘以城市维护建设税税率；教育费附加等于增值税税额乘以教育费附加率；资源税额等于课税数量乘以单位税额。课税数量是指销售数量和自用数量，其中开采原油过程中用于加热、修井的原油免税。

税前利润为销售收入扣除生产成本费用、销售税金及附加之后的余额。所得税税额为税前利润扣除用于弥补上一年度亏损额的余额与所得税税率的乘积。

三、不同区域评价单元最小经济规模储量

1. 典型评价单元

由于计算最小经济规模储量所需参数并非固定值，因此采用蒙特卡洛方法，首先建立一个概率模型或随机过程，使它的参数或数字特征等于问题的解：然后通过对模型或过程的观察或抽样试验来计算这些参数或数字特征，最后给出所求解的近似值，如图1-3-14所示。

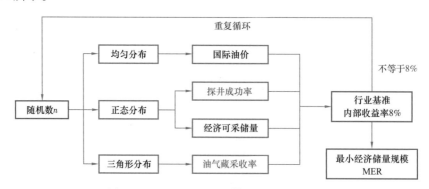

图1-3-14　Monte Carlo模拟法原理示意图

在选取过程中利用风险量化评价模型对上述计算过程运行5000次以上，得到某一评价单元最小经济储量规模频率直方图。依据概率论中的大数定理，当表征随机事件的试验重复次数足够多时，事件发生的频率收敛于事件的概率。

2. 陆上典型评价单元图版

以临南北带评价单元为例，首先对该区已发现储量进行深度分级，从表 1-3-3 可以看出，分级后每个深度范围内不同油藏的埋深级差和标准偏差均明显减小，由于勘探开发投资与油藏深度的高度相关性，因此分级后同一深度单元内投资差异也明显减小。

表 1-3-3　临南北带评价单元深度细分前后油藏埋深变化表

单元名称	临南—整体	深度 1	深度 2	深度 3	深度 4
数据点个数	274	14	217	39	4
算术平均值	2087	1551	1906	2206	2546
标准偏差	485	391	503	313	359
最小值	1354	1354	1450	1950	2250
最大值	3340	1760	2770	2960	3340
数据级差	2.47	1.30	1.91	1.79	1.81

纵向上通过细分不同的评价深度，减小经济评价数据级差，增加数据集中度。以临南评价单元 Ng—Nm 为例，Ng+Nm 范围储量分布深度为 1350～1760m，预计开发工程投资为 880 万元～1080 万元。

将临南北带评价单元按照深度细分评价单元后，相对于单元的采收率重新模拟生成三角形分布概率密度函数（图 1-3-15），可以看出油藏采收率分布区间也相应减小。

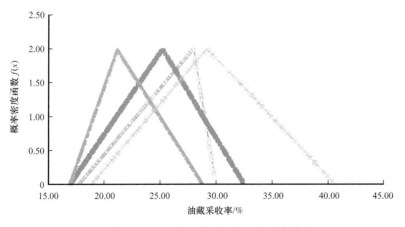

图 1-3-15　不同深度油藏采收率概率分布曲线图

由于国际油价的不确定性，本次评价按照国际油价 30 美元 /bbl～100 美元 /bbl 的均匀分布进行计算。图 1-3-16 和图 1-3-17 为临南北带评价单元全部层系的最小经济储量规模分布图。从该图可以明显看出，数据波动性强，以国际油价 30 美元 /bbl 为例，最小经济储量规模计算最大值为 194.5×10^4t，最小值为 14.1×10^4t，数据级差 13.8。

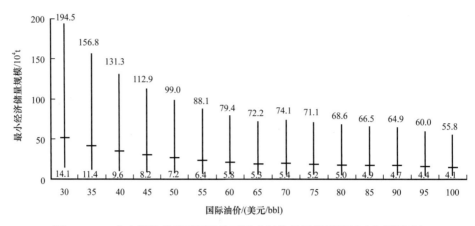

图 1-3-16　临南评价单元不同油价下最小经济储量规模图版（全部层系）

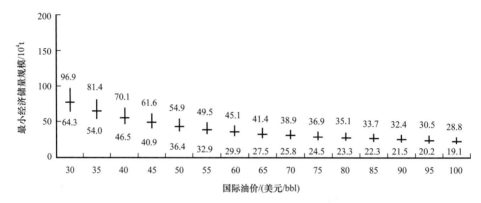

图 1-3-17　临南评价单元不同油价下最小经济储量规模图版（古近系）

通过在纵向上细分不同的评价深度，可以有效减小储量埋深带来的影响，经济评价结果数据级差明显减小。以临南北带古近系评价单元（图 1-3-18）为例，该层系最小经济储量规模数据更加集中。以国际油价 30 美元 /bbl 为例，最小经济储量规模计算最大值为 $96.9 \times 10^4 t$，最小值为 $64.3 \times 10^4 t$，数据级差 1.5。细分评价单元层系，使评价结果更加集中，有利于后期资源量经济评价。

图 1-3-18 为临南北带评价单元古近系不同概率下最小经济储量规模图版，不同原油价格下概率为 P_5、P_{50}、P_{95} 条件下的不同深度内的最小经济储量规模。后期可根据不同评价单元内的储量分布进行经济截断，计算区域经济资源量。

以临南北带评价单元不同原油价格下最小经济储量规模图版 P_{50} 为例（图 1-3-19），由于古近系埋深较新近系埋深更深，整体上古近系较新近系的最小经济储量规模大。同时，随着国际油价的增加，最小经济储量规模 MER 逐渐减小。

3. 海上典型评价单元图版

考虑到海上勘探开发比地面投资较大，分两种情况开展最小经济储量规模计算：（1）依托已有平台老区［图 1-3-20（a）］；（2）平台集输管网完全空白区域［图 1-3-20（b）］。

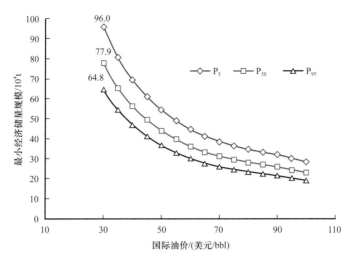

图 1-3-18　临南北带评价单元古近系不同概率下最小经济储量规模图版

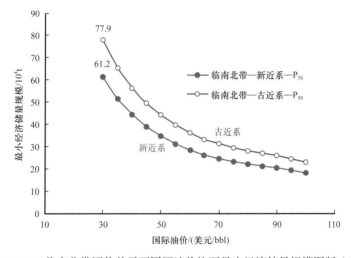

图 1-3-19　临南北带评价单元不同原油价格下最小经济储量规模图版（P$_{50}$）

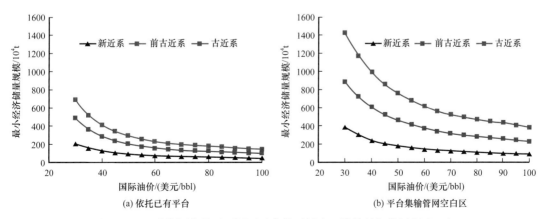

图 1-3-20　滩海评价单元不同原油价格下最小经济储量规模图版（P$_{50}$）

四、渤海湾盆地陆上剩余油气经济资源量

1.剩余油气经济资源量

目前渤海湾盆地共有石油资源量 $205×10^8$t，天然气 $53×10^{12}$m³，分布在济阳、黄骅、冀中、辽河、临清 5 个坳陷 25 个凹陷中，运用本次研究采用的方法对油气资源开展了不同油价下（低油价 40 美元 /bbl、中油价 60 美元 /bbl、高油价 80 美元 /bbl）的经济资源量测算，测算结果见表 1-3-4。

表 1-3-4　渤海湾盆地主要生烃凹陷不同油价下经济性排序结果表

二级构造单元	资源量 /10⁴t	剩余资源量 /10⁴t	经济资源量 /10⁴t		
			40 美元 /bbl	60 美元 /bbl	80 美元 /bbl
东营凹陷	460644	188962	280392	296270	319762
西部凹陷	272502	94680	179001	184451	211701
沾化凹陷	225651	100500	110056	122057	134058
滩海地区	187700	102959	115159	120474	159451
歧口凹陷	168313	81839	75741	80790	94255
饶阳凹陷	130198	54142	72911	79421	80723
南堡凹陷	118928	71088	59464	68978	70168
东濮凹陷	105158	43059	60992	63095	64146
沧东凹陷	78637	34506	43250	47969	48755
东部凹陷	73506	49443	33078	42633	44104
惠民凹陷	66444	29213	33982	35196	49760
大民屯凹陷	63614	28235	33715	38805	39441
车镇凹陷	49993	34747	16065	18032	20884
霸县凹陷	41655	22911	21244	25410	25826
廊固凹陷	26686	16691	12809	16278	16545
晋县凹陷	12384	10251	5573	8050	8421
辽东东	12000	12000	356	409	423
潍北凹陷	11100	9600	4775	6773	6884
束鹿凹陷	8900	5456	5874	6675	6942
深县凹陷	8599	4963	6019	6449	6707

二级构造单元	资源量 /10⁴t	剩余资源量 /10⁴t	经济资源量 /10⁴t		
			40 美元 /bbl	60 美元 /bbl	80 美元 /bbl
保定凹陷	6383	6383	1277	1596	1915
武清凹陷	4567	4567	1370	1598	1644
大厂凹陷	2260	2200	1401	1424	1446
石家庄凹陷	1124	1124	124	202	247
徐水凹陷	829	829	166	207	249
北京凹陷	282	282	56	85	90

从经济性排序结果表可以看出，东营凹陷、胜利滩海地区仍然是下一步勘探的主攻方向。随着油价的逐渐升高，资源规模较大但埋深较深的凹陷（例如惠民凹陷）排序逐渐前移，经济性逐渐变好。而部分资源规模小的凹陷经济性排序变化很小。

2. 有利勘探领域分析

1）中国石油矿权区剩余油气重点勘探方向

中国石油矿权区内常规石油地质资源量为 96.95×10^8t，剩余地质资源量为 46.74×10^8t；天然气地质资源量为 1.10×10^{12}m³，剩余地质资源量为 0.94×10^{12}m³。中国石油矿权区内剩余油气资源以岩性—地层油气藏、岩性—构造型复合油气藏、潜山油气藏等为主，湖相碳酸盐岩、火成岩油气藏也占一定比重。

辽河坳陷剩余油气资源主要分布在潜山、岩性和火山岩三大勘探领域，滩海剩余油气资源主要分布在潜山、构造和岩性油气藏等勘探领域。在综合分析研究基础上，优选出未来油气勘探有利区带 10 个，静安堡潜山带、小洼—月海潜山带、兴隆台潜山带、欢曙斜坡带、冷东—雷家陡坡带、茨榆坨潜山带、黄于热—黄沙坨构造带、欢喜岭—曙光潜山带、前进—韩三家子潜山带和边台—法哈牛潜山带等，10 个区带剩余油气资源量为 5.82×10^8t，是辽河油田近期油气勘探重点。

黄骅坳陷大港探区常规石油剩余地质资源量为 7.83×10^8t，常规天然气剩余资源量为 3211.05×10^8m³。剩余油气资源主要分布在歧口凹陷、沧东凹陷的盖层，以及潜山油气藏中。在已发现五套含油层系中，奥陶系潜山已发现的资源主要为天然气，二叠系和中生界主要为油。（1）歧口凹陷中央隆起带以北大港构造带、南大港构造带等为勘探重点区带。斜坡区岩性油气藏，重点针对板桥斜坡、歧北斜坡、歧南斜坡、埕海断坡等展开拓展勘探，实现规模效益增储和规模储量升级。外围新区带发现板桥沙一段泥岩、歧口西南缘的油页岩、高丰度的暗色泥岩在低演化阶段具有一定的生排烃能力，能够形成低熟油藏。经综合分析锁定板桥凹陷西段刘岗庄地区、歧口凹陷西北缘大中旺地区可作为甩开预探首选地区。（2）沧东凹陷孔店构造带探明石油地质资源量为 4.07×10^8t，剩

余资源量为 1×10^8 t，优选沈家铺—自来屯地区、段六拨—小集—叶三拨地区作为首选勘探区带。斜坡区岩性油藏剩余地质资源量 2.63×10^8 t，优选南皮斜坡、孔西斜坡、孔东斜坡展开勘探，实现规模效益增储。（3）潜山油气藏类型包括古生古储和新生古储油气藏类型。古生古储型主要是以石炭系—二叠系煤为烃源岩层形成的煤成油气藏，有利区带主要集中在孔西潜山带的孔古 4 含油构造、王官屯潜山带王古 1 井含气构造、乌马营潜山乌深 1 含气构造。新生古储成藏体系舍女寺断垒构造带及孔店中央隆起带是勘探利区。

冀中坳陷常规石油剩余地质资源量为 13.69×10^8 t，天然气剩余资源量为 3088×10^8 m^3。冀中坳陷目前主要勘探领域分为构造、潜山及岩性地层领域，岩性油藏领域最具勘探潜力，是未来的主攻领域。（1）冀中坳陷留西洼槽区、河间洼槽区、霸县洼槽区、桐南—柳泉洼槽区剩余资源量均在亿吨级以上，勘探潜力巨大。围绕富油洼槽的大王庄、肃宁、蠡县斜坡中北段、留西、文安斜坡、岔高鄚构造带、柳泉构造带、固安—旧州构造带等构造带，剩余油气资源量均在 5000×10^4 t 以上，马西、杨武寨、留楚、霸县主洼槽、河西务构造带也达到（3000～5000）$\times 10^4$ t 级。（2）冀中坳陷天然气主要分布在北部廊固、霸县凹陷及武清凹陷，剩余资源集中在潜山和沙河街组。（3）潜山领域资源最为丰富，剩余地质资源量为 1237.6×10^8 m^3。霸县凹陷牛东、苏桥、文安潜山带，以及河西务潜山带是勘探重点区带。沙河街组剩余地质资源量为 2028×10^8 m^3。廊固柳泉、固安—旧州构造带为有利区。

冀东油田探区南堡凹陷石油剩余资源主要分布在高柳地区和南堡 1 号、2 号构造，其资源量分别为 1.44×10^8 t、1.25×10^8 t、1.61×10^8 t，勘探潜力巨大，是下一步勘探的重点区带。南堡 1 号构造和南堡 2 号构造天然气资源量较大，分别达到了 605×10^8 m^3 和 625×10^8 m^3。南堡凹陷天然气剩余资源主要分布在分布南堡 1 号、2 号和 5 号构造，其剩余资源量分别为 413×10^8 m^3、517×10^8 m^3 和 304×10^8 m^3，目前探明程度较低，是下一步勘探的重点区带。

2）中国石化矿权区剩余油气重点勘探方向

新近系河道砂翼部油藏、古近系构造—岩性复合油藏、超剥带地层油藏等将是胜利油田下步勘探重要的潜力方向。新近系一直是油田增储上产的重要层系。下步新近系勘探方向是地层油藏、岩性、馆下段构造岩性油藏。重点勘探关键是油气输导规律、精细圈闭刻画及含油气判识技术。重点在陈家庄凸起北坡、埕岛地区开展勘探。济阳坳陷古近系累计探明储量占总探明储量的 60.0%，为油田主力增储层系。但从济阳坳陷古近系储量最大外包络线分布看，包络线内储量外还有大量的空白地带，经梳理，这些空白区内还有大量的出油点，是勘探潜力区。但这些地区多为构造转换带、沉积结合部，构造、储层复杂，多为构造—岩性复合油气藏。济阳坳陷古近纪—新近纪构造转换控制了上下构造层系地层类油藏的发育，集中分布在斜坡高部位。

济阳坳陷沙四下亚段—孔店组已发现油气以上部侧向对接成藏为主，已发现储量以上部层系来源为主。济阳坳陷多个洼陷深部发育烃源岩，能够形成他源型、自源型油气藏。东营凹陷沙四下亚段已经证实烃源岩的存在，可以形成自源型油气藏。扩大他源型油气藏，同时积极探索自源型油气藏，是下步勘探方向。综合考虑油源、储层、输导条件，高青—平方王、东营南坡、东营北带、渤南洼陷、东营洼陷带 5 个区带为近期勘探重点。

古生界潜山近期在埕岛、车镇、东营凹陷不断取得突破或进展，展示了济阳坳陷古生界潜山较大的勘探潜力。目前发现的多为下古生界正向构造山、风化壳山，而负向构造山、内幕山及上古生界潜山发现较少，是下步重点勘探方向。埕岛—桩海地区、车镇凹陷、孤西潜山带、东营凹陷等是古生界潜山下步重点勘探地区。

太古宇潜山具备良好的油气成藏条件，已在济阳坳陷东营、埕岛等地区累计上报探明石油地质储量 3720.86×10^4t、控制石油地质储量 506×10^4t、预测石油地质储量 1104×10^4t，为下步重要的储量接替层系。单古 6 井揭示了太古宇潜山内幕油藏，初步展示了潜山内幕具有巨大勘探潜力。济阳坳陷太古宇潜山内幕具有裂缝分段发育、内幕发育断层、储层发育似层状的特点。从油源—储层—圈闭—运移匹配关系看，埕岛、埕子口、义和庄、滨县—胜坨、孤岛、陈家庄、车西等潜山带是太古宇下步重点勘探方向。

中生界已探明石油地质储量 1768×10^4t，控制石油地质储量 884×10^4t，预测石油地质储量 4683×10^4t，是储量发现和探明程度最低的层系。近期钻探取得了较好效果。位于主力烃源岩最大埋深之上的区域都具有勘探潜力，根据近期的勘探成果及出油点分布，下步的勘探方向为孤西断裂带、埕岛、东营南坡、惠民南坡。

常规气在济阳—临清坳陷具有形成煤成气工业聚集的有利条件。一是煤系地层广泛发育，厚度大，济阳坳陷山西组煤层厚度为 10m 左右，太原组最厚 25m 左右；普遍存在煤层二次生烃；煤系地层以生气为主，地球化学指标较好。结合二次生烃门限深度、地层埋深及煤层的识别，确定有效煤层分布面积约 $4170km^2$。此外，在民丰沙四下亚段、渤南沙四上亚段发现了储量规模百亿立方米的气藏，另外在利津沙四下亚段、潍北孔二段中产出工业气流，指示胜利探区深层天然气的资源潜力。明确了东营利津、民丰、渤南和潍北等几个裂解气发育阵地。

第二章 渤海湾盆地古近系—新近系油气成藏与富集机理

渤海湾盆地古近系—新近系面临深化不同类型断陷盆地油气分布规律认识、发展相似演化背景下的断陷盆地油气富集机制、完善断陷盆地精细地质模型及地质评价方法等难题（李丕龙等，2004；宋国奇等，2014；Cheng et al.，2018），在深化新生界成藏要素定量评价基础上（宋国奇等，2012），进一步刻画了断陷盆地精细地质模型，重点开展了断陷盆地成藏要素相互作用机制及耦合模式研究，发展了断陷盆地油气富集机制及成藏动态评价技术，形成了断陷盆地油气有序分布理论及预测模型。

第一节 地层压力—流体—储集性演化与油气成藏

一、地层压力演化与油气成藏

1. 盆地压力场类型及成因

1）盆地压力场类型

根据渤海湾盆地各凹陷压力系统的数量及叠置关系，将含油气凹陷划分为常压型凹陷、单超压结构和双超压结构凹陷（图2-1-1）。

（1）常压型凹陷。

孔隙流体压力随深度增加而增大且与静水压力相等，不存在明显超压。以潍北凹陷为例，潍北凹陷现今地层压力以常压为主，不存在超压带。平面上，常压型主要分布在盆地外围及隆起区附近的凹陷（图2-1-2），如大民屯凹陷、潍北凹陷、石家庄凹陷等。

（2）单超压型凹陷。

仅沙四段、沙三段发育超压。如东营凹陷明化镇组至沙二段地层压力为常压，沙三段、沙四段开始发育超压，且超压特征明显，压力系数最大可达2.0，剖面上显示出沙三段—沙四段超压带。该类型压力场在渤海湾盆地分布广泛（图2-1-2），主要有济阳坳陷的东营和车镇凹陷，冀中坳陷的廊固、霸县和饶阳凹陷，辽河坳陷的东部、西部凹陷，以及临清坳陷的东濮凹陷。

（3）双超压型凹陷。

与单超压型相比，表现为沙三段—沙四段超压和东营—沙一段多层系超压发育，具有超压层系多，超压强度大的特点。以沾化凹陷为例，东营组之上地层以常压为主，沙一段开始发育弱超压，压力系数在1.2左右，最大可达1.4。沙三段和沙四段也发育超压，

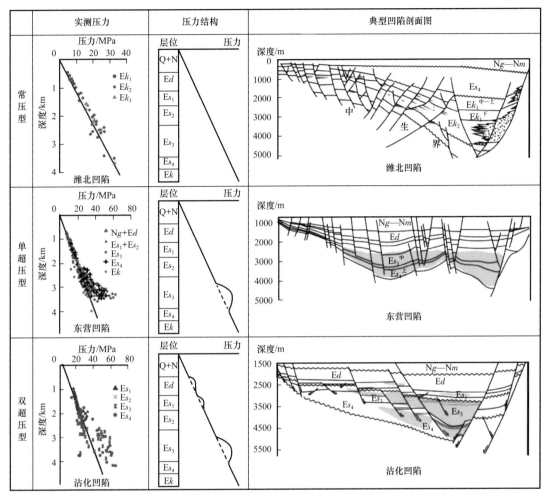

图 2-1-1 渤海湾盆地凹陷纵向压力场类型

且超压幅度大于沙一段，压力系数最大可达 1.8，发育沙一段超压带和沙三段—沙四段超压带等两个超压带。该类压力场集中分布在环渤中各凹陷中（图 2-1-2），以渤中坳陷、辽东湾的辽东、辽中和辽西凹陷及黄骅坳陷的南堡、歧口、板桥凹陷为典型代表。

2）盆地压力场成因机制

（1）欠压实增压作用。

从渤海湾盆地内不同凹陷沉降速率与超压发育关系可以看出，沉降速率最大的时期对应着超压发育的主要层位，沉积速率的加快促使了低渗透性地层欠压实增压的发育，为超压发育奠定基础。随着沉积速率和泥岩含量的增大，地层压力系数逐渐增大，二者具有一定的正相关关系（图 2-1-3）。

为了进一步阐明不同因素对超压发育的影响机制，以霸县凹陷兴隆 1 井为例，在 PetroMod 恢复埋藏史、热演化史的基础上，模拟了霸县凹陷沙四段流体压力随泥岩含量的变化规律，以及在不同埋藏速率条件下欠压实超压的变化。首先，在保持沙四段砂泥岩含量以外的所有参数不变的前提下，以兴隆 1 井的实际地质参数为输入，分别设置泥

图 2-1-2　渤海湾盆地富油凹陷中不同类型压力结构分布特征

岩含量由 50% 增加到 100%。模拟结果表明，随着泥岩含量增加一倍，现今欠压实增压增加 12MPa，压力系数（地层压力／静水压力）由原先的 1.44 增加到 1.65。此外，由于泥岩含量的增加，欠压实超压产生的时间提前，由原先的 32.5Ma 开始产生超压，提前到 35Ma 产生超压（图 2-1-4）。泥岩含量能够很大程度影响欠压实超压发育的幅度和演化时间，较高的泥岩含量为地层整体提供了封闭性相对较强的流体环境，这样地层在早期沉积时就能够达到欠压实发生的"流体封闭点"，并较早就开始积累超压，且在较长的地质历史中经过上覆载荷的加载，积累达到相对更高的剩余流体压力。

（2）生烃增压作用。

生烃作用是渤海湾盆地主要的超压成因，烃源岩的生烃能力控制了不同层系超压发育规模及幅度。对比不同凹陷超压顶界深度与烃源岩生油门限深度的变化趋势，可以发现二者存在较好的一致性，即生烃门限较深的凹陷超压顶界深度较深，生油门限较浅的凹陷超压顶界深度相对较浅。然而，不同凹陷超压顶面与生烃门限之间的相对差异不同，如板桥凹陷超压顶面和生烃门限之间相差小于 100m，而辽西凹陷二者差距超过 250m，反映了不同凹陷生烃作用对超压贡献存在较大差异（图 2-1-5）。

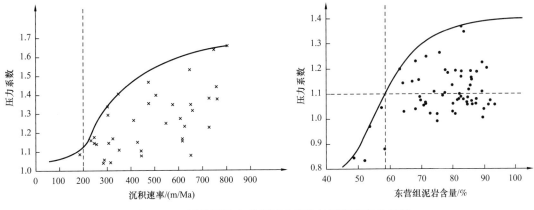

图 2-1-3　霸县凹陷东营组压力系数与沉积速率关系图

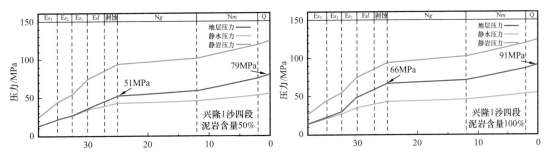

图 2-1-4　霸县凹陷兴隆 1 井沙四段不同泥岩含量下的压力演化图

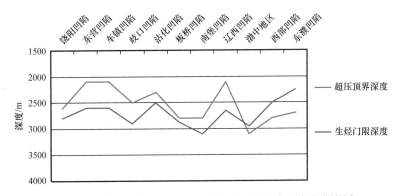

图 2-1-5　渤海湾盆地富油凹陷超压顶界深度与生烃门限深度

　　纵向上不同层系生烃作用强弱与凹陷的超压强度具有良好的正相关关系，同一凹陷内生烃强度较大的层位的压力系数也较大，同一凹陷内压力系数与生烃强度之间表现明显的正相关关系。生烃面积与超压面积也具有正相关性，随生烃面积增大，超压范围也具有增大的趋势（图 2-1-6），且超压分布范围与主力生烃层系的生烃范围大体一致，说明有效烃源层系存在的泥质岩发育层段更易于超压的形成和保持。超压发育特征与烃源岩生烃能力之间的对应关系证实了渤海湾盆地生烃增压是主要的超压成因。因此，对渤海湾盆地古近系生烃层系而言，多数凹陷目前仍处于主要生烃阶段，现今超压状态与晚期生烃作用密切相关，生烃增压应为目前异常高压的主要原因。

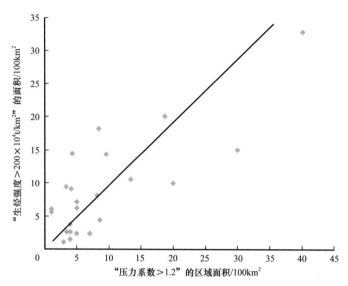

图 2-1-6　渤海湾盆地不同凹陷超压发育范围与生烃面积匹配图

单超压型凹陷往往存在纵向上一套具有二次生烃作用的烃源岩系，且烃源岩后期埋深远大于一次生烃时的埋深，二次生烃为其主要生烃时期，对应着该区超压的主要积累期，并形成了一个超压带。在东营组沉积末剥蚀期，异常压力明显降低，之后超压再次积累并在现今达到超压幅度最大值。

双超压型凹陷则发育两套被分割的、具有二次或持续生烃作用的烃源岩层系，两套烃源岩层系的生烃速率均较大，时间上与地层压力的演化史具有较好的匹配关系，形成两套烃源岩对应的双超压带，由于双超压型凹陷剥蚀量较小，剥蚀期异常压力降幅较小，之后超压快速积累并在现今达到最大超压幅度。

因此，异常高压主要形成阶段与主要生烃阶段相一致，超压应以生烃增压为主。主力烃源岩层系的纵向分布及主生烃阶段的不同是导致 3 类凹陷现今压力结构差异的主要原因，而造成这种现象的深层次原因是凹陷充填演化历史的差异。

2. 超压演化及波及范围

1）单超压演化及波及范围

（1）超压演化过程。

以东营凹陷压力演化为例，说明单超压演化及波及范围。系统选择了 6 口井 22 块沙四下亚段储层流体包裹体样品，进行了荧光观察、流体包裹体显微测温、测盐等系统分析，综合利用四史及流体包裹体 PVT 等容法，恢复了研究区的油气成藏时间和古地层压力。对应成藏期的古压力恢复表明：沙二段—东营组沉积末期沙四下亚段的古压力在

20MPa左右，压力系数介于1.1～1.2，剩余地层压力为3～5MPa，为弱超压系统，超压幅度较低；馆陶组沉积末期是第二次油气藏形成的早期，此时沙四下亚段地层压力多为32～42MPa，地层压力系数介于1.0～1.1，剩余压力多在2MPa以下，表现为常压至弱超压环境；明化镇组沉积末期即二次成藏晚期是天然气大规模成藏时间，该时期生烃洼陷中心区对应着较高的压力系统，地层压力系数可达1.25～1.5，剩余压力达到10MPa以上，超压明显（表2-1-1），油气成藏动力条件较好。

表2-1-1　东营凹陷沙四下亚段部分盐水包裹体古压力计算

井号	现今深度 / m	成藏时间与期次	平均 Th / ℃	古埋深 / m	古压力 / MPa	剩余压力 / MPa	压力系数
丰8	4201.10	Es_1 第一期	122.50	2329.55	27.26	3.97	1.17
丰8	4055.35	Ng 第二期（早）	161.37	3851.75	41.21	2.7	1.07
丰8	4201.10	Ng 第二期（早）	157.31	3745.11	38.95	1.05	1.04
丰8	4055.35	Nm 末第二期（晚）	170.20	3984.08	55.39	15.55	1.39
丰8	4181.50	Nm 末第二期（晚）	163.83	3916.58	49.42	10.25	1.26
丰8	4200.50	Nm 末第二期（晚）	171.40	4015.92	56.67	16.51	1.41
丰深1	3684.90	Ed 第一期	109.31	2029.77	23.74	3.44	1.17
丰深1	4322.00	Ng 第二期（早）	154.54	3672.11	37.45	0.73	1.02
丰深1	4322.00	Nm 末第二期（晚）	169.40	3962.86	54.56	14.93	1.38
丰深1	4348.80	Nm 末第二期（晚）	174.39	4095.16	60.11	19.16	1.47
利912	3642.00	Ng 第二期（早）	143.01	3368.80	38.71	5.02	1.15
利912	3643.60	Ng 第二期（早）	148.45	3511.74	40.35	5.23	1.15
坨762	3428.20	Ng 第二期（早）	132.20	3084.21	32.38	1.54	1.05
坨762	3495.30	Ng 第二期（早）	144.47	3275.44	34.06	1.31	1.04
坨762	3438.00	Nm 末第二期（晚）	177.26	4171.35	63.74	22.03	1.53
坨762	3451.00	Nm 末第二期（晚）	167.10	3901.86	52.31	13.3	1.34
坨762	3495.30	Nm 末第二期（晚）	162.53	3780.73	48.38	10.57	1.28

沙四下亚段储层压力具有"二旋回波动模式"，即存在"常压—弱超压—常压—超高压—常压"的演化模式，存在两次超压形成过程及两次降压过程。

第一次"常压—弱超压—常压"演化模式对应的时期是沙四段沉积时期至东营沉积末期。沙四下亚段开始沉积时，由于地层埋藏较浅，以压实作用为主，流体排出畅通，地层多表现为常压；沙二段沉积期开始，沙四下亚段烃源岩开始生油，加上上覆沉积地层的不断形成及沉积物的快速堆积，地层压力逐渐增大，积聚了越来越多的剩余压力；在东营组沉积末期之前，沙四下亚段地层压力系数达到 1.2 左右，剩余地层压力为 3~5MPa，表现出弱超压特征；到了东营组沉积末期，由于地层抬升并遭受不同程度的剥蚀、地温逐渐降低，此时烃源岩的生烃作用也趋于停滞，导致沙四下亚段地层压力迅速释放，变成常压地层，完成了压力的第一次演化过程。

第二次"常压—超高压—常压"演化模式随着东营构造运动的停止，馆陶组沉积时期伴随着凹陷的又一次整体下沉，沙四下亚段进一步被深埋，在馆陶末期达到二次生烃，由于该时期沉积速率低，生烃量小，地层压力增长缓慢，表现为常压—弱超压状态；进入明化镇沉积时期，地层沉降速度加快，洼陷中心的沙四下亚段烃源岩进入了热裂解生凝析气阶段，气体的大量生成导致流体体积的迅速膨胀，致使地层压力迅速升高，地层压力系数可达 1.5（如坨 762 井），剩余地层压力为 22MPa，明化镇沉积后期储层压力达到最大值；第四纪平原组沉积时期，由于地温降低等因素影响，部分沙四下亚段地层压力迅速减小，超压现象逐渐变成以常压为主，超压相伴的分布特点。

（2）超压波及范围。

东营凹陷烃源岩主要分布在沙三下亚段和沙四上亚段，也是东营凹陷大规模超压发育的主要层段。恢复沙三下亚段和沙四上亚段顶界面关键成藏期古剩余压力平面分布，将在一定程度代表东营凹陷超压的波及范围。

沙三下亚段和沙四上亚段 2 个主要成藏期分别为：30—20Ma 和距今 5Ma 以来。图 2-1-7 为东营凹陷沙三下亚段剩余压力演化图，可以看出早期超压（25Ma）主要分布在牛庄洼陷、利津洼陷、民丰洼陷北部和博兴洼陷北部。其中牛庄洼陷超压强度最大，最大剩余压力为 14MPa，其次为民丰洼陷和博兴洼陷北部，最大剩余压力分别为 12MPa 和 10MPa，利津洼陷超压相对较弱，利津洼陷北部剩余压力最大为 8MPa，利津洼陷其他地区均小于 6MPa。25—16Ma 地层整体抬升遭受剥蚀，根据模拟结果，早期形成的超压在此阶段内全部卸载，至 16Ma 整体上表现为常压系统，第二期超压则是从 16Ma 开始重新积累，随着埋藏深度加深，烃源岩成熟度逐渐增大，超压再次积累。5Ma 时，超压再次发育，此时超压主要分布在利津洼陷和牛庄洼陷，利津洼陷超压强度明显大于牛庄洼陷，最大剩余压力可达 24MPa。超压持续发育，并形成现今分布状态。

图 2-1-8 为东营凹陷沙四上亚段剩余压力演化图，可以看出沙四上亚段超压演化与沙三下亚段超压演化具有相同的演化特征。早期超压（25Ma）主要分布在牛庄洼陷、利津洼陷、民丰洼陷北部和博兴洼陷北部。其中利津洼陷和牛庄洼陷超压强度最大，最大剩余压力可达 20MPa，其次为民丰洼陷和博兴洼陷北部，最大剩余压力为 14MPa。25—16Ma 地层整体抬升遭受剥蚀，生烃作用停滞，根据模拟结果，早期形成的在此阶段内全部卸载，至 16Ma 整体上表现为常压系统，第二期超压则是从 16Ma 开始重新积累，随着埋藏深度加深，烃源岩成熟度逐渐增大，超压再次积累。5Ma 时，超压再次发育，此时超压主要分布在利津洼陷、牛庄洼陷和博兴洼陷北部，利津洼陷超压强度明显大于牛庄洼陷，最大剩余压力可达 28MPa，牛庄洼陷最大剩余压力为 18MPa，博兴洼陷最大剩余压力可达 20MPa，但超压分布范围小。超压持续发育，并形成现今分布状态（邵雪峰，2013）。

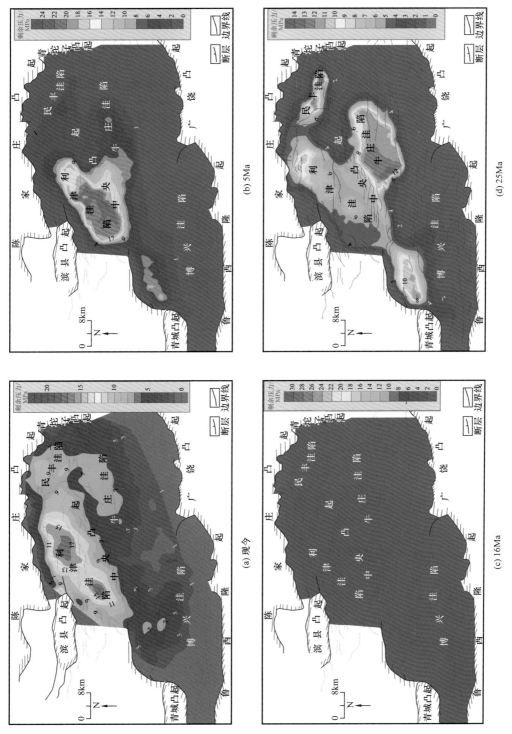

图 2-1-7　东营凹陷沙三下亚段剩余压力演化图

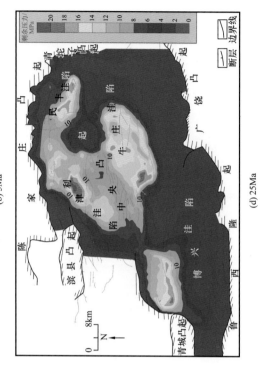

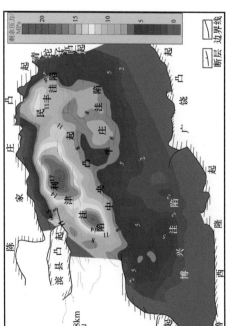

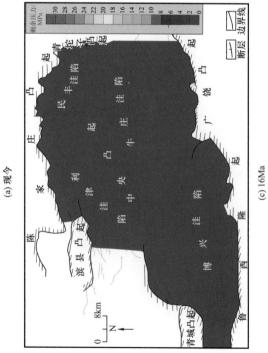

图 2-1-8　东营凹陷沙四上亚段剩余压力演化图

2）双超压演化及波及范围

（1）超压演化过程。

以沾化凹陷压力演化为例，说明双超压演化及波及范围。根据沾化凹陷压力流体包裹体热力学模拟结果来看（图2-1-9），表明渤南洼陷沙三段、沙四段流体包裹体记录的早期地层古压力为常压，压力系数不超过1.3，晚期地层压力为超压。单井包裹体古压力检测表明，义深3井沙三下亚段、新义深9井沙四上亚段检测到的油气充注大部分是在异常高压环境下充注的。现今地层压力都是经过一定时期的演化历程在晚期形成的，作为主要烃源岩层段的沙三下亚段、沙四上亚段在地质历史时期压力演化波动大，表现出增压—泄压—增压—泄压的演化趋势。渤南洼陷存在三期超压演化，早期低幅度超压形成于34～30Ma；第二期超压发育在15～8Ma，第三期超压形成于5～2Ma；第一次泄压发生在馆陶组—明化镇组沉积早期，第二次泄压发生在明化镇组沉积末期—第四纪。晚期超压的形成与油气生成在时间上具有连贯性，大量单井检测到的油气充注恰好与储层发育的异常高压耦合，表明烃类流体充注时是以超压流体的形式进入的。

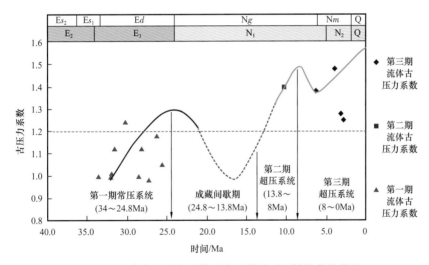

图2-1-9 沾化凹陷古流体压力系数随时间轴演化趋势图

（2）超压波及范围。

沾化凹陷烃源岩主要分布在沙三下亚段和沙四上亚段，利用盆地模拟软件Basinview，对沾化凹陷渤南洼陷主要生烃层段 $Es_3^{\top}$ 和 Es_4 层位进行古剩余压力恢复，恢复时间点分别为现今，明化镇组沉积初期（5.1Ma），馆陶组沉积初期（16Ma）和东营组沉积末期（24.6Ma）。$Es_3^{\top}$ 亚段古剩余压力恢复结果如图2-1-10所示，东营组沉积末期（25Ma），渤南洼陷 $Es_3^{\top}$ 亚段开始广泛出现超压，但超压发育区域相对零散，主要位于渤南洼陷缓坡带，断阶带的西部，深洼带及陡坡带。缓坡带和陡坡带的超压幅度相对较小，剩余压力为1～6MPa，断阶带西部及深洼带剩余压力较大，为3～9MPa，最高剩余压力主要分布在断阶带西部，深洼带的西部和中心等小范围区域，最大剩余压力约为10MPa。

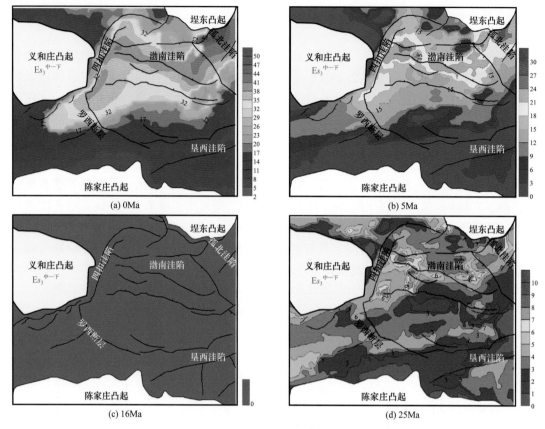

图 2-1-10　沽化凹陷渤南洼陷 $Es_3{}^{\text{下}}$ 平面剩余压力演化图

东营组沉积期过后，渤南洼陷地层开始抬升剥蚀，抬升阶段至 16Ma 结束，随后馆陶组开始沉积，此时渤南洼陷 $Es_3{}^{\text{下}}$ 亚段由于遭受抬升剥蚀，地层内超压流体散失，因此抬升剥蚀结束后地层回归正常流体压力，剩余压力为 0，随后渤南洼陷重新开始接受沉积。至明化镇组沉积初期（5.1Ma），渤南洼陷超压发育规模扩大，整个洼陷均有不同程度的超压存在，渤南洼陷缓坡带超压发育相对较小，剩余压力为 0～18MPa，渤南洼陷断阶带和深洼带超压发育幅度较大，剩余压力为 15～24MPa，其中在深洼带的西部和东部靠近孤北凹陷处发育有两超压中心，最大剩余压力可达 30MPa，渤南洼陷陡坡带剩余压力减小，为 0～18MPa，北部埕东凸起孔隙流体压力回归至常压。地层沉积至今，洼陷 $Es_3{}^{\text{下}}$ 亚段的剩余压力压力分布范围和大小进一步增加，超压分布范围在洼陷断阶带和深洼带连接成片，断阶带和深洼带剩余压力最大，为 35～50MPa，至缓坡带和陡坡带剩余压力减小，为 0～38MPa，至洼陷边缘的陈家庄凸起和埕东凸起，孔隙流体压力恢复常压。

渤南洼陷 Es_4 段平面剩余压力演化过程与 $Es_3{}^{\text{下}}$ 亚段类似（图 2-1-11）。东营组沉积末期（25Ma），渤南洼陷大多数区域开始发育超压，但超压幅度较小，剩余压力一般低于 4MPa，洼陷范围内超压中心规模较小且分布零散，在渤南洼陷深洼带中心，断阶带西部及缓坡带南部分别发育有三个小面积的超压中心，最大剩余压力约 6MPa。随后渤南洼陷地层开始抬升并遭到剥蚀，抬升剥蚀过程一致持续到 16Ma，这时 Es_4 段在抬升剥蚀的影响下，孔隙流体压力散失，回归常压，随后地层重新开始沉降，馆陶组沉积开始形成。明化镇组沉积末期（5.1Ma），Es₄段再次得到深埋，超压在盆地范围内再次形成，超压主要分布在渤南洼陷的缓坡带、断阶带、深洼带及陡坡带，缓坡带以南及其他靠近凸起区域地层流体压力恢复至常压，缓坡带超压幅度相对较低，剩余压力约为3～18MPa，至断阶带超压幅度增加，剩余压力增至约9～18MPa，在渤南洼陷深洼带的西部和洼陷中心分别形成两个超压中心，剩余压力最大达到18～24MPa，向北至洼陷陡坡带，超压幅度逐渐减小，剩余压力减小至0～18MPa。Es₄段沉积期至今，相比于明化镇组沉积初期，超压分布特征没有发生明显变化，超压发育幅度从洼陷边缘向渤南洼陷深洼带逐渐增大，但超压幅度进一步增大，缓坡带剩余压力增至11～29MPa，断阶带剩余压力增加至17～32MPa，洼陷深洼带在西部和洼陷中心形成连个超压中心，最大剩余压力可达50MPa，陡坡带直至埕东凸起剩余压力减小至0～26MPa。

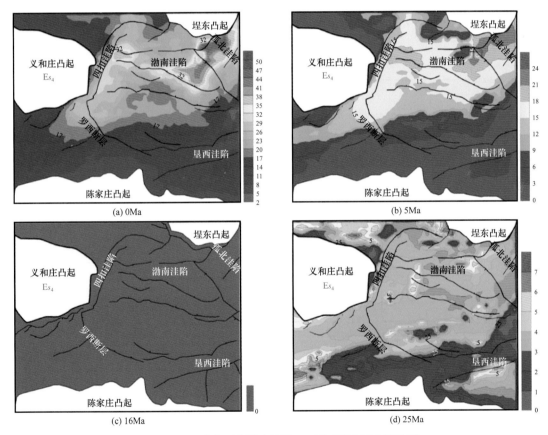

图 2-1-11　沾化凹陷渤南洼陷 Es₄ 平面剩余压力演化图

3. 不同流体压力环境控藏作用

1）单超压结构控藏作用

（1）压力结构与油气分布。

以东营凹陷压力结构为例，通过整理东营凹陷不同试油段的实测压力特征发现

（图 2-1-12），沙三段和沙四段油层、低产油层和油水同层中明显发育超压，最大压力系数达到 1.99；干层和水层中超压发育相对较少，特别是水层基本为常压。通过统计东营凹陷沙三段和沙四段 343 个超压段发现，超压层中油层所占百分比最大，达到 65%；其次为油水同层占所有超压层的 18%；而超压层中为水层的仅仅占 2%。

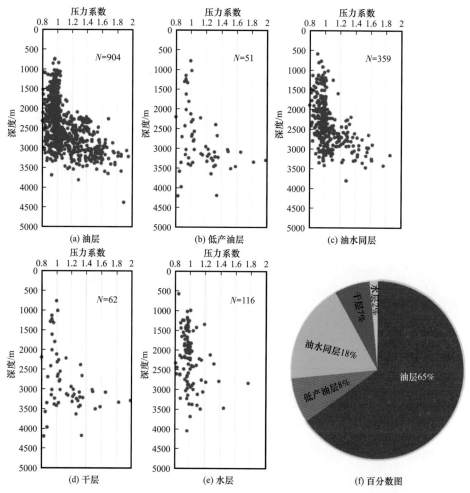

图 2-1-12 东营凹陷不同含油层压力系数与深度关系图及超压层中各含油层占比百分数图

进一步统计了东营凹陷各层位油气分布（图 2-1-13），可以看出东营凹陷石油储量主要位于沙二段、沙三段和沙四段，其中沙二段石油储量最高，占石油储量的 38%，其次为沙三段和沙四段，分别占石油储量的 20% 和 18%。结合实测压力分布特征可以看出，油气富集层系主要位于强超压带顶部附近，其次为强超压带内部，上部常压层系虽然也有分布但较超压层系储量低。从储量分布和超压结构对应关系可以看出，东营凹陷石油储量与超压分布关系密切，原油储量富集层系集中在超压顶界面附近和超压带内部。

（2）单超压结构控藏模式。

综合东营凹陷油气藏分布与平面剩余压力梯度及剖面剩余压力梯度分布关系，建立了东营凹陷压力控藏模式（图 2-1-14）。东营凹陷油气藏分布与压力分布密切相关，不同构造带成藏模式不同。

① 洼陷带超压——低剩余压力梯度区。

东营凹陷民丰洼陷和牛庄洼陷沙三下亚段和沙四上亚段发育优质烃源岩，烃源岩成熟生油，在洼陷内形成大规模强超压。泥岩中发育的砂岩是超压带内部的泄压段，以民丰洼陷丰深 1 井和牛庄洼陷牛 876 井为例，丰深 1 井和牛 876 井强超压带内部薄砂岩层对应较低的剩余压力值，相邻近泥岩生成的超压含烃流体以微裂缝作为油气初次运移通道而排入薄层砂岩中聚集，在超压内部形成 "自生自储" 的地层和岩性油气藏。

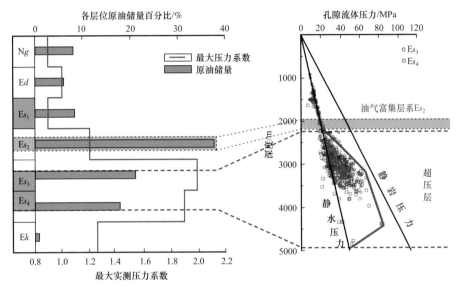

图 2-1-13　东营凹陷各层位原油储量和超压结构关系图

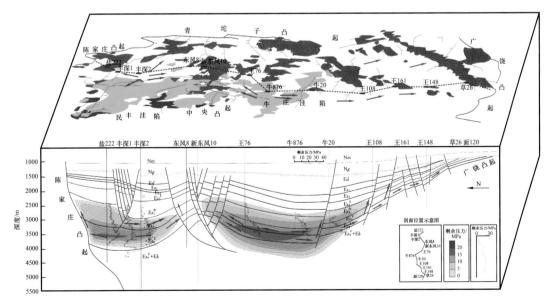

图 2-1-14　东营凹陷压力控藏模式图

② 北部陡坡、中央背斜带、南部缓坡压力过渡——高剩余压力梯度区。

北部陡坡、中央背斜带和南部缓坡断层发育是洼陷内超压主要泄压段。东营凹陷北部陡坡带主要为控凹断裂，断裂具有活动时间早、持续时间长、活动强度大的特点。在成藏期，洼陷中心形成的超压含烃侧向运移至断裂，沿断裂所形成的运移通道向上部运移，在过渡压力系统中聚集成藏。超压含烃流体通过断层运移，使得剩余压力快速降低，剩余压力梯度增大。中央背斜带受塑性、拱张等作用影响，断层非常发育，切断层下部切穿至沙四上亚段烃源岩。民丰洼陷和牛庄洼陷超压含烃流体及中央背斜带下部成熟烃源岩生成的超压含烃流体，沿通源断裂向上部沙三上亚段和沙二段储层中运移，在具有封闭性的断层圈闭中聚集成藏。而中央背斜带中部断裂虽然发育，但由于断层没有沟通下部烃源岩，因此整体含油性比中央背斜带边部含油性差。南部斜坡带主要以牛庄洼陷以南的鼻状构造带，牛庄洼陷内部形成的超压含烃流体侧向运移至断层沿断层向上运移至上部岩性—构造圈闭中聚集成藏。

③ 南部缓坡常压——低剩余压力梯度区。

王 108 井以南地区主要为常压带，油气自烃源岩排出后顺层面方向先侧向运移，在断层活动强度加强时沿断层垂向运移并最终在浅层成藏。该区剩余压力基本为 0，油气主要以浮力驱动，较少形成岩性类油气藏，而相对容易形成构造、构造—岩性类油藏。

2）双超压结构控藏作用

（1）双超压结构与油气分布。

以沾化凹陷压力结构为例，说明双超压结构与油气分布的影响。沾化凹陷新近系馆陶组（Ng）蕴藏了全区超过 60% 的原油储量。其次，古近系沙河街组储层的储量约占总储量的 35%。沙河街组油藏在沙一段—沙四段均有分布，其中沙三段（Es_3）具有最高的探明原油储量，约占总储量的 20%，其次是沙二段（Es_2）和沙一段（Es_1），分别占总储量的 7% 和 4% 左右，沙四段（Es_4）的探明储量最低，约占总储量的 2%。古近系东营组（Ed）也有油气藏发现，内部储量占总储量的 4%。古近系孔店组（Ek）未发现有效油藏，但位于孔店组下的古潜山有可观的储量发现，占沾化凹陷总储量的 5% 左右（图 2-1-15）。

新近系馆陶组（Ng）具有最高的油气储量，但实测压力数据显示 Ng 储层压力为常压，最高压力系数不超过 1.2，油气分布与剩余压力发育特征剖面显示，Ng 未发育有超压，但渤南洼陷 Ng 被多条东西走向的大断层切割，这些大断层纵向上直接沟通 Es_4—Ng 的地层。因此推断原油自深部位的 Es_3 或 Es_4 烃源岩排出后，沿通源大断层二次运移至 Ng 的有利砂体中聚集成藏，因此 Ng 油气藏的形成与分布与渤南洼陷 Es_3 和 Es_4 的超压结构没有明显的关系，有利储层的发育与通源断层的位置和有利砂体的发育有关。东营组（Ed）储层最高实测压力系数小于 1.2，未见超压发育，结合图 2-1-15 所示，判断渤南洼陷 Ed 油气藏的分布与 Ng 具有相同的控制规律，与通源大断层的分布和有利砂体的发育密切相关，与下部 Es_3 和 Es_4 的超压发育关系较小。

（2）双超压结构控藏模式。

结合剩余压力分布和油藏分布剖面发现（图 2-1-16），沙河街组油藏分布与超压结构

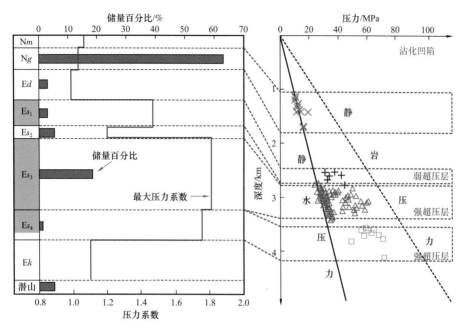

图 2-1-15　沾化凹陷原油地质储量在不同地质单元的分布示意图及对应层位的超压发育特征

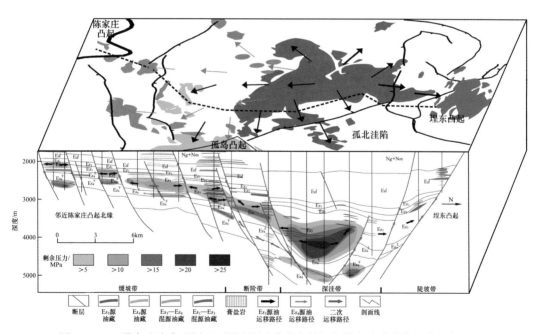

图 2-1-16　渤南洼陷典型剖面不同油源油藏分布特征与渤南洼陷剩余压力发育特征

间具有一定的联系，Es_3 储层的分布可分为两种情况：渤南洼陷 Es_3 深洼带的储层与 Es_3 超压发育关系密切，多为自生自储型岩性油气藏，主要分布在超压带上倾方向的超压带边缘，远离超压中心，岩性油气藏所在位置的超压一般较小，判断在该类油藏的形成过程中，超压为油气初次运移的驱动力，原油经过初次运移后就近在烃源岩附近的砂体成藏，二次运移距离较短，充注动力强；Es_3 断阶带和缓坡带的储层分布受到同源断层和超压结构的共同控制，石油自 Es$_3$ 的湖相烃源岩排出后，一方面在 Es$_3$ 内部砂层就近成藏，另一方面沿着通源断层在上部地层聚集成藏。

渤南洼陷 Es$_4$ 同样发育有明显的超压，最大实测压力系数接近 1.8。同时，渤南洼陷 Es$_4$$^\perp$ 发育有一套连续的盐湖相膏岩层作为下伏超压带的封盖层。在 Es$_4$ 超压带和膏岩层封盖作用下，Es$_4$ 油气藏分布特征同样分为两种情况：在没有断层的区域，Es$_4$ 原油自烃源岩排出后，在压力的驱动下以侧向运移为主，在超压带上倾方向或者超压带内的有利砂体聚集成藏；对于渤南洼陷缓坡带和断阶带的 Es$_4$，地层常被大断层所影响，油气成藏受到压力结构和断层的共同控制，Es$_4$ 原油初次运移后除了就近在有利砂体成藏外，也会通过通源断层在上部其他层位有利砂体聚集，形成沙四源油藏或者混源油藏。

二、盆地地层流体演化与油气成藏

1. 地层流体场类型

地层水作为一种溶剂，包括盐类离子、气体成分、胶体、有机质和微生物等复杂组分。针对地层水有多种分类方案，苏林分类是应用最广泛的，主要包括 NaHCO$_3$ 型、Na$_2$SO$_4$ 型、MgCl$_2$ 型和 CaCl$_2$ 型四类。渤海湾盆地地层水型比较齐全，主要发育以东营凹陷为代表的 CaCl$_2$ 型和以沾化凹陷为代表的 NaHCO$_3$ 型。

1）东营凹陷

（1）地层水矿化度特征。

矿化度即地下水中所含各种离子、分子与化合物的总量，以每升所含克数（g/L 或 mg/L）表示，习惯上以 105～110℃时将水蒸干所得的干涸残余物总量来表征总矿化度。氯离子（Cl$^-$）、重碳酸根离子（HCO$_3$$^-$）、硫酸根离子（SO$_4$$^{2-}$）、钠离子（Na$^+$）、钾离子（K$^+$）、镁离子（Mg^{2+}）、钙离子（Ca^{2+}）是地层水的主要离子组成。钠离子和氯离子是一般地层水中含量最高的常量离子组分，其余几种离子的含量变化则在不同地层水中具有很大的差异。东营凹陷整体地层水的矿化度较高，平均为 45.49g/L，高于一般沉积盆地的地层水。矿化度随埋深增加，新近系的馆陶组和明化镇组矿化度一般在 10g/L 以下，沙四段和沙三段平均矿化度分别为 63.90g/L 和 50.27g/L。天然水依照矿化度分布范围可以划成五类，分别是淡水（＜1g/L），微咸水（1～3g/L），咸水（3～10g/L），盐水（10～50g/L）及卤水（＞50g/L）。依照这个标准，整体上，东营凹陷以盐水含量最高（图 2-1-17），盐水主要分布在沙三段至馆陶组，且随着埋深的变浅，从卤水逐渐转化为淡水。沙四段以卤水为主，约占总水样的 50%，其次为盐水，约占 38%；沙三段也有大量卤水分布，但以盐水最为常见；沙二段卤水含量进一步降低，沙一段、东营组几乎不含卤水；明化镇组以淡水为主。

垂向上，东营凹陷矿化度分布如图 2-1-18 所示，总体表现为阶梯式的增加，存在三级阶梯，第一级阶梯位于埋深约 1500m 处，表现为矿化度从小于 50g/L 突然增加到 100g/L；第二级阶梯存在于埋深约 2200m 处，表现为矿化度从约 150g/L 突然增加到大于 200g/L；第三级阶梯位于埋深约 2800m 处，矿化度由 200g/L 突然增加到 250～300g/L；埋深 3000m 以下地层总体保持一个较高的趋势。并且对于同一个埋深，矿化度的分布范

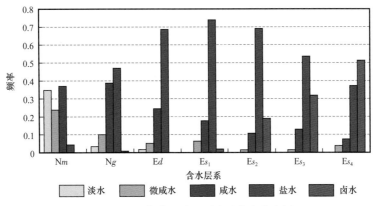

图 2-1-17　东营凹陷地层水矿化度分布图

围较大，表明其地质条件可能存在较大的差异，地层水的来源及演化过程也具有差异。

（2）地层水型特征。

以苏林水分类为依据，东营凹陷主要发育 $CaCl_2$ 型和 $NaHCO_3$ 型地层水，而 $MgCl_2$ 型和 Na_2SO_4 型地层水含量很少（图 2-1-19）。图 2-1-20 表示了各个含油层系地层水水化学类型频数分布，由图可见，除明化镇组外，$CaCl_2$ 型是整个凹陷最主要的油田水化学类型，并且这种水型随着埋深的变浅，含量也逐渐降低；$NaHCO_3$ 型是另一种含量很高的水型，其变化趋势与 $CaCl_2$ 型水相反，随着埋深的变浅而增大，浅埋深的地层如明化镇组以 $NaHCO_3$ 型为主，这是受大气水淋滤作用的结果。沙四段几乎全部为 $CaCl_2$ 型水，只有很少量 $NaHCO_3$ 型；沙三段油田水的性质存在一些异常，虽然 $CaCl_2$ 型水的频数达 0.5，但 $NaHCO_3$ 型相比其他地层却异常得高，这表明 $NaHCO_3$ 型水也是沙三段的重要水化学类型之一。

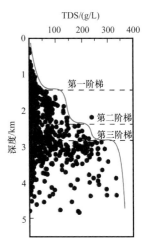

图 2-1-18　东营凹陷地层水矿化度纵向分特征

各种水型在平面上的分布特征。沙四段 $CaCl_2$ 型水几乎在整个凹陷分布，只在高青断裂带分布有少量 $NaHCO_3$ 型；沙三段 $NaHCO_3$ 型在洼陷中心显著增多，而 $CaCl_2$ 型只集中在中央隆起带及边缘有深大断裂沟通的位置；沙二段在利津洼陷也有较高含量的 $NaHCO_3$ 型，其余为 $CaCl_2$ 型，水型平面分布与沙三段相似；沙二段以上地层以 $CaCl_2$ 型为主，在凸起处发育 $NaHCO_3$ 型。零星的 $MgCl_2$ 型水还分布在沙四段及沙三段断裂处；Na_2SO_4 型几乎只在新近系的凹陷边缘凸起处分布。

（3）地层水离子比例特征。

离子比值可作为研究地下水的成因及来源的依据。对沉积盆地而言最重要的离子比值有三个：钠氯系数（$\gamma Na^+/\gamma Cl^-$，即 Na 和 Cl 的毫克当量比值，以下类同）、变质系数 $[\gamma(Cl^--Na^+)/\gamma Mg^{2+}]$ 和脱硫酸系数（$\gamma SO_4^{2-}\times 100/\gamma Cl^-$）。表 2-1-2 是三类离子的计算方法及表示的地质意义。钠氯系数可用于指示钠盐浓缩富集程度，正常海水的系数值为

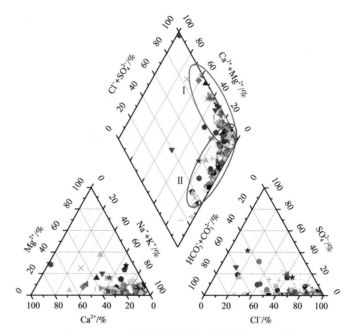

图 2-1-19 东营凹陷地层水离子组成 piper 图

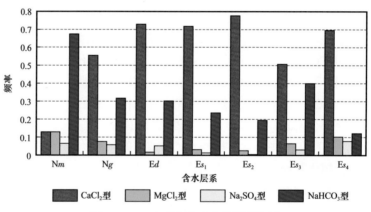

图 2-1-20 东营凹陷水化学类型特征

0.85，经过沉积埋藏及水岩反应的地层水样品值应该小于 0.85，而受到大气淋滤的地层水系数值一般比较高，大于 1.0。变质系数是指示地层水在运移过程中水岩作用强度及离子交替置换程度的指标。流体—岩石相互作用程度或封闭程度越强，其值越大。硫酸盐还原作用是一类常见的水化学作用类型，在还原条件下，脱硫酸细菌使地层水中的硫酸盐被还原生成硫化氢。这种环境对保存油气很有利，故脱硫酸作用作为反映地下水氧化还原环境的重要指标，封闭性越好，其值越小。

图 2-1-21 是东营凹陷地层水离子比值随深度变化特征。钠氯系数整体接近 0.85；变质系数普遍大于零，处于强变质的封闭环境；整体脱硫酸系数平均值相近，多分布在 1～5 之间，脱硫酸作用十分完全。这三个指标表明东营凹陷整体较封闭，但浅埋藏地层封闭性

稍差。钠氯系数垂向上随着深度增加而减少，高值样品点主要集中在1000m以上的浅层和3000m深度附近，2000m以下的地层多低于0.85。变质系数整体随埋深增加而增加，但同一层段取值范围宽，反映保存条件的较大差异。大多数值分布在0～10，少量小于0的点主要分布在1000m以上的浅埋藏地层及2500～3000m的沙三段。脱硫酸系数的变化复杂，从地表至埋深1500m处，总体值较大，且随深度的增加而减小；1500m以下总体上随深度的增加，但一般均小于50m；到埋深4000m以下地层，又趋于一个稳定的低值。

表 2-1-2　地层水主要离子比值及其意义

系数名称	钠氯系数	变质系数	脱硫酸系数
系数符号	$\gamma Na^+/\gamma Cl^-$	$\gamma(Cl^--Na^+)/\gamma Mg^{2+}$	$\gamma SO_4^{2-}\times100/\gamma Cl^-$
成因机理	浓缩变质作用	变质作用和阳离子交换吸附作用	脱硫酸作用及生物化学作用
变化规律	油田水封闭越好、越浓缩、变质越深，其值越小	封闭越好、时间越长、变质越深，其值越大	封闭越好，其值越小；但零值只能说明封闭较好
地质意义	说明浓缩变质程度，划分油田水类型	说明油田水变质、封闭程度	说明油气保存好坏，是判断油气在构造中的首要条件

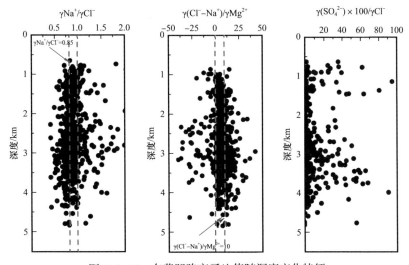

图 2-1-21　东营凹陷离子比值随深度变化特征

2）沾化凹陷

（1）地层水矿化度特征。

本区共收集了1043口井的水化学资料，并对矿化度和水型特征进行了统计分析。统计分析研究区各层系矿化度资料（表2-1-3）发现，各层系地层水的总矿化度平均值变化范围不大，在10～15g/L，属淡盐水。其中馆陶组和东营组的总矿化度平均值最高，为15.0g/L 和14.7g/L，沙河街组各段总矿化度平均值比较相近，大体在11g/L 左右，但沙二段矿化度平均值最小，为10.28g/L。

表 2-1-3　研究区矿化度资料统计表

地层		馆陶组	东营组	沙河街组			
				沙一段	沙二段	沙三段	沙四段
矿化度 / (g/L)	最大值	56.9	50.83	39.52	33.14	53.9	41.03
	最小值	5.04	5.12	5.14	5.02	5.07	5.02
	平均值	15	14.7	11.73	10.28	13.61	12.22
	样品数	158	73	114	43	204	84
主要水型		$CaCl_2$	$CaCl_2$	$NaHCO_3$	$NaHCO_3$	$NaHCO_3$	$NaHCO_3$

从不同层位地层水矿化度分布特征图（图 2-1-22）上可以看出：① 沾化凹陷矿化度整体随深度变化呈现阶梯状变化，1500m 深度段先增加再减小，到 3000m 时再次增加。② 研究区地层水矿化度主要分布在 5～10g/L 和 10～30g/L 的范围内，但各层系地层水在这两个矿化度区间的分布频率存在着差异，馆陶组和东营组地层水矿化度在 10～30g/L 范围内的频率略高于 5～10g/L 范围内的频率；而沙河街组地层水矿化度在 5～10g/L 范围内的频率则要高于 10～30g/L 范围内的频率。③ 从馆陶组到沙二段在 5～10g/L 区间内分布频率不断增加，相应 10～30g/L 区间内分布频率则不断减小。④ 各层系地层水在不同矿化度区间的分布频率存在很大的差异。馆陶组和东营组地层水矿化度分布范围较大，在 30～50g/L 也有分布，而在沙三段和沙四段内也有高矿化度分布，且在沙三段内 30～50g/L 区间分布约占 13%。不同层系地层水矿化度大小和矿化度分布区间的差异，反映了其不同的沉积环境、水—岩相互作用强度及受大气降水淋滤的影响程度。

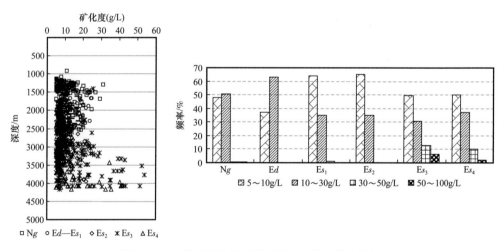

图 2-1-22　沾化凹陷各地层地层水矿化度分布特征

（2）地层水水型特征。

沾化凹陷沙河街组为一典型的开放型淡水湖盆，矿化度较低，主要发育 $NaHCO_3$ 型地层水。从各层系水型分布特征（图 2-1-23）也可以看出，沙河街组以 $NaHCO_3$ 型水为主，在沙二段甚至高达 90%，其他各类型水分布都较少，而馆陶组和东营组则以 CaCl$_2$ 型为主，NaHCO$_3$ 型次之。

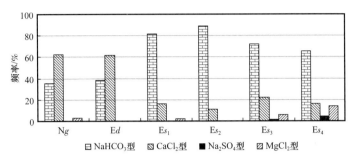

图 2-1-23 沾化凹陷各层系地层水水型分布特征

（3）地层水离子比值特征。

沾化凹陷钠氯系数在 0.85～1.0 区间分布最多，约 30%，其次为 <0.85 和 >1.2，为 25% 左右，1～1.2 区间内分布最少，约 20%。从钠氯系数随深度变化图（图 2-1-24）可以看出，钠氯系数在垂向上呈阶梯状分布，小于 1800m 深度范围内，地层水的钠氯系数大都分布在 1 左右，1800m 深度附近，钠氯系数从 1.5 骤增至 3，这可能是因为沙河街组整体环境比较开放，受渗入水影响较大。而在大于 3000m 深度范围内，随深度的增加钠氯系数又有不断减小的趋势。大于 1 的样品点主要分布在 2000m 以下，高值点主要集中在 2000～3500m 埋深区间，同时，同一深度的钠氯系数分布范围较宽，反映出同一深度地层水受渗入水影响程度的差异。变质系数总体上随深度的增加表现为先减小后增大，小于 1500m 和大于 3500m 的深度，大多数样品点都大于 0，小于 0 的样品点主要分布在 1500～3500m 埋深区间。在 1800m 处变质系数开始出现极大的负值，这与钠氯系数的变化大体相似，即可能与沙河街组水体较上覆地层开放，受渗入水影响较大（图 2-1-24）。

脱硫酸系数平均值在 1～5 区间内分布最多，达 40% 以上，其次为 0～1 和 5～10 区间，在 24% 左右，大于 10 的最少，仅近 8%。从脱硫酸系数随深度变化图（图 2-1-24）可以看出，脱硫酸系数总体上随深度的增加而不断增大，且在 2000m 处增加幅度变大，脱硫酸系数从 6 突然增加到 14，这可能与沙河街组水体较上覆地层开放有关，下部地层受渗入水影响较大。在 2500～3500m 埋深区间和 4000m 深度附近，同一深度的脱硫酸系数分布范围较宽，反映出同一深度地层水脱硫酸作用及生物化学作用的差异。

2. 地层流体演化

渤海湾盆地地层水具有相似的演化过程，下面以沾化凹陷的渤南洼陷为例说明地层流体演化过程。

1）古流体性质及活动期次

渤南洼陷沙三段、沙四段成岩历史相似，早期为弱碱性环境，由于有机质成熟排有机酸使成岩环境转换为酸性，最后由于烃类裂解、有机酸脱羧、石膏脱水等作用重新转换为碱性。岩石学观察中早期方解石胶结物多呈纤维状、马牙状，岩石学观察中较为少

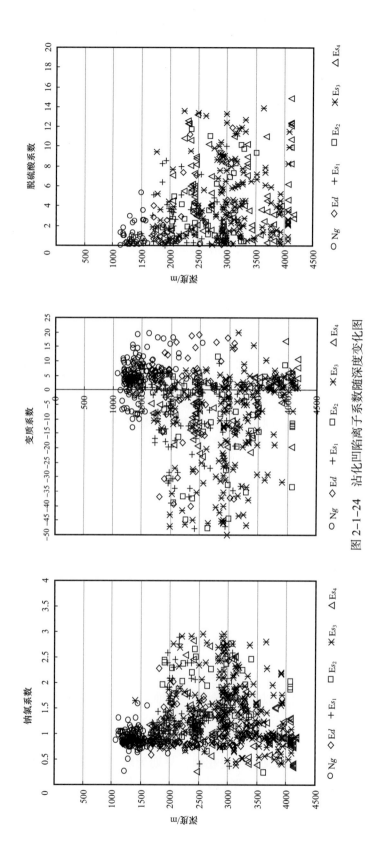

图 2-1-24　沾化凹陷离子系数随深度变化图

见（图 2-1-25），其受后期成岩作用影响多被溶蚀或发生后期重结晶［图 2-1-26（d）］。长石溶解于自生石英多同时出现，方解石胶结物特征在沙三段、沙四段特征有一定差别，

 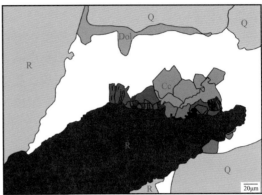

图 2-1-25　义 633 井，3038.05m，x40，早期纤维状、马牙状方解石胶结

(a) 义361井，3567.1m，Es_3，长石粒内溶孔

(b) 义361井，3567m，Es_3，石英加大(右)和长石溶解(左)和方解石胶结物(下)

(c) 义361井，3566m，Es_3，铁白云石胶结物

(d) 罗358井，2442.25m，Es_3，早期栉壳状碳酸盐胶结发生白云石化，但保留了早期胶结物的栉壳状结构

(e) 罗358井，2442.35m，Es_3，长石溶解(上)和硅质胶结(下)

(f) 罗358井，2340.8m，Es_3，铁白云石胶结物

图 2-1-26　成岩序列识别图版

沙三段碳酸盐胶结物种类较为单一，沙四段碳酸盐胶结物种类较多。结合操应长（2014）渤南洼陷北段沙四上亚段研究埋藏史，在温度达到80～120℃的时候有机质成熟排出有机酸使原有的弱碱性环境变为酸性环境。在此环境条件下，长石溶蚀，流体中硅质含量增加，发育石英自生加大［图2-1-26（b）、图2-1-26（e）］。埋深至近3000m，温度120～135℃时有机酸已开始发生脱羧作用生成CO_2和烃类，有机酸浓度降低，沙四段中的石膏进入大规模脱水时期，石膏脱出的大量碱性水使地层水从酸性转化为碱性，储层发生碳酸盐胶结［图2-1-26（f）］和石英的溶解。由于碱性流体性质及来源的影响因素较多，故不同地区或层位的碳酸盐胶结物特征存在明显的差异。沙三段砂岩储层中碳酸盐胶结物类型较少，北部陡坡带多为方解石胶结，局部可见少量的菱面体白云石晶体。南部缓坡带碳酸盐胶结物大部分均为晶型良好的铁白云石［图2-1-26（b）、图2-1-26（c）］说明作用于沙三段砂岩储层的碱性流体的来源和性质较为单一。

沙三段碳酸盐胶结物阴极发光特征常见红色及黑色（图2-1-26），前者为方解石胶结物，多见于北部陡坡带［图2-1-26（a）、图2-1-26（b）］，后者常见于南部缓坡带［图2-1-26（c）、图2-1-26（d）］，在北部陡坡带也有少量出现。说明沙三段北部陡坡带可能存在两种碱性流体来源。

沙四段碳酸盐胶结物阴极发光特征具有四种常见颜色，分别为橘黄色方解石，橙红色方解石，红色白云石及黑色白云石。说明沙四段碱性流体来源较沙三段更为复杂，可能与沙四段膏岩层的分布有关。石膏脱水产生的碱性流体参与了碳酸盐的沉淀，而由于沙三段、沙四段为两个基本独立的流体系统，故石膏脱水产生的碱性水并没有影响到沙三段的碳酸盐胶结物。

综上所述，研究区砂岩储层在北部陡坡带和南部缓坡带，由于受烃源岩分布、埋藏演化历史和成岩环境的影响，呈现出明显的差异。以沙三段为例，北部陡坡带石英次生加大和硅质胶结发育，碳酸盐胶结物以方解石为主，少量晚期白云石胶结。成岩序列为压实作用／早期球状黄铁矿胶结→长石溶解／石英加大→石英溶解／碳酸盐（主要为方解石）胶结→碳酸盐（主要为白云石）胶结／晚期团块状黄铁矿胶结四个阶段；南部缓坡带石英次生加大和硅质胶结相对较少，碳酸盐胶结物以白云石为主，少量早期方解石胶结。次生孔隙较发育。成岩序列为早期方解石／早期球状黄铁矿胶结→长石溶解／石英加大→石英溶解／碳酸盐（主要为白云石）胶结／晚期团块状黄铁矿胶结三个阶段。

2）古流体演化及波及范围

渤南洼陷沙三段、沙四段成岩流体演化与烃源岩的分布有密切关系。酸性流体来源于烃类成熟产生的有机酸，有机酸作用下的酸性地层流体的运移范围决定了砂岩储层受酸性流体影响的时间早晚和成岩作用强度。位于烃源岩富集区的砂岩储层首先受到影响，故在石英包裹体中测得的均一温度具有较低的初始值且该值与有机质成熟的温度一致。碱性流体在演化过程中由于受甲烷菌影响，在早成岩期碳同位素值偏正也是由于烃源岩分布不均引起的沙三段、沙四段正偏量的差异。综合流体包裹体和碳氧同位素中所得测试数据和统计结果，结合前人对渤南洼陷不同构造区域埋藏史的研究，以沙三段为例绘制了不同构造区成岩埋藏史—成岩演化图（图2-1-27）。

　　沙三段北部陡坡带和南部缓坡带均经历了碱性—酸性—碱性的成岩环境演化，但成岩环境转换温度（时间）有差异。北部陡坡带成岩环境转换温度约90℃，与烃类成熟排酸的温度一致；南部缓坡带成岩环境转换温度较高，约100℃。埋藏速率相近的情况下，北部陡坡带的成岩环境转换时间早于南部缓坡带的成岩环境转换时间。

　　烃源岩埋深至约1500m时，地层温度达70～80℃，有机质成熟开始排酸，使地层流体逐渐转换为酸性，并产生酸性溶蚀现象，埋深至约2000m，地层温度达到90℃后，在酸性流体作用下开始形成石英自生加大，且酸性流体逐渐向周围地区扩散，使其影响范围扩大。根据埋藏史资料该过程发生在约32Ma，此时北部陡坡带和中央洼陷带等烃源岩分布较多的地方受到酸性流体的影响，而南部缓坡带等距离烃源岩较远的区域仍处于早期的碱性环境中（图2-1-28）。32—5Ma期间酸性流体向南部缓坡带扩散使整个洼陷受到酸性流体影响，在此过程中，由于酸性流体有利于长石、碳酸盐等矿物溶蚀，形成了大量的次生孔隙。5Ma时，北部陡坡带和洼陷带埋深达3000m以上，地层温度约140℃。此时有机质排出的有机酸在溶蚀过程中大量消耗，并且地层温度上升有机酸和烃类裂解产生的二氧化碳进入流体使地层流体逐渐转换为碱性。缓坡带酸性流体不断消耗减少，且随温度升高发生有机酸和烃类裂解产生二氧化碳进入流体，使南部缓坡带也逐渐转换为碱性环境，时间约在1～2Ma。自此，整个洼陷进入碱性环境。

　　通过成岩作用研究和成岩流体恢复，发现渤南洼陷南北坡不同构造区域具有明显不同的成岩流体演化历史。主要表现在首次酸性流体作用的时间（碱/酸转换时间）、酸性流体作用的持续时间、晚期碱性流体开始作用时间（酸/碱转换时间）等几方面。在此基础上，建立了渤南凹陷沙三段、沙四段成岩流体的时空差异演化模式。

3. 含烃流体与油气示踪

1）矿化度与油气成藏

　　矿化度值越高，地层的封闭性越强，越有利于油气的保存；济阳坳陷矿化度高值区主要分布在洼陷区和构造转化带，这反映了流体的释放和运聚的过程，地层水的运移方向与油气的运移方向具有一致性。在中央隆起带或者断阶带，矿化度会发生明显的穿层，这些区带往往也是油气聚集的区带。因为高矿化度流体突破的区带，石英加大、碳酸盐类和铝硅酸盐类溶蚀的成岩作用相对强烈一些，相对应的储层物性较好，含油性较好。如车镇凹陷80个油气藏的油田水矿化度和离子比值的统计结果表明，油气藏个数最多的是在矿化度为10～20g/L的区间，含油层矿化度比含水层矿化度要高；受断裂沟通深层高矿化度的影响，构造油气相对矿化度高。

2）水型与油气成藏

　　水型一定程度上反映地层流体的封闭情况，影响油气的运聚过程。以东营凹陷地层水为例，1100m以上地层处于早成岩阶段，属开放的外循环地下水系统。该阶段地层水受外界大气水下渗淡化影响最大，地层水以 $NaHCO_3$ 型水为主，该层段油气以常压的地层油藏为主；埋藏深度1100～2100m地层为开放与封闭体系的过渡带，属复合循环地下水系统，随着地层埋深的增加，$CaCl_2$ 型地层水明显增多，该层段具有一定的压力驱动，主

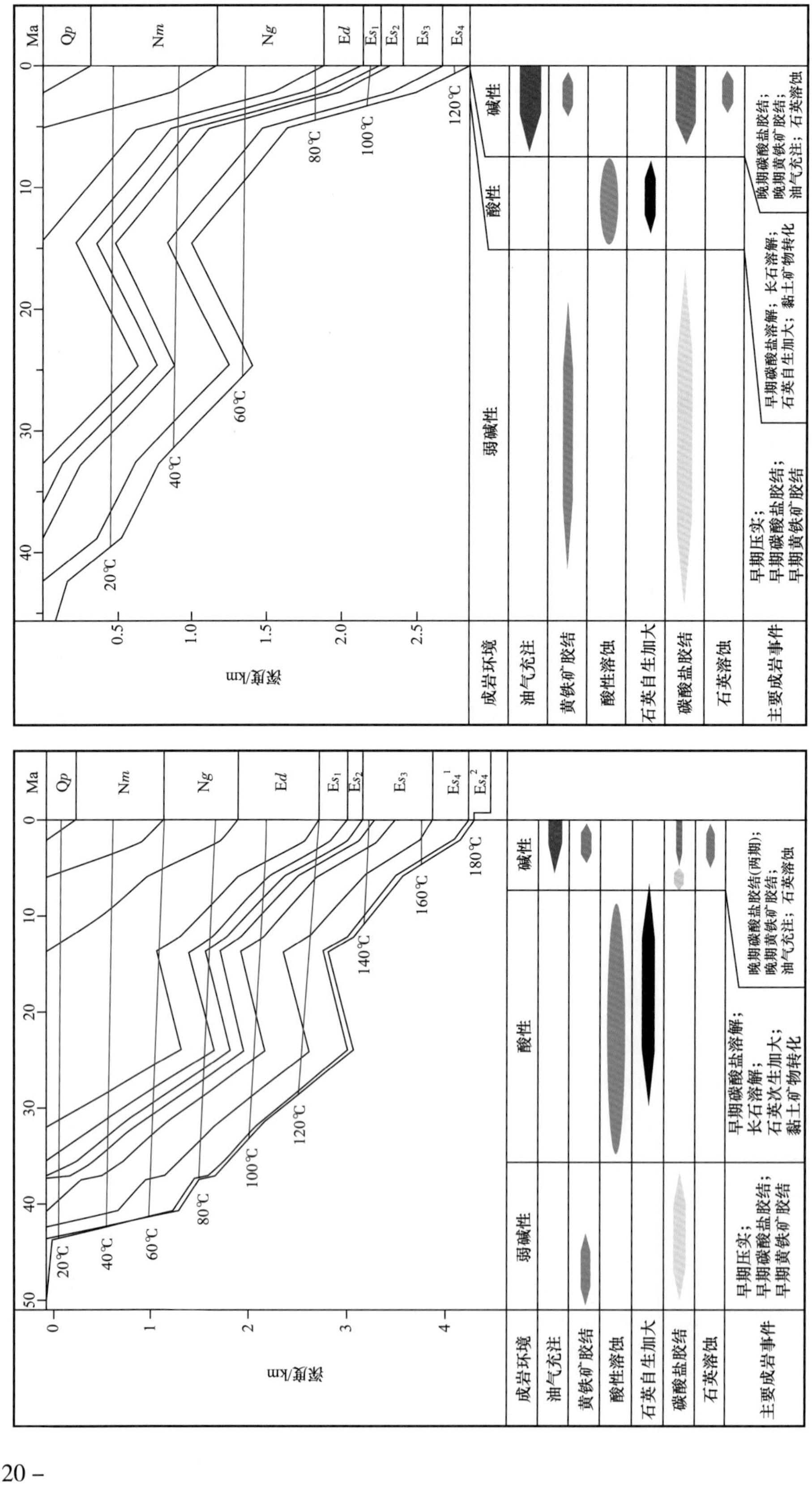

(b) 义54

(a) 义173

图 2-1-27 义 173 成岩埋藏史 Es_3 成岩演化及义 54 成岩埋藏史 Es_3 成岩演化

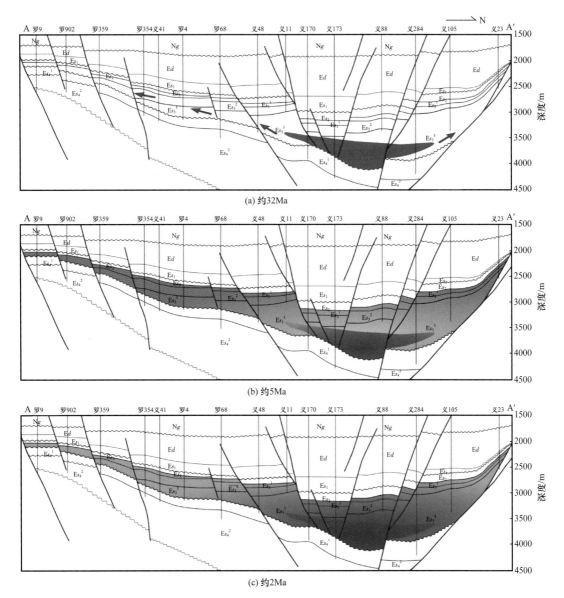

(a) 约32Ma

(b) 约5Ma

(c) 约2Ma

图 2-1-28　成岩流体时空差异演化模式图

要发育构造或构造—岩性油藏；埋藏深度 2100m 属封闭体系内循环地下水系统。地层水主要为 $CaCl_2$ 型水，该阶段地层流体压力普遍进入高压体系，广泛发育地层压力和流体封隔层，地层水较为封闭，地层流体压力高，主要发育高压岩性油藏（表 2-1-4）。

表 2-1-4　东营凹陷地层水系统划分参数

系统特征	外循环地下水系统	复合循环地下水系统	内循环地下水系统
深度 /m	<1100	1100~2100	>2100
开启性	开放系统	半开放—半封闭系统	封闭系统

续表

系统特征	外循环地下水系统	复合循环地下水系统	内循环地下水系统
压力系数	0.9～1.0	1.0～1.2	>1.2
矿化度 /（g/L）	0.40～46.16	0.40～132.99	0.48～336.41
平均值	6.46	28	65.76
水化学成因类型	渗入—溶滤水 以 $NaHCO_3$ 型水为主	混合水 以 $CaCl_2$ 型为主	沉积—埋藏水 以 $CaCl_2$ 型为主
地质与水文地质因素	大气水下渗淡化蒸发浓缩	压实排水、黏土脱水、压滤浓缩、成岩作用	黏土脱水、渗滤浓缩成岩作用
运移方向	向心流	混合	离心流
油气藏类型	地层油藏	构造油藏	岩性油藏

三、盆地古近系优质储层发育机制及物性演化

1. 泥岩 / 膏岩—砂岩协同成岩作用

1）洼陷带浊积扇泥岩—砂岩成岩协同演化

在明确储层主要成岩作用事件发生先后顺序及其持续时间的基础上，总结洼陷带砂岩储层的成岩演化序列为：菱铁矿沉淀 / 草莓状黄铁矿沉淀→白云石沉淀→方解石沉淀→有机酸控制下的长石溶蚀 / 自生高岭石沉淀→蒙皂石伊利石化→早期油气充注开始→第一期石英次生加大胶结→早期油气充注结束→铁方解石沉淀→黏土矿物转化控制下的长石溶蚀 / 自生伊利石沉淀 / 钠长石沉淀 / 自生绿泥石沉淀→第二期油气充注开始→第二期石英次生加大沉淀→铁白云石持续沉淀 / 孔隙充填状黄铁矿沉淀（图 2–1–29）。

压实作用在埋藏成岩演化整个过程中均发挥作用。但是，研究区并非所有的储层均经历了上述成岩演化过程，受原始沉积组构差异性的控制，部分高渗透储层或厚层泥岩中夹持的薄层砂体可能只经历了早期强烈的碳酸盐胶结作用（Dutton，2008；Xi et al.，2015；Yuan et al.，2015；Yang et al.，2016）；部分高杂基含量的储层可能仅经历了强烈的压实作用（Dutton，2010；Xi et al.，2015；Yang et al.，2016；Meng et al.，2017）；此外，油气总是沿着优势运移通道在物性级差控制下在相对优质储层中优先聚集。

第一期石油充注的过程中，在注入压力满足的条件下，第一期石油将更易突破发育碳酸盐矿物的孔隙，导致早期碳酸盐胶结物及碳酸盐岩岩屑处聚集石油。当埋藏温度超过 70℃时即可发生蒙皂石向伊利石的转化（Clauer et al.，2003）。石油充注过程中，与储集砂岩邻近的泥岩及烃源岩中大量的蒙皂石逐渐向伊利石转化并向孔隙流体中释放 Ca^{2+}，Fe^{2+}，Mg^{2+} 等（Berger et al.，1997；Peltonen et al.，2009）。同时，区内黏土矿物的脱水作用可形成一定量的超压裂缝。晚期碳酸盐胶结时期埋藏相对较深，泥岩中蒙皂石向伊利石转化释放的大量离子将造成泥岩向砂岩浓度梯度（dos Anjos et al.，2000；Dutton，2008），泥岩孔隙流体中的 Ca^{2+}，Fe^{2+}，Mg^{2+} 等将通过扩散的方式或通过超压裂缝以平流

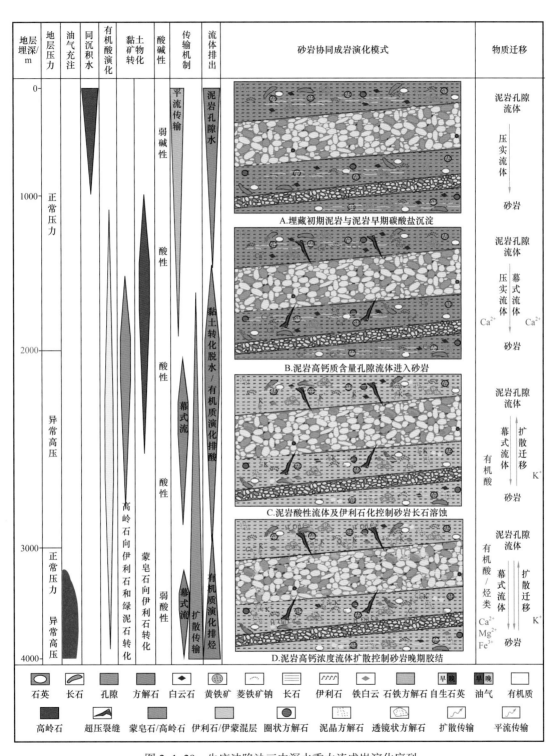

图 2-1-29　牛庄洼陷沙三中深水重力流成岩演化序列

的方式进入邻近的砂岩中，主要为靠近砂泥界面处（约 40cm）的晚期的铁碳酸盐胶结物提供物质来源。另外烃源岩中有机质成熟过程中形成的有机酸及 CO_2 将对烃源岩中的碳酸盐矿物进行溶蚀，形成 Ca^{2+} 及 CO_3^{2-} 也将进入泥岩孔隙水中。第一期石油充注过程中，有机酸 /CO_2 及烃源岩孔隙水中的 Ca^{2+}，Fe^{2+}，Mg^{2+} 及 CO_3^{2-} 将随第一期石油的充注进入储集砂体（王行信，周书欣，1992；Hendry et al.，2000；Barclay and Worden，2000；钟大康等，2004；Peltonen et al.，2009；Jiang et al.，2016；Yuan et al.，2017）。其中有机酸及 CO_2 将对砂砾岩内长石进行溶蚀并发育自生石英。而 Ca^{2+}，Fe^{2+}，Mg^{2+} 及 CO_3^{2-} 主要为砂体中部晚期碳酸盐胶结作用提供物质来源。

2）缓坡带滩坝泥岩—砂岩成岩协同演化

在相同的成岩环境演化中，由于滩坝砂体储层不同沉积部位岩石组构的差异，导致成岩作用类型、强度及成岩演化过程差异性大（图 2-1-30）。坝主体和滩脊距泥岩较远部位储层原始沉积水动力强，岩性以细砂岩和粉砂岩为主，泥质含量低，原始孔隙度较好，初始沉积后，主要发生压实作用，发育少量黄铁矿、方解石和白云石等胶结作用，孔隙度持续下降；随着地层埋深增加，泥岩中有机质成熟释放大量有机酸，发生长石的溶解及石英的次生加大，物性显著增加；地温持续升高导致有机质脱羧，地层水酸性减弱，发生铁白云石、铁方解石胶结和石英溶解反应。然而该时期发生了第一期油气充注，油气充注抑制了胶结作用的进行而使得储层得到较好的保护，因此，储层孔隙度降低较少。晚期储层发生第二次油气充注，以及少量黄铁矿胶结。

3）陡坡带近岸水下扇泥岩—砂砾岩成岩协同演化

陡坡带近岸水下扇成岩演化与石油充注序列为：压实作用 / 早期黄铁矿胶结→方解石 / 白云石胶结—长石溶解 / 石英加大→早期黄色荧光石油充注→铁方解石 / 铁白云石胶结→晚期长石溶解 / 石英加大 / 碳酸盐溶解→晚期蓝色荧光石油充注→黄铁矿胶结（图 2-1-31）。民丰洼陷北带沙四上亚段储层内碳酸盐岩岩屑及早期的白云石胶结物将改变储层的润湿性特征。具有早期白云石胶结物及碳酸盐岩岩屑的孔喉中第一期石油充注的突破压力将因油润湿的特征而减小（马奔奔等，2014）。

2. 有效储层分布有序性成因机制

碎屑岩储集性能受岩相和成岩相综合控制（操应长等，2015）。沉积成岩综合相指特定的岩相经历一系列成岩作用改造后的最终状态，反映了岩相和成岩相的综合特征。运用岩心观察和薄片鉴定，依据沉积构造、颗粒结构等特征进行岩相和成岩相初步划分；根据成岩作用类型及强度进行成岩相划分，以岩相和成岩相划分为基础，划分沉积成岩综合相类型；选择对不同沉积成岩综合相反应敏感的测井曲线，首先应用 Bayes 判别法识别，然后针对 Bayes 判别法识别效果较差的沉积成岩综合相利用交会图法识别，最终实现无取心井段沉积成岩综合相的测井识别，结合有效储层分类评价结果，依据有效储层类别与沉积成岩综合相对应关系，明确有效储层垂向及平面分布有序性（图 2-1-32）。

陡坡带砂砾岩储层（图 2-1-33）中有效储层主要分布于扇中厚层砂体中部（Ⅰ类及Ⅱ类储层），靠近泥岩的砂体边部多发生碳酸盐强烈胶结，储层物性较差。扇根砂砾岩多

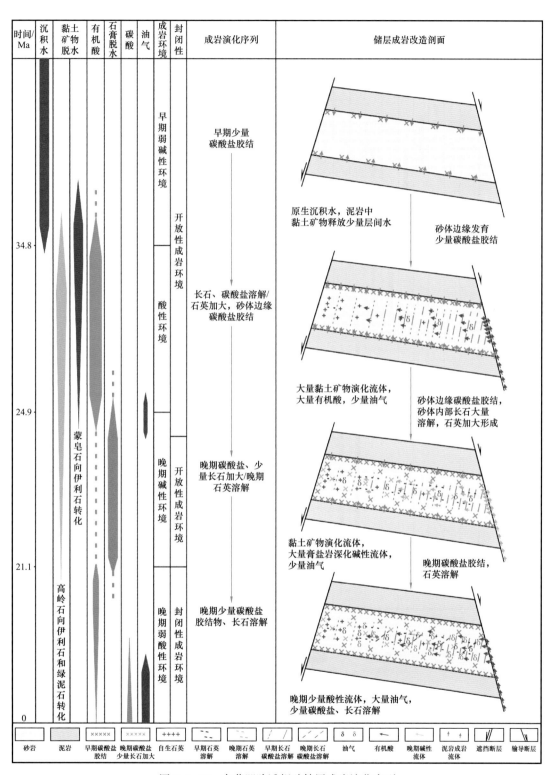

图 2-1-30 东营凹陷滩坝砂储层成岩演化序列

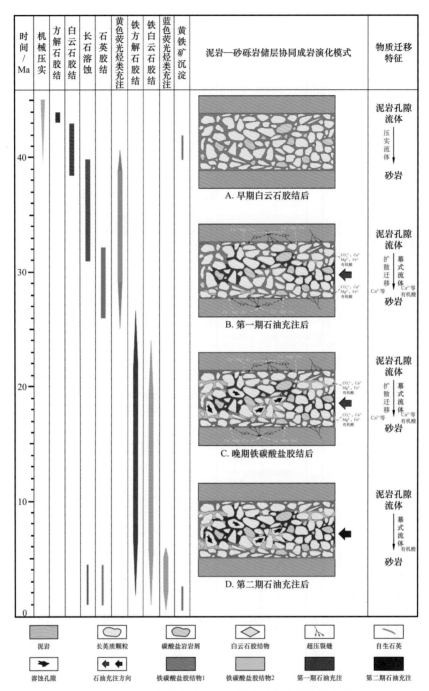

图 2-1-31　民丰洼陷沙四上亚段砂砾岩成岩演化序列

具杂基支撑结构，孔隙发育程度较差，储层类型一般较差（Ⅳ类储层），但可以作为优良的油气封堵层。扇缘薄层砂体颗粒粒度较细，碳酸盐胶结普遍强烈，储层质量较差（Ⅲ类和Ⅳ类储层）。洼陷带浊积岩Ⅰ类储层仅发育在浅层厚层砂体中部；Ⅱ类储层主要发育厚层砂体中部；Ⅲ类和Ⅳ类储层主要发育在扇体根部、砂泥接触界面及薄层砂部位。随

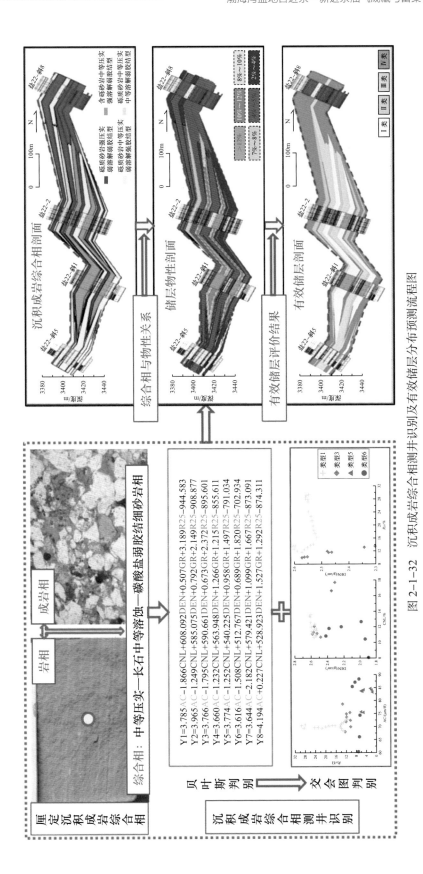

图 2-1-32　沉积成岩综合相测井识别及有效储层分布预测流程图

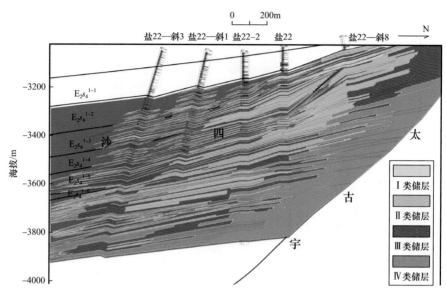

图 2-1-33　陡坡带砂砾岩不同类型储层分布特征

埋深增加，砂体边部强胶结相范围逐渐增加，导致 Ⅱ 类储层展布范围变小，Ⅲ 类和 Ⅳ 类储层展布范围变大。缓坡带滩坝砂体优质储层主要发育在坝主体厚层砂体中部，碳酸盐胶结物含量较低，具早期的石油充注，主要发育 Ⅰ 类及 Ⅱ 类储层。砂体边部发育强烈的碳酸盐胶结作用，主要发育 Ⅳ 类储层。最终，结合沉积组构、源储配置、成岩成藏规律及物性响应特征明确了济阳坳陷古近系中深层碎屑岩优质储层主要为早期石油充注的厚层砂体。

3. 典型砂体储集物性演化过程

1）砂砾岩优质储层演化过程

基于砂砾岩储层成岩演化序列及石油充注与成岩作用相互关系，进一步开展成岩序列约束下反演回剥法孔隙度恢复，并开展孔隙结构约束下孔隙度法渗透率计算。最终建立砂砾岩储层成岩演化及烃类充注过程中物性演化模式。由于砂砾岩储层距砂泥界面距离增加，成岩演化特征具有明显差异，储层物性亦具有明显差异，故针对靠近砂泥界面和远离砂泥界面的样品进行储层物性恢复（王艳忠等，2013；操应长等，2015；陈彦梅等，2016）。

远离砂泥界面的扇中辫状水道砂砾岩储层，分选中等，原始物性中等。沉积初期至距今 42.5Ma，主要发生早期的压实作用，使储层物性变差；距今 42.5—32Ma，在有机酸作用下发生溶解，但溶解作用物性的增加量要小于压实作用物性的减小量，因此，物性仍持续降低并导致储层形成一般低渗透；距今 32—24.6Ma，在碱性流体作用下发生碳酸盐胶结作用，但胶结作用强度有限，压实和碳酸盐胶结共同作用导致储层形成特低渗透；距今 24.6Ma 至现今，第二期酸性溶解对储层的改善有限，以压实作用为主，物性仍持续降低并导致储层超低渗透。由于该类储层在早期油气充注前已形成一般低渗透储层，难以形成有效的油气充注，储层在后期成岩演化过程中遭受较大程度的破坏，现今为超低渗透储层，具小孔细喉或小孔微喉型孔隙结构（图 2-1-34）。

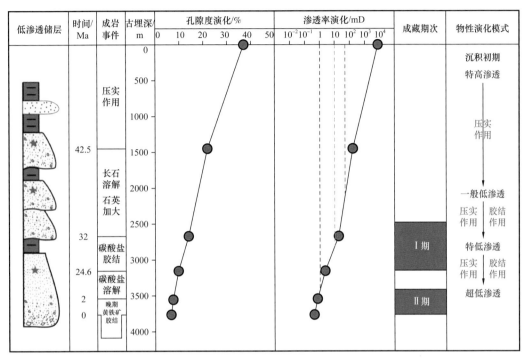

图 2-1-34　砂砾岩储层中远离砂泥界面处砂砾岩储层物性恢复

靠近砂泥界面的扇中辫状水道砂砾岩储层，分选中等，原始物性中等。沉积初期至距今 42.5Ma，成岩作用以压实作用为主，储层物性变差；距今 42.5—32Ma，在有机酸作用下发生溶解，但溶解作用物性的增加量小于压实作用物性的减小量，因此，物性仍持续降低并导致储层形成一般低渗透；距今 32—24.6Ma，在碱性流体作用下发生碳酸盐胶结作用，并且早期油气充注过程要略早于碳酸盐胶结作用。在早期油气充注的过程中，油气首先充注构造高部位和物性更好的扇中辫状水道距泥岩较远部位，扇中辫状水道距泥岩较近部位、扇中水道间和扇缘薄层砂油气充注量有限，含油饱和度低。前人研究表明，烃类充注对储层成岩作用的抑制与含油饱和度有密切关系，只有在储层的孔隙完全或大部分被油气所占据，造成孔隙水呈不连续的孤立滞留状态，才可抑制成岩作用的继续进行，否则只要孔隙水尚能自由的运动，成岩作用就不会停止。因此，扇中辫状水道距泥岩较近部位、扇中水道间和扇缘薄层砂油气充注对后期成岩作用的抑制有限。在碱性环境下，储层被碳酸盐致密胶结，从而迅速形成特低渗透和超低渗透。距今 24.6Ma 至现今，后期酸性流体进入困难，对储层改造有限，储层压实作用持续增强，现今为非渗透，具小孔或微孔—微喉型孔隙结构（图 2-1-35）。

结合砂砾岩储层成岩演化序列及石油充注与成岩作用的相互关系，对于靠近砂泥界面处的砂砾岩储层，从沉积初期至 32Ma 主要为压实作用减孔、降渗，该过程中孔隙度减小约 20%。在 32—24.6Ma 期间碳酸盐胶结作用强烈，减孔明显，减孔可达 10% 以上。此时形成特低超低渗透储层，而后压实作用适量较少孔隙度及渗透率并演化至今（图2-1-36）。

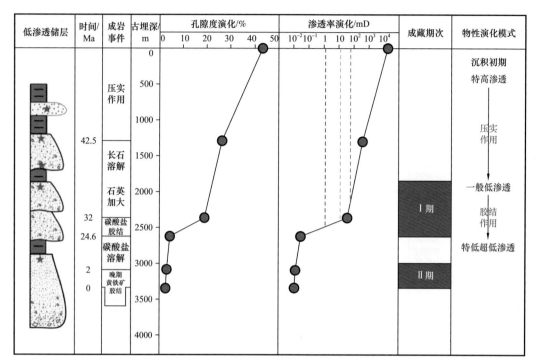

图2-1-35　砂砾岩储层中靠近砂泥界面处砂砾岩储层物性恢复

对于远离砂泥界面处的砂砾岩储层，从沉积初期至32Ma仍然主要为压实作用减孔、降渗，该过程中孔隙度减小约20%。在32—24.6Ma碳酸盐胶结作用相对较弱，且砂砾岩储层中部大量的石油充注有效排除孔隙水，从而抑制了充油孔隙中碳酸盐的胶结作用。该过程中孔隙度减少约5%。而后压实作用少量减孔降渗并持续演化至今（图2-1-36）。

2）浊积岩优质储层演化过程

地质历史时期物性参数量化恢复方法参考专利：地质历史时期砂岩储层孔隙度演化恢复方法和地质历史时期砂岩储层渗透率演化恢复方法。胶结作用低渗透、特低渗透—超低渗透成因型：位于砂岩与大套泥岩相邻处，胶结作用强烈，胶结物对储层物性影响较大。其物性演化模式为沉积初期储层为高孔高渗透型，经第一阶段及第二阶段的压实作用，物性降低，为中孔中渗透储层，经第三阶段碳酸盐胶结作用，储层物性迅速降低，形成低孔—特低孔超低渗透储层，后期储层成岩作用影响微弱，至今仍为超低渗透储层（Yuan et al., 2015）。储层低渗透、特低渗透、超低渗透形成时间均在第三阶段碳酸盐胶结阶段，约20—10Ma，晚于第一期油气成藏期（29—26Ma），早于第二期油气成藏期（6—2Ma）（图2-1-37）。

对于远离砂泥界面处的浊积岩储层，由于存在早期油气充注，胶结作用较弱，碳酸盐胶结物不发育，其物性主要受压实作用影响。物性演化模式为沉积初期储层为高孔高渗透型，经第一阶段及第二阶段的压实作用，物性降低，为中孔中渗透储层，经第三阶

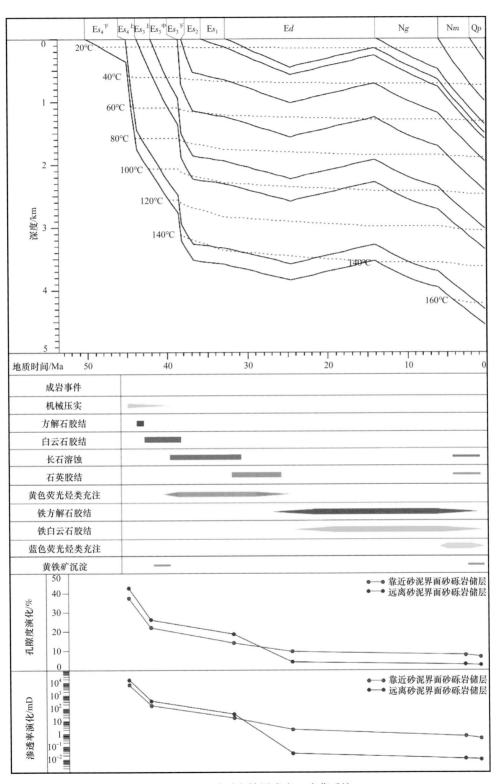

图 2-1-36 砂砾岩储层成岩—成藏系统

段碳酸盐胶结作用未影响储层，仍以压实作用为主，储层物性略有下降，形成中孔低渗透储层，后期仍以压实作用为主，储层物性稍有降低，以低渗透为主，至今仍为中孔低渗透储层。储层低渗透形成时间约为 2Ma，在第一期油气成藏期之后，第二期油气成藏期（5Ma）之内形成（图 2-1-38）。

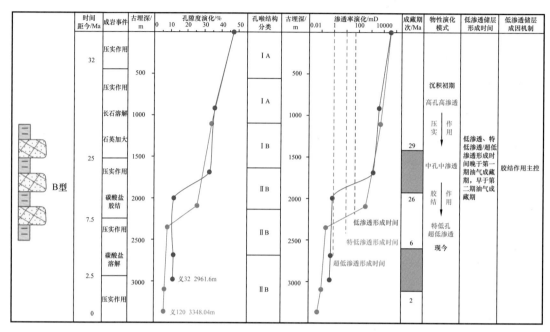

图 2-1-37　浊积岩储层中靠近砂泥界面处砂砾岩储层物性恢复

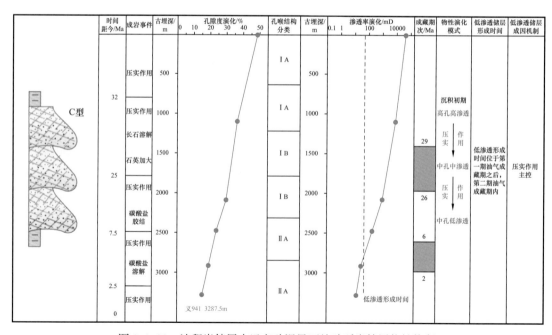

图 2-1-38　浊积岩储层中远离砂泥界面处砂砾岩储层物性恢复

对于洼陷带深水浊积岩砂体（图 2-1-39），早期为弱超压封闭系统，以压实作用为主，有机质经细菌发酵，通过泥岩压实排水，在砂体边部形成早期方解石和白云石胶结，胶结作用强。早期的压实导致洪水型重力流根部沉积组构差部分低渗透，压实减孔为 15.28%。早期碳酸盐胶结导致砂体边部低渗透，胶结减孔为 21.7%。

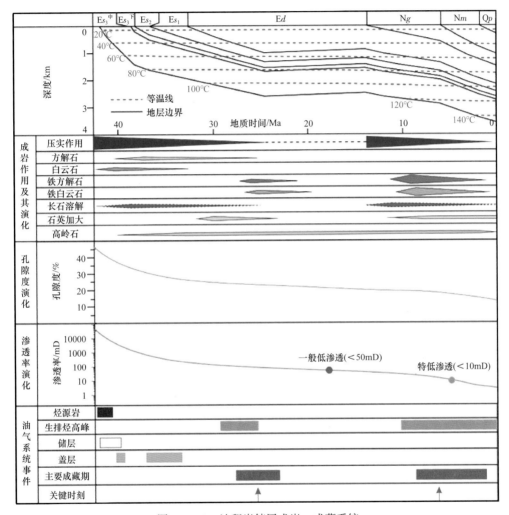

图 2-1-39　浊积岩储层成岩—成藏系统

对于无断层切割浊积岩砂体，中期为超压封闭系统，封闭系统下长石溶蚀，多数溶蚀产物（高岭石和石英）原地或就近沉淀；储层增孔不明显，增孔 1.5%；黏土矿物转化形成铁质碳酸盐的胶结；对于存在断层切割浊积岩砂体，中期为常压开放系统，开放系统下长石大量溶蚀，溶蚀产物（高岭石和石英）被有效带出；储层增孔明显，增孔 6.4%；黏土矿物转化形成铁质碳酸盐的胶结。

3）滩坝砂岩储层演化过程

多重酸碱交替—早期开放—中期开放—晚期封闭环境储层成岩改造模式主要发育在东营凹陷缓坡带滨浅湖环境薄砂体储层中（图 2-1-40）。

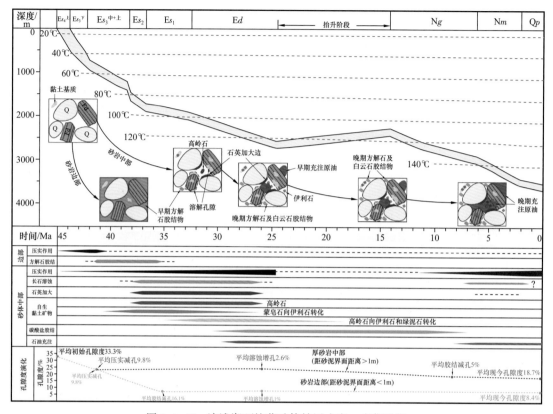

图 2-1-40　滨浅湖环境薄砂体储层成岩—成藏系统

　　滨浅湖环境薄砂体储层沉积初期至距今 34.8Ma 时期，储层埋藏深度较浅，地层温度较低，成岩流体主要受原生沉积水控制，成岩环境呈开放性特征。沙四上亚段古地温梯度相对较低，原生沉积水盐度较低，pH 值较低，呈弱碱性特征。较低的地温梯度、盐度和 pH 值不利于互层泥岩中黏土矿物的转化，这一阶段黏土矿物转化程度非常低，仅释放出少量的吸附水。受互层泥岩中原生沉积水和少量吸附水向邻近砂岩排放的影响，在砂体边缘引起了少量早期方解石胶结作用。

　　在距今 34.8—24.9Ma，地层温度达到 80～120℃，处于有机酸的有利生成和保存温度范围内，沙四上亚段烃源岩生成的大量有机酸通过断块下部的油源断层进入储层，中和早期的弱碱性流体，使储层成岩环境整体转变为酸性特征。由于这一时期为黏土矿物的第一快速转化阶段，蒙皂石向伊利石快速转化，高岭石向伊利石和绿泥石缓慢转化，黏土矿物转化过程中释放出大量的富含金属阳离子的层间水，向邻近砂岩排放过程中在砂体边缘局部地区造成了高盐度特征，使得砂体边缘碳酸盐胶结作用进一步强烈，形成了一定厚度的胶结壳，使得砂体边缘孔隙度快速降低。酸性地层流体在厚层砂体中部引起了强烈的长石、碳酸盐胶结物溶蚀作用，形成了大量的溶蚀孔隙，使得储层孔隙度明显增加，与此同时，长石溶解作用形成的 SiO_2 等溶蚀产物在储层中沉淀，形成自生石英等胶结物。受开放性成岩环境的影响，地层流体呈上升流作用特征，进入断块内储层的有机酸首先对断块下部储层产生溶蚀作用。

第二节　盆地压力—流体—储集性协同演化机理及控藏模式

一、压力—流体—储集性协同演化作用过程

1. 压力与流体间协同演化作用

油气藏的形成实质上是含烃流体在驱动力影响下，在有利的圈闭中汇聚富集的结果。前人研究也表明，超压盆地中的油气藏的充注程度往往与超压之间存在正相关的关系。同时，伴随盆地沉降，地温逐渐升高，有机质热演化促使地层压力增大，达到一定程度时，便会发生在超压驱动下的油气运移。也就是说，含烃流体的活动与生烃期、充注期及超压形成期三者在时间上是协同演化的过程。

压力与流体间协同关系可以归结为两个方面：一方面是超压的增大至释放的过程，与含烃流体的活动具有较好的一致性；另一方面，压力随盆地埋深的演化过程与流体的矿化度及酸碱性也有一定的关系。东营凹陷古流体压力系数随时间轴演化趋势（图 2-2-1）表明：压力经历早期形成—抬升调整—晚期再次增大 3 个阶段，发育 3 期完整的升降过程；不同区带不同期压力发育程度不同，洼陷带压力发育程度最高、缓坡带最低。

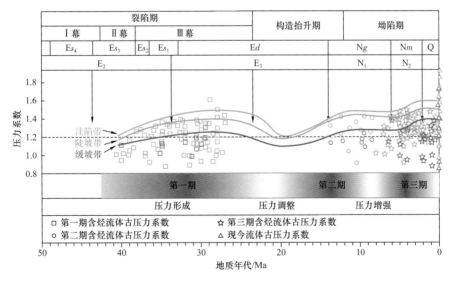

图 2-2-1　断陷盆地压力—流体联动演化过程

地层水是含油气盆地中的主要流体，其活动特征和性质直接或间接指示盆地流体系统的开放性和封闭性。东营凹陷异常高压通常发育在富泥段古近系沙河街组烃源岩层系中，经过实测地压资料（DST）和地层水矿化度对比发现东营凹陷发育的超压系统和异常高矿化度的地层水在空间分布上具有一致性的特征，说明流体动力场和水化学场的形成具有紧密联系。受早期同沉积地层水和后期盐类溶解的影响，在封闭的超压系统中，钠长石化作用和阳离子交替吸附作用特征明显，形成了东营凹陷高矿化度的 $CaCl_2$ 型水。

在垂向上具有十分明显的分带性，以2200m超压顶界为界，可以分为上部常压系统和下部的超压系统。在常压系统内地表水渗入活跃，不利于油气保存，但在超压系统内部，水文地质封闭性较好，对地史时期的油气聚集具有良好的保存条件。水化学场和超压场的耦合关系可以解释水化学场的形成过程：矿化度在垂向上表现为"三段"式的特点，第一段是砂岩储层地层水正常演化趋势的结果；第二段高矿化度地层水埋藏较浅，层位上分布在沙四段，平面上则处于凹陷边缘，是由于盆地中心超压盐水沿输导层和断层向盆地边缘侧向运移，同时由于大气降水的渗入作用和地层渗析作用导致矿化度较低；第三段高矿化度地层水在沙四段主要是受沉积环境和埋藏期盐岩层溶解的影响，在沙二段、沙三段则是与沿断裂系统垂向运移的沙四段超压流体混合作用的结果。

2. 流体与储层间协同演化作用

流体—岩石作用对储层孔隙演化的影响主要是通过流体—岩石作用类型及其和孔隙之间关系的演化来表征的，而它们又受沉积及构造作用控制。在流体—岩石作用对孔隙演化的影响研究的基础上，以东营凹陷中央隆起带沙三中亚段浊积扇为例，建立流体—岩石作用对孔隙演化的影响机制（图2-2-2、图2-2-3）。

发育水道且在断裂带上或者其附近的滑塌浊积扇，流体—岩石作用对孔隙形成和演化的机制表现为：第一期碱性流体，发生绿泥石形成作用和第二期碳酸盐沉淀，充填原始孔隙，降低储层孔隙度，孔隙以原生孔隙为主→第一次油气充注，也就是第一期酸性流体，碳酸盐和长石溶蚀，产生次生孔隙，同时伴生硅质沉淀或者石英次生加大，充填孔隙，孔隙为原生和次生孔隙→伴随着地层的沉降，又出现碳酸盐沉淀充填长石溶孔，孔隙为混合孔隙，但是孔隙度降低→第二、三次油气充注，也和第二、三次酸性流体相对应，长石和碳酸盐发生强烈溶蚀，产生大量次生孔隙，也会发生硅质沉淀，但对储层孔隙的降低贡献不大，孔隙以次生孔隙为主→第二期主要碱性流体，铁白云石、铁方解石发生沉淀充填孔隙，也发生高岭石和绿泥石化，但对储层孔隙的减小影响不大。其中，对储层孔隙贡献最大的是长石和碳酸盐溶蚀，现今的孔隙以次生孔隙为主，孔隙非常发育。发育水道但离断层比较远的滑塌浊积扇，流体—岩石作用对储层孔隙的演化和发育水道且在断裂带上或者其附近的滑塌浊积扇相似，唯一不同的是这一沉积体中，长石溶蚀产生次生孔隙的数量很少，对孔隙度的贡献不大。主要是碳酸盐溶蚀产生次生孔隙。

在断裂带或者其附近的无水道或者远缘浊积扇，流体—岩石作用对孔隙形成和演化的机制表现为：第一期碱性流体，发生绿泥石形成作用和碳酸盐沉淀，充填原始孔隙，降低储层孔隙度，孔隙以原生孔隙为主→第一次油气充注，也就是第一期酸性流体，碳酸盐和长石溶蚀，产生次生孔隙，同时伴生硅质沉淀或者石英次生加大、高岭石形成作用，形成的高岭石含量较高，其和沉淀充填残余原生孔隙及早期次生孔隙→伴随着地层的沉降，又出现碳酸盐沉淀充填长石溶孔，孔隙度降低，孔隙不太发育→第二、三次油气充注，也和第二、三次酸性流体相对应，长石和碳酸盐发生强烈溶蚀，产生大量次生孔隙。现今的孔隙以原生和次生孔隙为主。这是由于这类浊积体由于其快速堆积，颗粒

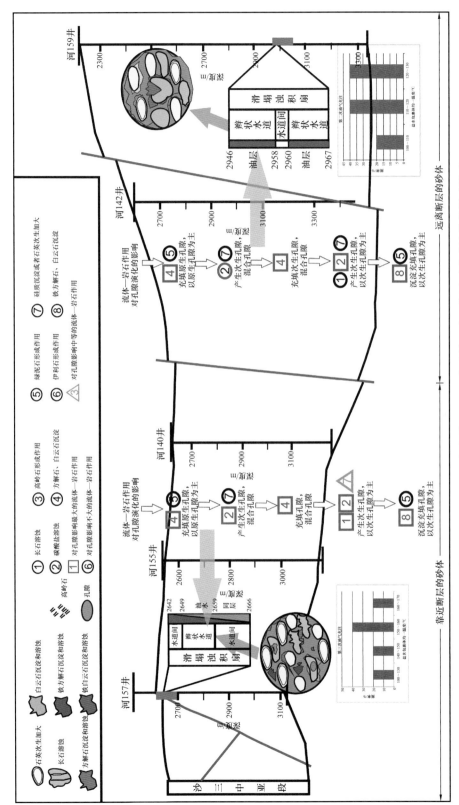

图 2-2-2　中央隆起带沙三中亚段发育水道滑塌浊积扇流体—岩石作用对孔隙演化的影响模式

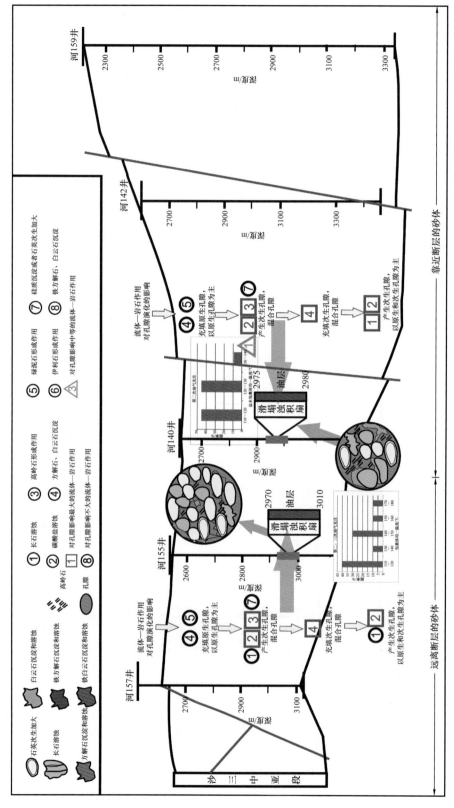

图 2-2-3 中央隆起带沙三中亚段不发育水道滑塌沉积扇流体—岩石作用对孔隙演化的影响模式

的结构成熟度低，压实作用比有水道的滑塌浊积扇弱，因此可保存的原生孔隙数量较多。孔隙含量较有水道的滑塌浊积扇有所减少。离断层比较远的无水道或者远缘浊积扇，流体—岩石作用对储层孔隙的演化和在断裂带或者其附近的无水道或者远缘浊积扇也相似，不同的是长石溶蚀不太发育，主要是碳酸盐溶蚀产生次生孔隙，增加储层孔隙度。

3. 压力与储层间协同演化作用

根据不同的压力位置，将储层划分为超压储层、常压储层和压力过渡带储层。其中超压储层指发育在超压带的储层，实测或者预测压力系数大于1.2；常压储层指储层内实测或者预测流体压力系数小于1.2且空间位置远离超压带的储层；压力过渡带储层的实测或者预测孔隙流体压力系数小于1.2，孔隙流体压力显示为常压，但这类储层的空间位置紧邻超压带，其纵向深度在超压带50m范围内，一般发育在超压带的顶部或者超压带内部，充当超压流体的泄压层，因此该类储层容易受到超压流体释放的影响。本次研究系统分析了三类储层在孔隙度、渗透率和碳酸盐含量的特征，以研究不同压力条件对储层物性的影响（蒽克来等，2014）。

渤南洼陷 Es_3—Es_4 储层不同压力带的样品纵向上在 2000～4000m 的范围内均有分布，因此排除了埋深及与埋深相关的地层温度对储层物性的影响。对不同压力条件下的储层，分别针对孔隙度、渗透率和碳酸盐含量绘制分布直方图（图2-2-4）。超压带储层有 29.51% 的样品为致密—低孔储层，70.49% 的超压带储层属于中高孔储层；45.65% 的过渡带储层归类于致密—低孔储层，54.35% 的过渡带储层为中高孔储层；常压带储层中，属于致密—低孔的样品含量较少，只占总样品的 13.81%，大多数常压带储层为中高孔储层，占样品总数的 86.19%。不同压力条件下储层的渗透率特征也显示和孔隙度分布类似的特点：超压带储层有 35.37% 的样品属于致密—低渗透储层，中高渗透储层占总样品的 64.63%；过渡带储层具有最高占比的致密—低渗透样品，占总样品的 51.43%，中高渗透样品占过渡带储层的 48.57%；常压带储层的致密—低渗透样品含量最低，约 28.77%，大多数常压带储层样品（71.23%）属于中高渗透储层。不同压力条件下的储层具有的碳酸盐含量也有一定的差别：位于超压带的储层碳酸盐含量相对较低，绝大多数样品（76.19%）碳酸盐含量低于 10%，12.5% 的样品的碳酸盐含量介于 10%～20%，只有 11.31% 的超压带储层的样品的碳酸盐含量大于 20%；过渡带储层的碳酸盐含量最高，只有 60.34% 的过渡带储层样品的碳酸盐含量低于 10%，16.42% 的过渡带储层样品的碳酸盐含量介于 10%～20%，过渡带储层有 23.24% 的样品具有大于 20% 的碳酸盐含量；常压带储层样品含有的碳酸盐含量介于过渡带储层和超压带储层，75.82% 的样品碳酸盐含量低于 10%，碳酸盐含量介于 10%～20% 的常压带储层样品占总数的 6.6%，有 17.58% 的常压带储层样品具有高于 20% 的碳酸盐含量。总体而言，渤南洼陷 Es_3—Es_4 储层在不同压力条件下具有以下特征：相比于常压带，压力过渡带和超压带储层具有更低孔隙度和渗透率，即具有更差的储层物性，尤其是过渡带，致密—低孔（渗透）储层占全部样品的一半以上（51.43%）；同时，过渡带储层的碳酸盐含量最高，而超压带储层则具有最低的碳酸盐含量。

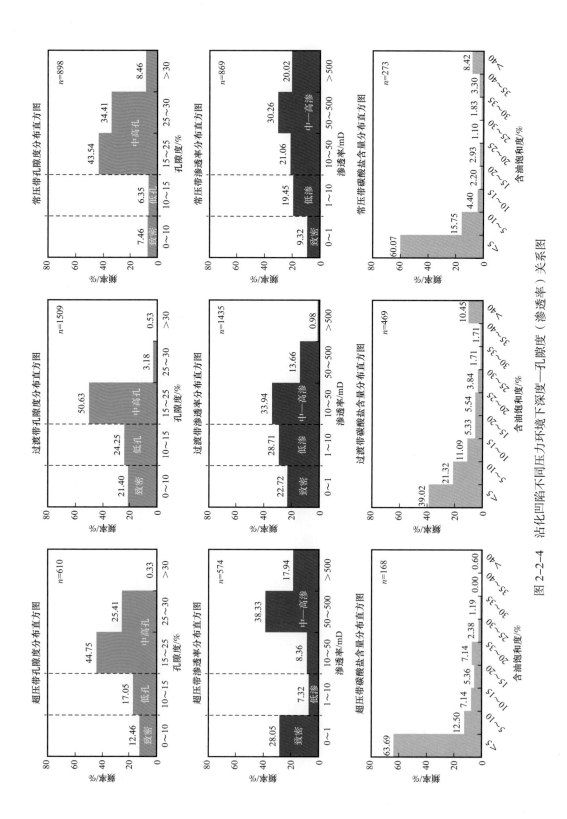

图 2-2-4 沾化凹陷不同压力环境下深度—孔隙度（渗透率）关系图

邻近压力体的过渡带储层作为渗透性岩层及重要的超压流体泄压通道，是超压流体与外界环境沟通的重要区域。因此随着烃源岩排出的超压流体携带大量离子（Fe^{2+}，Mg^{2+}，Ca^{2+} 等）排出后，大量的物质交换会发生在过渡带储层，在储层内沉淀形成以晚期铁方解石或者晚期铁白云石为主的胶结物，这是造成过渡带储层碳酸盐含量高的主要原因，同时高碳酸盐含量也是过渡带储层物性差的原因之一。超压带储层位于超压泥岩中的砂岩夹层，本身处于相对封闭的流体环境，物质交换有限，因此碳酸盐胶结物相对不发育。但是三种压力环境下的储层的碳酸盐含量分布并不具有明显差别，超压储层和常压储层的碳酸盐含量分布相似，说明压力环境对储层碳酸盐的发育十分有限。

超压带储层和过渡带储层邻近超压带。超压（含烃）流体从超压带排出后就近充注超压带内部储层，在超压带内部储层形成传递性超压，或者进入过渡带储层从而释放压力，这意味着超压带储层和过渡带储层具有来自超压带（主要为烃源岩）更高的充注动力。在强充注动力作用下，一些原本难以成藏的低孔低渗透致密储层形成有效油藏，而常压带储层的油气充注动力弱，因此只能在物性较好的中高孔渗透储层成藏。这解释了超压带及过渡带储层具有更高比例的致密—低孔（渗透）储层的现象。

4. 压力—流体—储集性协同演化作用过程

综上所述，认为盆地次生孔隙发育带与异常高压、地层水矿化度、碳酸盐等成岩矿物含量变化趋势等有明显成因联系。断陷盆地演化过程中，随埋深增加，不同层系烃源岩分别发生多阶段生排烃过程。一方面，排出大量有机酸，溶蚀储层矿物形成次生孔隙；另一方面形成超压。流体压力、酸碱性质等多幕有序演化与有利储层协同控制了深部油气成藏（图 2-2-5）。

二、压力—流体—储集性协同控藏过程及模式

1. 典型区带压力—流体—储集性协同控藏作用过程

1）洼陷带浊积岩成藏要素协同控藏作用

从洼陷带现今的地质特征来看，整体为超压环境，压力系数普遍大于 1.2，最高可达 1.8；受现今烃源岩仍处于热演化排酸的影响，地层流体（地层水）整体仍呈酸性特征；洼陷带内发育的浊积岩类主要砂体物性特征主要为低孔特征，已发现油藏岩心实测孔隙度最小为 14%，最大为 20%；但油气藏充满度特征向盆缘差别较大，最高的可达 100%，盆缘最低的仅为 20% 左右（图 2-2-6）。

基于以上分析可以看出，虽然向盆缘方向，浊积砂体的储集物性呈变好趋势，但油藏充满度仍呈降低趋势。针对这一特征，建立了不同充满度浊积岩油藏压力、流体和储集性在时间格架下的协同演化模式（图 2-2-7）。

结果对比表明，虽然浊积岩油藏均处于超压环境下，酸性流体的成储条件，但不同充满度油藏三个成藏要素的协同演化过程存在差异。对于充满度在 95%～100% 的高充满度油藏，协同演化过程中，存在两期强超压；充注早，充注动力强，最终形成了高充满度特征；而充满度在 20%～25% 的低充满度砂体，存在一期强超压，充注时间晚，而相

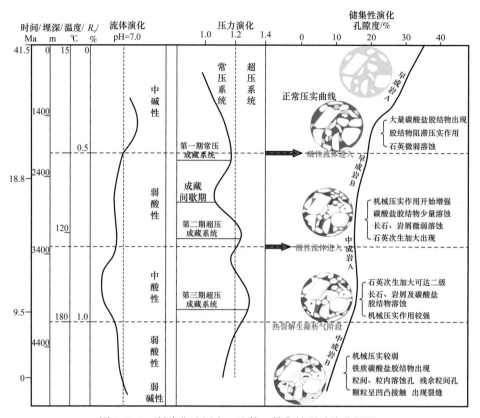

图 2-2-5　断陷盆地压力—流体—储集性联动演化机理

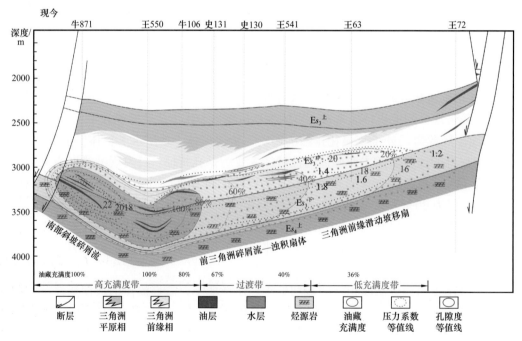

图 2-2-6　洼陷带浊积岩压力—流体—储集性协同演化机理及过程

较于高充满度油藏来看，因为缺少了一次早期的强压充注过程，最终控制了油气充满度相对较低的特征。

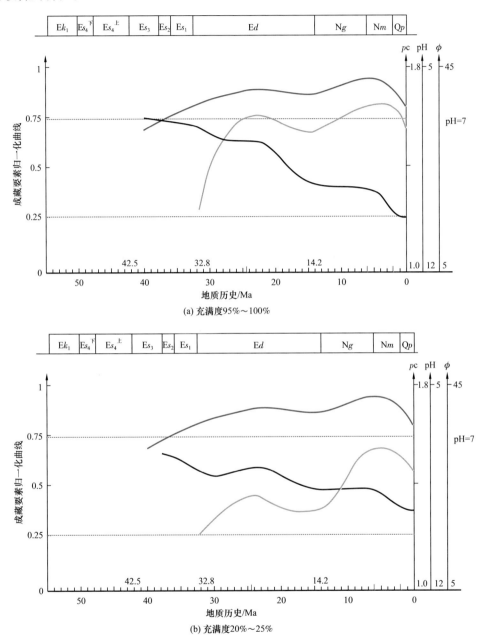

图 2-2-7　洼陷带不同充满度油藏压力—流体—储集性协同演化过程差异

综上所述，洼陷带内，在整体高压、相近流体场背景下，受控于压力、流体及储集物性协同演化，形成了不同部位岩性油藏充满度的差异分布特征。

2）陡坡带砂砾岩成藏要素协同控藏作用

对于陡坡带砂砾岩油藏，由靠近洼陷的深部向盆缘浅部，现今压力场呈常压系统；

但包裹体恢复显示油气充注动力是由超压过渡为浮力；现今地层流体性质由弱酸性过渡为碱性；而储集物性特征逐渐变好，由特低孔的 3%～6% 过渡为低孔的 10%～12%，再到中孔的 25%；油气充满度由深部的高充满度的油干互层带过渡为高充满度的油藏、中—低充满度含水油藏。针对陡坡带砂砾岩体分别选取高充满度和低充满度的油气藏，在三个成藏要素演化过程恢复的基础上，通过归一化处理，建立不同富集程度油藏三个要素在时间格架上的协同匹配过程，分析其对油气充满度的影响。

从结果来看，深部高充满度的油气藏，包裹体测试结果显示虽然目前所处的压力环境为弱超压，但成藏期的主要动力为超压，如丰深 2 井，在距今 24.6Ma 的东营末期，古压力系数为 1.38；在距今 6Ma 的馆陶组沉积末期，古压力系数为 1.50，在距今 2Ma 的明化镇组沉积末期，古压力系数为 1.56，现今实测的压力系数为 1.65，压力强度呈持续增大的趋势，盆缘方向邻近的丰深 1 井的压力具有相似的演化规律，从东营组沉积末期至现今一直为超压状态。而低充满度区域的盐 22-22 井的古压力和现今压力均为常压特征（表 2-2-1）。

表 2-2-1　东营凹陷陡坡带不同充满度带不同期次古压力特征

地质时间		高充满度带								过渡带			
		丰深 2 井				丰深 1 井				盐 22-22—盐 16			
		深度 /m	静水压力 /MPa	剩余压力 /MPa	压力系数	深度 /m	静水压力 /MPa	剩余压力 /MPa	压力系数	深度 /m	静水压力 /MPa	剩余压力 /MPa	压力系数
Es_3 末	38.2Ma	3100	31	10	1.32	2000	20	2	1.10	1500	15	0	1.00
Ed 末	24.6Ma	4000	40	15	1.38	2250	22.5	10	1.44	2000	20	2	1.10
Ng 末	6Ma	4000	40	20	1.50	3500	35	15	1.43	2250	22.5	5	1.22
Nm 末	2Ma	4500	45	25	1.56	3750	37.5	20	1.53	2700	27	5	1.19
现今	0	4600	46	30	1.65	3850	38.5	22	1.50	3000	30	5	1.17

从流体性质演化来看，深部高充满度带经历了酸碱交替的演化过程，其中存在两期较强的酸性流体作用，也控制了相应阶段深部砂砾岩扇体扇中亚相长石及碳酸盐次生溶蚀孔隙储集空间的发育。超压的形成与酸性流体作用及有利次生溶蚀孔隙的形成作用时间与超压及油气充注具有较好的协同关系，进一步控制了高充满度油气藏最终的形成。

中浅部低充满度带油气的充注动力主要为浮力，流体性质为弱酸和弱碱性，对储层物性的影响相对小，在埋深相对浅的背景下，储集物性较好，但由于向盆缘方向，浮力的作用逐渐减弱，控制形成的油气藏充满度也相对中等偏低，含有边底水。

综上所述，陡坡带内，深部超压充注与不同期次酸碱流体交替形成的有利储层匹配控制了高充满度油气藏；中浅部常压—浮力充注与高孔储层匹配控制了过渡及低充满度油藏，形成了纵向不同充满度油藏的差异分布（图 2-2-8）。

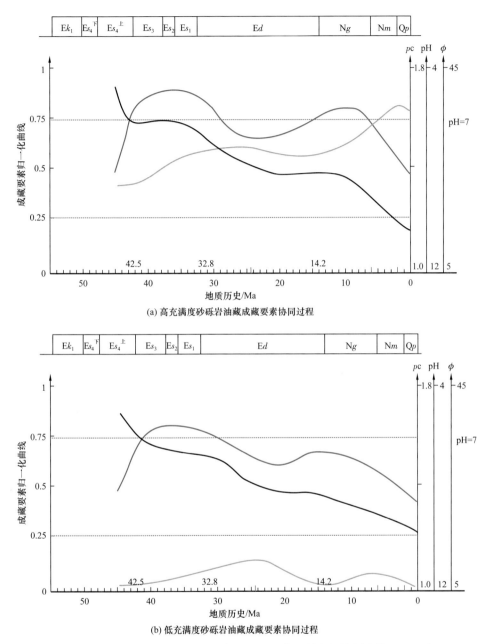

(a) 高充满度砂砾岩油藏成藏要素协同过程

(b) 低充满度砂砾岩油藏成藏要素协同过程

图 2-2-8　陡坡带不同充满度油藏压力—流体—储集性协同演化过程差异

2. 不同区带成藏要素协同控藏模式

选择东营凹陷油气运移的主要路径，剖析运移路径上主要含油层系的典型油藏的压力场、地层流体及储层协同关系，结合油气运移路径的盆地结构特征来看，压力—流体性质—储集物性的协同演化形态（高点、低点、交点）与盆地结构形态（洼陷、斜坡、断裂）匹配一致，具有成因对应性，表明了协同演化机理的客观性。

具体来看，洼陷带超压—酸性流体环境—中／低孔储集条件的协同关系表现为：整个洼陷带为超压环境、酸性流体特征，并且超压及流体的酸性强度呈正相关关系；而储集物性整体为中孔—低孔特征，又洼陷中心向两侧逐渐升高，空间变化趋势与超压及流体酸性强度呈"镜像"特征；并且超压与流体的最高点与物性的最低点也呈对应关系，据此建立了三个成藏要素间的协同模式。分别为缓坡带常压体系—弱碱/弱酸流体环境—高孔储集条件协同模式；陡坡带常压/弱超压体系—碱性/酸性流体环境—中/低孔储集条件协同模式；洼陷带超压体系—碱性/酸性流体环境—中/低孔储集条件协同模式（图 2-2-9）。

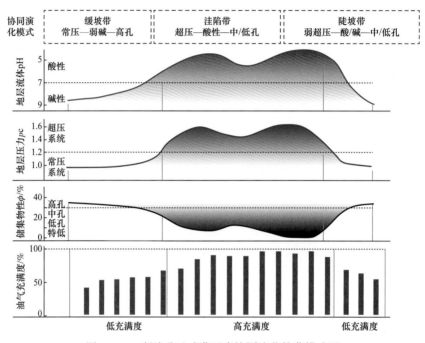

图 2-2-9　断陷盆地成藏要素协同演化控藏模式图

第三节　古近系—新近系油气分布有序性及差异性富集机理

一、富油凹陷油气藏分布有序性与差异富集

1. 富油凹陷油气藏分布有序性

断陷盆地中油藏在平面和剖面上的分布是有序的。油藏类型的平面分布具有环带状特征。油藏在剖面上从洼陷中心到边缘依次发育地层—构造—岩性油藏，不同类型中间往往有过渡类型存在，下面以济阳坳陷油气分布为例进行说明（王永诗等，2018）。

1）东营凹陷

该凹陷是发育完善的大型箕状断陷凹陷，凹陷内正向构造带、储集体发育。凹陷内主要发育四个生油洼陷，从洼陷中心向外，依次发育岩性油藏—构造岩性油藏—岩性构造油藏—构造油藏—构造地层油藏—地层油藏，油气藏分布序列完整。以牛庄洼陷为例，在南北向剖面上，从凸起边缘—洼陷带—中央隆起依次发育地层—构造岩性—构造—构造岩性—岩性—构造油藏（图2-3-1）。这种侧向上的变化序列，在纵向上往往也可以看出。

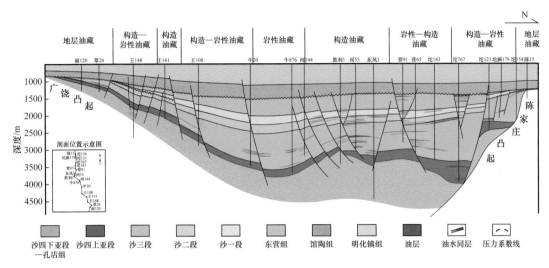

图 2-3-1　东营凹陷面 120—陈 15 井南北向油藏剖面图

2）沾化凹陷

沾化凹陷是一个北断南超的不对称的箕状断陷盆地。在平面上，沾化凹陷从洼陷向边缘依次发育岩性油藏—构造岩性油藏—岩性构造油藏—构造油藏—地层油藏，其中渤南洼陷油气藏分布序列完整。以渤南洼陷为例。在南北向剖面上，在陈家庄凸起—罗家缓坡—渤南洼陷—埕东凸起依次发育地层油藏—岩性构造油藏—构造油藏—构造岩性油藏—岩性油藏—构造油藏—构造岩性油藏（图2-3-2）。

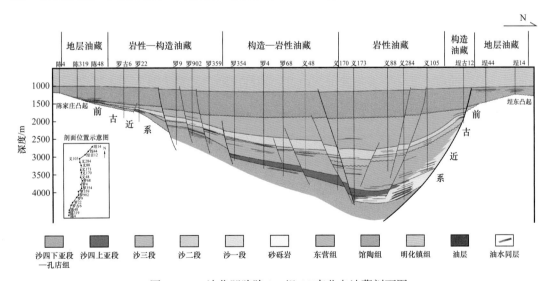

图 2-3-2　沾化凹陷陈 3—埕 14 南北向油藏剖面图

3）惠民凹陷

惠民凹陷是在中生代裂陷基础上发育的新生代断陷盆地。由于勘探程度相对较低，目前围绕临南洼陷四周仅形成了由中央隆起带北半环含油条带和夏口断裂带的南半环含油条带组成的构造油藏环，岩性油藏和构造岩性油藏分布较少，油气藏分布序列不完整。在南北向剖面上，在凸起边缘—洼陷依次发育构造油藏—岩性构造油藏—构造岩性油藏（图2-3-3）。

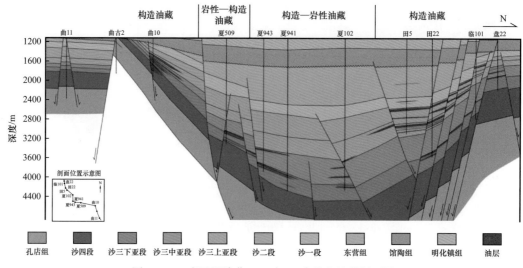

图2-3-3 惠民凹陷曲11—盘22南北向油藏剖面图

4）车镇凹陷

车镇凹陷是一个东西长、南北窄的狭长形凹陷，具有"北断南超"的新生界箕状断陷湖盆结构特征。平面上油藏主要分布在鼻状构造和洼陷近斜坡断阶带，西部相对富集。凹陷内主要有两个生油洼陷，从洼陷中心到边缘车西洼陷主要发育岩性—构造岩性—构造油藏，大王北洼陷主要发育构造岩性油藏—岩性构造油藏—构造油藏—地层油藏。车镇凹陷古近—新近系各油藏类型的探明储量分布较均匀。

以车西洼陷为例，在南北向剖面上从陈家庄凸起到洼陷依次发育构造油藏—构造岩性油藏—岩性油藏，北部陡坡带发现油藏少，油藏序列不完整（图2-3-4）。

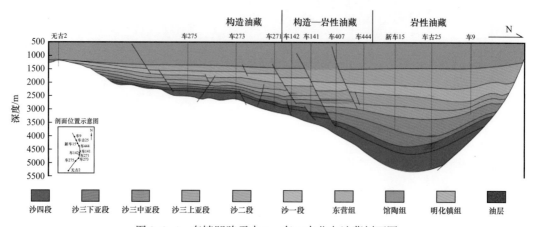

图2-3-4 车镇凹陷无古2—车9南北向油藏剖面图

2. 油气差异富集规律

1）宏观油气富集差异性

渤海湾盆地油气分布广泛，宏观上具有满盆含油的特点（图2-3-5），但不同地区油气富集程度差异很大。整体来看，盆地东部地区的济阳、渤中、黄骅等坳陷油气富集程度高，油气分布范围广，而西部地区冀中、临清等坳陷含油气情况相对较差，即具有"东富西贫"的特点，且油气富集区主要沿郯庐、兰聊两条大型断裂带分布。

图2-3-5 渤海湾盆地油气平面分布图

渤海湾盆地油气在各层系均有分布，但主要富集在古近系，占总储量的61.9%；其次是新近系，占总储量的26.6%；前古近系相对较少。不同凹陷油气分布层系差异较大，东濮、东营、南堡、辽西、辽东等地区，古近系油气比例较高；在霸县、饶阳、大民屯、车镇等地区，前古近系油气比例较高；歧口、南堡、渤中、沾化等地区新近系油气所占比例较高（图2-3-6）。

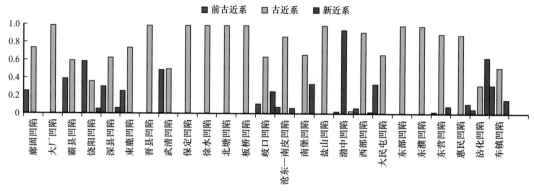

图 2-3-6　渤海湾盆地不同凹陷各层系油气储量百分比图

油气平面分布具有区域性，前古近系油气分布较为局限，主要分布在盆地外围的坳陷，如辽河、冀中等坳陷；古近系油气全盆广泛分布，并形成多个油气富集区；新近系油气主要分布于环渤海海域地区，主要包括渤中坳陷及济阳坳陷北部、黄骅坳陷东部，盆地外围凹陷几乎没有发现新近系油气，具有"前古近系盆缘分布、新近系盆心分布、古近系全盆分布"的特点（图 2-3-7）。

2）不同凹陷油气富集差异性

渤海湾盆地不同凹陷油气资源量差异较大，渤中、东营、沾化、辽西、东濮等凹陷油气资源十分丰富，而潍北、晋县、北塘、廊固等凹陷油气资源相对较少，部分凹陷未发现商业性油气（图 2-3-8）。

纵向上，不同凹陷的三大层系油气储量差异十分明显。盆内多数凹陷以古近系为主力含油层系，部分凹陷已发现油气藏均赋存于古近系，如晋县、北塘、辽河东部等凹陷；而霸县、饶阳、车镇、大民屯等凹陷前古近系油气储量比例较大，其中饶阳凹陷前古近系油气储量占 60% 以上；南堡、歧口、沾化、渤中等凹陷新近系储量最为丰富，渤中凹陷新近系储量比例高达 70% 以上（图 2-3-9）。

为了进一步研究凹陷油气富集程度的差异，本文从不同凹陷油气富集程度分类入手，明确各类富集程度凹陷在平面上的分布规律。以总资源量、资源丰度和探明储量三个参数作为凹陷富集程度划分的标准，将渤海湾盆地凹陷富集类型划分为极富油、富油、含油、贫油四个类别（表 2-3-1）。

表 2-3-1　渤海湾盆地不同凹陷油气富集类型划分标准

富集类型	总资源量 /10⁸t	资源丰度 / （10⁴t/km²）	探明储量 /10⁸t
极富油凹陷	≥25	≥50	≥10
富油凹陷	5～25	20～50	1～10
含油凹陷	1～5	10～20	0.1～1
贫油凹陷	<1	<10	<0.1

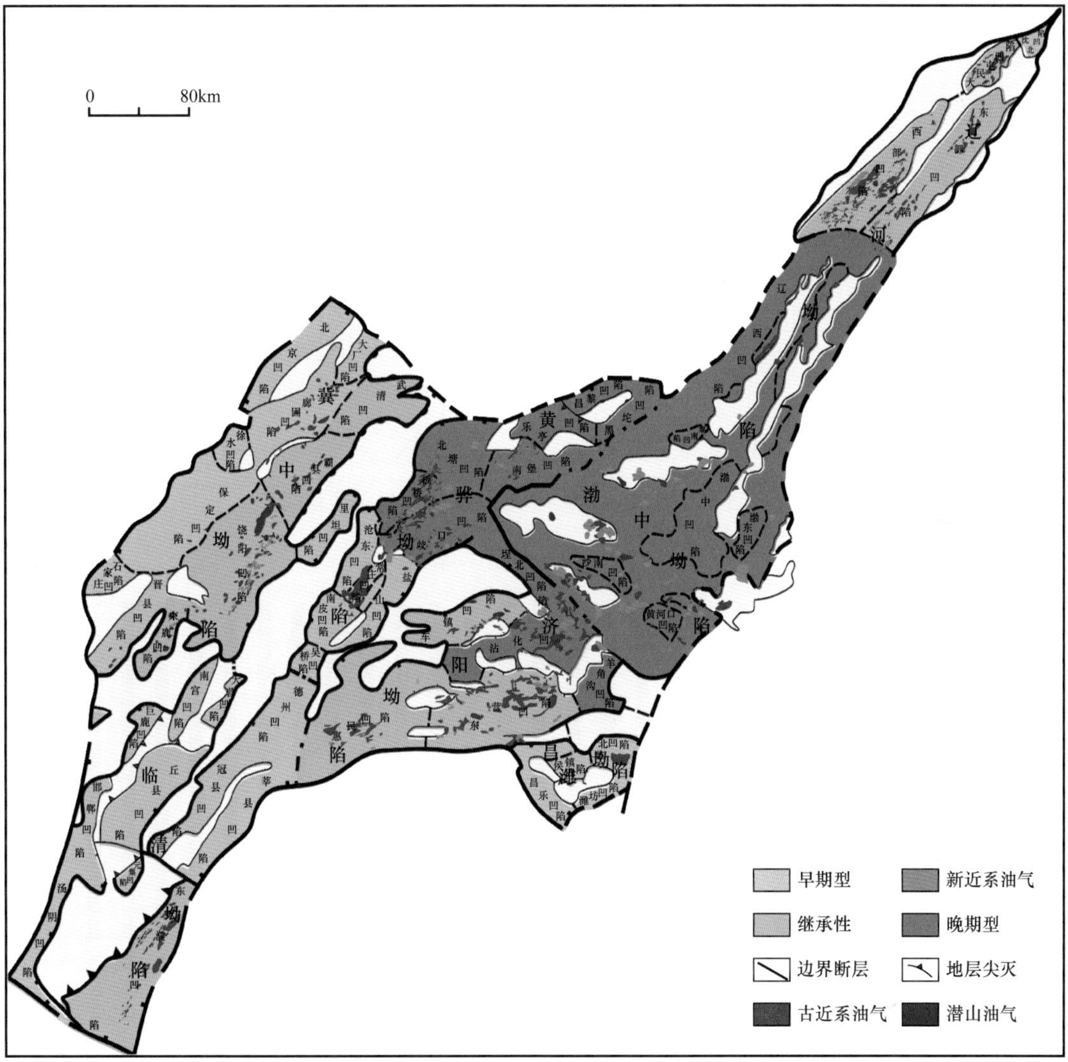

图例说明：

早期型		新近系油气	
继承性		晚期型	
边界断层		地层尖灭	
古近系油气		潜山油气	

图 2-3-7　渤海湾盆地不同层系油气分布图

　　按照富集类型划分标准，将渤海湾盆地不同凹陷富集类型进行划分，可以看出渤海湾盆地的极富油凹陷为渤中、东营、西部、歧口、辽西、南堡凹陷；富油凹陷为辽中、饶阳、东部、惠民、黄河口、东濮、霸县、莱州湾、车镇、渤东、大民屯与沧南凹陷；含油凹陷包括廊固、板桥、辽东、深县、北塘、潍北、束鹿及晋县凹陷（图 2-3-10）。

　　平面上，极富油凹陷主要集中在盆地东部、渤海海域及近海地区，富油凹陷、含油凹陷和贫油凹陷全盆地均有分布。富烃凹陷的分布与大型断裂带密切相关，极富油和富油凹陷集中分布在郯庐断裂带（渤中、辽河西部、东营等凹陷）和兰聊断裂带（歧口、东濮等凹陷）两侧，而远离大型断裂带的凹陷油气富集程度较低，贫油凹陷多分布在盆地边缘和大型凸起带附近。东部地区凹陷油气富集程度明显高于西部地区，东部地区以富集程度较高的极富油凹陷和富油凹陷为主，而西部地区虽然凹陷数量众多，但以富集程度较低的含油和贫油凹陷为主（蒋有录等，2015；赵贤正等，2017）。

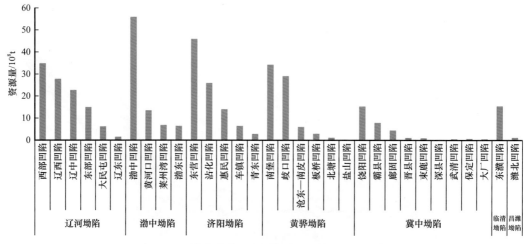

图 2-3-8 渤海湾盆地不同凹陷石油资源量柱状图

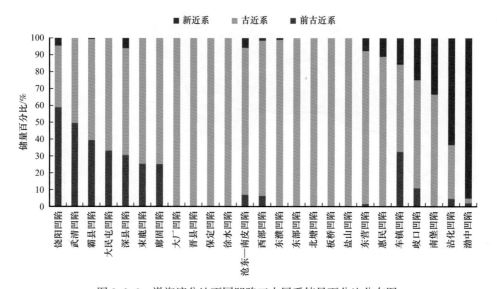

图 2-3-9 渤海湾盆地不同凹陷三大层系储量百分比分布图

二、油气分布有序性成藏机理

断陷盆地有效烃源岩的发育程度、成藏地质格架及油气运聚的动力及过程规律性演化控制了油气有序性分布（王永诗等，2013；郝雪峰等，2014）。

1. 断陷盆地有效烃源岩的发育程度是油气分布有序性的前提

断陷盆地油气生成运聚过程决定了有效烃源岩的发育程度是油气分布有序性的前提，烃源灶中不同有机相烃源岩呈现接力生油过程，排出的油气在空间上呈现从烃源岩灶到圈闭明显的差异聚集的动态油气运聚过程中，首先充满烃源岩附近的圈闭，再依次充满远离烃源岩的圈闭。济阳坳陷发育多套烃源岩，包括孔二段、沙四上亚段、沙四下亚段、沙三段及沙一段。不同烃源岩在沉积环境、有机质丰度、类型、生烃演化和成藏

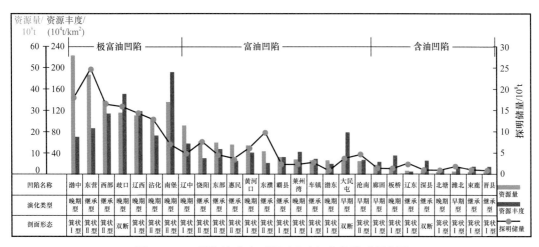

图 2-3-10　渤海湾盆地不同凹陷油气富集类型划分图

贡献差异很大。在有效烃源岩层位、构造位置（洼陷为主，坡折带以下）确定的情况下，通常说发育程度就包含面积、厚度、有机质类型及丰度、演化程度等，归根到底就是评价生烃强度及总量（量化分布特点），这又直接关系到异常压力分布及输导体系样式（断裂或砂体）、邻近圈闭类型、运移距离远近等。一般来说，圈闭存在前提下，烃源岩发育越好，油藏有序性越完整，且岩性、地层油藏（远、近两端）所占比例相对高，即有序性表现得越美观。因此，多套烃源岩层、多期成烃排烃是油气藏得以有序性分布的前提。

一是表现为随着距生烃中心距离增大，油气的富集程度降低，济阳坳陷探明储量与距排烃中心距离关系呈正比。

二是表现为远离烃源岩的中浅部为不饱和油，靠近烃源岩的深部气油比增高。如东营凹陷北部陡坡带盐 22 扇体为扇根封堵的岩性油藏，油气充满度高，油藏非油即干，含油高度在 80～190m，油藏的宽度一般介于 600～2500m；盐 182 扇体为构造—岩性或岩性油藏，油气充满度中等，油水间互，含油高度在 20～90m，油藏的宽度一般介于 300～1500m；盐 19-1 扇体多为靠断层封堵的构造油藏，油气的充满度较低，水多油少，含油高度一般在 10～70m，油藏的宽度一般介于 200～1000m。

三是地球化学指标表现为油气由油源附近圈闭到盆缘圈闭依次充注的过程，如临南地区原油密度和地球化学指标均表现为由生烃中心向盆地两侧运聚的过程（图 2-3-11）。

四是表现为随着烃源岩发育程度的增加，圈闭有序序列越全面。油源是否充足是成藏的首要条件，在很大程度上控制了油气藏的形成和分布。例如，构造格局比较相似的东营和惠民凹陷，主力烃源岩都是古近系沙三段、沙四段暗色泥岩和油页岩，其干酪根类型基本一致，有机质丰度方面东营凹陷也无明显优势。但东营凹陷烃源岩分布广、厚度大，4 个小洼陷都是烃源岩富集带；相比之下惠民凹陷烃源岩条件先天不足，除了沙四上亚段外，烃源岩厚度都比东营凹陷小，而且分布范围也只局限于滋镇、阳信和临南 3 个洼陷。因此，相对而言东营凹陷的成藏序列最全，惠民地区地层油藏欠发育。

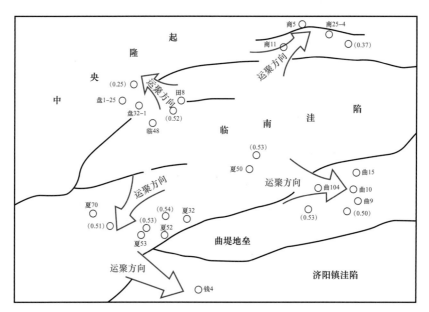

图 2-3-11 C_{29} 甾烷 $20S/（20S+20R）$ 参数指示临南洼陷原油运移

2. 断陷盆地成藏格架的有序性是油气分布有序性的基础

油气藏成藏地质要素主要包括烃源岩、储层、盖层、圈闭和输导体系等。其中沉积体系、输导体系及圈闭组成了油气成藏的格架要素。这些要素的有序组合形成了圈闭连续分布，纵向叠置，横向毗邻的特征，奠定了油气有序分布的基础。

1）沉积体系分布有序性

对断陷盆地而言，在裂陷、断陷和坳陷三个演化时期中，断陷期是盆地的主要发育时期，沉积体系的类型最为丰富多样。断陷盆地构造作用控制下的可容纳空间决定了层序的发育演化及层序边界的形成。构造活动形成了盆地的不同构造带，由于断陷盆地陡坡带、缓坡带和洼陷带构造活动强度不同，造成不同构造带层序体系域内不同的沉积体系组合。统计结果表明，东营凹陷不同沉积体系发育的主要油藏类型存在差异，凹陷中心深水浊积扇、前三角洲是岩性圈闭主要组成部分，也是凹陷内输导体系的重要组成，主要发育岩性油藏；三角洲前缘则发育断层—岩性圈闭，主要发育构造—岩性油藏和构造油藏；三角洲平原不仅是大型构造油藏的主力储集层，同时也是盆地横向输导体系的主要组成部分，主要发育构造油藏；河流主要发育构造油藏和岩性—构造油藏；冲积扇则主要发育地层油藏。可见，从凹陷中心到边缘沉积体系的有序性决定了成藏静态要素有序分布的基础条件，即沉积充填的有序性控制了圈闭类型、输导体系等成藏要素的连续性特征，进而决定了油气分布的有序性。

2）输导体系有序性

油气输导体系是指连接烃源岩与圈闭的运移通道所组成的输导网络。作为连接烃源岩与圈闭的"桥梁与纽带"，在某种程度上决定着含油气盆地内各种圈闭最终能否成为油气藏及油气聚集的数量，而且还决定着油气在地下向何处运移，在何处成藏及成藏类型。

断陷盆地不同构造部位发育不同类型的输导体系。断陷期陡坡带以砂体—断裂输导体系中的"T"形输导体系为主，洼陷带以砂体型输导体系为主，缓坡带以砂体—断裂输导体系中的阶梯形输导体系为主，盆地边缘地层超剥带则以与不整合相关的输导体系为主。

陆相断陷盆地油气藏类型与输导体系组成地质要素之间存在密切的成因联系，如断裂一般控制断块或滚动背斜圈闭，不整合控制地层型圈闭，砂体一般控制各类与岩性有关的圈闭等。因此，从洼陷到边缘，输导体系砂体—断裂—不整合的有序分布控制了油气藏岩性—构造—地层的有序分布。

3）圈闭有序性

圈闭类型决定了油藏类型，断陷盆地圈闭及其类型空间分布样式主要取决于构造带的发育，因此构造发育是控制断陷盆地油气藏分布序列的最重要的因素。以东营凹陷为例，平面上，东营凹陷可以划出两个明显的环带。一个是以利津、民丰、牛庄洼陷为中心包含中央隆起带的东营东北部环带。不同类型同沉积构造围绕洼陷呈有规律的组合。自内向外依次为中央背斜带、洼陷边缘断裂坡折带及断裂伴生构造带（主要为逆牵引背斜和断裂鼻状构造）、凸起边缘的继承性鼻状构造带和潜山披覆构造带。另一个是以博兴洼陷为中心的环带。同前一环带相比，主要是缺少中央背斜带。

剖面上，构造带控制圈闭类型，陡坡带内带发育大型滚动背斜，外带一般发育地层圈闭、断块潜山或砂砾岩体岩性圈闭；缓坡带内带发育中—大型滚动背斜或断阶，中带多发育反向断块，外带一般发育地层圈闭；洼陷带发育岩性圈闭。因此，洼陷中心到盆地边缘依次发育岩性圈闭、构造圈闭和地层圈闭。圈闭有序性控制了油气藏分布有序性。

3. 断陷盆地油气运移路径的延续性是油气分布有序性的保障

济阳坳陷油气藏总体存在多期充注过程，主要充注期为馆陶—明化镇组沉积期，新构造运动微弱，对前期形成的圈闭和油气输导路径改造作用不强，为多期油气持续性充注提供了条件；另外，早期油气充注过程中实现了润湿性反转，也为后期油气充注提供了条件。

根据油气包裹体荧光观测，东营凹陷浅层馆陶组、沙一段、沙二段以发浅白色和深黄色荧光的油包裹体为主，成熟度相对较低；中深层的沙三段以发浅黄色和蓝白色荧光的油包裹体为主，以成熟—高成熟度油为特征；深层的沙四段以发蓝白色荧光为主，反映深层高成熟度油气充注特征。根据与烃类包裹体共生盐水包裹体均一温度分期，以及投影到精细埋藏史图获得其充注年龄，再统一到同一时间轴上综合确定成藏期次和成藏时期，与烃类包裹体荧光颜色和微束荧光光谱分析结果一致，从而明确了东营凹陷油气成藏事件的期次和时间。东营凹陷总体发育三期油气充注：第一期充注：34—24Ma；第二期充注：13.8—8.0Ma；第三期充注：8.0至今。其中，24—13.8Ma为成藏间歇期。

济阳坳陷其他凹陷也具有相似的油气充注时期。沙四上亚段和沙三下亚段形成的不同期次的油气在压差作用下或浮力作用下沿着相对固定路径从盆地中心向盆地边缘运聚

（贾光华等，2015）。

通过多期油气充注物理模拟实验，探讨早期油气充注对晚期油气充注的影响。

1）实验装置及药品

本实验装置由注射泵、连接管、玻璃板刻蚀模型1及录像装置组成（图2-3-12）。注射泵流量为0.0002～8.669mL/min，可显示流量。玻璃板刻蚀模型1入口端具有缓冲聚油槽，后对接200μm及50μm的喉道通道，出口端具有200μm、150μm、100μm及50μm，四种7个不同的喉道通道，孔喉刻蚀深度为30μm。本实验玻璃板刻蚀模型严格水润湿。另采用实际岩心及成岩模拟实验装置开展实际地层温压条件下多期石油充注的微观渗流实验。

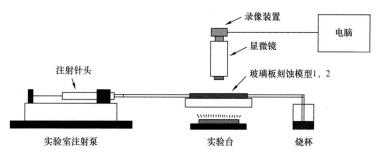

图2-3-12 多期石油充注微观渗流实验的实验装置

2）实验设计及步骤

基于济阳坳陷中深层碎屑岩储层实际的碳酸盐胶结—石油充注序列及碳酸盐胶结物的来源特征，本实验主要探究多期石油充注与多期碳酸盐胶结作用时间相互穿插的条件下，每一期石油充注对其后的碳酸盐胶结作用的影响及第一期石油充注和早期碳酸盐胶结作用对第二期石油充注路径的影响。实验在室温条件下进行。

首先向玻璃板刻蚀模型1中充满1mol/L的$CaCl_2$溶液，之后以0.5μL/min的恒定流量向玻璃模型中充注油红染色的原油，待红油突破玻璃模型且运移路径基本稳定后，以0.2μL/min的恒定流量向玻璃模型中充注0.5mol/L的Na_2CO_3，逐渐沉淀方解石，利用显微镜及录像装置对方解石的沉淀过程进行录像。第一次方解石沉淀过程结束后，以0.3μL/min的恒定流量向玻璃模型中充注油蓝染色的原油，利用显微镜及录像装置对蓝油充注过程进行录像，观察早期沉淀的碳酸盐胶结物对蓝油运聚的影响。待蓝油突破玻璃装置且运移路径基本稳定后以0.2μL/min的恒定流量向玻璃模型中充注0.5mol/L的Na_2CO_3，逐渐沉淀方解石，利用显微镜及录像装置对方解石的沉淀过程进行录像。另在室温 -50℃条件下，将去离子水及原油交替充注实际岩心，检测岩心实时渗透率，记录不同流体不同时刻充注时的渗透率特征，探究早期石油充注对晚期石油运移的影响。

3）实验结果

宏观实验结果显示，第一期红油充注的恒定流量较低，玻璃板刻蚀模型中差异性孔喉对接处的前端，可见原油主要充注100～200μm的喉道通道，且在该通道内仍然具有一定量的残余孔隙水。在0.5mol/L的Na_2CO_3充注后，红油的分布特征基本被保存，玻璃装置内可以保存一定量的红油和残余孔隙水。第二期蓝油充注后，蓝油在 100～200μm 的喉道通道内的运移与分布具有一定差异性。在 200μm 和 100μm 的喉道通道内，蓝油可以在沿红油运移路径的基础上向周围孔隙空间发生进一步的运移，而在 150μm 的喉道空间内，蓝油基本按照红油的运移路径发生进一步运移（图 2-3-13）。宏观含油部分与含水部分的方解石胶结物含量具有明显的差异。油水分界右侧含水孔隙中发育方解石大量胶结；油水分界左侧含油孔隙中方解石含量很少。油水过渡处内水膜中具有方解石胶结。红油充注后第一期方解石胶结的微观现象显示，第一期方解石主要发育在残余孔隙水及刻蚀颗粒表面的水膜中。同时油水接触界面处可见方解石晶体且该方解石晶体逐渐向残余孔隙水中生长。在充油的孔隙中，未见明显的方解石发育特征。越过宏观的油水分界线进入大量含油的孔隙，方解石发育较少，在刻蚀颗粒表面的水膜中可见少量的方解石发育。在宏观大量含水的部分内可见方解石大量胶结的现象。而在油水过渡处的水膜及残余孔隙水中可见一定量的方解石发育。

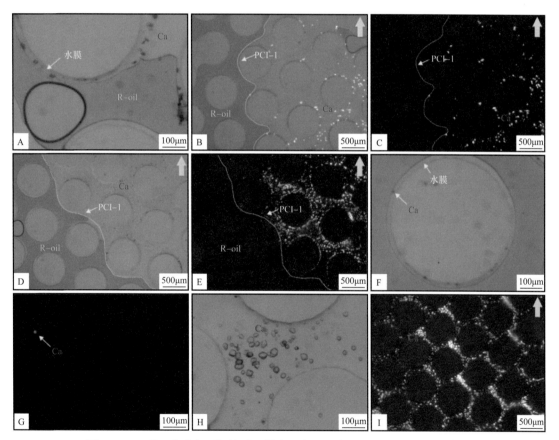

图 2-3-13　第一期方解石沉淀过程结束后宏观油水界面两侧方解石分布特征

PCI-1 指示红染色油充注过程后的油水接触面，R-oil 指示红染色油，粉色箭头指示实验装置的出口方向，
Ca 指示方解石晶粒

蓝油充注特征显示，在孔喉结构相同且孔隙中无方解石胶结物的条件下，若早期具有红油充注的孔隙前方紧邻的孔隙内未发育方解石胶结（150μm 喉道通道），则后期的蓝

油将仅沿着早期红油的运移路径发生进一步运移（图2-3-14）。若早期具有红油充注的孔隙前方紧邻的孔隙内发育一定的方解石胶结（100μm及200μm喉道通道），则后期的蓝油也会向具有方解石胶结物的孔隙中发生突破并发生进一步运移。

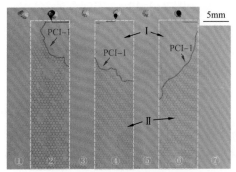

(a) 红染色油充注过程结束后油水宏观分布特征

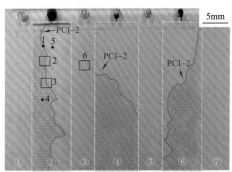

(b) 第一期方解石晶粒沉淀结束后油水宏观分布特征

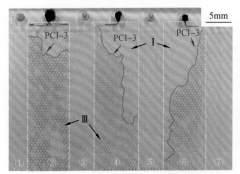

(c) 蓝染色油充注过程结束后油水宏观分布特征

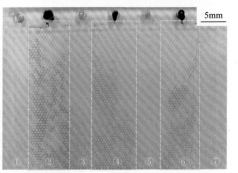

(d) 第二期方解石晶粒沉淀结束后油水宏观分布特征

图2-3-14　原油充注后及方解石胶结后宏观原油分布特征

①，③，⑤，⑦区域的喉道宽度为50μm；②，④，⑥区域的喉道宽度分别为200μm，100μm和150μm

PCI-1指示红染色油充注过程结束后油水接触界面，PCI-2指示第一期方解石晶粒沉淀结束后油水接触界面，PCI-3指示蓝染色油充注过程结束后油水接触界面，Ⅰ指示孔隙及喉道被水充填的区域，Ⅱ指示孔隙及喉道主要被红染色油充填的区域，Ⅲ指示孔隙及喉道主要被蓝染色油充填的区域

　　蓝油充注的微观现象显示，若早期具有红油充注的孔隙前方紧邻的孔隙内发育一定的方解石胶结（100μm及200μm喉道通道），则后期的蓝油也会向具有方解石胶结物的孔隙中发生突破并发生进一步运移。蓝油突破具有方解石晶粒的孔隙后，更易于依附着方解石晶粒或连晶方解石晶粒表面发生运移，当石油运移过程中与方解石表面接触时，明显可见石油向方解石晶体表面弥散的现象（图2-3-15）。选定孔隙中具有较少方解石晶体而颗粒表面附着有方解石晶体的孔隙进行实时录像，探讨颗粒表面的方解石对石油运移路径的影响。

　　录像结果表明，在石油运移的过程中与单侧方解石晶体表面接触时，石油的运移路径将明显向附着方解石的颗粒表面发生偏转。若早期具有红油充注的孔隙前方紧邻的孔隙内未发育方解石胶结（150μm喉道通道），则后期的蓝油将仅沿着早期红油的运移路径发生进一步运移。在50μm喉道通道内，可见晚期蓝油沿着第一期方解石胶结物突破并发生进一步运移的特征。

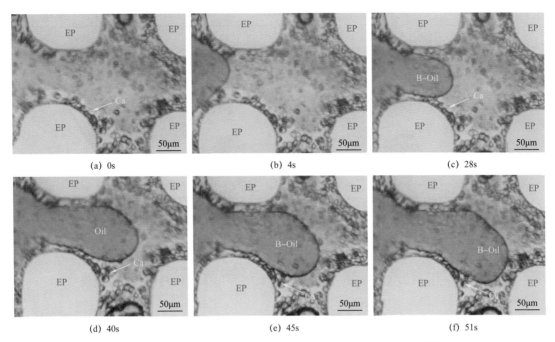

(a) 0s　　　　　　　　(b) 4s　　　　　　　　(c) 28s

(d) 40s　　　　　　　　(e) 45s　　　　　　　　(f) 51s

图 2-3-15 　油蓝染色的原油的运移路径向方解石表面明显偏转

EP：刻蚀颗粒；Ca：方解石；B-oil：指示由油蓝染色的原油

4. 断陷盆地流体压力是油气分布有序性的关键

地层超压在油气生成—运移—聚集过程中具有重要的作用，地层流体压力是油气充注的主要动力之一，因此，在一定程度上控制着油气的分布（蒋有录等，2016），以东营凹陷缓坡带为例说明地层流体压力与油气分布的关系。据钻井 DST 和 MDT 测试压力数据表明，东营凹陷超压主要发育于沙三段和沙四段，与烃源岩发育层系一致，而上覆沙二段、沙一段、东营组、馆陶组和明化镇组及下伏孔店组均为常压系统，整体表现为单超压特征。超压中心多位于凹陷沉积（沉降）中心，超压幅度大，压力系数可达 2.0，向凹陷边缘地层压力逐渐过渡为常压区。

缓坡带滩坝砂勘探实践表明，地层压力结构的有序性控制油藏类型的有序性分布。超压区内主要发育岩性油藏（图 2-3-16），从油藏地球化学特征来看，油气成熟度地球化学参数差异不大，显示出高压驱动为主的成藏特点。虽然岩性油藏中代表成藏阻力的排驱压力和饱和度中值压力值最大，但超压环境为油气充注提供充足动力，为岩性圈闭的油气富集提供有利条件。常压区以构造油藏发育为主，油气成熟度地球化学参数呈明显有序性分布，下部成熟度高、上部成熟度低，体现出常压区以浮力驱动为主的成藏特点。构造油藏成藏阻力较小，油水密度差所产生的浮力驱替毛细管孔隙中的水，使烃类在圈闭中聚集成藏。断层是压力过渡区垂向泄压的主要通道，储层是油气横向运移通道，油气成熟度地球化学参数发生倒转，表现为超压—浮力联合驱动为主的成藏特点，油藏类型多样化，但多以构造—岩性油藏为主。

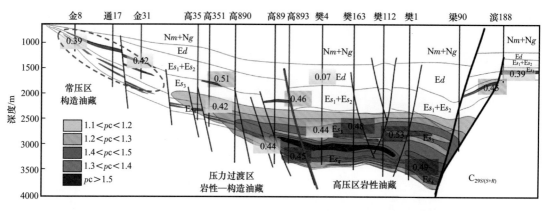

图 2-3-16　东营凹陷沙河街组四段滩坝砂岩油藏分布剖面图

第四节　渤海湾盆地古近系—新近系精细勘探实例

渤海湾盆地"十一五"以来勘探实践表明，各坳陷的凹陷斜坡带是油气勘探的重点区带，也是重要的增储领域。凹陷斜坡带具有多样性，基底差异沉降作用和继承性大断裂活动的构造作用是斜坡带形成的控制因素，根据二者在斜坡形成过程所起到的重要程度及二者之间的相互影响可以进行斜坡的成因机制分析，进而进行斜坡的类型划分（颜照坤，2014；徐杰等，2015）。

一、斜坡类型划分与内部结构特征

在斜坡成因类型研究基础上（索艳慧等，2015），根据斜坡的成因、内部结构及沉积地层叠加样式等可以将渤海湾盆地斜坡类型分为 3 大类 6 亚类（表 2-4-1）。

表 2-4-1　渤海湾盆地古近系斜坡类型划分表

大类	沉降型斜坡			沉降—构造型斜坡		构造型斜坡
亚类	均衡沉降斜坡	差异沉降斜坡	多级挠曲斜坡	多阶断裂斜坡	旋转掀斜斜坡	构造反转斜坡
成因	均衡沉降	差异沉降	差异沉降＋断裂活动	断裂活动＋差异沉降	主断裂强烈活动	后期构造强烈活动
	差异沉降作用贡献					
					构造活动作用贡献	
发育位置	继承型、晚期型凹陷	继承型、晚期型凹陷	继承型、晚期型凹陷	继承型、晚期型凹陷	继承型、早期型凹陷	早期型凹陷
典型实例	蠡县、黄河口	文安、歧南	歧北	埕北、辽河西斜坡	板桥、晋县西斜坡、莱州湾斜坡	孔西、牛北

1. 沉降型斜坡

古近系沉积时，地形上就是一个斜坡，原始坡度角较大，抬升、断层等构造活动相对较弱。地层形成的过程中，由于盆地的不同部位的沉积速率差异，造成了地层厚度由盆地内部向盆地边缘急剧增厚。沉降型斜坡可以进一步分为均衡沉降型斜坡、差异沉降型斜坡和多级挠曲型斜坡。

2. 沉降—构造型斜坡

古近系沉积时，地形上不存在斜坡或原始坡度较小。沉积过程中，由于基底断裂活动造成上盘断块翘倾活动，使之抬升形成斜坡；沉积后期断块活动强烈。斜坡演化与沉积过程同时进行，沉降—构造型斜坡可以进一步分为多阶断裂型斜坡和旋转掀斜型斜坡。

3. 构造型斜坡

斜坡的形成与沉积作用无关或关系不大，地层沉积以后由于不均衡的地壳抬升，使得一侧抬升，另一侧下降，形成斜坡。地层厚度变化较小，上部地层遭受强烈剥蚀。构造型斜坡主要为构造反转型斜坡，主要表现为：早期斜坡不存在，后期由于构造反转形成斜坡；顶部往往见剥蚀，地层厚度变化较小；斜坡结构具多样性，不同构造背景下具有不同的结构单元。

由于构造活动及演化的差异性，现今斜坡的内部构成具有不均一性。通过对沉降型和沉降—构造型斜坡构造的沉降史分析发现，沉降型和沉降—构造型斜坡内部不同部位的沉降差异量大小不一致（图 2-4-1）。如歧口凹陷的几大主要沉降型和沉降—构造型斜坡均表现为靠近凸起的斜坡高部位沉降差异量明显小于靠近凹陷的斜坡中、低部位，斜

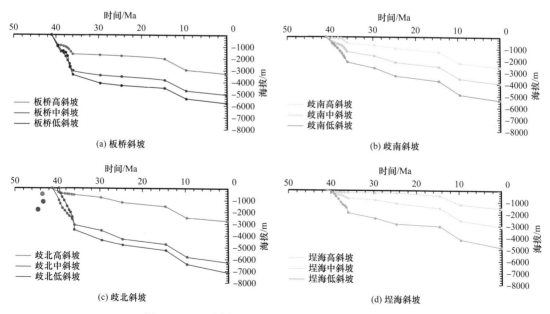

图 2-4-1 不同类型斜坡的不同分带总沉降史曲线图

坡的中部位沉降差异量略小于斜坡低部位。沉积差异量的突变点与坡折带（挠曲、断裂）对应性较好，并控制了斜坡的斜坡倾角、沉积相序、生烃演化及成藏响应等变化。

根据斜坡不同部位的沉积、构造沉降差异量的大小，可以将斜坡内部划分为高斜坡、中斜坡和低斜坡三个部分。如歧口凹陷歧北斜坡，滨海及南大港正断层的古落差变化及基底沉降速率的突变，控制了斜坡区三级挠曲坡折的形成及地貌的分区（图2-4-2）。根据坡折的成因及地貌的分带性，可将斜坡分为高、中、低三部分。高斜坡范围是从凸起边缘古近系尖灭线至斜坡内部靠近凸起的第一个较大的沉降差异量突变点对应位置（对应于较大规模的挠曲坡折带或断裂坡折带），往往对应于斜坡边缘的超剥带；中斜坡范围是从高斜坡下边界至第二个较大的沉降差异量突变点对应位置（对应于较大规模的挠曲坡折带或断裂坡折带）；低斜坡范围是从中斜坡下边界至凹陷主洼漕边界附近的规模较大的同生断层（或坡折），处于凹陷主洼槽边缘的斜坡最低部位，地层分布较稳定。

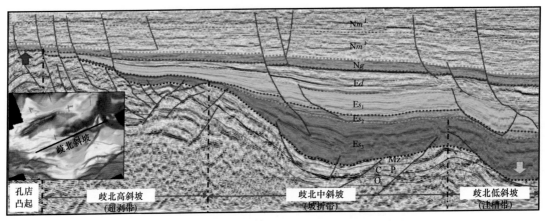

图 2-4-2　斜坡内部结构划分图（歧口凹陷歧北斜坡）

二、高、中、低斜坡控砂机制与油气富集模式

由于高、中、低斜坡带构造位置不同，控砂控藏及油气富集规律具有较大的差异。斜坡区虽然是油气从高势区向低势区运移的必经之地，但只有在成藏要素相互匹配耦合的区域或地质体内（优势相）才有利于油气的富集（图2-4-3）。

1. 高斜坡控砂机制与油气富集模式

古近系高斜坡主要位于盆地边缘，以三角洲平原相为主。来自隆起区的陆源碎屑物质沿古地貌辫状侵蚀沟槽或者顺坡断槽向斜坡中低部位输送，砂体多富集于沟槽。以埕北断坡为例，高斜坡发育了古地貌辫状侵蚀沟谷，主要发育近南北向的四支沟谷，古地貌沟谷与其下伏的基底逆冲断层有密切关系，碎屑物质首先沿这些沟谷形成的南北向水系向凹陷区顺坡输送，到达断阶带后优先经由断裂调节带形成的沟槽继续向远端分散波及，在碎屑物质匮乏期，这些砂体局限分布于沟槽及其周缘，在碎屑物质充足期，砂体将在调节沟槽的前端形成大面积连片砂体，甚至可以完全将沟槽本身覆盖。因此对于埕北断坡区来说，高斜坡古地貌侵蚀沟谷与断阶的断裂调节沟槽所形成的复合型优势输送体系是砂体输送体系的典型特征。在该部位部署的张海 9X2、埕海 1、埕海 6 等井均揭示了厚层砂体，证实砂体分布主要受沟槽控制。

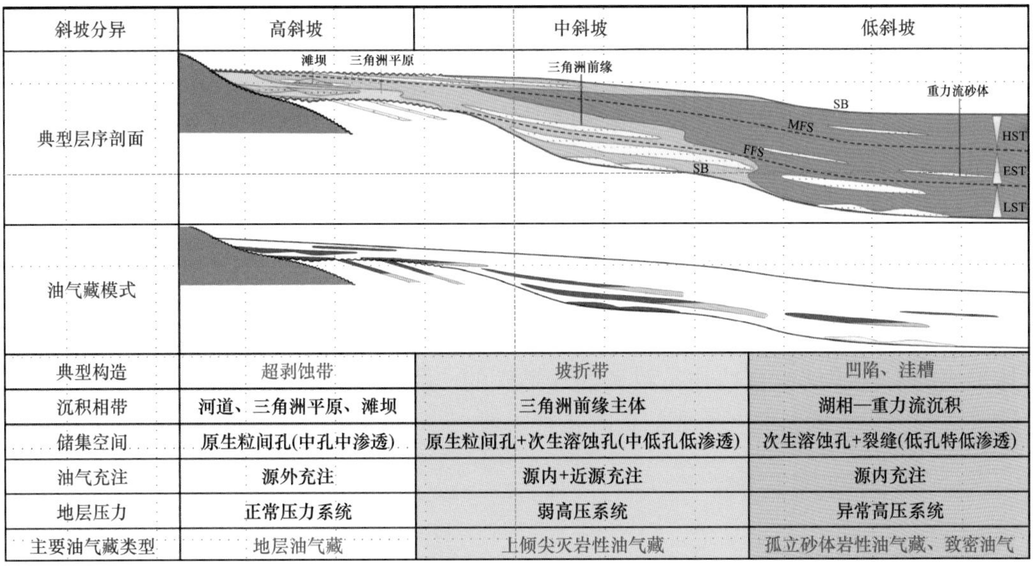
斜坡分异
高斜坡
中斜坡
低斜坡
典型层序剖面
滩坝
三角洲平原
三角洲前缘
重力流砂体
SB
MFS
FFS
SB
HST
EST
LST
油气藏模式
典型构造
超剥蚀带
坡折带
凹陷、洼槽
沉积相带
河道、三角洲平原、滩坝
三角洲前缘主体
湖相—重力流沉积
储集空间
原生粒间孔(中孔中渗透)
原生粒间孔+次生溶蚀孔(中低孔低渗透)
次生溶蚀孔+裂缝(低孔特低渗透)
油气充注
源外充注
源内+近源充注
源内充注
地层压力
正常压力系统
弱高压系统
异常高压系统
主要油气藏类型
地层油气藏
上倾尖灭岩性油气藏
孤立砂体岩性油气藏、致密油气

图 2-4-3 缓坡区具有高中低分异的特征

由于高斜坡远离油源，油气从烃源灶到圈闭需要经过较长距离横向运移，阶梯状远源复式输导体系是较为常见的一种输导类型，如埕北断坡。该类输导体系组合由连通砂体、不整合和断层组成复式输导网络，呈连通砂体（不整合）—断层—连通砂体（不整合）—断层的多级次运移，油气从深层到浅层如同上台阶一样，向斜坡高部位长距离运移，在沟槽砂体中聚集成藏。

2. 中斜坡控砂机制与油气富集模式

在中斜坡区，三角洲前缘砂体和滩坝砂体普遍发育，坡—折体系中的坡—坪部位是砂体聚集的重要场所。坡—坪部位是斜坡由陡变缓的区域，水动力也由强变弱，有利于沉积物卸载；坡坪下倾方向是可容纳空间形成的重要部位，砂体多在坪台区滞留富集，而其上倾方向超覆或尖灭，因此砂体主要受坡折带控制。中斜坡处于中成岩阶段，原生、次生孔隙均较发育，砂体储层物性好，砂体、不整合及断层构成复式输导体系成为有效油气输导通道，在就近的圈闭中形成旁生侧储的构造—岩性油气藏。如歧北中斜坡位于辫状河三角洲主体相区，受盆内孔店—羊三木凸起物源控制，多期砂体叠置，大断裂活动性弱，不控制地层和沉积，砂体分布主要受古地貌控制，中低斜坡是砂岩发育区。

中斜坡油气成藏期主要为明上段至今，即“晚期成藏”。明化镇组沉积期后构造活动较弱，保存条件好，减少了油气藏后期被改造调整与破坏。因此，主水道储层物性较好的圈闭容易被油气充注，从而形成优势构造岩性相控藏的格局。该类油藏具有“含油饱和度高、含油面积大、产量高”的特点。

3. 低斜坡控砂机制与油气富集模式

近年来，随着中高斜坡勘探程度的不断增高，钻井资料证实歧口凹陷盆内、盆外物源供给充足，砂体波及范围广，一直延伸到深陷区，因此低斜坡区逐渐成为勘探的主要方向之一。如歧北低斜坡沙三段主要发育远岸水下扇与孤立透镜体等重力流成因砂体。油藏主要类型包括岩性油气藏及致密砂岩油气藏。低斜坡储层物性普遍较差，但在低孔低渗透的背景下，仍发育相对较好的储层。如位于歧北低斜坡的滨 90 井沙一下亚段孔隙度普遍在 8% 以下，但在 4300m 左右发育一个次生孔隙发育带，孔隙度为 8.1%～13.2%。

低斜坡优势储集体（优质储层）与油源有效沟通形成的优势源储耦合相是油气富集区带，即在优质储层相对发育且与优质烃源岩接触或沟通的配置关系是油气富集相带。在埕北低斜坡优势源储耦合相带部署的埕海 33 井等在沙二段也获得高产油气流。低斜坡区细粒沉积岩中除泥页岩发育之外，与其成互层状产出的白云岩、三角洲前缘及重力流砂体形成的有利源储组合往往是致密油气勘探的"甜点"区。如沧东凹陷南皮低斜坡孔二段致密油已成为低斜坡区重要的资源接替领域。

三、典型勘探实例

1. 埕海断阶型斜坡

前期以"断裂控砂、构造控藏"模式为指导钻探了张海 6 等井，在沙河街组发现油层，单次试油日产量 0.31～16.5t，未能达到海上商业产能。但富油气凹陷勘探理论认为沙二段为低位期沉积，砂体最为发育，并夹持于沙三段与沙一段两套优质烃源岩之间，成藏配置优越，应为主力勘探层系。为此，攻关提出了"顺向供砂，斜坡控砂，洼槽富砂"的控砂机制，修正了以往"东西向断裂控砂、鼻状构造翼部砂体不发育"的传统认识，拓展了勘探领域。构建了低断阶"油气复式输导、优势相带控藏、叠加连片含油"控藏机制，构造、构造—岩性、岩性油藏并存，修正了以往构造圈闭聚油的控藏机制（袁淑琴等，2018）。

基于上述创新认识，2011 年优化了以沙二段为主要目的层的整体部署及分步实施方案，实施了埕海 33 井、埕海 35 井、埕海 36 井，均获高产油气流，一举突破了高产关。2012—2013 年，运用含油气检测整体实施探井 14 口，探井成功率 100%，累计新增石油地质储量 14138×10⁴t，其中控制石油地质储量 12176×10⁴t，发现埕海三区。2017 年优选埕海 33 井区钻探评价井张海 17101，试油获百吨高产，揭开亿吨级储量升级动用的序幕。2018—2020 年，通过细化五级层序沉积微相研究，明确了水下分流河道、河口坝优势砂体的分布规律，进一步明确沙二段主力砂组储层物性较好，优质储层分布范围广，沙二中砂组孔隙度大于 11% 的面积达 95km²。实施的埕海 306 井，测井解释油层 63.9m/10层，试油射开 3631.4～3681.9m（斜深），43.9m/5 层，16mm 油嘴自喷，日产油 535t，日产气 11.4×10⁴m³。埕海低断阶新增石油探明储量 3198×10⁴t，创油田近十年单区块整装探明储量规模之最（图 2-4-4）。

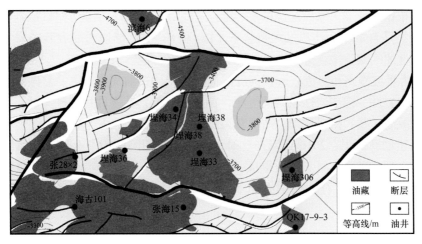

图 2-4-4 埕海低断阶沙二段勘探成果图

2. 济阳坳陷缓坡带红层

东营凹陷缓坡带高 94 井区红层油源精细对比表明，油气主要来源于沙四上亚段的烃源岩，如博兴、纯化和陈官庄局部地区；仅王家岗地区红层油气来自沙四上与孔店组烃源岩（混合型）。由于深层红层尚不发育大规模有效储层，砂体的输导能力较为有限，因此，与烃源岩直接接触的储层或有油源断裂沟通的储层才能富集成藏。同时，处于流体优势运移通道的砂体（如断阶带砂体）由于流体循环条件好，酸—碱性流体控制下的溶蚀作用强烈，次生孔隙发育，物性相对较好，容易富集成藏，如高 94 井孔店组 3775.5～3788.8m，平均孔隙度为 13.9%，平均渗透率为 17.1mD，试油获日产 5.75t；但处于樊家鼻状构造部位的樊深 1 井对应的孔店组 3998.8～4043.35m 井段，平均孔隙度为 2.5%，平均渗透率为 0.1mD，但试油结果为干层和含气水层（图 2-4-5），这与该区流体循环不畅未形成优质储层有关。

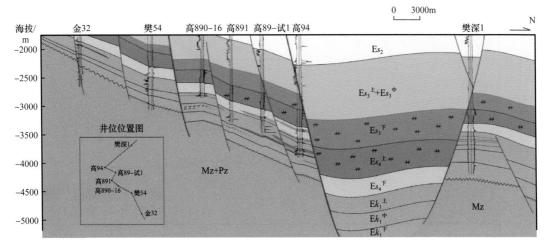

图 2-4-5 深层红层源储对接成藏模式

为此，依据源—藏关系、油源断层、储层类型，把沙四下—孔店组红层划分了两种成藏模式。一类是自源型，油源仅来自盐下（Ek_2 和 $Es_4^{下}$），储层为陡坡砂砾岩和盐湖环境储集体，岩性油气藏为主。另一类是他源型，油源来自盐上（$Es_4^{上}$、$Es_3^{下}$）+ 盐下（$Es_4^{下}$、Ek_2），储层为缓坡漫湖和河流相沉积的红层储集体，构造油气藏为主。盆倾断裂之下，寻找自源为主的岩性、构造岩性轻质油气藏，储层发育及物性条件是勘探关键；盆倾断裂之上，寻找他源油气藏，构造背景、油源断裂及储层物性是勘探关键。

依据上述创新认识，2016 年以来针对东营、沾化凹陷沙四下亚段—孔店组部署的王古 9、金 41、罗 176、金斜 326 获得成功，在金家油田、大芦湖油田、滨南油田、盐家油田、罗家油田等新增石油探明储量 $583.04 \times 10^4 t$，控制储量 $2817.34 \times 10^4 t$，预测储量 $4551.81 \times 10^4 t$。

3. 济阳坳陷陡坡带砂砾岩

断陷盆地陡坡带广泛发育砂砾岩沉积，扇根部位由于分选差、岩屑组分含量高、紧邻深大断裂体系，成岩过程中压实和胶结作用强烈，储层物性差，而扇中不仅残余原生孔隙发育，而且酸性—碱性流体交互溶蚀作用形成的次生孔隙也发育，物性较好，因此，易形成扇根遮挡的成岩圈闭；深层砂砾岩圈闭古压力多为常压或低压，与其侧接的沙四上亚段、沙三下亚段两套优质烃源岩成烃演化过程中形成超压，表现为两套烃源岩开始大量生烃的深度与压力出现超压的深度吻合，在源—储压差作用下，深层生成的油气源源不断充注于扇中成岩圈闭富集成藏，最终形成扇根封堵的油气成藏模式。受生烃演化的控制，深层不仅发育扇根封堵的岩性油藏，在其更深的部位往往还发育扇根封堵的凝析气藏（图 2-4-6）。

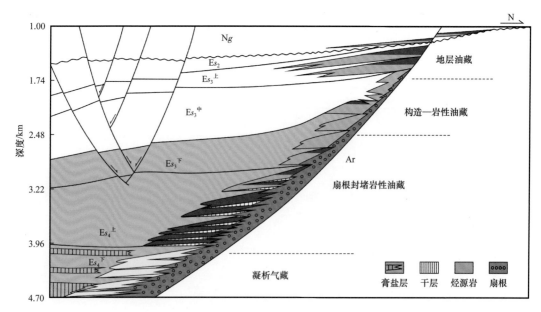

图 2-4-6 陡坡带砂砾岩成藏模式

　　基于上述认识，2016 年以来，东营凹陷陡坡带基于"源—汇"体系重新建立了主物源—侧物源共同控制的砂砾岩扇体沉积模式，提出陡坡构造转换带控砂模式，指出冲沟侧翼小型扇体发育泥岩隔层新认识，突破了陡坡单斜扇体缺乏隔层难以成藏的传统观点。研发形成了沉积模型约束的变差函数数值模拟微相识别技术，可达到亚相及微相识别精度。研究成果有效指导了勘探部署，东营凹陷北部坡坡带砂砾岩获百吨井 3 口，累计新增地质储量 13328.08×10^4t，其中探明储量 1866.87×10^4t，控制储量 4813.14×10^4t，预测储量 6648.07×10^4t，东西 30km 内 7 个油田呈现连片态势。

第三章　渤海湾盆地潜山油气成藏机理与富集规律

渤海湾盆地前古近系的太古宇、元古宇、古生界和中生界等深部层系油气勘探一直处于探索阶段，勘探程度相对较低。主要存在构造样式复杂、地层沉积残余厚度及厚度差异大、地质结构复杂、原型盆地和古地理恢复难度大；深层碎屑岩和碳酸盐岩储层受复杂的成岩作用改造，非均质性强，规模性优质储层的发育机理和分布规律尚不明确；深层油气成藏机理与富集规律仍不明确等难题。通过前古近系"成盆—成烃—成储—成藏"的过程性和整体性系统研究，揭示潜山储层成储过程与机理、古生界原生油气藏成藏过程和机理，明确了潜山油气富集规律及主控因素，丰富了渤海湾盆地前古近系深部层系油气富集成藏机理与规律理论。"十一五"以来，渤海湾盆地黄骅坳陷、济阳坳陷、冀中坳陷等重要含油气区在前古近系不同层位潜山中陆续取得了油气勘探的重大发现，前古近系潜山已成为我国东部油气勘探老区"增储上产"重要的储量接替领域。

第一节　前古近系储层特征、成因及分布规律

一、前古近系储层特征

1. 中生界储层特征

渤海湾盆地中生界储层包括碎屑岩、碳酸盐岩和火成岩。目前，碳酸盐岩储层主要在黄骅坳陷北大港潜山、济阳坳陷义北潜山钻遇，岩性为石灰岩、泥灰岩及白云岩，在冀中坳陷北区个别井钻遇薄层白云岩。火成岩储层在各坳陷皆有发育，尤其在渤中坳陷、辽河坳陷，火成岩储层厚度大、分布广，是最重要的油气储层之一，黄骅坳陷中区、济阳坳陷东部也发现了多个火成岩油气藏。碎屑岩是中生界主要的储集岩类型，发育厚度大、分布范围广，是本次研究的重点。由于在中生界盆地华北板块破碎阶段，大型逆断层、正断层、走滑构造纵横交错，导致渤海湾盆地被分割为众多小型"山间盆地"，沉积体系以近物源、粗碎屑、相变快为主要特征，进而储集条件复杂多变，预测难度较大。

1）储集物性

中生界碎屑岩储层整体表现为中低孔、低渗透特低渗透的特征。孔隙度在 0~10.0% 的超低孔、特低孔储层占比为 22.6%，孔隙度范围在 10.0%~15.0% 的低孔储层占比约 21.0%，孔隙度范围在 15.0%~25.0% 的中孔储层占比超过 55%，还发育少量的高孔储层。储层渗透性较差，渗透率小于 10mD 的超低渗透、特低渗透储层比例约 67.0%，渗透率范

围在 10～50mD 的低渗透储层仅占 19.4%，在整体低渗透背景下发育约 12% 的中高渗透储层。储层孔、渗相关性较好，表现为明显的正相关特点，反映出储层原生孔隙含量高的特点。

中三叠统—下三叠统、中侏罗统—下侏罗统、上侏罗统—下白垩统等不同构造层的储集物性表现出明显的差异。中三叠统—下三叠统储层为致密砂岩裂缝型储层，砂岩基质十分致密，孔隙度很低，渗透性极差，储层非均质性极强。全直径岩心的常规物性分析孔隙度一般低于 8%，渗透率低于 1mD。中侏罗统—下侏罗统与上侏罗统—下白垩统储层孔隙度、渗透率分布范围大致相近，孔隙度范围在 0～30.0%，主体分布在 5.0%～20.0%，渗透率范围在 0.1～1000mD，主体分布在 0.1～100mD，但是两套储层物性随深度变化趋势有较大差别。随着埋深增加，上侏罗统—下白垩统储层物性变差，物性最好的储层发育在 2000m 以浅，中侏罗统—下侏罗统物性最好的储层发育在 2000～3500m，埋深增加或减小，储层物性皆变差（图 3-1-1）。

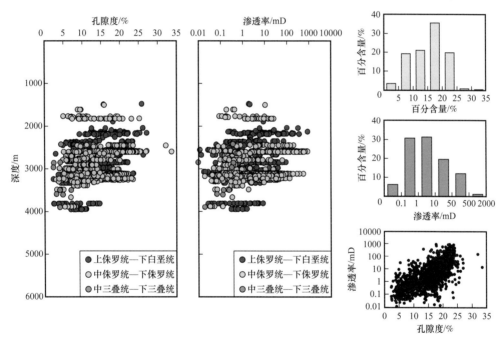

图 3-1-1 渤海湾盆地中生界碎屑岩储层储集物性特征

2）储集空间

渤海湾盆地中生界储层储集空间类型多样，非均质性很强，主要有原生孔隙、次生孔隙、高岭石晶间孔、构造裂缝及派生的微裂缝。中浅层储集空间以原生孔隙、次生孔隙为主，发育少量裂缝，深层以裂缝为主（图 3-1-2）。

（1）原生孔隙。

中生界储层经历了 200Ma 的埋藏演化，在净砂岩储层中仍然残留大量形状规格、以颗粒点接触为标志的原生粒间孔，发育纵深在 1000～3500m，甚至在浅层的砾岩、砾质砂岩中仍可见到规模可观的原生孔，如黄骅坳陷孔店潜山孔 84-1 井的砾岩储层。

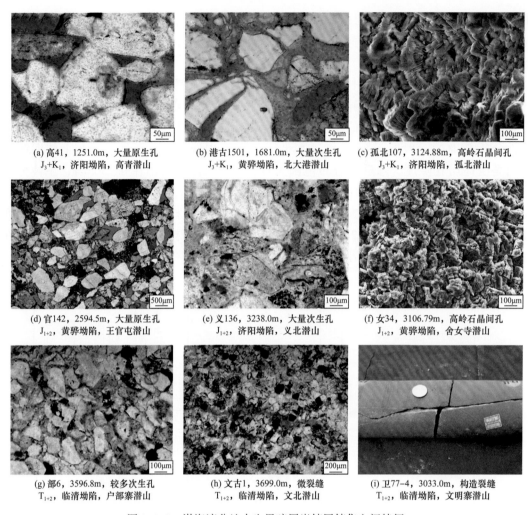

(a) 高41，1251.0m，大量原生孔
J_3+K_1，济阳坳陷，高青潜山

(b) 港古1501，1681.0m，大量次生孔
J_3+K_1，黄骅坳陷，北大港潜山

(c) 孤北107，3124.88m，高岭石晶间孔
J_3+K_1，济阳坳陷，孤北潜山

(d) 官142，2594.5m，大量原生孔
J_{1+2}，黄骅坳陷，王官屯潜山

(e) 义136，3238.0m，大量次生孔
J_{1+2}，济阳坳陷，义北潜山

(f) 女34，3106.79m，高岭石晶间孔
J_{1+2}，黄骅坳陷，舍女寺潜山

(g) 部6，3596.8m，较多次生孔
T_{1+2}，临清坳陷，户部寨潜山

(h) 文古1，3699.0m，微裂缝
T_{1+2}，临清坳陷，文北潜山

(i) 卫77-4，3033.0m，构造裂缝
T_{1+2}，临清坳陷，文明寨潜山

图 3-1-2 渤海湾盆地中生界碎屑岩储层储集空间特征

（2）次生孔隙。

次生孔隙在渤海湾盆地各个坳陷皆有发育，尤其是目前高产的济阳坳陷埕北潜山、义北潜山及桩西潜山，油气储层为中生界顶部的风化壳。孔隙类型除大量的长石溶孔外，还发育岩屑溶孔，主要发育在玄武岩岩屑、安山岩岩屑、煌斑岩岩屑及凝灰岩岩屑间。

（3）高岭石晶间孔。

高岭石是研究生区侏罗系—白垩系储层内最主要的黏土矿物，其在中侏罗统—下侏罗统的含量较高，在黄骅坳陷王官屯潜山、舍女寺潜山和孔西潜山，济阳坳陷义北潜山、孤北潜山和埕北潜山发育最为典型。高岭石胶结物发育约57%的晶间孔，具有一定的储集能力，但是该孔隙半径极小，且高岭石在储层中极易迁移，其存在对储层渗透性伤害很大。

（4）裂缝。

裂缝主要包括构造裂缝、风化裂缝及派生的微裂缝，以构造裂缝为主。裂缝在中三叠统—下三叠统最发育，是该套储层最重要的储集空间和渗流通道，岩心上可见大尺度垂直或高角度拉张裂缝。在中侏罗统—下侏罗统（黄骅坳陷军 9X1 井）和上侏罗统—下白垩统（济阳坳陷埕北 11B-1 井）顶部不整合之下的碎屑岩储层内，也发育一定规模的构造裂缝，这些构造缝主要作为流体进入的通道，对储集能力贡献不大。

2. 上古生界储层特征

渤海湾盆地上古生界主要储层是碎屑岩储层，包括砾岩、砂岩、粉砂岩等，以砂岩储层最为重要。研究区自下而上发育太原组—下石盒子组成熟度较低的贫石英砂岩、上石盒子富石英砂岩、石千峰组富火山物质砂岩三套储层。其中上石盒子富石英砂岩为渤海湾盆地上古生界主力储层，砂体粒度较粗，成分成熟度高（张晶等，2014）。

1）储集物性特征

根据实测物性数据统计，渤海湾盆地上古生界储层整体表现为中低孔 / 特低孔、低渗透 / 特低渗透的特征（图 3-1-3）。孔隙度在 5%～10% 的样品占 34.93%，在 10%～15% 的样品占 34.77%，整体孔隙度较高；渗透率在 0.01～1mD 的样品占 29.49%，渗透率在 1～10mD 的样品占 32.18%，孔隙度与渗透率相关性较好。

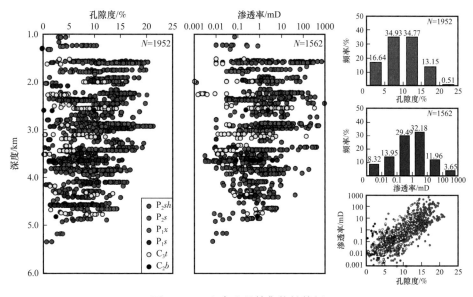

图 3-1-3　上古生界储集物性特征

2）储集空间特征

上古生界砂岩储集空间主要为原生孔隙、次生孔隙、晶间微孔及微裂缝等，浅部储层以次生孔隙为主，深部以次生孔隙和晶间微孔为主，原生孔隙局部发育（图 3-1-4）。

（1）原生孔隙。

储层原生孔隙分布十分局限，主要在上石盒子组富石英砂岩中，如黄骅坳陷扣村潜山带原生粒间孔含量局部可达 5.0%，济阳坳陷大王庄潜山带原生孔含量局部可达 8.0%。原生粒间孔多呈不规则形状或三角状，孔隙边缘比较干净，偶见泥质杂基充填于孔隙中。

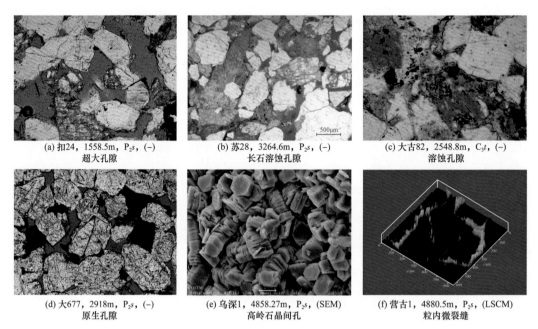

(a) 扣24，1558.5m，P_2s，(-)
超大孔隙

(b) 苏28，3264.6m，P_2s，(-)
长石溶蚀孔隙

(c) 大古82，2548.8m，C_3t，(-)
溶蚀孔隙

(d) 大677，2918m，P_2s，(-)
原生孔隙

(e) 乌深1，4858.27m，P_2s，(SEM)
高岭石晶间孔

(f) 营古1，4880.5m，P_2s，(LSCM)
粒内微裂缝

图 3-1-4　上古生界砂岩储集空间特征

（2）次生孔隙。

研究区最主要储集空间类型，主要为长石颗粒及少量岩屑及胶结物等易溶组分溶蚀而成，各层位均有发育。长石溶蚀强烈，常见颗粒完全溶解形成铸模孔及超大孔隙等。

（3）晶间微孔。

常见结晶程度高的自生高岭石等黏土矿物，充填原生残余孔及次生孔隙，这些黏土矿物晶体之间残余发育的微孔隙，是深部储层的重要储集空间。

（4）裂缝。

上古生界微裂缝主要为构造缝，长石、砂岩等颗粒受强烈挤压而形成的破裂缝，以及成岩收缩缝等，形状多不规则。微裂缝对储层储集空间体积的贡献量不大，但其能够作为主要的渗滤通道，对提高储层渗透率有重要的作用。

3. 下古生界储层特征

下古生界自下而上可以划分为寒武系的馒头组、毛庄组、徐庄组、张夏组、崮山组、长山组、凤山组及奥陶系的冶里组—亮甲山组、马家沟组和峰峰组（朱东亚等，2015）。目前勘探主力层位主要集中在奥陶顶部的峰峰组和马家沟组，局部可在内幕区的冶里—亮甲山组、凤山组及馒头组白云岩内形成有效储层（图 3-1-5）。

1）储集物性特征

下古生界储层实测物性数据统计表明，孔隙度在 0.1%～36.6%，平均为 3.16%；渗透率在 0.01～8012mD，平均为 114mD。储层整体较为致密，以孔隙度小于 5%、渗透率小于 1mD 的储层为主，其占比可达 80% 以上；但仍发育部分较高孔渗的储层。从储层物性与埋深的关系看出，孔隙度随深度呈降低趋势，而渗透率变化相对较弱。孔隙度与渗透率相关性较差表明储层孔隙结构较为复杂（图 3-1-6）。

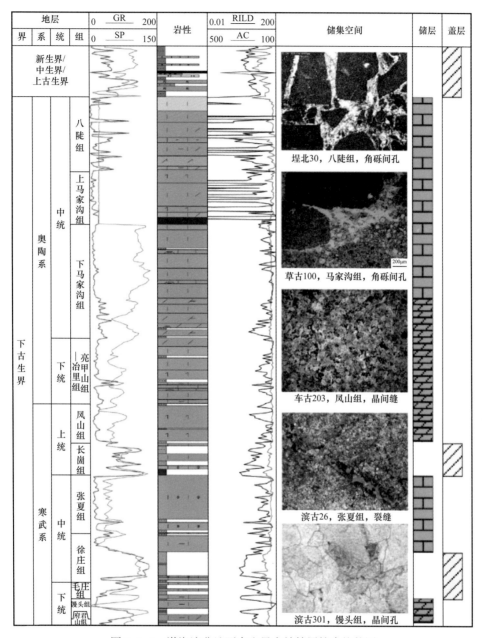

图 3-1-5　渤海湾盆地下古生界有效储层综合柱状图

2）储集空间特征

岩心及镜下显微观察下古生界碳酸盐岩原生孔鲜有发育，以次生孔、洞、缝为主导，储集空间可划分为孔—洞和裂缝两大类型。孔—洞是指长宽比小于 10∶1 的储集空间，其中孔径大于 2mm 的称为洞，小于 2mm 的称为孔（Shen et al.，2016）。按照其位置和产状不同，可以划分为角砾间孔—洞、砾内孔、基质溶蚀孔—洞和晶间孔四种类型；裂缝是指长宽比大于 10∶1 的储集空间，按照成因不同可划分为构造裂缝、溶蚀缝和压溶缝三种类型（图 3-1-7）。

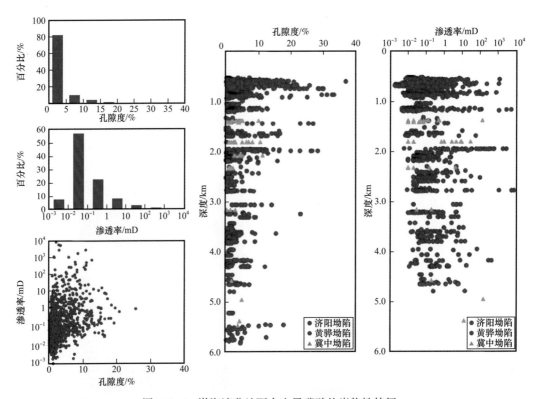

图 3-1-6 渤海湾盆地下古生界碳酸盐岩物性特征

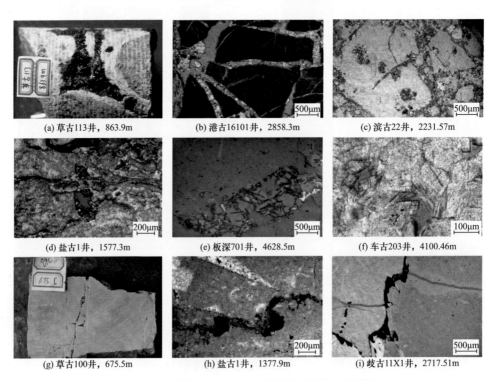

(a) 草古113井，863.9m

(b) 港古16101井，2858.3m

(c) 滨古22井，2231.57m

(d) 盐古1井，1577.3m

(e) 板深701井，4628.5m

(f) 车古203井，4100.46m

(g) 草古100井，675.5m

(h) 盐古1井，1377.9m

(i) 岐古11X1井，2717.51m

图 3-1-7 海湾盆地下古生界碳酸盐岩储集空间类型

二、前古近系有利储层形成机理

1. 中生界有利储层形成机理

除凹陷及较深的斜坡外，中生界在地质历史时期未经历过较大的埋深，潜山储层在中生代时期最大埋深不超过 2500m，现今埋深不超过 3500m，这种长期浅埋的过程使储层残留大量原生孔隙。中生界主要经历了 3 期大规模构造抬升与沉降，以晚白垩世—古近纪早期的区域抬升最重要，开放体系下大气淡水的持续、长期淋滤作用有效提高孔渗性，形成了规模性的风化壳储层（图 3-1-8）。

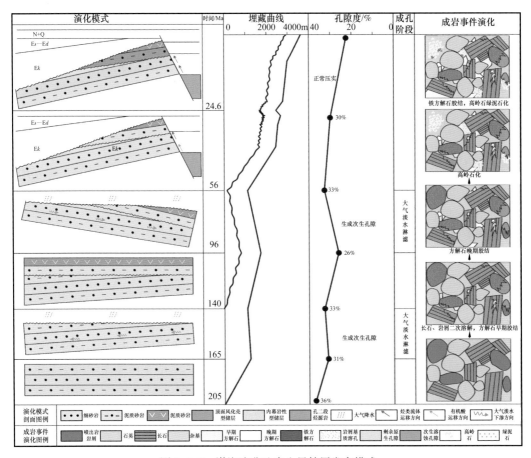

图 3-1-8 渤海湾盆地中生界储层发育模式

1）有利储层形成改造作用

（1）长期浅埋藏条件下原生孔隙的保存作用。

在长期浅埋藏条件下，有利的沉积条件，包括高含量的刚性颗粒组分、低杂基（泥质杂基、凝灰质）含量及较好的分选，是原生孔隙发育的基础。距离火山口较远的河流相储层，凝灰质含量相对低，储层岩屑含量较低，分选磨圆较好，储层中原生粒间孔在长期的埋藏过程中可以保存至现今。中生界潜山地层普遍表现为早期持续浅埋、晚期快速深埋的加速型埋藏过程，对储层碎屑在压实重排具有一定的抵消作用，有利于原生孔隙的保存。较高含量原生孔隙的发育使抬升过程中大气淡水在储层中停留时间较短，仅仅表现为"路过"，导致了溶蚀孔隙含量相对于残留的原生孔隙较为有限，储层储集空间最终由原生孔隙主导。

（2）抬升阶段开放体系大气淡水淋滤成孔作用。

中生界经历了3期大规模构造抬升，包括晚三叠世的印支运动、早侏罗世—中侏罗世晚期的燕山运动Ⅰ—Ⅲ幕和上白垩世—古近纪早期的燕山运动尾幕。大气淡水具有高流速、低温度、不饱和的特点，地层抬升过程中，大气淡水沿构造断裂、渗透性地层下渗，溶解长石、岩屑等组分，并将溶解副产物带出体系，孔隙度发生净增长。中侏罗统—下侏罗统储层虽然砂岩基质致密，大气水难以渗透，但是沿构造裂缝及微裂缝发生明显的溶蚀现象。中侏罗统—下侏罗统、上侏罗统—下白垩统碎屑岩储层普遍受到大气淡水淋滤作用，局部储层储集空间类型甚至以铸模孔为主，例如济阳坳陷埕北潜山下白垩统砂砾岩储层和黄骅坳陷北大港潜山下白垩统砂岩储层。但当储层中杂基含量高时，作为大气水渗流通道的原生孔隙残留较少，储层以杂基间微孔为主，大气淡水淋滤作用对储层改善作用很弱，例如黄骅坳陷南大港潜山的下白垩统砂岩储层。

（3）早成岩阶段煤系地层生酸溶蚀成孔作用。

渤海湾盆地中侏罗世—下侏罗世时期气候温暖湿润，普遍发育煤系地层。煤系地层在准同生和早成岩阶段，通过生物发酵作用可以释放大量有机酸，使地层流体成为酸性，阻止了早期钙质胶结，同时对砂岩进行溶解，形成了次生孔隙。但是，较早的溶蚀作用导致了砂岩骨架颗粒之间的空间缺乏支撑发生坍塌，因此煤系地层砂岩原生孔隙含量低，次生孔隙主导。由于煤系地层发育在中侏罗统—下侏罗统的下部，距离不整合面较远，因此该类型储层一般发育在风化壳储层之下。

2）有利储层发育过程与成因模式

渤海湾盆地中生界储层经历了复杂的流体环境与简单的埋藏历史，储集空间表现为原生孔隙与次生孔隙并存的特点。根据原始沉积条件与煤系地层发育程度，将侏罗系—白垩系储层划分3种类型，包括弱压实主控型（Ⅰ类）、大气淡水淋滤主控型（Ⅱ类）和煤系生酸浅层溶蚀主控型（Ⅲ类）。

Ⅰ类储层主要发育在中侏罗统—下侏罗统上部、上侏罗统—下白垩统原始沉积条件好、与煤系地层不存在共生关系的河道砂岩、扇三角洲前缘河道砂岩中，以黄骅坳陷王官屯潜山、舍女寺潜山中侏罗统—下侏罗统储层和济阳坳陷高青潜山下白垩统为代表。优越的原始沉积条件为原生孔隙的保存提供了有利的基础，煤系地层不发育使得埋藏早期砂岩骨架未发生坍塌，晚侏罗世—古近纪早期大气淡水长期的淋滤作用形成了一定规模的次生孔隙（图3-1-9）。

Ⅱ类储层主要发育在中侏罗统—下侏罗统上部、上侏罗统—下白垩统原始沉积条件较差、与煤系地层不存在共生关系的碎屑岩中，以济阳坳陷孤北潜山、埕北潜山下白垩统储层为代表。较高的凝灰质杂基和凝灰岩岩屑含量是次生孔隙发育的前提条件，晚白垩世—古近纪早期大气淡水长期的淋滤作用形成了大规模的次生孔隙，也即风化壳储层（图3-1-10）。

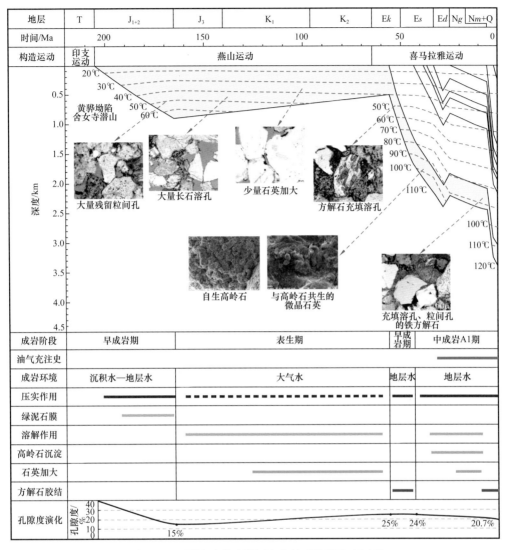

图 3-1-9 渤海湾盆地弱压实主控型储层发育过程

Ⅲ类储层主要发育在中侏罗统—下侏罗统下部与煤系地层共生的碎屑岩中，以济阳坳陷孤北潜山及黄骅坳陷埕海潜山中侏罗统—下侏罗统下部煤系地层为代表。煤层及黑色碳质泥岩十分发育，厚度可达数米甚至上百米，在准同生和早成岩阶段，煤系有机质通过生物发酵作用释放大量有机酸，在酸性环境下长石、岩屑大量溶蚀形成了次生孔隙。溶蚀作用导致了后期埋藏过程中砂岩骨架发生坍塌，原生孔隙损失殆尽。当煤系上部侏罗系—白垩系储层较好时，该储层可保存至深层。当煤系地层由于构造抬升作用暴露地表，大气淡水淋滤作用也可以对储层进行改造，形成两种成因类型次生孔隙并存的风化壳储层（图 3-1-11）。

2. 上古生界有利储层形成机理

上古生界经历了多期抬升、沉降，受到大气淡水、煤系烃源岩相关的有机成因酸等

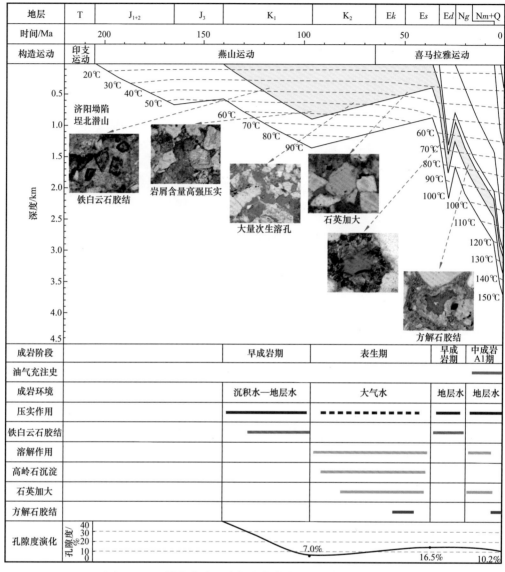

图 3-1-10 渤海湾盆地大气淡水淋滤主控型储层发育过程

地质流体的影响，经历了复杂的成岩环境（Lv et al.，2014）。抬升开放体系下大气水淋滤有效改善了研究区砂岩储层物性，埋藏过程中有机酸溶蚀调配孔隙，降低渗透率，较高的刚性颗粒含量及早期油气充注保存了储层孔隙（图 3-1-12）。

1）有效储层形成改造作用

（1）抬升阶段开放体系大气水淋滤成孔作用。

二叠系在沉积后，分别于三叠纪末期与白垩纪末期发生两次大规模的构造抬升，局部地层在此过程中出露地表，遭受不同程度的剥蚀与大气水淋滤作用，提升了储层物性。以扣村地区为例，由埋藏史可以看出，扣村地区上、下石盒子组分别在三叠纪末期与白垩纪末期两次抬升暴露地表，致使二叠系出露地表接受大气淡水的溶解作用。

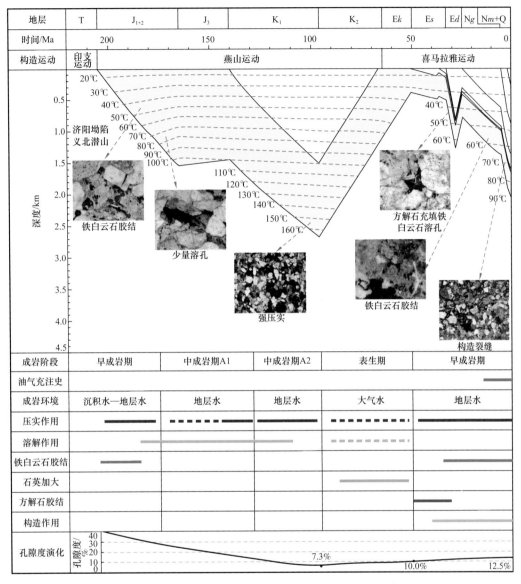

图 3-1-11 渤海湾盆地煤系生酸浅层溶蚀主控型储层发育过程

（2）埋藏阶段煤系烃源岩生酸溶蚀成孔作用。

渤海湾盆地在石炭纪—二叠纪时期，经历了大面积的海侵及后续的海退，在海陆交替的环境中形成了一套广泛分布的煤系地层，煤系地层富含有机质，在成岩过程中产生大量有机酸，改善相邻地层的储集物性。

2）有利储层发育过程与成因模式

渤海湾盆地上古生界经历过复杂的构造演化过程。根据埋藏过程的不同，将地层接触关系与埋藏史划分为三种类型。

第一类以黄骅坳陷扣村潜山、济阳地区大王庄潜山等地区为代表，上古生界石千峰组及中生界被完全剥蚀，上石盒子组与上覆古近系直接接触，发育区域性不整合；该类

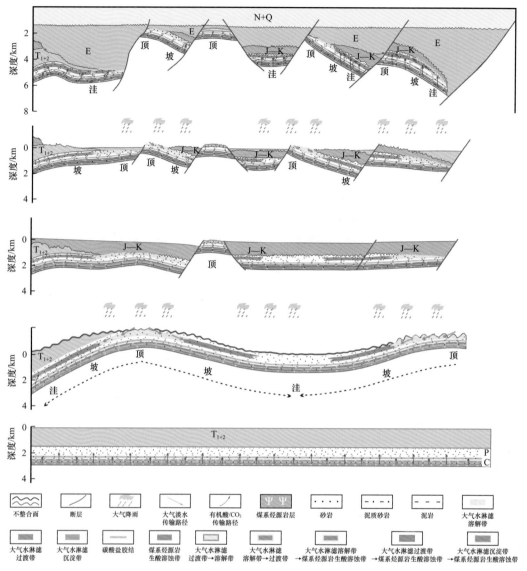

图 3-1-12　渤海湾盆地上古生界储层发育模式

储层在演化过程中，两次抬升暴露至地表，遭受大气淡水淋滤。以扣村地区为例，其构造—成岩演化史如图 3-1-13 所示。

　　第二类以黄骅坳陷王官屯、乌马营，济阳坳陷孤北潜山为代表，其石千峰组局部剥蚀严重，上石盒子组与上覆薄层石千峰组或侏罗系直接接触，区域不整合发育；该类储层在演化过程中，早期抬升暴露至地表，遭受大气淡水淋滤，晚期埋藏较深，接受有机酸调配改造。以王官屯地区为例，其构造—成岩演化史如图 3-1-14 所示。

　　第三类以黄骅坳陷南大港、临清坳陷东濮地区为代表，其上石盒子组砂体之上覆盖厚层石千峰组及中生界，无明显区域性角度不整合；储层在演化过程中始终处于埋藏状态，未经受大气水淋滤。以东濮凹陷为例，其构造—成岩演化史如图 3-1-15 所示。

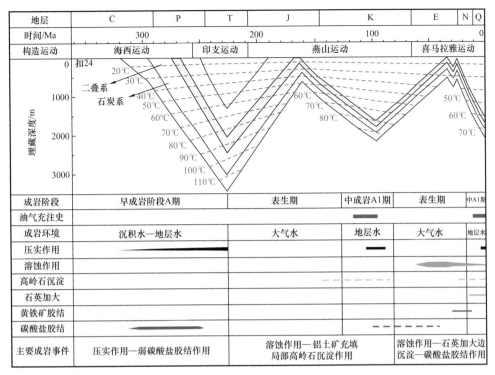

图 3-1-13　扣村潜山上古生界成岩—成藏系统演化史

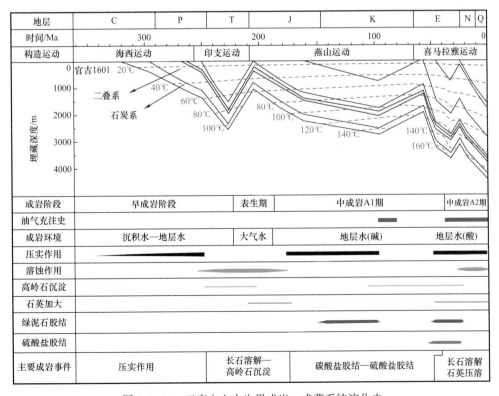

图 3-1-14　王官屯上古生界成岩—成藏系统演化史

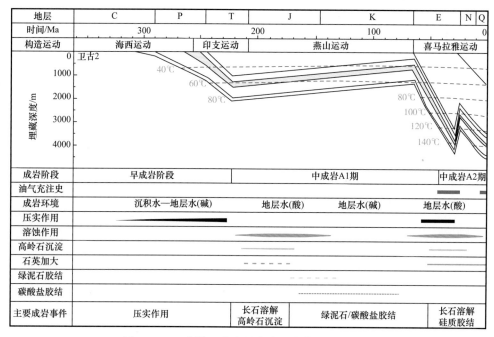

图 3-1-15　东濮上古生界成岩—成藏系统演化史

综上所述，渤海湾盆地上石盒子组储层共发育以上三类储层成因模式。大气水淋滤主导型储层物性最好，储集空间以次生溶蚀孔隙为主，大气水淋滤—有机酸溶蚀共控型储层物性中等，储集空间以溶蚀孔隙和微孔隙为主，有机酸溶蚀主导型储层物性较差，储集空间以高岭石晶间微孔和少量溶蚀孔为主（图 3-1-16）。

3. 下古生界有利储层形成机理

成岩流体分析及构造演化约束下的成岩演化研究表明，下古生界碳酸盐岩在漫长的埋藏演化过程中经历了同沉积粒间水、大气淡水、热液、成岩转化水、压释水及烃类等多种成岩流体的改造，具有多期次—多类型胶结、多期次—多组分溶解的特征（谭秀成等，2015；Fu et al.，2017）。下古生界碳酸盐岩在晚三叠世之前的成岩演化具有相对一致性，根据晚三叠世后的成岩演化差异可以分为晚期暴露型、中期暴露型和中晚期未暴露型等 3 种类型。其中早期白云化作用及燕山期以来的大气水淋滤作用和埋藏溶解作用是有利储层形成的关键（图 3-1-17）。

1）暴露成孔型储层成因机制

该类成因储层和燕山中期及燕山末—喜马拉雅早期的表生大气水淋滤相关，与中期暴露型和晚期暴露型储层相对应。裂缝控制了中晚期岩溶的作用过程，随着溶解作用沿裂缝不断进行，早期裂缝首先扩大形成孤立溶洞；随后溶洞继续扩大，进而造成早期孤立溶洞的合并形成更大规模的溶洞体系。岩溶孔、洞形成后地层处于浅埋阶段或立刻发生埋藏定型，岩溶储层埋藏不久后即发生油气充注，而烃类充注可以有效抑制胶结作用发生，同时与烃类有关的富有机酸流体还可以使早期储集空间发生溶解扩大，因而岩溶作用形成的孔、洞、缝得到较好的保存（图 3-1-18）。

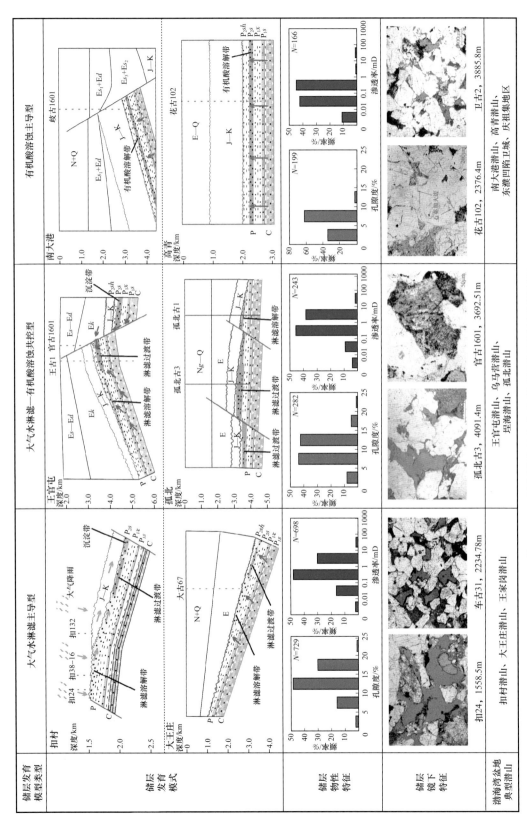

图 3-1-16　渤海湾盆地上古生界不同类型储层特征图版

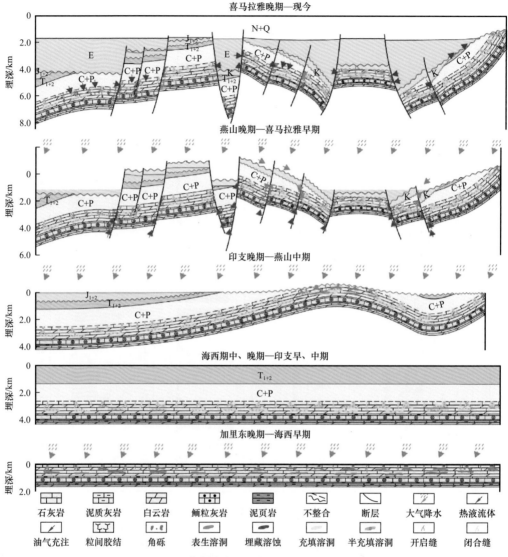

图 3-1-17 渤海湾盆地下古生界碳酸盐岩演化模式

2）埋藏成孔机制

该类成因储层形成于中—晚期未发生暴露的断块型和褶皱型潜山内，其成孔机制主要与中生代末—新生代早、中期强烈的断裂活动及断层沟通的深部或浅部流体引发的碳酸盐岩溶解作用有关。一方面，断裂活动过程中，在地应力的作用下可使原岩破碎角砾化，在滑动破碎带内形成大量角砾间孔、洞及角砾内孔；同时在断裂附近的诱导裂缝带内派生次一级的小断层及裂缝，使周围岩石裂缝密度增加，受岩性影响，白云岩内裂缝发育密度通常大于石灰岩。另一方面，断层及其伴生裂缝可作为深部流体及浅部侵蚀性流体向储层运移的通道。外源侵蚀性流体除自身具有较强的溶解能力外，不同化学性质流体的混合也会促进埋藏条件下碳酸盐岩的溶解作用；新近纪油气充注使埋藏阶段形成的溶孔及裂缝得以有效保存（图 3-1-19、图 3-1-20）。

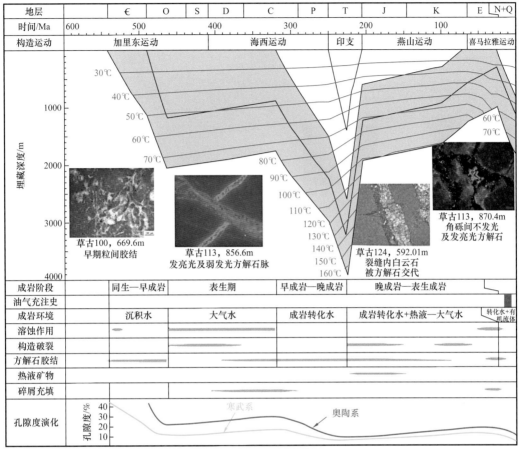

图 3-1-18 草桥潜山成岩—成藏系统演化史

3）内幕白云岩储层成因机制

该类储层主要发育于奥陶系底部的冶里组—亮甲山组和寒武系顶部的凤山组内，白云岩的形成与早期蒸发期准同生白云石作用和渗透回流白云石化作用有关，早期白云石化过程中开放条件形成了白云石晶间孔隙，在该过程中伴随着石膏的沉淀，部分石膏沉淀充填在白云石化形成的晶间孔隙中。在埋藏过程中又逐步发生埋藏白云石化作用和方解石胶结。随着印支晚期以来的构造抬升和断裂活动，下渗大气水、热液流体和有机酸等沿断层及裂缝进入储层，对储层进行改造，优先溶解石膏等易溶组分（Halbach，2001）。晶间孔与后期溶蚀孔、洞及裂缝构成孔—洞—缝复合型储层（图 3-1-21）。

三、前古近系优势储层组合与有利储层分布规律

1. 中生界优势储层组合与有利储层分布规律

在储层成因机理研究的指导下，以砂体展布、沉积相展布为基础，结合煤系地层发育规律、构造演化过程等，明确了中生界储层平面展布规律。

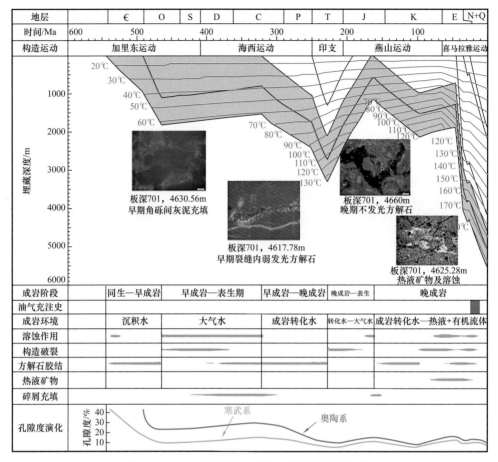

图3-1-19 千米桥潜山成岩—成藏系统演化史

北东—南西向区域剖面穿过临清坳陷和黄骅坳陷，自南西向北东方向中侏罗统—下侏罗统储层表现为明显的变化。南部临清坳陷、东光潜山和乌马营潜山以Ⅱ类储层为主，中部舍女寺、王官屯、孔店凸起主体和北部的新港潜山以Ⅰ类储层为主，最北部的柏各庄潜山煤系地层很发育，砂体与煤层共生分布，发育Ⅲ类储层。上侏罗统—下白垩统储层只发育在黄骅坳陷的中北区，临清坳陷地层发生剥蚀，该套储层以Ⅱ类为主（图3-1-22）。

渤海湾盆地上侏罗统—下白垩统储层主要发育于冲积扇中扇、扇三角洲前缘及河流相砂砾岩中。Ⅰ类储层主要发育在黄骅坳陷南区（枣园）、济阳坳陷（高青）、冀中坳陷（石家庄凹陷、杨村斜坡）、辽河坳陷（欢喜岭）等地区，Ⅱ类储层主要在黄骅坳陷（北大港、扣村、乌马营）、济阳坳陷（埕北、孤北、桩西、王家岗）、冀中坳陷（北京凹陷、杨村斜坡、石家庄—保定凹陷）及临清坳陷西部、北部地区；不发育Ⅲ类储层（图3-1-23）。

中侏罗统—下侏罗统储层主要发育于河道及扇三角洲砂体中。Ⅰ类储层主要发育在黄骅坳陷南区（舍女寺、王官屯）及中区（孔西、孔店主体），Ⅱ类储层主要在黄骅坳陷（乌马营、东光）、济阳坳陷（埕北、孤北、桩西）及临清坳陷等地区；Ⅲ类储层主要发育在黄骅坳陷（埕海）、济阳坳陷（孤北、桩西、埕北、曲堤镇）、冀中坳陷（杨村斜坡、大成凸起、廊固凹陷北部）等地区（图3-1-23）。

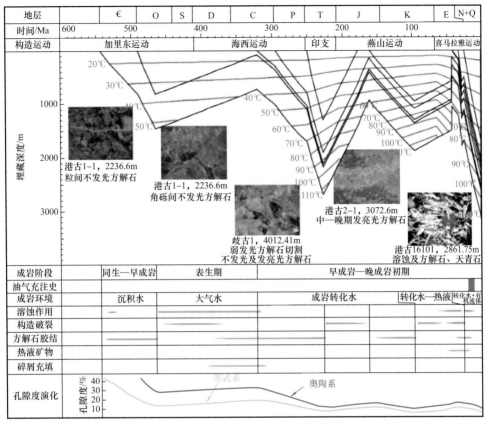

图 3-1-20　北大港潜山成岩—成藏系统演化史

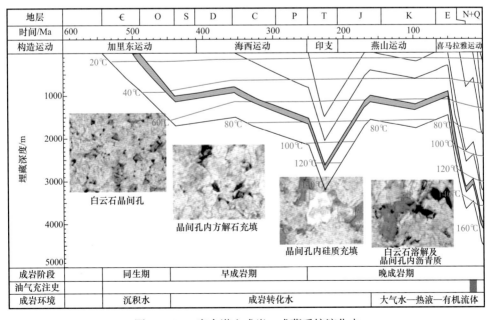

图 3-1-21　富台潜山成岩—成藏系统演化史

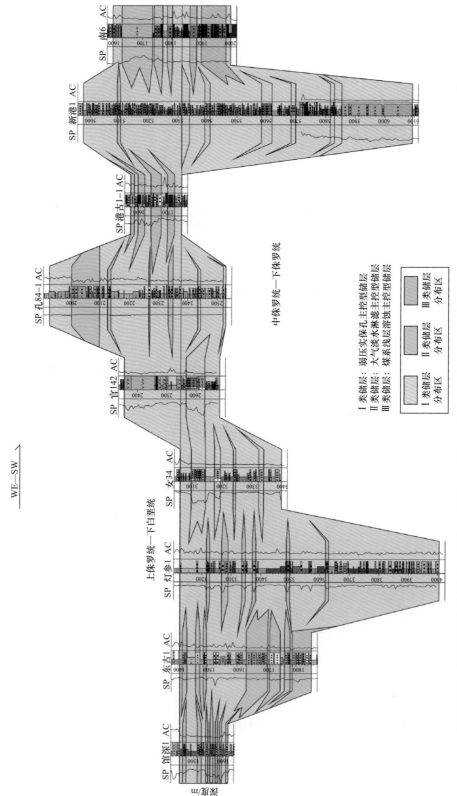

图 3-1-22　渤海湾盆地过馆深 1—东古 1—灯参 1—女 34—官 142—孔 84—1—港古 1-1—新港 1—南 6 中生界优质储层连井剖面

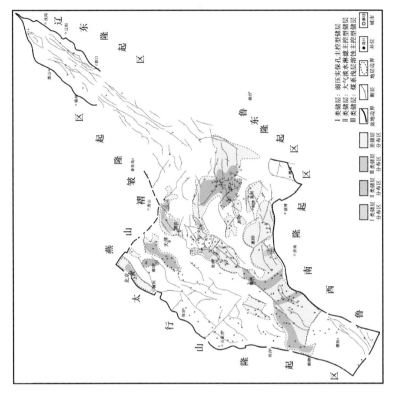

(b) 渤海湾盆地中侏罗统—下侏罗统砂岩优质储层分布

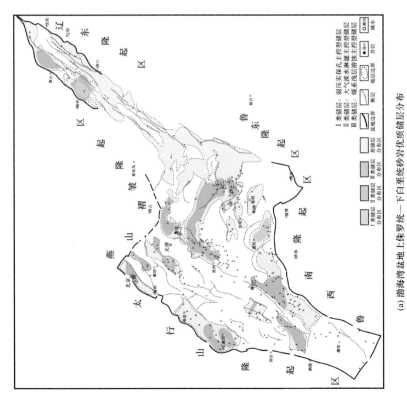

(a) 渤海湾盆地上侏罗统—下白垩统砂岩优质储层分布

图3-1-23　渤海湾盆地侏罗—白垩系储层平面分布

2. 上古生界优势储层组合与有利储层分布规律

在储层成因机理研究的指导下，以砂体展布、沉积相展布为基础（贾志明，2016），结合地层接触关系、构造演化过程等，明确了上古生界储层剖面及平面展布规律。

从经过黄骅、临清两个地区南北向剖面（图3-1-24）可以看出，太原—山西组储层砂体分布稳定，连续性好，多为Ⅲ类储层；下石盒子组在黄骅坳陷北部不发育，在黄骅坳陷南部发育Ⅱ类储层，其余地区皆发育Ⅲ类储层；上石盒子组在黄骅坳陷北部不发育，在扣村地区发育Ⅰ类储层，在黄骅坳陷南部发育Ⅱ类储层，其余地区皆发育Ⅲ类储层，其中东濮地区上石盒子组单砂体厚度及砂岩累计厚度明显小于其他地区，储层质量整体较差。

渤海湾盆地上石盒子组Ⅰ类储层主要发育在冀中东北部、黄骅（沧县隆起、扣村）、济阳（大王庄、王家岗及车西）等地区，Ⅱ类储层主要在黄骅（埕海、王官屯、乌马营）、济阳（孤北）等地区；其余地区发育Ⅲ类储层（图3-1-25）。下石盒子组砂体储层以Ⅲ类砂岩储层为主，Ⅰ类和Ⅱ类储层局部发育。Ⅰ类储层主要发育在冀中东北部、黄骅（沧县隆起）、济阳（大王庄、义和庄、王家岗）等地区，Ⅱ类储层主要在黄骅（沧县隆起、埕海）、济阳（车西）等地区；其他地区发育Ⅲ类储层（图3-1-25）。

山西组砂岩储层以Ⅲ类为主；太原组砂岩储层以Ⅲ类为主，多发育在砂体厚度较大的地区（3-1-25）。

3. 下古生界优势储层组合与有利储层分布规律

综合有利储层成因机制及下古生界残余地层展布、中生界及上古生界地层展布、中生代—新生代主干断裂分布（冯增昭，1989），对下古生界有利储层分布进行了预测。

从渤海湾盆地北东—南西向剖面（图3-1-26）可以看出，盆地东部抬升强烈，剥蚀作用较强，中晚期表生岩溶型储层较为发育；同时埋藏溶蚀型储层也较为发育；而到了盆地西部，由于抬升剥蚀相对较弱，大气淋滤作用相对有限，仅局部地区发育表生淋滤型储层，整体以埋藏溶蚀储层为主；局部发育内幕白云岩储层。

从纵向变化上看，受大气水下渗能力的限制，表生淋滤型储层主要发育在峰峰组和马家沟组，西部局部地区强烈剥蚀，下部地层出露，可在奥陶系底部和寒武系顶部发育表生岩溶型储层，而断裂沟通型储层除在泥质含量较高的寒武系底部发育较弱外，在其他层位均可发育；同时受沉积相带控制，部分地区冶里组—亮甲山组和凤山组内可发育内幕白云岩型优质储层。

对于不同层位而言，峰峰组和马家沟组在盆地内东北部强烈剥蚀，发育大量中—晚期大气水淋滤型储层；南部剥蚀较弱，主要发育中晚期断裂沟通—深部溶解成孔主控型储层，大气水淋滤型储层零星分布。

而对于冶里组—亮甲山组和凤山组碳酸盐岩来说，表生大气水淋滤作用弱，以发育中晚期断裂沟通—深部溶解成孔主控型和内幕白云岩储层为主，受原始沉积条件控制，内幕白云岩储层主要分布西南部地区，北部零星发育（图3-1-27）。

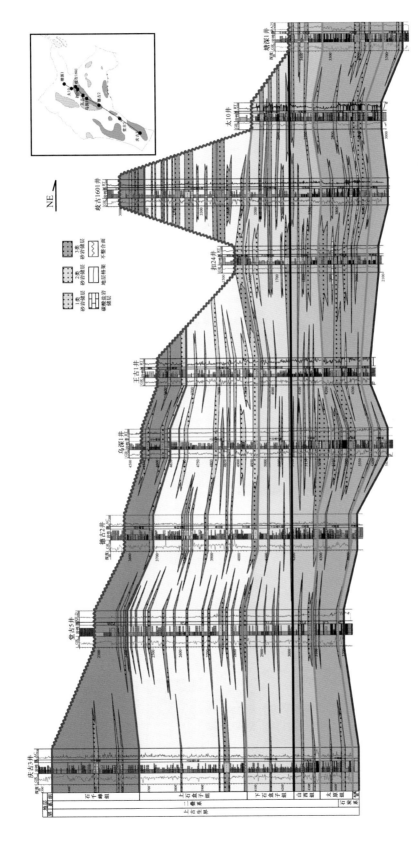

图 3-1-24　过庆古 3—堂古 5—德古 2—乌深 1—王古 1—扣 24—歧古 1601—扣 24—太 10—塘深 1 井剖面

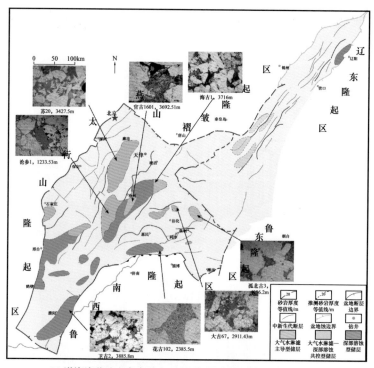

(a) 渤海湾盆地上古生界上石盒子组砂岩储层类别平面分布图

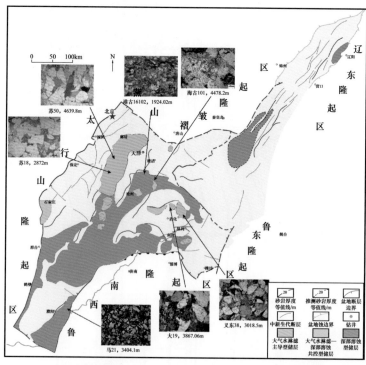

(b) 渤海湾盆地上古生界下石盒子组砂岩储层类别平面分布图

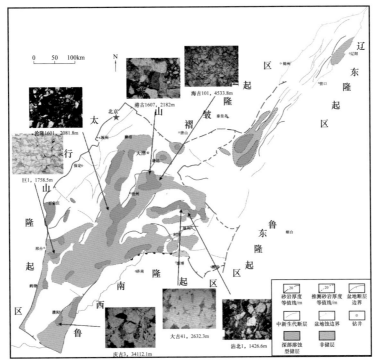

(c) 渤海湾盆地上古生界山西组砂岩储层类别平面分布图

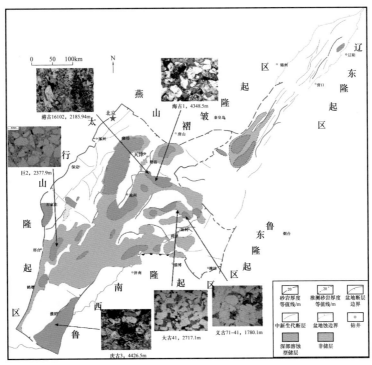

(d) 渤海湾盆地上古生界太原组砂岩储层类别平面分布图

图 3-1-25　上古生界砂岩储层平面分布图

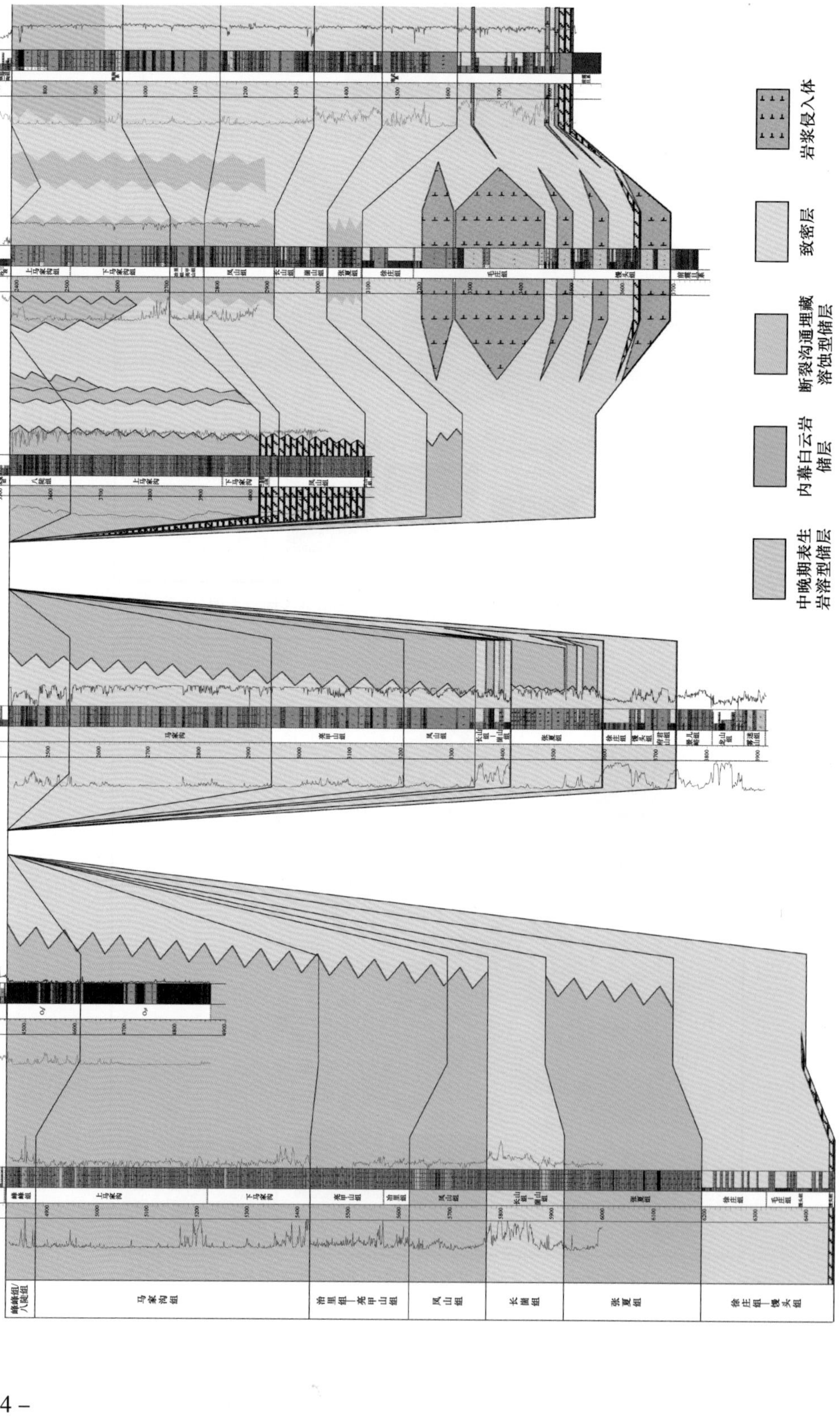

图 3-1-26 渤海湾盆过安探 4—苏 4—孔 71—车古 203—滨古 27—草古 1 储层连井剖面图

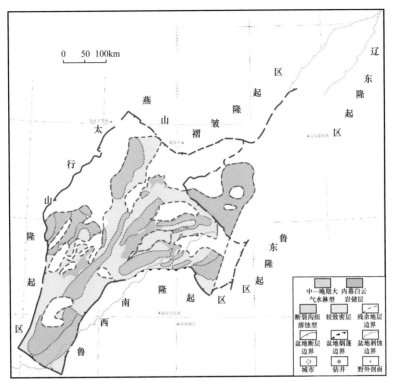

(a) 渤海湾盆地下古生界峰峰组储层类型分布

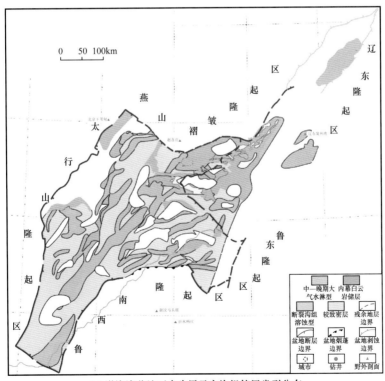

(b) 渤海湾盆地下古生界马家沟组储层类型分布

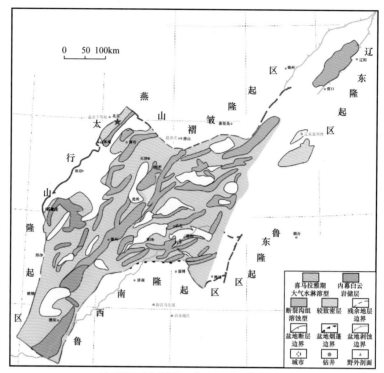

(c) 渤海湾盆地冶里组—亮甲山组储层类型分布

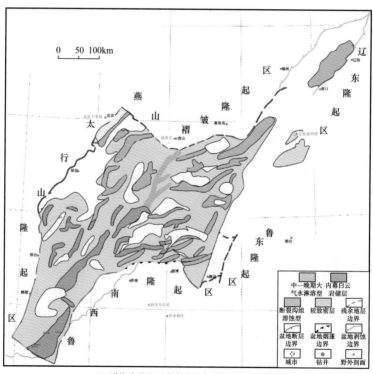

(d) 渤海湾盆地下古生界凤山组储层类型分布

图 3-1-27　渤海湾盆地下古生界有利储层预测图

第二节　潜山油气成藏模式与富集规律

受多期构造活动改造，渤海湾盆地潜山油气藏类型多样，油气成藏特征较为复杂。以盆地内的典型潜山油气藏为重点研究对象，进行了油气藏特征、成藏过程与成藏模式等研究，明确了油气成藏主控因素与富集规律，建立了不同类型潜山成藏模式。

一、潜山油气成藏分布与油气来源

1. 潜山油气藏分布

1）平面分布特征

目前渤海湾盆地已发现潜山油气藏集中分布于冀中坳陷东部、黄骅坳陷南部、辽河坳陷、济阳坳陷和渤中坳陷周边凸起带上。从油气相态上对比，以油藏为主，且区域上广泛分布，在冀中、黄骅、辽河、济阳和渤中等坳陷均有分布；天然气藏分布则较为局限，主要集中于冀中、黄骅和临清坳陷，包括冀中坳陷苏桥—文安潜山气藏、黄骅坳陷千米桥、埕海、乌马营气藏及临清坳陷的高古 4、文留、马厂、胡古 2、白 56 气藏等。

2）纵向分布特征

纵向上，渤海湾盆地潜山油气在太古宇、元古宇、中生界、古生界均有分布，其中太古宇、元古宇和下古生界寒武系—奥陶系油气富集程度较高，以碳酸盐岩和变质岩为主，且太古宇、元古宇油气藏储量占比近 70%，奥陶系占比 21.2%；上古生界和中生界油气发现相对偏少，分别以碎屑岩和火山岩为主（图 3-2-1、图 3-2-2）。

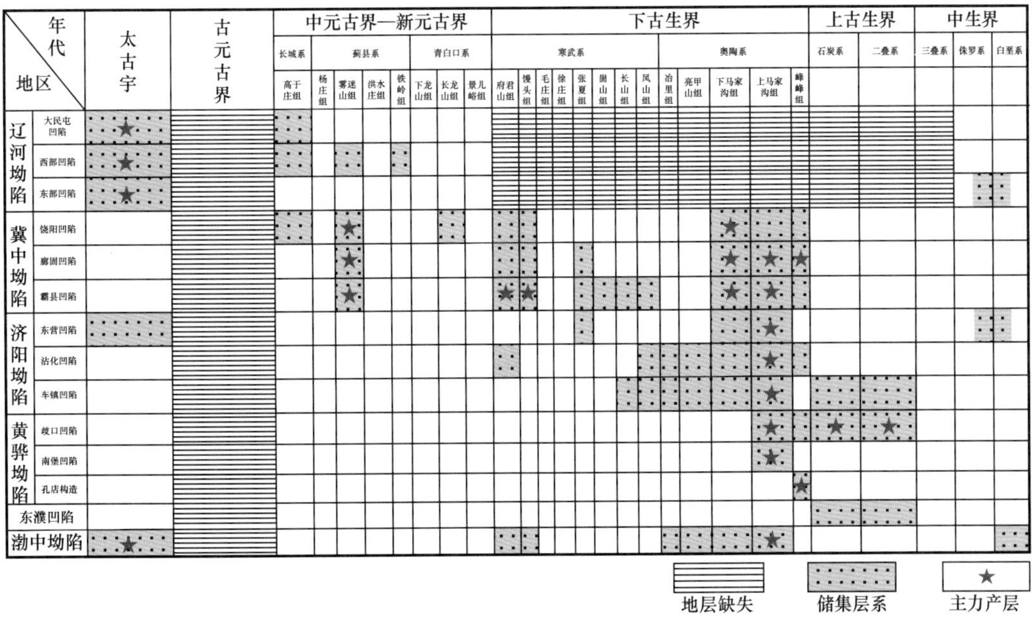

图 3-2-1　渤海湾盆地主要凹陷潜山油气分布层系对比图

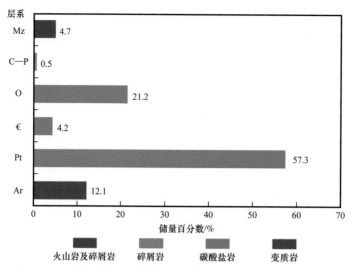

图 3-2-2　渤海湾盆地不同层系及不同岩性潜山油气储量对比图

不同坳陷的潜山油气富集层系存在较大差异，其中盆地西部和东部等外围带的潜山油气藏以前寒武系为主，主要赋存于太古宇、元古宇，如冀中和辽河坳陷的前寒武系（元古宇和太古宇）油气藏占比分别为 61% 和 81%；盆地东部的渤中坳陷，油气主要赋存于前寒武系和中生界，其次为下古生界；而盆地中间带的济阳坳陷和黄骅坳陷，油气主要赋存于下古生界、上古生界和中生界，呈现出多层系富集的特点。

2. 潜山油气成因与来源

1）不同坳陷原油来源

（1）济阳坳陷。

济阳坳陷八面河、孤岛、王家岗等潜山的原油与烃源岩族组分对比结果表明（图 3-2-3），原油与古近系烃源岩亲缘关系较近，与上古生界烃源岩亲缘关系较远。

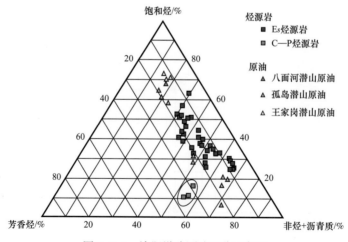

图 3-2-3　济阳坳陷原油组分三角图

运用 Ph/n-C$_{18}$ 和 Pr/Ph 参数判别，济阳坳陷潜山原油主要来自沙三段、沙四上亚段烃源岩，其中八面河、埕岛、平方王、高青、车古 20 潜山原油以沙三段来源为主，小营、平南潜山原油主要为混源，孤岛潜山原油主要来自沙四上亚段（图 3-2-4）。原油、烃源岩的饱和烃气相色谱、色—质谱对比结果（图 3-2-5）也显示，济阳坳陷古生界—中生界原油主要来自古近系烃源岩。

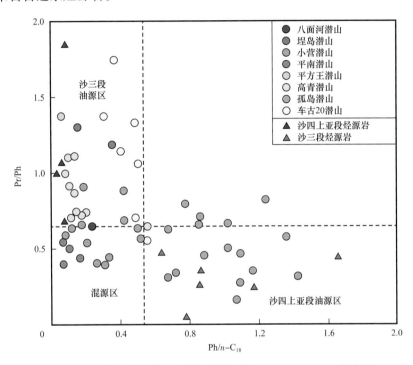

图 3-2-4　济阳坳陷潜山原油与烃源岩的 Pr/Ph—Ph/n-C$_{18}$ 交会图

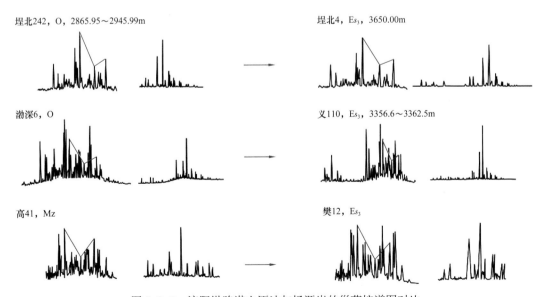

图 3-2-5　济阳坳陷潜山原油与烃源岩的甾萜烷谱图对比

另外，针对孤北地区古生界油藏，结合甾烷异构化参数等多种生标化合物进行了油源判识，结果显示，石炭系—二叠系原油甾烷特征与石炭系—二叠系煤样及沙四段油页岩相近，表明石炭系—二叠系部分原油来自沙四段，部分来自石炭系—二叠系（图3-2-6）；奥陶系原油甾烷特征与沙四段油页岩相近，主要来自沙四段烃源岩。Pr/Ph与伽马蜡烷/C_{30}藿烷散点图显示（图3-2-6），石炭系—二叠系、奥陶系原油主要来自沙四段烃源岩，孤北古1井石炭系—二叠系原油呈现较高的Pr/Ph和伽马蜡烷/C_{30}藿烷值，为石炭系—二叠系来源。

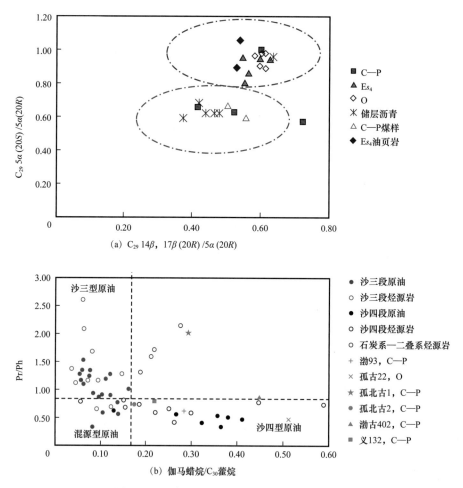

图3-2-6　济阳坳陷孤北潜山古生界油源对比

（2）黄骅坳陷。

①烃源岩特征。

黄骅坳陷主要发育沙三段、孔店组和石炭系—二叠系烃源岩，不同层系烃源岩的地球化学特征存在明显差异。其中沙三段烃源岩正构烷烃分布以单峰型为主，奇偶碳优势明显；孔店组烃源岩正构烷烃亦以单峰型为主，但奇偶碳优势有所减弱；而石炭系—二叠系烃源岩奇偶碳优势不明显，正构烷烃分布表现为双峰型，且以前峰型为主。

不同烃源岩的色—质谱特征也具有明显的差异。沙三段烃源岩三环萜烷含量较低—中等，反映有一定的陆源母质输入；$T_s > T_m$，表明成熟度较高；伽马蜡烷含量较低，说明其沉积环境盐度较低；且重排甾烷含量高，C_{27}—C_{29} 甾烷系列呈近"V"形分布，表明物源输入中水生生物与陆缘高等植物含量相当或以陆源输入为主。孔二段烃源岩则与沙三段明显不同，三环萜烷含量很低甚至没有，表明其物源几乎没有陆源输入，以水生生物为主；$T_s < T_m$，反映其成熟度较低；伽马蜡烷含量较高，说明沉积环境盐度较高；但重排甾烷含量低，C_{27}—C_{29} 甾烷系列呈近反"L"形分布，表明物源输入以水生生物为主。石炭系—二叠系烃源岩与古近系烃源岩的色—质谱图存在明显差异，三环萜烷含量较高，表明陆源输入为主；$T_s > T_m$，表明成熟度较高；伽马蜡烷含量较低—中等，表明沉积环境盐度中等；重排甾烷含量中等，C_{27}—C_{29} 甾烷系列呈近"V"形或近"L"形分布，反映以陆源输入为主。

② 原油特征及油源对比。

黄骅坳陷大港探区中生界、古生界原油来源南、北差异明显，北部以偏腐殖型和过渡型原油为主，南部以偏腐泥型原油为主（图 3-2-7）。其中千米桥潜山奥陶系原油偏腐殖型，埕海潜山奥陶系、王官屯潜山二叠系原油则主要为偏腐泥型，扣村潜山二叠系原油及孔店潜山中生界原油则介于二者之间，属混合型原油。

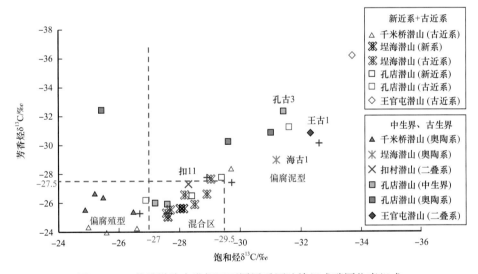

图 3-2-7 黄骅坳陷大港探区不同层系原油族组成碳同位素组成

根据原油与烃源岩三环萜烷、γ蜡烷、规则甾烷（C_{27}、C_{28}、C_{29}）等参数对比，认为黄骅坳陷中生界、古生界原油存在石炭系—二叠系、孔二段、沙三段三类来源（图 3-2-8）。

其中大港探区南部王官屯潜山古生界、舍女寺潜山中生界等原油以孔二段来源为主，北部北大港潜山古生界原油以沙三段来源为主，而乌马营潜山古生界和北大港潜山部分井的原油则以石炭系—二叠系来源为主（图 3-2-9、图 3-2-10）。通过大量数据对比判断，研究区潜山存在石炭系—二叠系来源的原油，但整体上以古近系来源为主。

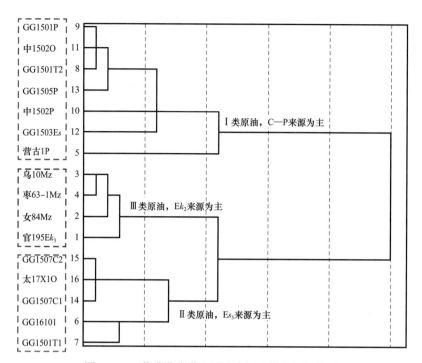

图 3-2-8　黄骅坳陷潜山原油来源聚类分析树状图

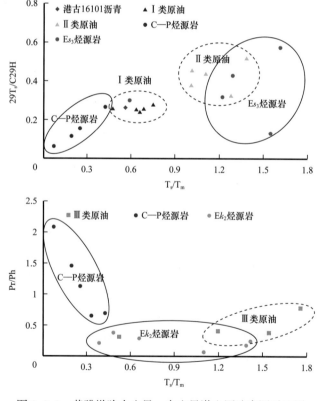

图 3-2-9　黄骅坳陷中生界、古生界潜山原油来源对比图

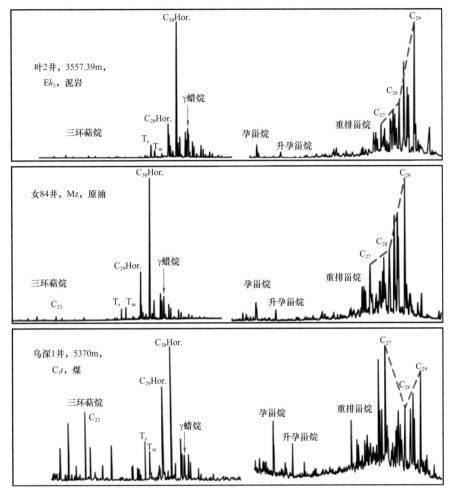

图 3-2-10　黄骅坳陷舍女寺潜山中生界油气来源对比图

（3）冀中坳陷。

根据原油族组分分析，包括苏桥潜山在内的文安斜坡带石炭系—二叠系及奥陶系原油，其族组分具有高饱和烃、低沥青质的特点，饱和烃含量大于 50%，沥青质含量较低，与霸县凹陷等沙河街组原油具有明显的差异。根据原油类异戊二烯型烷烃对比，二叠系、奥陶系原油具有高 Pr/Ph 和高 i-$C_{15+16+18}$/i-C_{19+20} 比值，而古近系原油具有低 Pr/Ph 和低 i-$C_{15+16+18}$/i-C_{19+20} 比值（图 3-2-11），表现出明显的差异。

苏桥潜山以奥陶系和石炭系—二叠系原油为主，苏 20 井石炭系—二叠系原油规则甾烷表现出反"L"形分布样式，与石炭系—二叠煤系烃源岩具有相似性，γ 蜡烷含量在苏 20 井原油与煤系烃源岩中都很低（图 3-2-12），证明与煤成气伴生的原油主要来源于石炭系—二叠系煤系烃源岩。苏 4 井奥陶系原油规则甾烷表现出近反"L"形分布样式，与石炭系—二叠系和沙四段烃源岩具有一定的亲缘关系，与沙一段烃源岩差别较大（图 3-2-12），证明该潜山原油主要来自上古生界石炭系—二叠煤系烃源岩，局部混有古近系沙四段湖相烃源岩（Liu et al.，2017）。

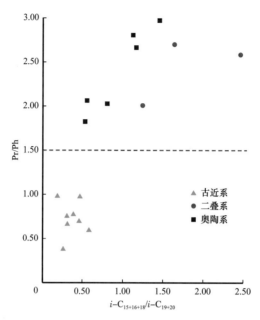

图 3-2-11　文安斜坡带二叠系、奥陶系与古近系原油饱和烃参数对比图

（4）渤中坳陷。

渤中坳陷主要存在沙三段、沙一段和东营组三套主力烃源岩，三套生油层在沉积环境及有机质生源组成等方面都有较大差别，生物标志物存在明显差异。尤其伽马蜡烷、4- 甲基甾烷、规则甾烷等生物标志化合物参数差别显著，可以作为油源对比的关键参数。

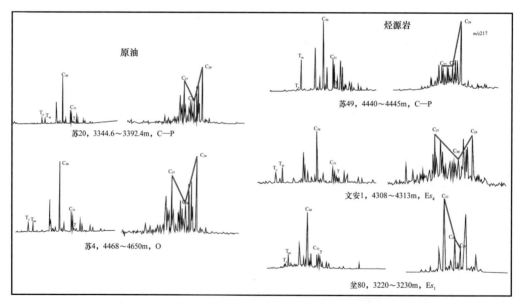

图 3-2-12　文安斜坡带潜山原油与烃源岩色—质谱图对比

东营组烃源岩具有低伽马蜡烷、低 4- 甲基甾烷、规则甾烷呈不对称 "V" 形（$C_{28} < C_{29} < C_{27}$），反映了东营组沉积期水体盐度较低、水生生物输入多于陆源高等植

物；沙一段烃源岩具有高伽马蜡烷、中等 4- 甲基甾烷、规则甾烷为"L"形，说明沙一段沉积期水体盐度较高，水生生物发育；沙三段烃源岩低伽马蜡烷、高 4- 甲基甾烷、规则甾烷呈不对称"V"形，反映当时水体盐度较低，水生生物较发育。通过对渤中坳陷主要潜山原油成因判识结合前人研究结果，认为渤中坳陷 BZ22-2、CFD18-2E-1 等潜山原油主要为沙三段来源型，QK17-9、QHD30-1 等潜山原油为沙一段和沙三段混源型（图 3-2-13）。

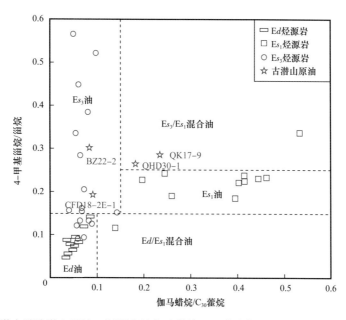

图 3-2-13　渤中坳陷潜山原油、烃源岩的伽马蜡烷 /C₃₀藿烷与 4- 甲基甾烷 / 规则甾烷交会图

（5）盆地内不同坳陷原油来源对比。

渤海湾盆地各坳陷潜山原油来源的对比结果表明，潜山油气存在石炭系—二叠系和古近系烃源岩来源，并以古近系来源为主（图 3-2-14）。其中石炭系—二叠系来源的原油，主要分布于冀中坳陷苏桥—文安潜山、黄骅坳陷乌马营潜山、济阳坳陷孤北潜山；古近系来源的原油，在各坳陷均有分布，且由盆地外围向盆地中心，油源层系逐渐变新。

2）不同坳陷天然气来源

从天然气碳同位素上来看，渤海湾盆地潜山天然气的甲烷、乙烷和丙烷稳定碳同位素值变化范围较大，根据戴金星等（1989，1993，2011）提出的天然气判识模板，判断盆地各坳陷潜山天然气存在煤型气、油型气和混合气，其中煤型气最为重要（图 3-2-15）。另外，通过黄骅坳陷中生界、古生界原油和天然气 C₇轻烃组成判断，千米桥潜山奥陶系原油均为腐泥型成因，而乌马营潜山二叠系和奥陶系原油则为腐殖型成因，北大港潜山带中生界、古生界天然气则既有煤型气又有油型气，其中中 1502 井、港古 1505 井二叠系天然气以煤成气为主，中生界和石炭系天然气表现出油型气和煤型气的混合特征，这也印证了天然气碳同位素特征。

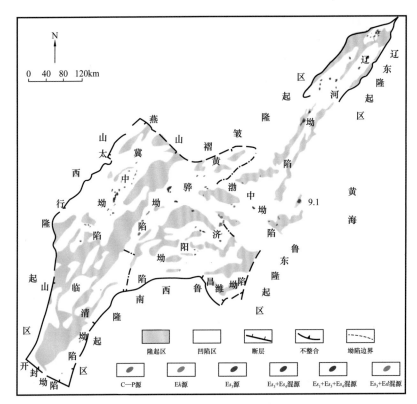

图 3-2-14　渤海湾盆地潜山原油来源对比图

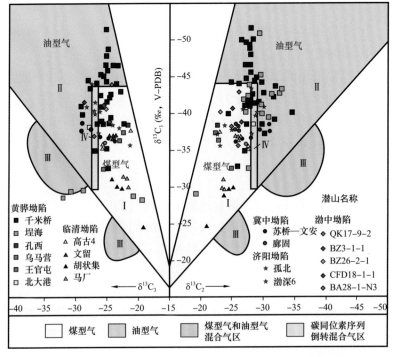

图 3-2-15　渤海湾盆地不同坳陷潜山天然气碳同位素组成

通过不同坳陷天然气成因对比，认为渤海湾盆地潜山的煤型气、油型气、混合气平面分布范围较大，其中黄骅、济阳、临清、冀中坳陷以煤型气、混合气为主，主要来源于石炭系—二叠系烃源岩，渤中坳陷以油型气为主，主要来源于古近系烃源岩（图3-2-16）。

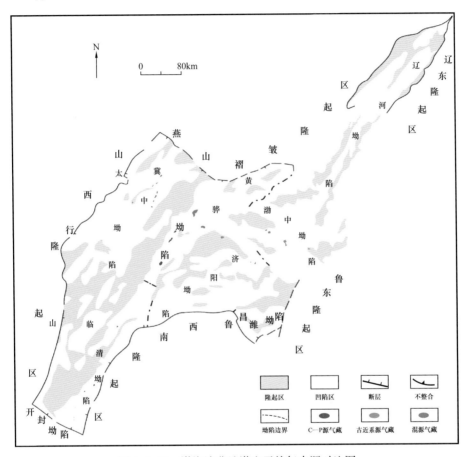

图 3-2-16　渤海湾盆地潜山天然气来源对比图

综合前述原油和天然气成因与来源对比，认为渤海湾盆地潜山油气具有多源供烃的特点，其中冀中、黄骅、济阳、临清等坳陷具有古近系和石炭系—二叠系来源，辽河、渤中坳陷为古近系来源。

二、潜山油气成藏特征与模式

1. 太古宇潜山

兴隆台潜山带处于渤海湾盆地辽河坳陷西部凹陷中部，三面环洼，其南侧为清水洼陷，西侧为盘山洼陷，北侧为陈家洼陷，三洼陷皆为西部凹陷主力生烃洼陷，其中清水洼陷是辽河坳陷最大的生油气洼陷，是典型的"洼中之隆"。潜山带由马圈子潜山、兴隆台潜山和陈家潜山组成，面积约200km²。

兴隆台潜山勘探始于 20 世纪 70 年代，是辽河油田最早勘探并获得突破的潜山。在"潜山顶部风化壳含油"理论的指导下，2003 年之前大部分的潜山探井以在构造高点寻找"潜山风化壳油藏"为目标进行钻探，仅揭露潜山顶部地层，平均揭露潜山厚度仅 195m，产层集中在潜山顶部风化壳内。由于对成藏因素认识不清，地震资料品质满足不了勘探需求及理论认识上的局限性，潜山勘探长期处于停滞状态。至 2003 年底，兴隆台潜山带仅上报探明天然气地质储量 $15.5×10^8m^3$，凝析油 $16×10^4t$。

2003 年以来，受西部凹陷曙光低潜山和大民屯凹陷低潜山勘探的启发，开始探索兴隆台潜山带的低潜山。通过重、磁、电、地震联合勘探，在落实兴隆台潜山形态的基础上，经过多方论证和优选评价，马圈子低潜山部署钻探了马古 1、马古 2 和马古 3 井。马古 1 井，在 3844.8～4081.0m 的太古宇裸眼试油，获日产油 21.2t，日产气 $23441m^3$ 的工业油气流；马古 3 井钻遇中生界厚度 911m，揭露太古宇厚度 441m，在 4173.0～4608.0m 的太古宇裸眼测试，获日产油 12.7t 的工业油流。改变了以往太古宇潜山仅风化壳含油的认识，证实了潜山带区域性供油窗口的存在，兴隆台潜山带可能具有整体含油的特点，含油底界在 4300m 以下。因此，在兴隆台潜山主体部署了兴古 7 井。兴古 7 井于 2590m 钻遇太古宇，完钻井深 4230m，揭露太古宇厚度 1640m，在潜山段共解释油层 136m/17 层，差油层 414.5m/45 层。从油层纵向分布特征看，基本可以分 2590～2870m、3100～3440m、3590～3660m 三个油层集中段。试油 3 次均获得工业油流，其中第三次试油在 3592.0～3653.5m 井段，52m/4 层，8mm 油嘴，获日产油 66.46t、日产气 $23049m^3$ 的高产工业油气流。兴古 7 井的钻探使兴隆台潜山的含油底界纵向下延 1300m，证实潜山内幕含油，油藏具有层状或似层状结构的特点。

1）油气藏特征

兴隆台潜山油藏具有明显的分段性，位于潜山内部 3000～3400m、3600～3900m 深度的 2 套角闪岩隔层将其分割成 3 个油层段。

（1）潜山具有双元多层结构。

兴隆台潜山带不但有太古宇变质岩，而且分布有巨厚的中生界碎屑岩，其主要分布在太古宇之上，具有南北薄、中间厚的特点，但由于潜山内幕断层的存在，使兴隆台潜山和陈家潜山具有复杂的双元多层结构，马圈子潜山为简单的中生界和太古宇双元结构。

（2）潜山具有内幕成藏、多期成藏的特点。

传统的地质观点认为潜山油气藏一般为风化壳油气藏，它具有两大特点：一是必须有较大的不整合面和较长时间的沉积间断，致使潜山不同类型的岩石经过长期的风化、剥蚀形成有利于油气储存的风化淋滤带；二是在不整合面之上必须有好的盖层存在，有利于油气保存，但在这两种因素中，风化淋滤带一般厚度为 40～300m，这也决定了潜山的含油气幅度很难超过 300m。该观点长期制约了潜山油气藏的勘探，特别是太古宇潜山油气藏的勘探，但兴隆台潜山带的钻探和研究结果表明，太古宇潜山内幕具有岩性不均一、油层分段发育的内幕成藏特点。

（3）供油窗口大小决定潜山含油气幅度。

油气源条件是潜山能否成藏的关键。兴隆台潜山带位于西部凹陷的中央构造带，周围被清水、盘山和陈家三大生油气洼陷所包围，兴西断层和兴东断层可作为良好的油气运移通道。其中南侧的清水洼陷供油窗口可达 4000m，窗口最大埋深可达 6400m；北侧陈家洼陷供油窗口可达 2400m，窗口最大埋深可达 4800m，油气供给十分充足，目前钻探证实含油底界已达 4700m（陈古 3 井），推测最大含油底界可能达 6400m。

２）成藏条件与成藏模式

（1）成藏条件。

① 烃源岩条件。

兴隆台潜山三面环洼，其南侧为清水洼陷，西侧为盘山洼陷，北侧为陈家洼陷，皆为西部凹陷主力生烃洼陷，其中清水洼陷是辽河坳陷最大的生油气洼陷。沙河街组四段沉积时期，湖盆面积较小，水体较浅，在残留中生界剥蚀古地貌的基础之上，沙四段呈超覆沉积，潜山主体为剥蚀区，而在潜山北侧的陈家洼陷和西侧的盘山洼陷已逐渐呈现为洼陷的特征。

沙三段沉积时期，西部凹陷东侧边界断裂——台安—大洼断裂剧烈活动，断层下降盘强烈深陷，导致了清水、陈家等洼陷水体加深，沉积了巨厚的暗色泥岩。该时期以块断和古隆起翼部的断层活动为主，且具有继承性和同生断裂的基本特征，在陈家和清水洼陷区逐渐形成了沉积中心，而兴隆台潜山主体沙三段的地层厚度较薄，形成了披覆构造。

始新世晚期沉积的沙三段、沙四段巨厚的暗色泥岩（冷 97 井揭露最厚为 1100m）富含有机质。研究表明，沙四段烃源岩属于好生油岩，沙三段为较好生油岩，生烃潜力大。适宜的水体条件、温暖潮湿的气候条件和以还原环境为主的埋藏条件决定了深层烃源岩有机质丰度高、母质类型好，成为主力烃源岩。兴隆台潜山天然气和凝析油气藏的存在说明可能有来自洼陷深部的油气。

② 储层特征。

根据岩心观察、薄片镜下分析、常规测井及成像资料处理解释认为，兴隆台潜山带储层的裂缝系统较为发育，形成网状的空间体系，同时辅以相当数量的碎裂粒间孔、溶蚀孔、晶间孔，形成了较为理想的储集空间。

裂缝可分为构造缝、溶蚀缝、解理缝 3 种类型。本区发育的裂缝主要以构造裂缝为主，本区裂缝具有类型较多、发育期次复杂和规模不等的特征。根据裂缝开度将其分为宏观裂缝和微裂缝，宏观裂缝多为高角度缝，裂缝张开度为 0.1～0.2mm 不等，裂缝面延伸较长，多切割岩心，常见多组裂缝呈网状分布，导致岩心破裂成碎块；微观裂缝开度一般为 1～100μm，延伸长度较小，多与宏观构造裂缝伴生。兴隆台潜山斜长片麻岩、混合花岗岩、花岗斑岩、闪长玢岩的脆性较大，在构造应力作用下，岩石变形主要表现为脆性破裂，因而构造裂缝是潜山的主要裂缝类型。

孔隙主要分为碎裂粒间孔、溶蚀孔、晶间孔 3 种，本区主要发育碎裂粒间孔。碎裂粒间孔是指在构造应力作用下岩石破碎后，碎裂颗粒间存在的孔隙。溶蚀孔、晶间孔在兴隆台潜山不发育。

根据岩心样品统计，太古宇混合岩的裂缝型孔隙度最大值为 13.2%，最小为 2.4%，一般为 3%～8%，平均为 6.6%，渗透率小于 1mD。在裂缝发育段钻井取心收获率较低，且容易破碎，因此常规分析的物性样品仅能代表基质岩块的物性特征。

③生储盖时空配置关系。

兴隆台地区裂谷期的构造活动主要分为两大阶段：第一是早期构造活动期，即沙一段、沙二段沉积前，该阶段断裂活动控制着潜山古地貌形态的变化和断块型潜山的形成，具有同生和继承性，同时与上覆地层断裂活动关系不大，多数断裂在沙三段沉积期结束，因此该阶段形成的圈闭属于早期圈闭。潜山圈闭与沙三段岩性圈闭主要在该期形成，而且基本定型，晚期的断裂活动对其影响较小，与东营组沉积末期油气大规模运移期形成良好的时间上的配置关系；晚期构造活动，即沙二段沉积期以后的构造活动，断裂活动时间主要发生在东营组沉积末期，主要控制沙二段—东营组断块型圈闭的形成，因此决定了沙三段上覆地层的圈闭主要为构造圈闭。该阶段断裂的另一个特征是断层的倾向指向洼陷区，断面一直延伸至沙三段。洼陷大规模的油气运移发生在这个阶段的东营组沉积末期—新近纪，强烈的断裂活动为烃源岩向外排烃和油气大规模运移提供了必要条件。一方面油气向早期形成的潜山圈闭和沙三段岩性圈闭运移，另一方面向上部的浅层圈闭运移，形成了目前以沙一段、沙二段和东营组为主的近亿吨级储量规模的兴隆台—马圈子大型油气田。

兴隆台潜山带的生油岩和盖层为一体，沙三段披覆在中生界或太古宇潜山之上，巨厚的泥岩围着潜山，为油气藏的保存提供了必要的条件。

④油气运移通道。

兴隆台潜山属于新生古储式双层结构的潜山油藏。通过对潜山整体构造的精细解释，落实了马圈子潜山的南侧、兴隆台潜山的北侧、陈家潜山的北侧及整体潜山带的西侧均存在着断距较大的断裂，尤其是马圈子潜山南侧的马圈子南大断层和兴隆台潜山北侧的兴隆台北断层，垂直断距可达到 800～1000m 以上，使沙三段、沙四段生油岩与太古宇潜山直接接触，提供了区域大面积的供油窗口（图 3-2-17）。不整合面、断面及潜山自身的裂缝带构成了油气运移的通道。兴马潜山带具有多向、多方式和最近距离油气运移的优越条件，这种生储运聚盖的配置使得兴马潜山带在油气富集方面占尽了先机。

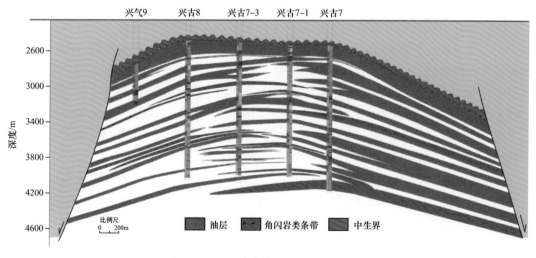

图 3-2-17　兴隆台潜山内幕油藏模式图

（2）成藏模式。

兴隆台潜山属于基岩潜山内幕型成藏模式（图3-2-17），生油洼陷生成的油气沿供油窗口进入潜山，受潜山内部不同岩性的控制，潜山垂向上储隔层交互分布，油气在潜山内幕形成了多个相对独立的含油气层段，油藏在纵向上具有层状、似层状油藏的特征。裂缝的发育直接控制着油气的富集，潜山整体含油、局部富集。

2. 中元古界—新元古界潜山

任丘潜山位于河北省任丘市境内。南至河间太平庄，北至城关镇，东临大城，西至高阳。任丘中元古界—新元古界蓟县系雾迷山组潜山分布在冀中坳陷东部的饶阳凹陷之中，位于饶阳凹陷北部中央潜山带—任丘潜山带的中南段上，潜山四周被生油凹槽环绕，东为马西凹槽，西为鄚西—任南凹槽，南为河间西凹槽。潜山内幕构造为一西翼被断层切割的半背斜，由南西向北东倾伏，构造最高部位在任19井区，地层为雾 I 段。雾迷山组潜山油藏含油面积为 $58km^2$，地质储量为 $37605.99×10^4t$，可采储量为 $12057.4×10^4t$。

1）潜山油气藏特征

任丘潜山雾迷山组油藏位于任丘潜山带的南部，由于被四条近东西向断层切割，形成高低不同的五个山头。其中以任 7 井山头最大，面积为 $67km^2$；以任 11 井山头闭合度最大，达 1905m。地层在潜山上自南向北、自西向东，由老到新依次分布。

储层为中元古界—新元古界蓟县系的雾迷山组，该地层接受了长时间的持续海侵，形成了巨厚（2400m）的碳酸盐岩层。岩性为一套灰白、褐灰色含硅质条带的隐藻白云岩夹薄层泥质白云岩，储层主要有三种类型，第一类是发育在强烈断裂和深度风化溶蚀地区或层段的大洞大缝型，第二类是孔、洞、缝复合型，第三类为微裂缝孔隙型。不同区块孔隙度最大为 9.94%，最小为 2.51%，平均值变化范围在 8.07%～2.78%，全油田权衡值在 6.0% 左右。雾迷山组渗透率变化极大，高者可达 8450mD，低者仅 8.8mD 或更低。一般地区为 500～1000mD。

油藏类型为块状底水油藏，包括复合型块状底水油藏和似孔隙型块状底水油藏。储集岩溶蚀孔洞及裂缝十分发育，使整个地层上下串通成一个连通体，油层含油高度可达数十米至数百米，构成以底水衬托的巨厚块状油藏。具有"五统一"特征，即统一连通体、统一油水接口、统一压力系统、统一水动力系统和统一热力系统。油水接口均为3510m，压力系数为 1.022，原始地层压力为 32.5MPa，饱和压力 1.32MPa，地饱压差为30.7～31.1MPa，油藏温度为 110～125℃，油藏内部地温梯度 1.7～1.8℃/100m，气油比只有 $4m^3/t$。

2）成藏模式

（1）早隆—中埋—晚稳定的发育历史是古潜山油田形成的先决条件。

从中元古代—新元古代—古近系早期，任丘古潜山碳酸盐岩体经历了五期古岩溶作用，自老而新分别是：芹峪运动古岩溶期、蓟县运动古岩溶期、加里东运动古岩溶期、燕山运动古岩溶期、喜马拉雅运动古岩溶期。特别是燕山期—喜马拉雅期，历时约

178Ma，构造活动早期（燕山期），以褶皱块断为主要特征，构造活动后期（喜马拉雅期）以强烈块断翘倾活动为主要特征，致使任丘古潜山长期上隆风化淋滤剥蚀，将原有的碳酸盐岩储集空间进一步改造，形成良好的古潜山碳酸盐岩储集体，垂向分带性好。

冀中古近纪断陷湖盆发育的早期，即 Es_3 沉积前，任丘古潜山一直是饶阳—坝县古湖盆中的一个湖心岛，岛周围分布有马西、莫州、任西、河间等沉积断槽，继承性地沉积了自始新统到 Es_3 的湖湖生油建造，这些地层由老到新逐层向上超覆于任丘岛上，使其逐渐被埋藏，直至 Es_3 的中晚期才覆盖了岛的最高峰（任11山头），从而形成任丘古潜山构造带。其后渐渐统上部（ Es_1 和 Ed ）继续覆盖其上，将古潜山逐渐埋深。

在古潜山"中埋"过程中，古近系烃源岩逐层超覆最后披覆于古潜山碳酸盐岩储集体之上，烃源岩与储集岩的直接对接，构成得天独厚的新生古储配置组合，潜山碳酸盐岩储集体通过不整合面、大断面及与潜山体连通的古近系砂体输导层，高效地捕获了周围油源洼槽的油气。

"晚稳定"指任丘古潜山自新近纪至今，由于构造活动微弱，处于整体稳定下沉状态。一方面，潜山周围的洼槽中的烃源岩由于上覆埋藏深度增大进入主要成熟阶段，大量生烃排烃，油气源源不断地进入潜山圈闭中富集成藏，潜山上覆 $Es_1{}^{\perp}$—Ed 湖湖泥岩成岩作用加深形成良好的盖层，将古潜山油藏严密地盖封起来。另一方面，由于构造活动微弱，地温场和水动力场稳定，使潜山油藏中富集的油气得到了良好的保存。

（2）成藏空间组合的"六统一"是形成特大型古潜山油田的基础。

任丘古潜山位于冀中坳陷最大的饶阳—坝县凹陷中央，潜山碳酸盐岩储集体长期处于烃源岩的包围之中，油气运移距离近，古近系与潜山储集体间流体势差梯度大，运移通道多，可充分汇聚凹陷中的油气。

有机地球化学综合评价表明，任丘古潜山周围的供油洼槽是冀中坳陷古近系最好的油源区。主要特点是：有效烃源岩层系最多（ Es_3 、 Es_1 、 Es_4 —Ek ）、厚度大（＞1350m）、母质好（以腐泥型Ⅱ1为主）、烃产率高，多进入生油高峰阶段，为潜山油气富集提供了充足的油源。

任丘中元古界—新元古界潜山蓟县系雾迷山组碳酸盐岩储层发育大洞大缝型、孔、洞、缝复合型及微裂缝孔隙型等三种类型储集体，储集性能非常优越。

任丘中元古界—新元古界潜山蓟县系雾迷山组古潜山圈闭面积为92.7km²，幅度1300m，顶部埋深为2640m，在冀中坳陷含油气的古潜山圈闭中规模最大。

一类是覆盖在潜山储集体之上或通过断层侧向对接的直接盖层（ Ed_2 、 $Es_1{}^{\top}$ ），另一类是潜山上覆的区域性盖层（ Ed_2 、 $Es_1{}^{\perp}$ ），盖层以泥页岩为主，单层和累计厚度大，突破压力高，横向分布稳定，加之地层水矿化度高，对潜山油气的盖封非常有利。

任丘古潜山的供油气通道，主要是不整合面，任丘西断层的断面，以及与潜山体直接对接的古近系烃源岩中的储层、岩层层面等，两者结合，使任丘古潜山碳酸盐岩储集体在三度空间与油气源层全方位相通，组成最佳的生、运、聚体系。

上述六项成藏条件在空间上有机结合和统一，成为任丘特大型古潜山富集高产大油田的基础。

（3）成藏时间上的五配套是形成特大型古潜山油田的关键。

五配套是指生烃期、排烃期、油气运移期、油气聚集期和圈闭形成期在成藏时间上的有机配置。

研究成果表明，任丘油田古近系主力烃源岩生、排烃时期和油气运移聚集时间都比较晚。现今最下部的 Es_4—Ek 烃源层在凹陷中心区只进入凝析油湿气阶段，Es_3、Es_1 烃源层正处于生油高峰阶段，Es_1 至今仍在继续生烃。主要烃源区油气生、排、运、聚高峰期在新近纪馆陶组—明化镇组沉积期。而任丘古潜山圈闭于 Es_3 中晚期基本定型，从 Ed_3 沉积期就有油源进入潜山，其后在继承性深埋过程中，源源不断地接受来自四周洼槽的油气，逐渐形成任丘古潜山油田，并得到良好的保存。整个成藏的关键时刻是新近系明化镇组沉积期。此间仅古近系末期发生过区域性抬升，但由于持续时间短暂，油气生成尚未进入高峰，对已聚集成藏的油气影响甚微。

综上所述，任丘古潜山具备了早隆中埋晚稳定的发育历史，成藏空间组合上的"六统一"及成藏时间上的"五配套"等油气富集条件，最终形成了富集高产的山头型块状大型油气藏。

3. 下古生界潜山

千米桥古潜山位于黄骅坳陷中部，为古地貌残丘山，处于北大港构造带大张坨断层与向北倾斜的港西断层的上升盘，东以港 8 井断层为界，向南方向延伸与沈青庄潜山相连，东南邻歧口凹陷，两北接板桥凹陷。总体上为北东走向、北西倾向的三角状半背形掀斜断块体，勘探面积为 $100km^2$。

1979 年经二维地震资料解释发现千米桥潜山，1997 年经三维地震连片处理解释，落实其潜山形态，1998 年被列入大港油田"1518"风险勘探的重点目标。为夯实钻探部署依据，特新开展了地震资料目标精细采集处理和解释，在此基础上于潜山主体区东西高点鞍部部署板深 7 井，经欠平衡钻进后，在奥陶系发现 200m 以上厚的油层，获日产油 603t、气 $47\times10^4m^3$ 的高产油气。随后在主体钻探的 2 口预探井、2 口评价井均获工业油气流，从而揭示了亿吨级规模、中高凝析油含量的大型凝析气藏，一举打破了"大港油田潜山贫油"的论调，揭开了黄骅坳陷潜山油气勘探的新篇章。

1）油气藏特征

千米桥潜山气藏集中分布于奥陶系峰峰组和上马家沟组上段，是一个以中高凝析油含量的饱和型凝析气藏为主体的复合气藏。

（1）潜山主体为中高凝析油含量的饱和型凝析气藏。

板深 7 井 4254.39~4281.03m 中途测试，6mm 油嘴日产油 29.8t，日产气 79829m³，无水。天然气相对密度为 0.6599，甲、乙、丙、丁、戊烷含量分别为 86.52%、5.49%、1.65%、0.72% 和 0.36%，二氧化碳含量为 4.42%，氮气含量为 0.84%。凝析油密度为 $0.7804g/m^3$，黏度为（50℃）1.17mPa·s，凝固点为 18℃，含蜡量为 17.06%，初馏点为 75℃。测试初步稳定后，采用地面分离器配样，得到了具有代表性的流体样品。实测露点压力为 44.6MPa，临界温度为 -2.36℃，临界压力为 44.38MPa，临界凝析压力为

50.4MPa，临界凝析温度为 320℃。地层温度为 165.7℃，处于临界温度和临界凝析温度之间。地层压力为 43.5MPa，状态点位于气藏区域。随压力下降，气藏出现反凝析，最大反凝析液量为 9.15%，根据配样计算凝析油含量为 345.6g/m³，属于典型中高凝析油含量的饱和型凝析气藏。

（2）气藏受构造断裂控制，层状展布。

钻探证实，千米桥潜山气藏边界受控于大张坨断层、港 8 井断层及千米桥西边界断层。大张坨断层断面北西倾伏，与潜山地层产状一致，是潜山油气成藏的主要供油断层；港 8 井断层断距最大可达 800m，致使潜山油气藏与其下降盘中生界泥岩剖面相接，形成良好的侧向封堵条件，控制了潜山气藏的东界。西边界断层为一条断面东倾的压扭性剪切逆断层，控制着石炭系—二叠系分布，断距最大可达 350m。因其断距大于潜山储层发育的地层厚度，可使下盘石炭系—二叠系与上盘奥陶系储层段相接，具有一定的封堵能力，同时它又垂直于现今最大主应力方向，进一步增加了该断层的封闭性。

（3）气层集中分布于峰峰组和上马家沟组上段，具南厚北薄，中部厚四周薄特点。

千米桥潜山奥陶系储层分布，宏观上受岩相及白云化程度控制，储层集中分布于峰峰组和上马家沟组，整体表现为南厚北薄、中部厚西周薄的特点。

千米桥潜山为印支末—燕山期形成的侵蚀残丘山，致使奥陶系上部峰峰组残缺不全，宏观表现为东西向分布稳定，南侧（板深 7 井以南）保存较为齐全，北侧（板深 7—板深 4—板深 701 井区）全部剥缺的分布特点。受地层分布的影响，该套气层分布也具南厚北薄的整体分布趋势。上马家沟组上段储层受白云岩化程度、剥蚀程度及成岩（充填）作用差异性的影响，导致主体厚度大，而构造低部位虽然白云岩化程度较高，但储层厚度较薄，导致气层厚度随之变化。钻探证实，该套气层在板深 7—板深 8 井区厚度最大，为70～100m，向北及构造低部位气层厚度较薄，为 30～50m。

（4）气藏高度大，充满程度高。

千米桥潜山凝析气田各井揭示的主力层气柱高度，除板深 701 井为 77m 外，其他均大于 100m，其中板深 703 井最大可达 153.8m。据板深 701 井流体识别 FTI 资料，可能的烃水界面在 4726.5m，该井射开 4742～4755m，酸压后为低产气层，9mm 油嘴日产气 127m³，无水，射开 4629～4656m 酸压后 8mm 油嘴日产气 28389m³，无水。就目前的试油资料而言，千米桥潜山凝析气田构造最低部位，非气即干，无活跃边底水。气藏边界深度至少在 4700m 左右。从上马家沟组顶面形态图看，气藏高点位于板深 703 井南，埋深 4000m 左右，据此气柱高度达 700m，圈闭充满程度可达 88%。

（5）气藏具有高温、常压特征。

板深 7、板深 8 井试油过程中测量的温度梯度为 3.54～3.67℃ /100m，气藏原始地层压力 42.14～43.81MPa，压力系数为 0.983～1.019。

2）成藏条件与成藏模式

千米桥潜山形成演化具有"早抬、中埋、晚稳定"特点，其油气成藏条件优越。类比分析表明，中区发育厚度较大的优质沙三段烃源岩，生储配置比南区好，因此整体上中区潜山油气藏的勘探前景优于南区。

（1）成藏条件。

千米桥潜山形成演化具有"早抬、中埋、晚稳定"特点，其新生古储油气成藏条件优越。

① 印支期高隆起为潜山发育提供了良好的构造背景。

大港探区印支期构造形迹比较微弱，表现为较为宽缓的大型褶皱，由近东西向复背斜及复向斜组成。其中复背斜位于沈青庄—羊二庄构造带一线，并一直延伸至黄骅坳陷北部，上古生界遭大量剥蚀或全部剥蚀，在古背斜轴部，侵蚀深度已达马家沟组。该复背斜带直到燕山晚期和喜马拉雅初期，才逐渐被埋藏。因此，奥陶系经过多期长时间的风化淋滤作用，具备形成优质储层的条件，从而突破了黄骅坳陷的潜山储层不利于潜山成藏的地质认识。千米桥潜山钻探证实，储层厚 40~120m，物性好、产量高。

② 燕山期逆冲推覆构造是油气聚集的良好场所。

千米桥潜山整体形态为夹持于大张坨、港西断层之间的北倾大型半背斜。由南、中、北三座潜山组成，发育两类不同成因的局部构造。

前古近纪逆冲叠瓦扇构造：千米桥潜山主体板深 7—板深 8 井区发育北东东、北西西两组逆冲断裂体系。北东东向逆断层呈由北向南逆冲呈叠瓦状排列，具有延伸长、断距大的特点，它控制了千米桥潜山的古构造形迹。北西西向逆断层则表现为延伸短、断距小等特点，具调节性质，对局部圈闭起到了分割作用。

古近纪掀斜断块：千米桥东潜山属此类型。以板深 6 井垒块为例，其构造位置属古近纪—新近纪板桥—北大港掀斜块体的最高点。

目前在两类潜山中均发现了高产油气流，但以逆冲构造中油气富集为主。

③ 中生代—新生代构造反转控制潜山油气藏的形成。

千米桥地区中生代—新生代古地形北高南低，奥陶系长期暴露地表，受挤压并形成一系列逆冲构造，喜马拉雅期后，该地区位于沧东断层与北大港断层之间的掀斜块体之上，古地形变为北低南高，受拉张应力场控制，千米桥地区正好位于构造运动反转的枢纽带。因此，早期的挤压断层裂缝系统及北高南低的地形为千米桥地区奥陶系遭受淋滤溶蚀形成良好潜山储层奠定了基础，晚期的反转深埋，使潜山在东、北、南三面被高品质的新生界成熟烃源岩所包围，从而使该区形成了新生古储的最佳成藏组合；此外应力机制的反转有利于该区多种裂缝系统的发育，为油气在潜山大范围的运聚创造了条件。

（2）成藏模式。

千米桥潜山凝析气藏属典型的新生古储式潜山凝析气藏：

① 古近系凹陷区烃源岩灶通过基岩断裂与上升盘潜山对接，油气穿越供烃窗口进入下古生界碳酸盐岩潜山；

② 油气进入奥陶系潜山后，沿内幕裂缝带和古岩溶潜流带向宽缓斜坡高点长距离运移（千米桥潜山内幕运移距离最远可达 5km 以上）；

③ 潜山内幕油气聚集成藏条件复杂。纵向上，奥陶系内幕隔夹层的剥蚀程度决定富集层系的多样性，峰峰组保留较全的圈闭，峰峰组顶部风化壳储层和峰峰组下段—上马家沟组内幕似层状岩溶储层以峰 5 段灰质泥岩段为界，油气独立成藏。在峰峰组剥缺的地区，油气主要聚集在风化壳块状储层中（图 3-2-18）。

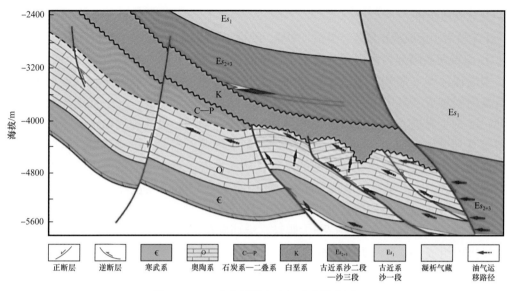

图 3-2-18　千米桥潜山油气成藏模式图

4. 上古生界潜山

1）港北潜山油气藏

北大港潜山构造带区域背景处于印支期古隆起南翼斜坡区，古近纪以来跷跷板反转，形成受滨海断裂系控制的大型断鼻构造，断棱带残留了较为完整的下石盒子组。而现今构造斜坡低部位，石炭系—二叠系依次剥蚀，高位潜山主力储盖组合齐全且与歧北地区沙河街组烃源岩直接对接，造就了优越的新生古储条件，是内幕潜山油气成藏的有利地区。

港北潜山处于北大港潜山高部位，夹持于板桥凹陷和歧口凹陷之间，为一依附于港西断裂的半背斜山，轴向北东，构造面积为 $108km^2$。平面上，受港西断裂雁列走滑影响，将港北潜山断块群分割形成前、后两排断块山，其中前排山为内幕断块结构，后排山整体为复杂断鼻结构；同时，受近南北向调节带控制，由东往西后排山表现出明显的分段性，东段单面山为反向断层切割的地垒及断鼻构造，中段屋脊断块山为顺向断层切割的断鼻构造，西段阶状断鼻山为帚状断层切割的掀斜断鼻、断块构造。

自 1964 年港 1 井奥陶系首获低产油流以来，主要以奥陶系风化壳为目的层展开勘探，钻探构造高点，始终未取得突破。2015 年，利用新处理的 $300km^2$ 三维地震叠前深度域地震资料，重新落实了内幕圈闭，部署实施的中 1502 井在二叠系砂岩获高产工业油气流，打开了该区油气勘探的新局面。2016 年多口井获工业油流，揭示出其较大的勘探潜力。2017 年按照"多层系潜山内幕整体勘探，实现规模增储"的勘探思路，重点开展上古生界重点层组沉积微相与砂体展布研究，加强泥晶白云岩、火成岩等特殊岩性识别与储层预测，整体研究潜山内幕油气分布规律，预探评价一体化部署探井 6 口，进一步夯实三千万吨级增储规模。

（1）油气藏特征。

港北多层系内幕型潜山具有四个特点：其一，潜山地层由侏罗系—白垩系、石炭系—二叠系和奥陶系—寒武系等构成，但侏罗系—白垩系和石炭系—二叠系均残缺不全；其二，经历过震荡式抬升与沉降，古生界和中生界内幕发育多个地区性不整合，分割潜山内幕储层，形成多层系内幕型潜山；其三，潜山内幕储层似层状展布，但储层侧向分布受沉积相、成岩相及地层剥缺情况控制，横向变化大；其四，古近纪跷跷板反转，基岩断裂与内幕古断裂切割改造，形成"屋脊状或单面山"潜山形态，由于经历构造变形叠加改造，断棱带内幕多期、多成因高角度裂缝发育。

该类潜山上古生界煤系烃源岩保存，同时紧邻供油断裂，具备双源供烃条件。由于供烃窗口大，潜山内幕多层系储层与古近系油气输导层对接，凹陷区古近系油气可穿越基岩断裂近距离进入断棱带潜山内幕，潜山深部的煤成天然气也可沿古生界输导层侧向运聚至断棱带，由于不同层系、不同成因类型油气充注期几乎相同，因此具有双源混注成藏特点。进入潜山内幕的油气又沿优质储层、裂缝带及内幕不整合进一步分配，在内幕圈闭的高点实现富集成藏。该类潜山油气主要富集在断棱带内幕的高部位及断阶区。早断晚衰次级断层、内幕储层侧向变化带及潜山内幕盖层是内幕油气封堵成藏的主要条件，构造裂缝发育程度决定富集高产。由于断棱带裂缝发育，原储集物性较差的致密层（如夹在煤层和碳质泥岩中的薄层石灰岩、白云岩）也可成为富含油储层。

（2）成藏条件与成藏模式。

港北潜山夹持于板桥凹陷和歧口凹陷之间，石炭系—二叠系煤系烃源岩、古近系湖相烃源岩均具有向潜山供烃的能力，基岩断裂、不整合面及多套储集体组成立体供油网络。在此基础上，建立了港北潜山内幕油气成藏模式，有效指导了该区的勘探。

① 成藏条件。

港北潜山是北大港潜山带隆起最高的高位潜山，主体为一大型半背斜圈闭，被次级断层切割形成多个断鼻、断块圈闭群。潜山主体保留了较厚的中生界及上古生界，并呈现反转的结构特点，向东西两翼及北部石炭系—二叠系甚至奥陶系峰峰组逐渐减薄、剥蚀。北大港凸起构造带的形成演化，总体为其提供了有利于油气赋存和成藏的诸多条件。

a. 地质构造条件。

受港西断裂雁列活动及近南北向调节断裂带控制，港北潜山可以分为四个圈闭群，即二台阶圈闭群、东段圈闭群、中段圈闭群、西段圈闭群。

二台阶圈闭群夹持在港西断层和二台阶断层之间，主要是中生代形成、发育的断块圈闭群，晚期活动性较弱，其主体保留了相对较厚的中生界，上古生界有一定程度的剥蚀，新近系直接超覆在中生界之上。东段圈闭群位于港北潜山东侧，以太10井调节断层为界与中段圈闭群相接，是中生代、新生代持续发育起来的单面山构造，受反向断层切割形成多个断垒、断鼻和断块圈闭。中段圈闭群东、西两侧分别以太10井和港3井调节断层与东段、西段相接，主体表现为屋脊断块山构造，受次级顺向断层切割形成多个断鼻、断块圈闭。西段圈闭群东侧以港3井调节断层与中段圈闭群相接，主体表现为阶状断鼻山构造，受次级帚状断层切割形成多个掀斜断鼻、断块圈闭。

b. 储盖条件。

上古生界发育3套内幕储盖组合：下部为太原组内幕储盖组合，以太原组煤系及海相泥岩为盖层，在港北潜山横向分布稳定；下伏泥晶白云岩、障壁岛（或潮汐水道）砂岩为储层，缝洞非常发育。中部为山西组内幕储盖组合，以下石盒子组下部泥岩为盖层，山西组顶部及下石盒子组下部碎屑岩为储层，原生孔隙在8%～10%，发育高角度裂缝；该套储盖组合平面分布广，全区稳定，由于砂岩具备一定储集能力，且裂缝和溶蚀孔洞发育，是二叠系内幕主力勘探层系。上部为下石盒子组储盖组合，其盖层以上石盒子组或中生界底部泥岩为盖层，下石盒子组上部碎屑岩为储层，该储层厚度大、物性好，但分布受二叠系顶部剥蚀程度影响较大。

c. 供储关系条件。

港北潜山带紧邻歧口生烃中心，歧口凹陷区沙河街组通过滨海断裂带直接与潜山内幕的中生界、古生界和元古宇对接，潜山新生古储条件较佳。

滨海断裂带断面两侧地层构造特征显示，下盘潜山内幕地层以港古1505断块所在部位轴线方向为基准，潜山地层受上古生界残余地层影响，由中部向两翼逐渐减薄且埋深加大，主体带古生界整体埋藏较浅，并发育与滨海断裂带断面高角度相交的断阶构造，次级断层断距约350～600m。滨海断裂带上盘沙河街组整体呈现西薄东厚的分布特点，其中生气强度大的沙三段与断面下盘潜山内幕古生界奥陶系及寒武系、元古宇青白口系及下部地层对接，对接厚度两边薄、中间相对较厚，为520～1760m；沙一段与断面下盘潜山内幕中生界、古生界石炭系—二叠系及奥陶系对接，西薄东厚，与断面对接厚度范围在320～1050m。

② 成藏模式。

港北潜山为多层系内幕型潜山，其油气分布具有一定的规律性，纵向上，奥陶系上马家沟组内幕发现的主要为原油，峰峰组为带气顶的油藏，二叠系和中生界内幕则以油藏为主。而从油气源来看，港北潜山东段中生界—古生界油气藏表现出"双源"混合充注成藏特点，西段则以新生古储为主要特征。概括来讲，港北潜山油气富集规律受古构造背景和内幕结构所控制，具有"古斜坡翘倾反转，断棱带双源混注，多层系差异聚集成藏"的特点（图3-2-19）。

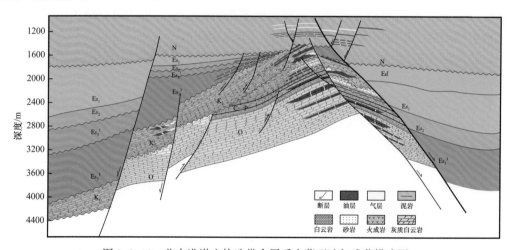

图3-2-19　北大港潜山构造带多层系内幕型油气成藏模式图

2）王官屯潜山油气藏

王官屯潜山位于孔店构造带的枢纽带上，形成于燕山中晚期，为较完整的背斜构造，晚白垩世—古新世晚期，整体上升，遭受剥蚀，构造顶部中生界大部分被剥蚀，而潜山翼部则保留较完整的三叠系和中下侏罗统，受中生界差异剥蚀控制，古斜坡区形成一系列地层不整合型圈闭。至渐新世孔东断层开始发育，上升盘发生强烈的掀斜抬升，王官屯构造东北翼也随之抬升，其构造幅度也进一步减小。此时盆地发生强烈拉张，一直持续到沙二段、沙三段沉积时期，构造逐渐转向平稳，其拉张量不大。

王官屯潜山位于大港探区孔店中央背斜带的南倾末端，是一个中生代、渐新世两期褶皱变形叠加的背斜型潜山构造，西南部被乌马营逆冲推覆北段限制。东侧是孔东断层上升盘的大型背斜型构造带，圈闭比较完整，圈闭面积大，幅度高，依附孔东上升盘官古1井断鼻被次级断层分割，具有南北两个高点，两高点总圈闭面积为 $36km^2$。其次在官古1井断鼻北部发育两个有利断背斜，东断块具北高南低特征，西断块构造较缓，具东高南低特征，总圈闭面积为 $32km^2$。

2009年在王官屯潜山发现王古1井油气藏，该井在奥陶系、二叠系获得工业油流。其中奥陶系射开 4514.6～4580m，解释油层 57.9m/6层，酸压改造后日产天然气 $21×10^4m^3$；二叠系下石盒子组射开 3830.2～3867m，解释油层 21.4m/3层，压裂后日产油 $7.2m^3$，日产气 $17022m^3$。王古1井相邻断块钻探的官古1井（工程报废）、官84-6井揭示二叠系，在二叠系均见到油气显示，气测明显异常。王官屯潜山所钻探的井油气显示良好，王古1井奥陶系、二叠系试油证实高产，预示王官屯潜山具有较大勘探潜力。

（1）油气藏特征。

王官屯潜山二叠系天然气为煤成天然气，天然气同位素偏重，与上古生界煤系烃源岩具有良好的亲缘关系，但天然气组分存在较大的变化，主要为烃类气体，无硫化氢，碳同位素特征表现煤成气特点。可以明确，王官屯潜山古生界气藏来源于石炭系—二叠系煤系烃源岩。地球化学分析表明王古1二叠系原油与沧东凹陷孔二段烃源岩特征相似，饱和烃气相色谱整体峰型特征表现为对称型，主峰碳为 C_{23}，OEP、姥植比等参数也较为接近，具有一定的亲缘关系。

王官屯潜山为一典型的背斜型潜山构造带，奥陶系顶部石灰岩风化淋滤段及二叠系碎屑砂岩层为其主要含油气层段。二叠系煤系地层是该区天然气藏形成的物质基础，孔二段成熟烃源岩为油藏形成提供物质来源。受烃源岩运移方式及储层特征控制，奥陶系成藏应以现今奥陶系顶面构造高部位"古生古储"型气藏为特征。该区二叠系砂岩储层具备新、古两套烃源岩供给，但油气运移主要依靠断层及直接接触，因此成藏部位主要为靠近主供烃断层的构造及构造岩性圈闭，成藏类型为新生古储、古生古储上气下油混合型。

（2）成藏条件与成藏模式。

大港探区上古生界发育多个大型碎屑岩背斜潜山构造，晚期改造弱。石炭系—二叠系煤系烃源岩大面积分布，烃源岩厚度达 100～450m，煤层富氢组分高，烃源岩演化程度高，$R_o > 1.0\%$ 的有利区面积为 $5017km^2$，生烃潜力大。二叠系石盒子组砂岩分布稳定，厚度大，储层溶蚀孔隙发育，孔隙度一般为 8.4%～15%，平均为 10.6%，是重要勘探层系。通过王官屯潜山系统解剖，明确了有利成藏条件，建立了成藏模式。

① 成藏条件。

大港探区中南部石炭系—二叠系含煤地层保存完整、分布广、厚度达800～1100m，其生储盖组合特征与鄂尔多斯盆地相近，具备形成"古生古储"原生油气藏的基本条件。

a. 烃源岩条件。

王官屯潜山油气主要来自C—P煤系地层。煤系地层的生烃岩性有三种：煤、碳质泥岩和暗色泥岩。按煤系烃源岩评价标准判识，C—P煤及碳质泥岩总体上以好—很好烃源岩为主，暗色泥岩以差—中等为主，部分达到好烃源岩标准。研究区C—P煤系烃源岩中，达到好—很好级别的占53.37%，具有良好的生烃潜力。

b. 储层条件及储盖组合。

受中生代、新生代多期盆地旋回的影响，大港探区上古生界潜山储层类型以碎屑岩为主，纵向上形成上、中、下三套储盖组合：上储盖组合以石千峰组泥岩为盖层，上石盒子组曲流河相砂岩为主要储层，该套储盖组合距离煤系烃源岩较远，需要大断裂的沟通才有望实现成藏；中储盖组合主要分布在二叠系下石盒子组和上石盒子组，上石盒子组红色泥岩盖层为区域性的盖层，下石盒子组顶部含砾砂岩是主力储层；下储盖组合以太原组泥岩及煤系为盖层，太原组障壁砂体为主要储层，该套储盖组合属于源内储盖组合，太原组砂岩单层厚1～23.5m，累计砂岩厚30～50m，砂岩夹在煤系烃源岩之间，油源近，是古生古储煤成油气的主要层系。

c. 供储关系条件。

煤系生烃层多为超压层，具备上生下储的运移动力，同时在潜山圈闭发育区均有一定的构造背景，对于早期形成的古潜山其内幕逆断层比较发育，因此，在宏观"上生下储"型的供烃模式区，也具有一定的侧供条件。

② 成藏模式。

王官屯潜山以晚成藏为主，圈闭的形成期与生排烃期相匹配，具备形成原生油气藏（图3-2-20）的有利条件。不仅如此，由于逆掩带上部逆冲席大幅度逆冲拱升，使上部逆冲席的C—P烃源岩直接与下部逆冲席二叠系砂岩侧接，而二叠系石盒子砂岩由于埋藏浅、裂缝发育而具有较好的储集性能，具有形成原生油气藏的条件。

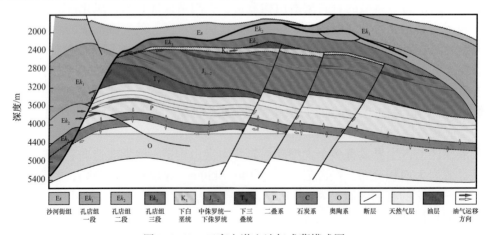

图3-2-20　王官屯潜山油气成藏模式图

王官屯西缘逆掩断鼻是王官屯背斜西侧的逆冲席，上古生界二叠系被较大程度地剥蚀，构造带上中生界河流相地层直接与煤系地层相接。对于王官屯东背斜来说，由于孔东断层的影响，其成藏条件与西潜山相比有很大差异。孔东断层为孔一段沉积时期及沙三段沉积时期强烈活动的二级断层，断层的活动成为下降盘凹陷区上古生界及孔二段烃源岩生成的油气向上运移的通道，也具备新生古储油藏的形成条件。

5. 中生界潜山

大洼地区位于辽河坳陷中央凸起南部倾末带，大洼—海外河断层从中穿过，将工区分为断层西侧的清东陡坡带及断层东侧的中央凸起南部倾没带两个部分。中生界主要分布在大洼断层东侧上升盘的中央凸起带上，西与清水洼陷相邻，东与二界沟洼陷相接，北为小洼和冷家构造带，南为海外河构造带，勘探面积约 200km²。

大洼地区中生界可分为三段结构，自下而上Ⅲ段为冲积扇砂砾岩及角砾岩、Ⅱ段为中酸性火山岩、Ⅰ段为基性火山岩与砂泥岩。火山岩油气藏主要发育在Ⅰ段和Ⅱ段。本区中生界勘探程度较低，仅于 1997 年在洼 609 井区上报探明石油地质储量 154×10^4t、天然气地质储量 2.39×10^8m³，1999 年在洼 13-28 块和洼 19-22 块上报探明石油地质储量 69×10^4t、天然气地质储量 0.73×10^8m³，且上报的探明储量均位于中生界Ⅱ段中酸性火山岩，Ⅰ段基性火山岩并未获得勘探发现。2015 年通过老井复查，发现洼 7、洼 19、洼 32、洼 39 等井在中生界Ⅰ段基性火山岩中见到了良好的油气显示，洼 18-25、洼 19-26、洼 609 等井调层至上部玄武质角砾岩开采均取得了较好的效果，展示了该区Ⅰ段基性火山岩具有良好勘探前景。

1）油气藏特征

中生界的分布受古地貌和断层的控制，高部位逐渐变薄或缺失，低部位则变厚，在基地潜山之间的山间盆地沉积了大套的中生界，尤其是下部砂砾岩含油层系受古地貌控制更加明显。本区中生界顶界构造主体为北东走向，呈现为北高南低的构造形态特征。本区主要发育北东向、北西向和近东西向三组断层，其中，北东向断层为区内的主干断层，控制了本区的构造格局，北西和近东西向断层为分块断层，将本区主体切割形成多个断块。

大洼地区中生界主要为构造—岩性复合型油气藏。表现为断块—岩性油气藏。圈闭条件是砂砾岩储层被断层断开，与泥岩接触形成遮挡，侧向上砂体变薄—尖灭，油气沿断层进入砂砾岩体中集聚形成油气藏。此类油藏具有构造油藏和岩性油藏的双重性质。

2）成藏条件与成藏模式

（1）成藏条件。

研究区西侧临近西部凹陷最大的生油洼陷——清水洼陷和滩海西部的海南洼陷，古近系底界埋深超过 6000m，生油潜力巨大。洼陷内发育沙三段、沙四两套烃源岩，厚度大，分布面积广；有机质丰度高，类型多样，生油指标数大，两大洼陷内沉积的沙三段和沙四段为辽河坳陷主要水进时期深水沉积物，在微咸—半咸水还原环境下，形成的泥岩分布广泛，富含有机质，为优质烃源岩生油层系。沙四段烃源岩厚度为200～400m，有机质丰度高，为2%～5%，类型优，以Ⅰ型为主，分布较广。沙三段烃源岩厚度为400～900m，品质优良，有机质类型以ⅡA型为主。大部分处于成熟阶段，R_o为0.4%～1.2%，具特高油气资源丰度（1000×10⁴/km²）。特别是清水洼陷，其生油岩主要集中在沙三段。沉积环境变化不大，以湖相沉积为主，暗色泥岩厚度大于900m。有机碳含量为2.0%～2.5%，平均为2.2%，这些暗色泥岩多数处于还原环境之中，因而具有很高的有机质丰度、良好的母质类型（Ⅰ—ⅡA），据三次资评资料，清水洼陷最大生油强度为8400×10⁴t/km²；最大生气强度为52000×10⁶m³/km²，是西部凹陷最好的生烃洼陷；具有完整的热演化系列，古近系烃源岩从未成熟至过成熟阶段的油气产物在西部凹陷内都有所发现。

本区储层储集岩类型多样，有变质岩、火成岩又有碎屑岩。火成岩和碎屑岩储层是本次研究的重点。火成岩岩性主要为玄武岩、安山岩、火山角砾岩、凝灰岩、英安岩等。碎屑岩岩性主要由砂砾岩、含砾砂岩、砂岩、粉砂岩组成，并以砂岩为主。根据岩心观察、岩石薄片鉴定等手段，储集空间类型包括裂缝、微裂缝、粒间孔隙、溶蚀孔隙。

储层与烃源岩的接触关系为旁生侧储型，输导体系主要为断裂，其次为不整合面。台安大洼断裂带断裂十分发育。发育了以北东、北西向为主的主干断裂。主干断裂控制着盆地的形成、演化；次级断裂控制着二级构造带的分布和演化。

受构造活动控制而形成的潜山，常发育着大型边界断层和潜山内部断层，在油气运移和聚集中起着很重要的作用，尤其是边界正断层。这点在本区体现得极为明显，该区发育的台安—大洼断层是一条边界正断层，其控制着本区油气的运移和聚集。在平面上，油气主要沿台安—大洼断裂带分布，不同层系的油气藏在其上下盘均有分布。由此可见该区油气受断裂控制作用很突出。

研究区以陡坡大断裂—砂体"Y"形输导模式为主。该类输导模式主要存在于烃源灶—输导体系—油气藏垂向叠置组合构架内。是大断裂垂向调整的特殊模式。烃源岩层位于下部，储层砂体位于烃源岩层之上，边界大断层沟通烃源岩层与砂层，油气沿边界大断层垂向运移，同时，受大断层衍生的分支断层及储层砂体调整作用，油气在大断裂上盘和下盘皆有分布。输导体系输导性主要受断层输导能力控制，其次受砂体控制。多形成以构造控制为主的复合油气藏；油气横向运移距离短，垂向运移距离大，油气聚集于浅层，油气分异明显；该输导模式主要发育在深凹带生烃中心控制的陡坡带上部层系。

（2）成藏模式。

大洼中生界油气藏具有整体含油、立体成藏、油气多期充注、有效储层控制油气富集的成藏特征。区域供油"窗口"是成藏的关键，台安—大洼断层对油气的输导起着重要的作用，并决定着油气的下限。原油可以通过断层—不整合面组合运移至上部中生界成藏。大洼中生界存在西、南两侧供源方式，具有良好的源储耦合条件，包裹体分析表明存在多期油气充注，为油气富集提供了必要的物质条件（图3-2-21）。

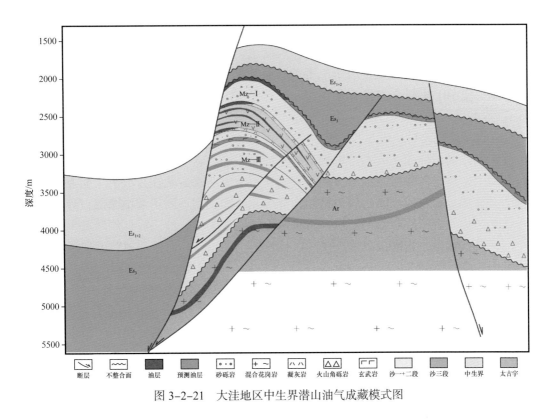

图 3-2-21 大洼地区中生界潜山油气成藏模式图

三、潜山油气成藏主控因素及富集规律

1. 太古宇油气成藏主控因素及富集规律

1）成藏主控因素

（1）多期构造运动是潜山内幕油藏形成的必要条件。

辽河坳陷的结晶基底经历了印支、燕山等多期造山运动，形成了东西展布、洼隆相间的古地貌构造格局，兴隆台隆起带是与中央凸起相连的古地貌山。新生代始新世—渐新世早期，经历了强烈的拉张裂陷，使兴隆台隆起带与中央凸起分离，这种多期性和多样性的构造活动形成了兴隆台潜山带，同时也为裂缝形成提供了条件。裂缝具有网状分布的特点，不仅在横向上广泛发育，而且在纵向方向还发育着多层次裂缝。兴古 7 井在潜山内部 1000m 处裂缝仍很发育，而且在该井段试采获得了高产工业油气流，突破了以往只在太古宇顶部风化壳含油的观点。而裂缝发育程度直接决定油气的富集（吴伟涛等，2015）。

（2）脆性岩类构成良好的潜山储集条件。

太古宇潜山有浅粒岩、变粒岩及其混合岩等脆性岩类构成的 I 类好储层，在断裂活动作用下易破碎构成良好的储集条件，孔隙类型为（宏观）裂缝型，常形成大中型裂缝型油藏，而由黑云母、斜长片麻岩及其混合岩类等差储层及古老花岗岩差储层构成的潜山，由于暗色柔性矿物含量多、塑性强，不易生成构造裂缝或矿物镶嵌致密生成构造裂缝少，使储集性能下降，孔隙类型为微裂缝型，只能形成中小型裂缝型油藏，如静安堡、齐家、兴隆台、欢喜岭、边台、法哈牛、茨榆坨、海外河潜山。而Ⅰ类储层兼具的混合岩潜山油藏，主要含油气地带集中于Ⅰ类储层发育地带。如静安堡潜山获工业油流井集中于胜3—安101井混合岩发育的山脊上，牛心坨潜山获工业油流井集中于坨12—坨31—坨35井混合岩发育地区。

（3）区域供油窗口是成藏的关键。

辽河坳陷潜山油源主要来自古近系的生油层系，为新生古储的成藏特点。潜山之上往往覆盖一定厚度的中生界或房身泡组玄武岩，潜山能否成藏往往取决于能否与古近系生油岩相接触。通过对兴隆台潜山精细构造研究认为，在马圈子潜山南侧，兴隆台、陈家潜山北侧均发育断距较大的断层，垂直断距可达上千米，沙三段、沙四段生油岩与太古宇潜山直接接触，为潜山成藏提供了区域性的供油窗口。而供油窗口的埋深直接控制整体潜山含油底界。

（4）良好的封盖体系和保存条件是潜山内幕油气成藏的必要条件。

辽河坳陷潜山大多具有"早隆、中埋、后稳定"的特点。从构造演化的角度分析，裂谷期的构造活动主要分为两大阶段，并分成两个大的构造层系，即沙一段、沙二段沉积前的早期构造活动期和沙二段沉积期以后的晚期构造活动。沙一段、沙二段沉积前构造活动控制了潜山古地貌形态的变化和断块型潜山的形成，断裂的走向主要为北东向和近北西向。同时它具有同生和继承性，尤其是潜山翼部的边界断层活动，控制了下降盘也控制了沙四段和中生界的沉积演化和地层的分布。圈闭形成时间早，晚期的断裂活动对其影响较小，使潜山具有良好的保存条件。与东营组沉积末期油气大规模运移期形成良好的时间上的配置关系；沙二段沉积期以后，断裂的走向多呈东西向，潜山带具有生油岩和盖层一体的特点，巨厚的泥岩环围着整个潜山带，具有良好的保存条件。

2）富集规律

太古宇潜山可分为风化壳型和内幕型两类油气藏类型，其中，风化壳型是重要的基岩油气藏类型。太古宇底层经历了构造抬升、褶皱挤压、断裂运动及块体翘倾等过程，加上大气降水的淋滤、溶蚀等作用，发育构造裂缝、溶蚀孔洞等多种类型的储集空间，使基岩顶部具有极好的储集条件；受到上部不整合面，以及侧翼的断层的遮挡，形成多种类型的圈闭条件；基岩顶部具有低势能，与烃源岩高势能形成明显的势能差，成为有利的油气运移指向区，最终形成山头型基岩油气藏。

受构造运动和岩性的暗色矿物控制，变质岩内幕发育不均一的裂缝，形成纵横交错的裂缝系统，具有块状网络的特点，加上内幕隔层的遮挡圈闭，形成由裂缝组成的变质岩内幕油气藏。生成的油气沿供油窗口进入潜山，受潜山垂向上储隔层交互分布的控制，油气在潜山内幕形成了多个相对独立的含油气层段，油藏在纵向上具有层状、似层状油藏的特征。裂缝的发育直接控制着油气的富集，潜山整体含油、局部富集。

西部凹陷兴隆台潜山是变质岩内幕油气藏的典型代表。兴隆台潜山被多个洼陷所包围，是典型的"洼中隆"，属于后期受到断层改造而形成的地貌山。油源主要来自周围的清水洼陷和陈家洼陷，受台安—大洼断层、兴西断层、马南断层等作用，供油窗口最大可超过 4000m；基岩储层为中酸性火山岩，储层为角闪岩；生烃洼陷直接与兴隆台潜山带相接触，生成的油气在异常高压和浮力作用下，进入潜山内幕储层中，受基岩内幕隔层的遮挡，在内幕中聚集形成变质岩内幕油气藏。

2. 中元古界—新元古界油气成藏主控因素及富集规律

1）早隆中埋晚稳定的发育历史是中元古界—新元古界油气成藏的先决条件

（1）"早隆"造就了良好的中元古界—新元古界古潜山储集体。

从中元古界—新元古界（乔秀夫等，2014）到古近系早期，中元古界—新元古界碳酸盐岩体经历了六期古岩溶作用，自老而新是：芹峪运动古岩溶期；蓟县运动古岩溶期；加里东运动古岩溶期；燕山运动古岩溶期；喜马拉雅运动古岩溶期。特别是燕山期—喜马拉雅期，历时约 178Ma，构造活动早期（主要在燕山期）以褶皱块断为主要特征，后期（主要在喜马拉雅期）以强烈块断翘倾活动为主要特征，致使任丘中元古界—新元古界长期上隆风化淋滤剥蚀，将原有的储集空间进一步改造，形成良好的碳酸盐岩储集体，垂向分带性好。因而雾迷山组油藏能在 923m 油柱高度条件下，仍具有统一的油水界面，统一的压力系统，统一的水动力和统一的热压力系统。

（2）"中埋"形成了凹中隆古潜山构造和新生古储成藏配置。

冀中坳陷古近纪断陷湖盆发育的早期，即 Es_3 沉积前，任丘中元古界潜山一直是饶阳—霸县古湖盆中的一个湖心岛，岛周围分布有马西、莫州、任西、河间等沉积断槽，继承性地沉积了自始新统到 Es_3 的湖湖生油建造，地层由老到新逐层向上超覆于任丘岛上，使其逐渐被埋藏，直至 Es_3 的中晚期才覆盖了岛的最高峰（任 11 山头），从而形成任丘古潜山构造带。其后渐新统上部（Es_1 和 Ed）继续覆盖其上，将古潜山逐渐埋深。

在中元古界潜山"中埋"过程中，古近系烃源岩逐层超覆最后披覆于古潜山碳酸盐岩储集体之上，烃源岩与储集岩的直接对接，构成得天独厚的新生古储配置组合，潜山碳酸盐岩储集体通过不整合面、大断面及与潜山体连通的古近系砂体输导层，高效地捕获了周围油源洼槽的油气。

（3）"晚稳定"促使油气高度富集和良好保存。

"晚稳定"指中元古界潜山自新近纪至今，由于构造活动微弱，处于整体稳定下沉状态。一方面，潜山周围的洼槽中的烃源岩由于上覆埋藏深度增大进入主要成熟阶段，大量生烃排烃，油气源源不断地进入潜山圈闭中富集成藏，潜山上覆 $Es_1{}^{上}$—Ed 湖湖泥岩成岩作用加深形成良好的盖层，将古潜山油藏严密盖封起来；另一方面，由于构造活动微弱，地温场和水动力场稳定，使潜山油藏中富集的油气得到了良好的保存。

2）成藏空间组合的"六统一"是形成特大型古潜山油田的基础

（1）"凹中隆"的区域构造位置最佳。

任丘潜山位于冀中坳陷最大的饶阳—霸县凹陷中央，中元古界—新元古界碳酸盐岩储集体长期处于烃源岩的包围之中，油气运移距离近，古近系—新近系与潜山储集体间流体势差梯度大，运移通道多，可充分汇聚凹陷中的油气。

（2）油源充足。

有机地球化学综合评价结果表明，任丘中元古界潜山周围的供油洼槽是冀中坳陷古近系最好的油源区。主要特点是：有效烃源岩层系最多（Es_3、Es_1、Es_4—Ek），厚度大（>1350m）、母质好（以腐泥型II_1为主）、剖面类型好（砂泥岩间互型）、烃产率高，多进入生油高峰阶段，为潜山油气富集提供了充足的油源。

（3）良好的潜山储集体。

任丘古元古界—中元古界潜山蓟县系雾迷山组碳酸盐岩储层发育大洞大缝型，孔、洞、缝复合型及微裂缝孔隙型等三种类型储集体，储集性能非常优越。

（4）大型地层不整合潜山山头圈闭。

任丘中元古界—元古界潜山蓟县系雾迷山组古潜山圈闭面积为92.7km^2，幅度为1300m，顶部埋深2640m，在冀中坳陷含油气的古潜山圈闭中规模最大。

（5）两类区域分布稳定的盖层。

一类是覆盖在潜山储集体之上或通过断层侧向对接的直接盖层（Es_3、$Es_1^{\text{下}}$），另一类是潜山上覆的区域性盖层（Ed_2、$Es_1^{\text{上}}$），这些盖层以泥页岩为主，单层和累计厚度大，突破压力高，横向分布稳定，加之地层水矿化度高，对潜山油气的盖封非常有利。

（6）多种供油气通道。

任丘中元古界潜山的供油气通道，主要是不整合面，任丘西断层的断面，以及与潜山体直接对接的古近系烃源岩中的储层、岩层层面等，两者结合，使任丘古潜山碳酸盐岩储集体在三度空间与油气源层全方位相通，组成最佳的生、运、聚体系。

3）成藏时间上的五配套是形成特大型中元古界—新元古界古潜山油田的关键

五配套是指生烃期、排烃期、油气运移期、油气聚集期和圈闭形成期在成藏时间上的有机配置。含油气系统研究成果表明，任丘油田古近系主力烃源岩生、排烃时期和油气运移聚集时间都比较晚。现今最下部的Es_4—Ek烃源岩层在凹陷中心区只进入凝析油湿气阶段，Es_3、Es_1烃源岩层正处于生油高峰阶段，Es_1沉积期至今仍在继续生烃。主要烃源岩区油气生、排、运聚高峰期在新近纪馆陶组—明化镇组沉积期。而任丘古潜山圈闭于Es_3中晚期基本定型，从Ed_3沉积期就有油源进入潜山，其后在继承性深埋过程中，源源不断地接受来自四周洼槽的油气，逐渐形成任丘古潜山油田，并得到良好的保存。整个成藏的关键时刻是新近系明化镇组沉积期。此间仅古近系末期发生过区域性抬升，但由于持续时间短暂，油气生成尚未进入高峰，对已聚集成藏的油气影响甚微。

综上所述，任丘古潜山具备了早隆中埋晚稳定的发育历史，成藏空间组合上的六统一及成藏时间上的五配套等油气富集条件，最终形成了富集高产的中元古界山头型块状大型油气藏。

3. 下古生界油气成藏主控因素及富集规律

通过对苏桥潜山、河西务潜山、千米桥潜山、埕海潜山、乌马营潜山、文古3潜山等油气藏解剖，不仅丰富了新生古储的成藏规律，同时从认识上也有所突破，证实了潜山油气藏油气源可以是单一的油气源，也可以是混合油气源。新生古储、古生古储等都有可能是潜山的成油方式（蒋有录等，2015；吴伟涛等，2015；崔宇等，2018）。

1）古近系和石炭系—二叠系两种烃源岩为油气成藏提供了雄厚的资源基础

油气源对比研究表明，苏桥潜山油气藏的油气来源于霸县凹陷古近系沙三段—沙四上亚段烃源岩和潜山上覆石炭系—二叠系煤系烃源岩。其中，古近系沙三段—沙四段烃源岩厚约700m，平均有机碳含量为2.36%，有机质类型以Ⅱ₁型为主，处于成熟—生油高峰阶段；石炭系煤系地层为一套好的气源岩，煤层在文安—苏桥地区最厚，一般大于20m，暗色泥岩厚度在200～300m，煤岩的有机碳平均含量为66.2%，暗色泥岩的有机碳平均含量为3.77%，碳质泥岩的有机碳平均含量为11.18%，有机质类型属于Ⅱ₂—Ⅲ型，无火成岩侵入影响的层段处于成熟阶段，受火成岩侵入影响的层段达到过成熟干气阶段。

2）四种油气运移通道保证了油气运移畅通

苏桥潜山带存在砂岩输导层、断层、次生溶蚀孔隙带和不整合四种主要供油通道。

（1）广泛分布在古近系生油层系内部的砂岩，数量多，与暗色泥岩生油层频繁间互，完成一次排烃后，支撑砂岩又成了油气继续向斜坡高部位作二次运移的主要输导层。

（2）本区断层十分发育，以北北东和北东向为主，少量近东西、北西向断层，多继承性发育。主要油源断层的断距大，延伸远，有利于油气沿断面向潜山供油。

（3）苏桥地区是燕山运动时期形成的，寒武系、奥陶系、石炭系—二叠系及中生界各套地层从西向东依次裸露地表，沿奥陶系石灰岩露头的长期淋滤溶蚀作用形成了次生溶蚀带。古近纪—新近纪早期，随着大城基岩块体掀斜翘倾，原来东倾的古背斜东翼地层产状发生逆转，奥陶系石灰岩次生溶蚀带成了隐蔽在基岩内幕的大型油气运移通道和储层。

（4）古近系与古生界之间的大型不整合面沟通了古近系深层油源，由于斜坡上基岩地层向洼槽倾伏，奥陶系成了"供油窗口"，使深层烃源岩所生成的轻质油和天然气，沿不整合面汇集起来，再经奥陶系供油窗口进入潜山。

3）微裂缝型储层发育，非均质性强，利于形成天然气与凝析油气藏

根据岩心、薄片、电测、测试等各种资料综合分析工区奥陶系碳酸盐岩储层为微裂缝型储层，渗流条件较差，为低渗透储层。储集条件从南面的苏6井到北面的苏4井、苏49井有逐渐变好的趋势。

4）五套区域性盖层和交替迟缓—阻滞的水动力条件有利于油气藏的保存

由于经历了多次构造运动，导致了沉积上的多旋回性，纵向上形成了多套沉积组合，造就了有利于油气藏形成的多套盖层。主要有石炭系—二叠系煤系地层、石千峰组、古近系沙三段、沙一下亚段和东二段（含螺泥岩段）五套区域性盖层。

潜山水动力条件相对不活跃，地下水交替缓慢，矿化度较高。目前奥陶系所发现的气藏均位于氯化物钙型水区域内，氯化物钙型水分布区是区域水动力相对阻滞区，由于地层水发生浓缩，Cl⁻和Ca²⁺相对富集，从而使矿化度增高，这种水化学环境反映储油气圈闭的封闭性质良好，对油气藏保存最为有利。

5）油源、储层、圈闭的合理配置是油气藏形成的关键

从霸县凹陷的构造发展史来看，苏桥潜山基岩结构东西分带，南北分块的垒堑间互结构在前古近系沉积前就已初具雏形。在古近纪早期受牛东断裂影响，部分基岩断裂得到进一步发展，最终形成了深沟高垒的构造格局和一系列的潜山圈闭。主力供烃层系沙四上亚段—沙三段及石炭系—二叠系均在古近纪后期至新近纪。因此，潜山形成时间早，均形成于霸县洼槽古近系—新近系和石炭系—二叠系烃源岩二次生烃主要成油期以前，所以当古近系和石炭系—二叠系烃源岩大量生排烃的时候，奥陶系潜山断块圈闭已经形成；盖层是石炭系—二叠系泥岩，特别是石炭系—二叠系底部的铝土质泥岩，遮挡性能较好。所以油气沿不整合面、断层等多种运移通道向奥陶系潜山圈闭运移，形成混源的以天然气藏为主的块状与层状油气藏（图3-2-22）。

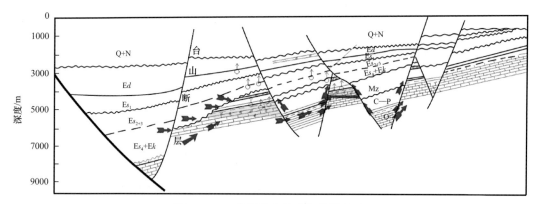

图3-2-22　苏桥潜山带油气藏模式图

4. 上古生界油气成藏主控因素及富集规律

多期成山演化控制形成上古生界的油气成藏，动态叠置过程控制油气成藏样式。通过包裹体分析结果证实，明显具有两期充注的特征，均一化温度表现为两种不同的类型：早期为开放体系，具低温充注特点；晚期为封闭体系，具高温充注特点。受成山过程与源储匹配关系控制，大港探区具有继承型古构造油气藏、残留古构造油气藏、今构造复式油气藏等多种古生界油气藏类型。

其中继承型古构造油气藏晚期弱改造、大型背斜圈闭发育、保存条件好，总体表现为单源供烃、持续充注、近源输导、规模聚集的特点，具备油气规模成藏的有利条件，其中二叠系下石盒子组，以及下古生界奥陶系峰峰组和上马家沟组天然气富集程度高，是寻找二次生烃区天然气藏的主要方向，乌马营、王官屯南等潜山为典型代表（戴金星等，2014）。残留古构造油气藏早期成山深埋，煤系烃源岩形成的液态烃充注成藏，燕山晚期发生翘倾反转，古油藏调整二次成藏，现今煤系烃源岩埋藏深度达不到规模生气阶段，气藏规模较小，总体表现为单源早期充注、反转调整成藏的特点，是寻找一次生烃区古油藏的有利方向，孔西、齐家务等潜山是该类型油气藏的典型代表。而今构造复式油气藏主要发育在燕山晚期—喜马拉雅早期形成的潜山构造中，其潜山圈闭的形成受到喜马拉雅早期伸展断裂影响，潜山带翼部与古近系烃源岩有一定接触关系，可形成近源

充注的新生古储型油气藏，而潜山内幕远离古近系烃源岩，主要以煤系烃源岩单源供烃为特点，总体表现为双源供烃、断储输导、近源充注、复式聚集的特点，歧北、埕海等潜山是该类型油气藏的典型代表。

通过分析总结，认识到大港潜山原生油气成藏主要受控于以下几方面因素。

1）烃源岩分布控制油气藏分布范围，生烃强度是关键控制因素

煤系烃源岩的空间分布及演化差异是原生油气藏分布的主控因素。石炭系—二叠系烃源岩沉积于海陆交互环境，分布在大港探区中部及南部地区，覆盖了北大港、埕海、歧北、孔店、王官屯、乌马营等潜山。其有机质类型以腐殖型和腐泥—腐殖型为主，即可生气亦可生油。其生烃过程受成山演化过程控制明显，不同生烃阶段生烃产物不同，形成的油气藏类型也有较大差异。但目前已发现的原生油气藏，其分布受煤系烃源岩主力生烃中心分布范围控制明显，高生烃强度区油气富集程度也高。

2）源储配置和储层发育差异控制油气富集层系

构造演化差异导致各潜山输导通道发育差异，进而对油气运移的控制作用明显不同。大港探区经历了多期构造运动，发育多期断层，其中对油气输导起作用的断层包括中生代活动断层和新近纪以来活动断层，断层对古生界油气输导的控制作用主要体现在垂向输导、侧向输导、侧向封闭等方面，新近纪活动断层对油气主要起输导作用，而中生代活动断层因停止活动时间较早，对晚期则主要起到侧向遮挡作用。

研究区存在源储分离型、源储侧接型和源储叠置型等不同的成藏类型，其中源储分离型发育新生代活动断层，且断层垂向沟通烃源岩与储层，油气沿断层垂向向上发生运移，从而形成多层系富集的特点；源储侧接型也发育新生代活动断层，但发育规模不如源储分离型潜山，仅造成烃源岩与储层发生侧向对接，由于烃源岩厚度较大，同样造成油气多层系聚集的特点；分析认为断层垂向、侧向输导是古近系来源潜山内幕油气藏形成的关键。而源储叠置型潜山则无新生代断层断至中生界、古生界，未形成有效的断层供烃窗口，油气聚集于石炭系—二叠系内部及烃源岩相邻层系，储层裂缝—孔隙输导是潜山内幕原生油气藏形成的关键。

3）储层非均质性和裂缝发育程度控制局部富集高产

上古生界砂岩储层总体上属于低孔、低渗透储层。内幕构造裂缝或次生溶蚀改造是优质储层形成的关键。在乌马营地区，下石盒子组砂岩孔隙随埋深加大变化不明显，在5000m以深仍具有好的储集性能。据营古2井岩心CT扫描证实，在4701.56m孔隙度高达14%，其中裂缝连通孔隙占94%，高角度的开启裂缝网络成为有效的油气聚集空间，是该井获高产气流的主要原因。除内幕裂缝外，紧邻二叠系顶面不整合的地区，发育古风化淋滤形成的裂缝系统，这些层段的砂岩储层含油气性也相对较好，是高产的主要层段。

5.中生界油气成藏主控因素及富集规律

1）成藏主控因素

（1）成山、成储、成藏期"三期耦合"是中生界油气成藏的先决条件。

构造演化研究表明，兴隆台潜山是中生代末期形成的继承性古隆起，潜山雏形形成

于燕山期，经历新生界盆地多期沉降及回返，潜山构造最终定型于渐新世东营组沉积期。裂缝研究表明，中生界角砾岩主要发育两期裂缝，中生代形成的构造缝多被充填，渐新世东营组沉积期形成的构造缝为有效缝，且晚期裂缝切割早期裂缝，说明角砾岩有效储层主要形成于东营组沉积期；而西部凹陷油气排烃主要时期为东营组沉积末期，与中生界成山、成储期形成了最佳耦合，是中生界油气成藏的先决条件。

（2）岩性是形成优质储层的基础条件。

中生界岩性复杂多样，利用系统取心，采用"岩心刻度测井"建立中生界岩类测井识别划分图版，将中生界沉积岩划分为测井可识别的五类岩性。具有从"花岗质砾岩—混合砾岩—砂质砾岩—砂岩"的优势岩性序列。通过马古 6 井储层品质及试油成效分析，4373.4～4348.1m 井段日产油 82.3t，日产气 22082m³，累计产油 4.2×10⁴t。该段岩性为花岗质角砾岩，单层厚度大于 10m，自然伽马曲线平直，深浅电阻率曲线呈箱型，密度及声波时差曲线均平直，显示该段花岗质角砾岩岩性纯，是形成优质储层的基础条件。

（3）构造应力是优质储层裂缝发育的决定条件。

在构造作用下，中生界储层会产生裂缝，提高储层的储集能力。通过马古 6 块开发现状分析，在花岗质角砾岩发育区，靠近大断裂处的开发井裂缝发育程度要明显好于其他部位，单井累计产油普遍大于 2×10⁴t。单井裂缝越发育，油气累计产量越高，说明在相同岩性条件下，构造应力对花岗质角砾岩的裂缝发育程度起到了决定作用。

（4）优势岩相与构造高部位共同控制油气形成富集高产。

中生界潜山含油气性受优势岩相和构造的双重控制，马古 6 块中生界受 3 条北东向断层、2 条东西向断层及 2 条南北向断层控制，共分为 7 个断块。通过对 7 个独立断块的开发现状分析发现 2 个特征：一是油气累计产量最高的开发井普遍位于断块高部位，说明构造高部位对油气富集高产起到了控制作用；二是马古 6 独立断块内，低部位的马古 6 井比高部位的马古 6-7-12 井油气累计产量高，马古 6 井累计产油 4.2×10⁴t，马古 6-7-12 井累计产油仅 2320t，通过岩性及岩相分析，断块内由低部位是花岗质角砾岩相，高部位相变为混合砾岩相及砂岩相，说明优势岩相与构造高部位共同控制了油气形成富集高产。

2）富集规律

研究表明兴隆台中生界和上覆古近系及下伏太古宇成藏条件一致，成藏条件优越，通过油气成藏分析研究，兴隆台中生界油藏受岩性与构造双重控制，厚层、均质角砾岩与大断裂叠合区为成藏优势区。主要分布在中部兴隆台潜山兴古 7 块，其次分布在北部的陈家低潜山和南部的马圈子潜山马古 6 块。

第三节　渤海湾盆地潜山勘探实例

一、黄骅坳陷古生界

近年来，大港油田在上古生界潜山加大研究力度，开展上古生界煤系烃源岩的生烃和资源潜力评价、潜山有利储盖组合等研究，系统开展了古生界成山、成烃、成储、成藏研究，指导发现了乌马营、歧北等上古生界天然气藏（刘为，2015；王方超，2015；付立新等，2016；王文庆等，2017；李岳桐等，2018）。通过钻探，新发现了乌马营潜山二叠系下石盒子组和歧北潜山奥陶系以煤系地层为源的古生界凝析油气藏，实现了勘探突破与规模增储。以乌马营潜山上古生界莲花气田的发现为例。

乌马营潜山主要含气层系为古生界二叠系及奥陶系，该潜山古生界勘探程度非常低，截止到 2017 年只有乌深 1 井钻遇古生界，但由于当时二叠系并未作为主要目的层，未进行试油，虽然奥陶系获得高产工业气流，但由于硫化氢含量较高，H_2S 含量为 16.5%，该潜山古生界勘探工作停滞。2017 年之后，重点开展石炭系—二叠系碎屑岩潜山油气成藏潜力研究，明确大港探区南部上古生界煤系烃源岩厚度大，大面积稳定分布，烃源岩镜质组反射率 R_o 为 1.1%～1.6%，处于大规模生烃阶段。二叠系上、下石盒子组河流相砂岩厚度大，平面分布稳定，次生溶蚀孔隙及裂缝发育，埋深近 5000m 仍有较好物性，为天然气聚集成藏提供了储集空间。因此重新对乌深 1 井上古生界进行评价，经录井、测井重新解释气层 35m/7 层，其中下石盒子组重新解释气层 76.8m/11 层，太原组重新解释气层 7m/2 层，之后部署了营古 1 井、乌探 1 井及营古 2 井。其中营古 1 井下石盒子组试油压裂日产油 24.46t，日产气 80122m^3；营古 2 井压后日产气 424019m^3，日产油 6.6m^3。此后对油气源条件、潜山内幕储盖组合及油气充注成藏等深化研究，明确了乌马营古生界潜山内幕油气藏的形成与复式聚集特征。

1. 三期不同性质的构造活动形成了乌马营有利的背斜构造形态

乌马营潜山构造带古生界发育多个大型背斜、断鼻构造，这些构造大多为中生代时期形成的挤压逆冲背斜构造，由西侧北北东向高陡逆冲构造和东部北东东向宽缓背斜构造组成。其中潜山带西部为一高陡古逆冲褶皱带，南北延伸近 24km，以石炭系底—奥陶系峰峰组泥灰岩为构造拆离层，形成下部"东倾西冲"的厚皮构造和上部"西倾东冲"的薄皮逆掩断弯褶皱，并在上古生界二叠系形成长轴背斜圈闭带。西缘逆冲带由南中北三部分组成，北段上古生界顶部剥蚀强烈，后期受新生代断裂活动影响较大，现今构造圈闭幅度低；中段主逆冲断层活动强烈，上古生界形成断弯褶皱，后期新生代断裂活动影响小，三角逆冲构造保存完整，圈闭保存条件较好；南段逆冲推覆变形减弱，为被中生代晚期伸展断层改造复杂化的复杂断块区，新生代断裂活动比较弱，下切活动不剧烈，对圈闭的改造较弱。东部背斜奥陶系顶面构造形态宽缓，被古近纪晚期（沙一段沉积时期）强烈活动的乌马营断层下切改造，分成乌参 1 井断鼻和乌马营东背斜（张志攀等，2017；董政等，2018）。

2. 位于煤系烃源岩二次生烃中心，有利于潜山油气运移成藏

黄骅坳陷上古生界煤系烃源岩累计厚度为 100～450m，分布范围可达 9589km^2。平面上发育两个厚度中心，南部中心厚度较大，以乌马营潜山构造带为中心，最大厚度可达 450m，北部则以歧南—埕海地区为中心。研究区纵向上发育本溪组、太原组与山西组三套煤系烃源岩，以太原组和山西组为主，发育暗色泥岩、煤岩与碳质泥岩三类烃源岩。

其中煤岩单层厚度为 2～5m，累计厚度为 20～45m，太原组煤岩最发育且分布稳定，占煤岩厚度的 65%；碳质泥岩厚度为 40～110m，平面分布与煤岩有较好的对应关系；暗色泥岩在三类烃源岩中最发育，总厚度为 150～350m。烃源岩地球化学参数统计表明，黄骅坳陷煤系烃源岩有机质丰度较高，生烃潜力大，富氢组分含量高，具备良好的生烃基础。煤岩 TOC 介于 11.5%～78.0%，（S_1+S_2）分布在 0.506～218.56mg/g，山西组与太原组 TOC 均值为 44.2% 和 46.4%，（S_1+S_2）为 81.99mg/g 和 75.17mg/g，其中山西组煤岩相对较好，但两者均达到好—极好标准。暗色泥岩 TOC 平均值均大于 2.0%，生烃潜量平均值分别为 6.92mg/g 与 5.85mg/g，为中等—好烃源岩。山西组与太原组碳质泥岩 TOC 相差较小，但山西组（S_1+S_2）与 HI 相对较高，好于太原组。

烃源岩总体上处于成熟—高成熟阶段。烃源岩埋深小于 3000m，镜质组反射率介于 0.5%～0.8%；埋深大于 3000m，烃源岩热演化程度逐渐加大，5200m 左右 R_o 达到 1.30%，进入凝析气阶段。热演化史模拟结果表明，乌马营潜山存在两期生烃，一次生烃期距今约 155—134Ma，为晚中生代，此后黄骅坳陷经历一次抬升剥蚀，烃源岩演化中止，新生代黄骅坳陷快速沉积了巨厚的孔店组、沙河街组及新近系，烃源岩埋深超过中生代末期深度后继续演化，进入二次生烃过程，距今约 55Ma 至今。

3. 发育多套储盖组合，具备多层系复式聚集成藏条件

乌马营古生界潜山内幕自上而下发育四套有利储盖组合。顶部储盖组合以石千峰组泥岩为盖层，上石盒子组曲流河相砂岩为主要储层，储层主要为河道沉积的灰色含砾不等粒砂岩和细砂岩。上部储盖组合主要分布在二叠系下石盒子组和上石盒子组，上石盒子组红色泥岩盖层为区域性的盖层，下石盒子组顶部含砾砂岩是主力储层，储层主要为河道亚相灰色含砾不等粒砂岩、中粗砂岩等。中部储盖组合以太原组泥岩及煤系为盖层，太原组障壁砂体及台地相碳酸盐岩为主要储层，储层主要为三角洲分流河道、水下分流河道细砂岩。下部储盖组合为奥陶系与本溪组，储层主要为奥陶系碳酸盐岩。

其中，上部储盖组合储层为下石盒子组河流相砂岩，整体表现为厚层中粗砂岩，储层厚度介于 4～15.5m，平均厚度为 6.89m，总厚度为 128m。岩石成分成熟度高，以石英砂岩为主，含少量岩屑质石英砂岩，石英含量多高于 90%，最高可达 99%。储层整体较为致密，孔隙度介于 3.8%～12.4%，平均孔隙度为 7.11%，渗透率介于 0.01～1.01mD，平均渗透率为 0.32mD。该套储层原生孔隙几乎不发育，储集空间以微孔隙和次生溶孔为主，局部有少量裂缝发育。其中微孔隙主要为高岭石晶间孔隙，次生孔隙主要为填隙物溶孔及少量颗粒边缘溶孔。该套储层属于源上储盖组合。

4. 晚期为主的油气充注，具有复式油气聚集的特征

乌马营潜山上古生界天然气成藏时间具有两期成藏，早油晚气，晚气为主的特征。第一期油气充注时间较早，为白垩纪早期（杨子玉等，2014）。该时期烃源岩进入生烃门限，但热演化程度较低，以生油为主。对营古 1 井下石盒子组砂岩油气包裹体进行观察，发现粒间孔隙中填充大量的碳质沥青，反映了早期油气充注至孔隙中，后期遭受氧化降解后形成的产物。第二期油气充注期为沙三段沉积早期至明化镇组沉积中期，充注持续过程较长，同时含烃伴生盐水包裹体均一温度统计结果表明，130～139℃为主要分布区间，对应沙三段沉积晚期至馆陶组沉积晚期（距今约 40—15Ma），为油气主要充注期。镜下观察表明，大量含烃包裹体分布于石英颗粒成岩次生加大边中，或沿切穿石英颗粒的成岩期后微裂隙成线状 / 带状分布，表明乌马营潜山下石盒子组砂岩储层中曾发生过较大规模和较长时间的油气运聚与成藏过程。

乌马营潜山具有下石盒子组源上砂岩和奥陶系源下碳酸盐岩复式油气聚集的特点（图 3-3-1）。二叠系下石盒子组砂岩层状气藏，以石炭系—二叠系煤系烃源岩供烃，煤系烃源岩生成的油气可沿断裂侧向或垂向充注，进入上部的潜山内幕下石盒子组砂岩储层中，形成古生古储的原生油气藏。

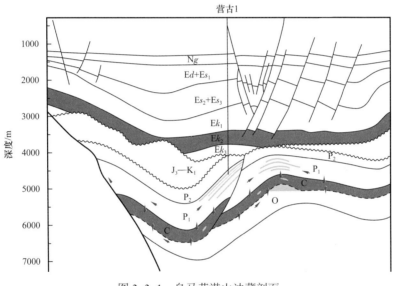

图 3-3-1　乌马营潜山油藏剖面

二、冀中坳陷古生界

杨税务潜山是廊固凹陷河西务潜山带北部的一个潜山构造。河西务潜山带夹持于廊固凹陷韩村洼槽、桐南洼槽及武清凹陷大孟庄洼槽之间，处于油气主要运聚方向，成藏条件有利（何登发等，2018）。奥陶系碳酸盐岩之上依次由石炭系—二叠系和古近系覆盖。该潜山带于 1966 年首钻京 1 井，到 2016 年底完钻各类探井 201 口，发现了古近系和潜山油气田。其中钻遇奥陶系的探井有 20 口，6 口井获工业油气流，在潜山带南部探明了京 30、永 9、永 22 三个潜山油气藏；而潜山带中北部钻探的务古 1 井、务古 2 井、京 24 井等井钻探成效较差，一直没有取得实质性突破。2012 年以来，加强奥陶系碳酸盐岩潜山精细构造落实、有利储层特征研究和油层压裂改造工程技术攻关，2016 年在杨税务潜山部署钻探中国石油天然气股份有限公司风险探井——安探 1X 井，在上马家沟组获日产气 $40.89 \times 10^4 m^3$、油 71.16m³ 的高产油气流，实现了冀中坳陷北部超高温奥陶系非均质性深潜山油气勘探的重大突破（赵贤正等，2014；Zhao et al.，2015；杜金虎，2017）。

1. 物探技术攻关，夯实整体研究资料基础

冀中坳陷北部深潜山勘探面临两大难点：一是如何提高深潜山及内幕的信噪比和成像精度；二是如何建立合理准确的速度模型，搞清潜山及内幕构造形态。针对以上难点，采用了三项关键技术：一是叠前联合去噪技术，主要从压制噪声前后的单炮剖面及信噪比平面图进行分析，确保潜山目的层信噪比得到有效提高，而且对有效波没有造成损伤；二是通过网格层析速度优化及 TTI 各向异性深度偏移，提高控山断层的成像效果，实现潜山顶面和内幕反射清晰成像；三是通过双聚焦叠前偏移成像提高潜山的成像精度，改善复杂断裂及高陡倾角的成像效果。通过以上技术的应用，形成了冀中坳陷中北部满覆盖面积 4600km² 的叠前深度偏移连片三维地震数据平台，潜山及内幕波组特征清楚、断层归位准确，断裂结构清晰，为潜山及内幕构造精细落实奠定了良好的资料基础。

2. 精细构造解释，发现落实大型杨税务潜山圈闭

利用连片三维叠前深度偏移数据开展河西务潜山带控山断层、内幕断层及局部构造的精细解释。河西务潜山带局部构造发生了变化，主要有 3 个方面。

首先，新发现落实了规模大、延伸距离长的韩村—中岔口断层，以往认为该断层为控制韩村潜山的局部控山断层，延伸长仅 8km；而新一轮研究认为，该断层为雁行式排列的、两条相交的、北东向展布的控带断层，延伸长约 35km，分别控制着中岔口潜山、韩村潜山的发育与形成。

其次，在北部识别落实了杨税务断层，其控制了潜山西部边界，同时新发现落实了多条潜山内幕断层，呈北东、北北东向及北西、北西西（或近东西）向展布，延伸长 3～8km，断距为 50～300m，对杨税务潜山局部构造和裂缝发育具有明显的控制作用。

最后，杨税务—南旺潜山构造的构造面貌有了较大的变化，以往杨税务和南旺为两个独立的、面积比较小的潜山构造；而新的构造图上，该区是一个以 5100m 为统一构造闭合深度，由多个潜山局部构造高点组成、呈北西向展布的大型杨税务潜山构造，整体由三排北东向展布的局部潜山构成，呈垒堑相间结构，潜山高点埋深 4600～4750m，幅度 250～400m，圈闭面积 42km²。新的构造研究成果提升了杨税务潜山的勘探价值。

3. 储层精细研究，明确奥陶系有利储层发育区

1）重建冀中坳陷北部奥陶系岩相古地理，为储层深化研究奠定了基础

以往冀中坳陷奥陶系岩相古地理研究比较粗放，不能满足油气精细勘探的需要。自 2011 年以来，系统开展了冀中坳陷北部奥陶系层序地层与岩相古地理研究。

（1）通过岩性—电性关系精确标定，重建了录井岩性剖面，校正了以往录井剖面上存在的岩性误差，改变了其大套石灰岩为主的岩性剖面组合结构，并明确了岩性录井中难以准确辨识的岩石结构类型，为精确单井相分析和单因素图件编制提供了更为可靠的岩性资料。（2）优选能反映沉积环境特征的地层厚度、白云岩含量、泥质含量、颗粒含量等单因素进行分析，在沉积模式指导下综合编制了奥陶系各组（段）不同时期的岩相古地理图。

研究表明，冀中坳陷北部冶里期、下马家沟组晚期以局限台地相沉积为主，亮甲山期、下马家沟组早期、上马家沟组早期和峰峰组早期以潮坪相沉积为主，上马家沟组晚期、峰峰组晚期以开阔台地相沉积为主。其中潮坪相的云坪、灰云坪微相区白云岩发育，是储层发育的有利岩相带；局限台地、开阔台地相的云灰坪、含云灰坪微相区白云岩与石灰岩间互，是储层发育的较有利岩相带。新的研究成果为重新深入研究区内奥陶系储层发育特征并预测其空间分布提供了重要依据。

2）深化储层成因类型与主控因素研究，明确有利储层发育模式

在岩相古地理研究基础上，综合应用露头、钻井、测井、地震、试油与分析化验等资料，开展储层基本特征、成因类型、有利储层主控因素等针对性研究，明确了河西务潜山带奥陶系储层特征与发育区分布。

奥陶系发育白云岩孔隙型和岩溶缝洞型两类有利储层，其储集体发育和分布主要受岩石类型、裂缝发育程度和岩溶作用强度控制，具有区域块状、层状和局部孤立状三种发育与分布模式，储集类型主要为裂缝—孔隙型和孔洞—裂缝型。奥陶系主要发育亮甲山组上部—下马家沟组底部、下马家沟组上部—上马家沟组底部、上马家沟组上部—峰峰组底部三套孔隙型白云岩储层和奥陶系顶部岩溶缝洞型碳酸盐岩储层。

3）多图叠合法，预测有利储层发育区

根据储层的岩—电—震等相应特征开展奥陶系碳酸盐岩正演模拟，利用振幅属性预测储层有利相带分布区，采用应力场模拟确定大尺度断层与裂缝分布，利用倾角相干和叠前应力场模拟预测中小尺度断层与裂缝分布，最后采用相干与振幅属性融合圈定有效储层发育区，认为河西务潜山带北部的杨税务奥陶系潜山处于有利储层发育带。

4. 成藏综合评价，构建"层—块复合"潜山成藏新模式

杨税务潜山西、北、东三侧分别被韩村洼槽、桐南洼槽、大孟庄洼槽环绕，烃源岩以古近系沙河街组沙四段—孔店组深湖—半深湖相暗色泥岩为主，石炭系—二叠系煤系地层为辅；同时，东侧的大孟庄洼槽沙三段湖相暗色泥岩也可作为潜在供烃层系，油气源条件比较优越。控制杨税务潜山的河西务断层和杨税务断层断距大，分别为400～1500m、100～300m，延伸长，分别为40km、12km，烃源岩与潜山接触面积大、供烃窗口大。

古近纪以来，河西务潜山带经历了早埋（Es_4—Ek）—中隆（Es_2+Es_3）—晚稳定（Ed）的构造发育形成过程，断层活动性强，造成奥陶系碳酸盐岩储集体形成断裂型微裂缝，成为主要的储集空间。同时，河西务、杨税务等深大断裂成为油气的主要运移通道，为油气的运聚成藏创造了有利条件。潜山上覆石炭系—二叠系泥岩盖层、侧向由古近系泥岩层封堵，以及构造的后期稳定等提供了良好的保存条件（何登发等，2017）。

杨税务潜山奥陶系在纵向主要发育三套储盖组合。第一套是石炭系—二叠系为盖层、峰峰组—上马家沟组上部为储层的储盖组合；第二套是上马家沟组中下部致密石灰岩为盖层、上马家沟组底部—下马家沟组上部白云质灰岩为储层的储盖组合；第三套是下马家沟组中部为盖层、下马家沟组底部—亮甲山组上部为储层的储盖组合。其中潜山不整

合面附近碳酸盐岩储层具有穿层性、溶蚀孔隙相对发育特点；潜山内幕储层主要顺层分布，受沉积微相等控制，局部区域受断层控制。综合分析，构建了河西务潜山带奥陶系层状—块状复合型潜山油气藏模式（图3-3-2）。在潜山局部高部位的峰峰组、上马家沟组上中部，裂缝—溶孔发育，形成块状潜山油气藏；在潜山内幕的上马家沟组底部—下马家沟组上部和亮甲山组等二套储盖组合，主要形成层状潜山油气藏。

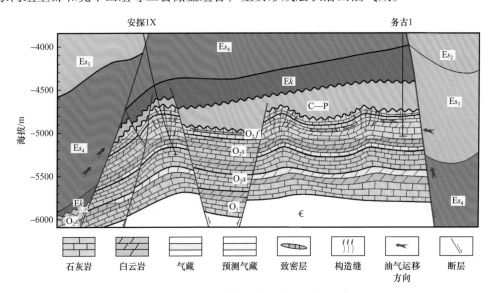

图 3-3-2　河西务潜山带奥陶系油藏剖面

5. 精细目标论证，部署风险探井获得重大突破

综合评价认为，杨税务潜山油气源充足，埋藏较深，大于4700m，面积较大，为42km²，是风险勘探的有利目标。2015年11月5日中国石油天然气股份有限公司终审通过了风险探井——安探1X井，井位设计在杨税务潜山圈闭的西高点。

安探1X井于2016年1月10日开钻，4月28日进山，进山深度4866m（垂深4747m），7月9日完钻，完钻井深5496m（垂深5243m），层位于下马家沟组。在奥陶系录井见到荧光显示68m/19层，测井解释Ⅰ类储层41.6m/10层，Ⅱ类储层92.8m/29层，发现了河西务潜山带油气层厚度最大的潜山油气藏。实施大型酸压压裂，采用16mm单油嘴、60.325mm孔板求产，日产天然气$40.89×10^4m^3$、凝析油71.16m³；试采日产天然气$9.5×10^4m^3$、日产油30m³，突破了冀中坳陷北部超高温奥陶系深潜山油气藏的高产稳产关。

6. 突破工程技术瓶颈，奥陶系深潜山油气藏实现高产稳产

杨税务潜山埋藏深，且奥陶系碳酸盐岩储层非均质性强，存在超高温深潜山优快钻完井、非均质储层高效改造及稳产等难题。通过技术攻关，创新应用了超高温潜山段钻井与小间隙固井钻完井配套技术，研发了超高温碳酸盐岩非均质储层大型酸化压裂改造增产技术，实现了安探1X、安探3、安探4X等井的高产稳产。

三、辽河坳陷中生界

兴隆台潜山带位于西部凹陷中部，为长期继承性发育、呈北东向展布的"洼中之隆"，由南至北依次为马圈子潜山、兴隆台潜山和陈家潜山，面积约 200km²。其南侧为清水洼陷，西侧为盘山洼陷，北侧为陈家洼陷。

兴隆台潜山带勘探始于 20 世纪 70 年代初，是辽河油田最早勘探发现的潜山含油气构造。中生界长期作为勘探太古宇潜山油藏的兼探层系，仅在兴隆台构造带马圈子潜山获得零星勘探发现。2008 年钻探的马古 6 井在中生界压裂试油，日产油 82.3t，日产气 22082m³，但相邻断块内的马古 2 井、马古 3 井等均未获发现。通过中生界老井复查分析，认为制约兴隆台潜山中生界勘探进程有 4 个因素。一是虽然 135 口开发井在中生界见到油气显示，但油气显示级别差，经统计 80% 仅为荧光。二是由于中生界不是目的层，钻进中普遍采用了密度较大的钻井液，导致中生界气测整体偏低，不利于油气层的现场发现。三是受储层改造工艺限制，产能普遍较低。四是中生界取心资料少且收获率低，缺乏系统的岩心分析，造成地质上长期认为"中生界储层致密，不具备有利成藏条件"。实现中生界的勘探突破，首先要开展储层储集特征分析工作。

1. 储层岩石特征

兴隆台中生界岩石类型包括 2 大类、5 亚类、30 种岩石类型。中生界储层主要岩石类型有角砾岩、安山岩等，其中裂缝与次生溶孔均发育的角砾岩是中生界主要的储层岩石类型。在角砾岩中，以花岗质角砾岩最为发育，其次为混合砾岩。花岗质角砾岩以灰色为主，厚层块状，棱角状砾石含量一般大于 50%，成分以太古宇成因的花岗质砾石和岩屑为主，次为单颗粒石英、碱性长石、斜长石。受多期构造运动强烈改造，花岗质砾石破碎，砾石间发育大量裂缝。花岗质角砾岩在后期溶蚀作用下，常发育少量的粒间溶孔、粒内溶孔等，次生溶孔与裂缝相沟通，孔渗性极好。混合角砾岩成分仍以太古宇成因的花岗质岩屑为主，但火山质岩屑及细碎屑含量大量增加，充填在颗粒间，同等应力条件下形成的裂缝发育程度仅次于花岗质角砾岩，储集性能良好。

2. 储集空间类型

通过岩心、微观铸体薄片和压汞等分析，并借助 FMI 成像测井资料的识别判断，兴隆台油田中生界砾岩储层主要发育裂缝、溶孔两大类储集空间，以裂缝为主，孔隙次之。

1）裂缝

兴隆台中生界角砾岩储层主要发育构造缝、成岩缝和微裂缝 3 种类型，其中成岩缝和微裂缝多被方解石、泥质充填，构造缝为油气运移及储存的重要空间。花岗质砾岩裂缝发育程度最好，缝宽多在 1mm 以上，充填程度低，集中发育在大断裂处。据岩心观察及 FMI 成像测井资料分析，中生界花岗质砾岩裂缝多为网状缝，高角度缝与低角度缝均十分发育，靠近大断裂处花岗质砾岩裂缝密度平均达 2.57 条 /m。构造缝对改善中生界花岗质砾岩渗流能力发挥了重要作用，是油气形成富集高产的重要原因。

2）孔隙

兴隆台中生界角砾岩储层孔隙类型单一，主要发育粒间溶孔及粒内溶孔。原生孔隙几乎全被胶结充填。次生孔隙中以粒间溶孔及粒内溶孔最为发育，铸模孔少见。粒间孔多分布于花岗质岩块之间，呈不规则形态，多为后期胶结物被溶蚀形成，镜下面孔率为5%～10%，孔径为0.2～0.5mm，溶孔多与构造缝相连通，成为花岗质角砾岩渗流通道的重要组合。混合砾岩由于火山质岩屑及细碎屑含量大量增加，溶孔发育程度低于花岗质角砾岩。

3. 储层物性类型

通过对陈古1井、兴古10井、马古6井等20口取心井1509块岩样的实测孔渗数据进行统计，并借助FMI成像测井及CMR核磁测井资料分析，中生界砾岩储层以低孔低渗透和低孔特低渗透为主，孔隙度主要分布在4.5%～10.4%，平均为7.8%，渗透率主要分布在0.098～11mD，平均为1.57mD。储层孔隙度与渗透率相关性表明，中生界砾岩储层孔隙度与渗透率总体呈正线性相关，以裂缝型储层为主。对兴隆台油田中生界砾岩储层来说，裂缝的发育程度直接决定了储层的储集性能。

4. 沉积特征

中生代辽河地区由一系列受到断层严格控制的断陷盆地组成，主要发育冲积扇—河流—湖泊沉积体系。根据重矿物资料，兴隆台潜山中生界物源来自东侧中央凸起，东部陈古5井、兴古10井、马古6井等井区钻遇中生界，自下而上由3段组成。Ⅲ段为浅红色块状角砾岩，粒径普遍大于5cm；砾石无分选，次棱角状；砾石为花岗质岩块，砾石间为砾石同成分细碎屑；从底向上粒度无明显变化。Ⅱ段为紫红色块状砂砾岩夹紫红色泥岩互层，砂砾岩粒径为1～10cm，大多为5mm；砾石分选差，次棱角状到次圆状；砂质胶结，颗粒支撑结构；从下向上粒度逐渐变小，泥质含量逐渐增加。Ⅰ段为一套火山岩构造，主要为玄武岩、安山岩。西部陈古3井、兴古7-20井、马古2井等井区钻遇中生界，自下而上同样具备3段特征，但岩性剖面与东部不同，Ⅲ段为灰白色块状砂砾岩，Ⅱ段为紫红色块状砂砾岩，泥质含量明显变重，泥岩隔层明显增多。上述特征反映兴隆台潜山中生界发育在盆地边缘地带，具有自下而上粒度逐渐变细、由东部到西部粒度逐渐变细的特征，属于典型的冲积扇扇中—扇端沉积。

综合上述成果认识，编制了兴隆台潜山中生界角砾岩油藏综合评价图，明确了中生界角砾岩油藏存在3个有利勘探区：陈家低潜山轴部、兴隆台高潜山东翼构造高部位、马圈子低潜山东翼构造高部位，有利面积为56km²，预测资源量约1×10⁸t（图3-3-3）。2018年在兴隆台潜山部署探井陈古6井，在中生界角砾岩中压裂试油，采用6mm油嘴自喷求产，日产油50t，日产气5906m³；2019年4月完钻的马古16井在中生界角砾岩中测井解释油层470m，准备试油；通过老井重新评价，实施的兴古7-4井等5口老井试油均获工业油流，2018—2019年累计新增三级储量1.08×10⁸t，实现储量翻番。

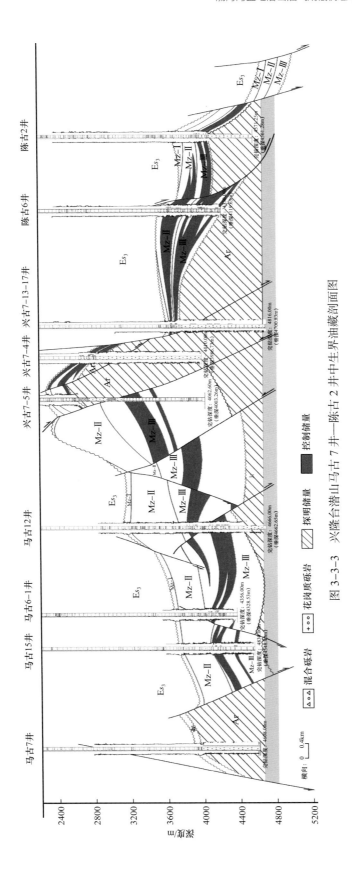

图 3-3-3 兴隆台潜山马古 7 井—陈古 2 井中生界油藏剖面图

四、济阳坳陷古生界

1. 制约勘探的关键问题

济阳坳陷古生界潜山经历多期的构造运动，地质结构和形成过程极其复杂；有利储层的形成机制和发育规律不清楚，埋藏深，地震资料品质差，预测难；油气运聚方式和模式缺乏规律性的认识。在原有指导下，勘探目标钻遇程度变高，下一步的勘探方向不明确，导致十多年没有新进展。

（1）构造仍需要进一步落实，尤其潜山内幕构造层系的精细解释。

多期强烈的构造运动使该区地质格局十分复杂。断裂复杂区块地震反射轴难以追踪，平面上断点组合比较困难，难以精确落实潜山的构造形态，进而影响储层控制因素、分布规律、油藏特征及其分布规律的深入研究，从而影响到潜山的勘探。

（2）储层发育程度不清。

地层残留不均衡，储层发育程度是油气成藏与富集的主要控制因素之一。古生界碳酸盐岩储层非均质性较强，储集性能在平面上和纵向上均有较大差异，不同井区、不同层段的油气产量也有较大差异，储层控制因素和展布规律不是很清楚。

（3）成藏控制因素不清。

受构造和储层及油气运移条件等多种因素的控制，该区潜山油气成藏十分复杂。圈闭的有效性和圈闭与油气运移的时空配置控制着油气的成藏，圈闭有效性影响因素包括多方面——构造、储层、盖层和圈闭的侧向封闭能力等，系统评价圈闭的有效性复杂但关键。埕北30潜山的开发表明，埕北30区块古生界的油气系统非常复杂，构造位置高的断块油气产量低于构造位置低的断块，甚至同一断块内油气产量及油水关系具有很大的差异，难以追寻其规律，直接制约了潜山的勘探和开发。

2. 油气成藏条件重新认识

1）古潜山的展布规律

济阳坳陷构造上位于渤海湾盆地的东南部，是渤海湾盆地内为埕宁隆起和鲁西隆起所夹持的向西收敛向东撒开的、近东西走向的一个一级负向构造单元，是渤海湾复式断块盆地的一部分，为一典型"北断南超"箕状断陷。其北部以埕宁隆起为界，与黄骅盆地相邻，南部是鲁西隆起区，东临渤海，西与临清块断盆地相连。济阳坳陷古潜山的形成，与渤海湾盆地的形成演化是不可分割的。渤海湾盆地东部边界的郯庐断裂是中国东部一条深大断裂，全长约2400km。该断裂的剪切运动对于济阳坳陷的形成和发展具有重大的意义，济阳坳陷古生界潜山的现今构造格局为多期构造叠合而成，具有北西向成带，北东或东西向分割的特征，向东构造倾于复杂，向东南收敛于郯庐断裂带的趋势。

济阳坳陷构造演化受华北板块与华南板块的碰撞挤压及太平洋板块的俯冲等共同作用。太古宇以来经历了吕梁、加里东、海西、印支、燕山和喜马拉雅六期构造运动。

济阳坳陷古生界潜山的形成经历了两次挤压、两次拉张的动力学过程，即先期形成的北西向褶皱构造被后期北东向构造切割改造；盆地东部自北向南依次发育的断滑褶皱潜山带、逆冲褶皱潜山带、滑脱褶皱潜山带是受郯庐断裂控制的左行压扭性应力场作用的结果；滑脱潜山带的形成受陡坡带边界断层产状、活动方式和强度的控制。济阳坳陷下古生界十个潜山带，受控于基底断层的产状、活动期次及活动规模。

燕山运动末期的北东、南西向挤压作用，对济阳坳陷东部影响较大，在沾化、车镇、埕岛等地区普遍发育逆断层或中生界、古生界层间走滑现象和拆离滑脱现象，控制了褶皱潜山带的分布。

北西向断裂带古近系、新近系早期即停止活动，因而由它们控制的北西向下古生界块断潜山带多由古近系覆盖，这类潜山带盖层条件好，埋藏相对较深。

北东向和东西向断裂带活动时间长，由它们控制的下古生界滑脱潜山带、断块潜山带、残丘潜山带多由新近系覆盖，上覆盖层发育程度取决于断层活动强度（图3-3-4）。

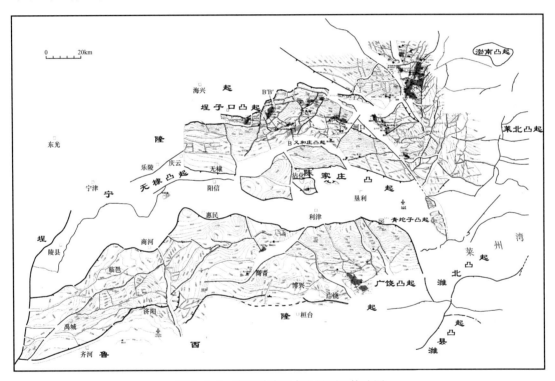

图3-3-4　济阳坳陷下古生界顶面构造图

2）古潜山的油气源条件

潜山成藏的关键，是要有与其相通的外部油气源。印支、燕山、喜马拉雅早期块断活动，形成形态、大小各异的正、负相间的块体。正向块体在地质演化进程中成山，与其相邻的凹（洼）陷，则发育了巨厚的古近系烃源岩，成为油气源区。济阳坳陷东营、沾化、车镇、惠民四大生烃凹陷，古近系生烃岩系累计厚达3000m以上，其中沙三下亚段生烃岩系厚达千余米。二者形成良好的新生古储成油组合，使靠近生烃凹（洼）陷的潜山带成为良好的油气聚集带。

济阳坳陷潜山的油气来源于沙四上亚段、沙三下亚段、沙三中亚段和沙一段，其中沙三下亚段以有机质丰度高、生烃潜力大和分布稳定，成为最重要的优质烃源层。东营凹陷沙四上亚段、沾化凹陷沙一段烃源岩也可达到优质烃源岩的标准。济阳坳陷目前已经找到的原油均与古近系沙河街组的四套烃源岩有关。其中沙三型原油分布范围较广，可见于济阳坳陷的大部分地区，因此是主力原油类型，其油气储量占 60% 以上。

3）古潜山的储层条件

（1）储集空间类型。

古潜山在形成过程中，经历了多期构造运动和长期风化剥蚀，在沉积孔隙、构造裂缝的基础上产生大量的溶蚀孔洞及溶缝，形成了储集空间类型多，结构复杂，分布极不均匀等特点，既具有同生成因储集空间，也有后生和表生成因储集空间，其特点是原生储集空间不发育，发育裂缝、溶蚀孔洞、晶间溶孔等多种储集空间类型，其中裂缝是主要的储集体及输导体，多期次、多方向的高角度裂缝将各种储集空间有机连接在一起，构成复杂的储集体系，是埕岛地区古生界潜山富集高产的储集基础（图 3-3-5）。

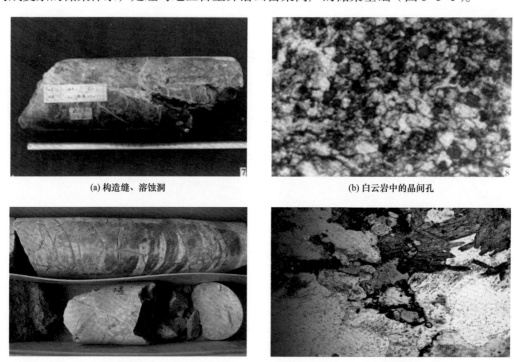

(a) 构造缝、溶蚀洞　　　　　　　　　　　　(b) 白云岩中的晶间孔

(c) 构造缝　　　　　　　　　　　　(d) 粒间溶孔

图 3-3-5　埕岛—桩海地区下古生界潜山储集空间类型

① 孔洞型储集空间。

按成因分类有角砾间（溶）孔洞、角砾内溶孔、晶间（溶）孔洞、晶间微孔/缝、膏模/溶孔和脉内（溶）孔，偶见粒间充填残余孔、生物孔等。

角砾间（溶）孔洞和角砾内溶孔与角砾状岩石关系密切，普遍见于八陡组、上马家沟组、冶里—亮甲山组各层段储层。

晶间（溶）孔洞主要见于凤山组和冶里—亮甲山组白云岩中，这类孔洞多与裂缝关系密切。

晶间微孔 / 缝主要见于各类岩石主体，有原生和次生两类，大部分隐晶灰岩、隐晶白云岩及其"角砾"部分的晶间微孔 / 缝系原生成因，而交代成因的白云岩和石灰岩或局部交代形成的"斑块"，部分晶间微孔 / 缝则为次生成因（Wang et al.，2015）。

膏模 / 溶孔和晶内溶孔或数量少或个体小，一般不能作为储层的有效孔隙。脉内（溶）孔分布于裂缝这一特殊产状，可以起到增大裂缝连通率、渗透率的作用，故对储层的形成具有一定积极意义。

② 裂缝型储集空间。

裂缝是碳酸盐岩重要的储油空间，它沟通孔隙成为油气渗流的重要通道。岩石裂缝类型很多，除层间缝、缝合线缝等与沉积成岩有关的裂缝外，主要是构造缝及与构造有关的风化破裂裂缝。一般说来构造缝多为宽而长的规则裂缝，其分布受岩石的性质、纯度、厚度、岩石组合的控制，构造应力大小、构造部位不同，裂缝的发育程度亦不同。而与构造有关的风化破裂裂缝多为细而短的不规则裂缝，其随深度增加迅速消失。

风化破裂裂缝是指在表生期，因机械、物理及化学风化作用或坍塌作用等形成的各类裂缝，也包含了由于同期构造作用形成的破裂缝及其经过各种风化、溶蚀作用改造后的构造裂缝。通常岩石的风化裂隙大多数是沿着岩石的原有裂隙发育和改造的，也可以产生部分新裂隙。引起风化裂隙生成和原有裂隙加宽的地质因素：地表水及地下水的溶蚀作用及结冰时的扩张作用；昼夜温差变化引起的膨胀破裂；植物根系的张裂作用；岩石裂隙中的结晶析出盐类和矿物的张裂作用；与风化带中不稳定矿物分解和稳定矿物生成有关的生物化学反应作用。风化作用引起的岩石破坏程度和裂隙的密度都由地表向下迅速减小。对于残丘、高地这种破裂带厚度可能增大。另外风化期因剥蚀坍塌作用形成的破裂，其发育深度就大得多了，可溶岩层内及其顶盖层都有可能成为破裂层。

风化期裂缝就目前岩心的观察情况来看，中小缝或个别宽度较大的裂缝都几乎被次生矿物充填，而对目前油气的产出无意义。个别较宽的裂缝因呈半充填状，发育有缝中充填方解石（或白云石）晶间孔，这类裂缝可视为有效裂缝。

岩心观察表明古生界及太古宇中存在有大量的构造破裂缝。这些裂缝多数以垂直半充填缝为主，是主要的有效裂缝类型，部分为斜交剪切破裂缝。构造缝常切割早期（风化期）的全充填缝，有些早期裂缝则因晚期构造应力作用又复活，二者互为补充。

（2）储层的分布特征。

① 储集系统模式。

前中生界潜山经历了多期风化淋滤作用和构造运动改造，纵向上形成了风化壳岩溶型和内幕孔洞型储层，横向上形成了断层附近的断裂岩溶带和构造轴部的裂缝孔洞发育带。裂缝作用可以在一定程度上提高储层的孔隙度，但更为重要的是可以大大提高储层的渗透率，即构造应力产生断层和构造缝发育带，可形成断裂高渗透带；同时裂缝还是溶蚀作用和油气运移的通道。裂缝作用和溶蚀作用的叠加是本区古风化壳型和潜山内幕型油气藏各类储层形成的决定性因素。不整合岩溶型储集系统储层物性较好，孔缝发育，常形成孔隙—裂缝型储层，其次为裂缝—孔隙型储层。其中裂缝以构造缝、风化缝及溶蚀扩大缝为主；孔隙则多为与裂缝有关系的晶溶孔及粒间溶孔。内幕型储层储集系统组合为孔隙—裂缝型。其中裂缝以构造缝为主，局部见溶蚀扩大；孔隙以长石溶孔为主，偶见石英溶孔。受古水面升降的影响，因侧向溶蚀而形成的内幕储层具有明显的成层性。

不整合面岩溶型、内幕孔洞型和构造裂缝型储集系统组合形成了一个复式的立体储集空间，总体上讲可以分为六个储集体发育带（图 3-3-6）。

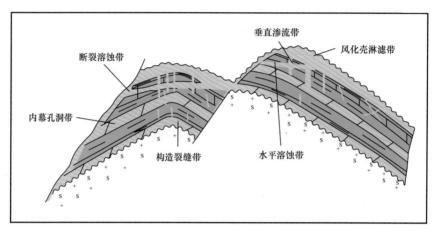

图 3-3-6　潜山储集模式示意图

② 储层的纵横向分布特征。

构造作用和溶蚀作用是储层最终面貌形成的决定性因素，储层是在裂缝及微裂缝发育的基础上，叠加溶蚀作用改造的结果（王永诗等，2017）。

下古生界不整合面暴露时间漫长，形成了与风化淋滤作用有关的各类裂缝、溶缝及溶孔，从而形成古风化壳型储层，储层物性好、质量优。埕岛潜山前中生界测试日产油基本都在百吨以上，证实太古宇顶部发育的风化壳储层储集性能较好。从实际钻遇情况看，储层主要集中发育在风化壳 0~200m 范围内，储地比均大于 30%（图 3-3-7）。

受岩性控制，下古生界内幕储层主要发育于奥陶系的冶里亮—甲山组和寒武系的凤山组，寒武系储层发育相对奥陶系要差，内幕储层发育相对较差，单层厚度小。

露头表明裂缝的发育程度主要受控于区域构造活动情况。越靠近大断裂，裂缝越发育，有利于油气储集的空间越发育。从地形上看：距离莱芜断层 2km 以内，由于断层附近的岩石破裂程度高，易风化，其地形就较低平。边界断层对裂缝平均宽度、密度及裂缝面孔率的影响具体为：裂缝平均宽度受边界断层的控制。靠近边界，断层裂缝宽度较大，1000m 以内测点平均裂缝宽度可达 1.9mm；远离断层，裂缝宽度变小，与边界断层相距 4000m 后，测点平均裂缝宽度减少为 0.2mm。据统计太古宇裂缝密度一般为 5.5~65 条 /m²，主要集中在 10~30 条 /m²。裂缝密度受边界断层控制，断层附近，裂缝密度大，最高可达 65 条 /m²；距边界断层 2000m 以内，裂缝密度迅速减小到 18 条 /m²；此后，裂缝密度减小速度减缓。裂缝面孔率受裂缝密度和裂缝宽度的影响，故也受边界断层的影响。平面上裂缝面孔率大于 3% 的区域主要分布在距边界断层 1500m 以内。

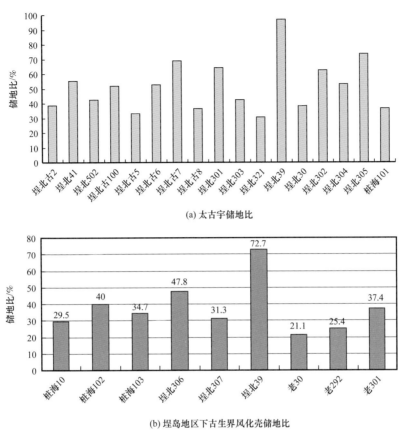

(a) 太古字储地比

(b) 埕岛地区下古生界风化壳储地比

图 3-3-7 埕岛潜山前中生界储层百分比图

4）古潜山的输导体系

潜山油气藏的形成，是油气从烃源岩运移至潜山圈闭中聚集成藏。它们之间存在一个复杂的天然流体运移系统，包括油气运移的驱动力及途径（输导体）。而潜山油藏的形成是他源、异地成藏，因此输导系统对潜山油藏的形成起着"桥梁"的作用，它是连接烃源岩与潜山圈闭的纽带。潜山获得油气至少包括两个运移过程：一是烃源岩中的运移，二是烃源岩与潜山之间的运移。因此，运移通道也应包括两部分：一是烃源岩层系内的输导层，如砂岩层、断层、层序界面等，使足够多的油气向烃源岩层之外运移；二是潜山与烃源层之间的通道，它包括沟通潜山和烃源岩层的油源断层及不整合面两种类型，油气通过它源源不断地运移到潜山圈闭中。

（1）输导体系的基本类型。

对潜山油气藏，油气运移聚集的输导体系主要有构造脊、不整合面、断层及裂缝输导体系。

① 构造脊。

构造脊是由于岩层产状发生改变而形成的正向构造的脊线，如背斜的脊线、鼻状构造的脊线。当油气从烃源岩进入储层，就在浮力、水动力和毛细管压力的作用下，顺储层顶面沿地层的上倾方向向构造脊运移。构造脊成为油气运移的主要输导体系，当构造脊被封堵时形成油气藏。

②不整合面。

不整合面长期遭受风化剥蚀，形成具一定孔隙度和渗透率的渗透层，且分布范围大，油气沿不整合面远距离运移，是沟通烃源岩与残丘山的主要油气运移通道。如东营凹陷广饶古潜山油藏。

③断层、裂缝。

断层及其裂缝是沉积盆地内最重要的输导体系之一，也是油气运移聚的最主要的输导体系和封堵因素，它们作为输导体系还是封堵因素主要取决于断层两侧的岩性、断层面上泥岩的涂抹和断层带角砾岩的胶结程度、断层力学性质的转换、地应力和流体压力的幕式变化等。在断陷盆地，生长断层及其裂缝对油气的运移和聚集有着非常重要的意义。济阳断陷盆地下古生界潜山经历了多次强烈的断裂构造活动，存在着复杂的断裂系统和大量的隐蔽裂隙，只要流体压力上升到一定程度，使断面某点的正应力小于0，则断裂就可以开启。当高压流体脉冲沿断层上升，断层带较低的有效应力足以产生瞬时增加的渗透性，流体到达邻近与断层下降盘相对低压的储层砂体时并注入其中。然后由于高压流体脉冲的消失，断层由输导体变为封闭体。这就是所谓断层及其裂隙体系作为流体进入储层的"单向阀"原理。

在含油气丰富的断陷盆地中，普遍存在超压体系和压力封存箱，其内进行的流体压裂和幕式排烃机制与生长断层的"单向阀"输导含烃流体的原理相结合，就使得超压盆地中的张性正断层在油气的运移和聚集过程中有着极为重要的意义。

（2）输导体系的效能分析。

油气总是从高势区向低势区运移，而且总是优先选择输导体系中的高孔、高渗透带。油气运移的有效输导体系，包括油气运移的有效运移通道空间和主流向。其中，有效运移通道空间指在地下真正发生了油气运移的通道空间；主流向代表油气运移主通道的方向，即有效输导体系中的高效输导体系，它取决于有效运移通道空间内高孔、高渗透带的展布及其与围岩组合的几何形态，在宏观上具有沿沉积相带由细到粗的向源性、沿构造脊高点及沿生长断层凹面运移的选择性。

超压流体从整个超压系统向常压或相对低超压系统中圈闭的排放、运聚则是通过有效输导体系内高效通道集中进行的，流体越远离生烃凹陷，运移路径越汇集。近年来，国内外学者对油气的二次运移过程进行了大量的模拟实验和数值模拟研究。这些研究证明：油气二次运移只通过局限的通道进行，油气运移空间可能只占据整个输导层的1%～10%；输导层油气的运移路径受控于输导层顶面或封盖层底面的三维几何形态。在生烃凹陷及其附近，油气运移路径形成密集的网络，而远离生烃凹陷，运移路径逐渐汇集，构成油气运移的主通道。

输导体系是油气运移的通道体系，其三维空间形态展布和输导能力决定了该输导体系优劣，因而成为输导体系研究的核心。分析油气运移网络，判明油气优势通道，评价输导体系的有效性，同时分析生、排烃期间与优势运移通道相联系的圈闭（可以认为是输导体系的一个"结点"）状态演变，是输导体系主要研究内容。

　　输导体系研究从正演和反演两个方面入手。正演即通过研究一个地区的构造、储层与油藏的空间展布等确定油气的可能输导体系；反演是从已发现的油藏出发，寻径追根，反推油气曾经的运移路径，确定油气的有效输导体系。

　　首先，分析确定可能存在的油气输导形式，并分别加以研究。如结合油源研究确定油源断层与非油源断层，分析解剖其活动期次、活动时间及空间展布形态；对砂体等储层作精细描述，勾画出高孔、高渗透带等，由此评价输导体系空间有效性和时间有效性。

　　其次，通过油源对比、油气运移示踪及油气包裹体等地球化学方法，研究油气运移主方向、油气的充注区域、油气的充注期次和时间等，从而确定油气运移的高效输导体系，即油气运移的主流向。

　　（3）油气运聚模式。

　　第一种是直接对接油源。由于基底断裂长期多次的活动使得紧靠生油凹陷的潜山带成为良好的油气聚集带。断层活动强度和时间控制了古近系烃源岩与下古生界潜山的接触关系及接触面积和油气运移的通道条件。接触面积越大，接触厚度也越大，相应地潜山油气藏含油层系多、油藏高度大、油气富集、具高产。富台油田车古 201 块和车古 571 块由于烃源岩和储层直接相连且断层活动时间长，因此形成八陡组、上马家沟组、下马家沟组、冶里组—亮甲山组、凤山组 5 套富含油气层系；而南部的套尔河油藏由于离烃源岩远，目前仅发现石炭系、八陡组 2 套含油层系。再如高青地区中古生界潜山，通过高青大断层与下降盘的博兴洼陷烃源岩与高青潜山对接面积和厚度均较大，而且高青断裂带斜切凸起，博兴洼陷生成的油气通过高青断层可进一步沿着与之斜交的北西或东西方向断层产生的裂缝向潜山内部运移，高青断层持续活动到了明化镇组时期，保证成藏期断面良好纵横开启性（图 3-3-8）。

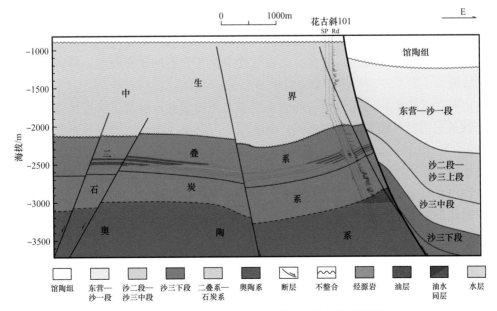

图 3-3-8　高青地区花古斜 101 井东西向油藏剖面图

第二种是非直接对接油源，主要分为以下三类运移方式。

第1类，断面走向运移，指洼陷中心生成的油气，先沿着阶梯状断层及不整合面从洼陷中心向盆地边缘高部位运移，然后再沿着斜坡带发育的多级北东向阶梯断层运移到潜山圈闭中聚集成藏。

第2类，油气高压下排。这种类型主要发育在车西北带，车西洼陷沙三下段及沙四上段油藏及烃源岩存在异常高压，它是构成盆地区域流体势场的一种重要动力来源，对车镇凹陷西部的车西洼陷的潜山油气藏而言，通过油源对比结果表明，油气均来自古近系烃源岩，试油测压资料显示，古生界油藏的压力均在 1.0 左右，说明含油气潜山具有常压的特点，而车镇凹陷沙三下和沙四上段均存在异常高压，深洼陷异常压力达到 1.6，油气在异常高压的驱动下具有向下部低压区运移趋势。

第3类，侧向运移。主要有2种方式，分别是底部运移和古近系—新近系运移即通常说的古运古储、新运古储，指凹陷中心聚集的油气藏，沿着古近系—新近系砂体、断裂、不整合面及古生界内部断层、连通孔缝形成的"网毯"运移到潜山圈闭中聚集成藏。

5）古潜山的保存条件

封堵、盖层是潜山油藏形成、保存不可缺少的必要条件。侧向封堵的好、差及封堵层厚度大小决定着潜山油藏的高度，而侧向封堵层也可以理解为断层面的盖层。

济阳断陷盆地内潜山油藏从封堵、盖层封闭机理来讲为物性封闭，即依靠封堵、盖层岩石的毛细管压力对油气运移、散失起阻止作用。岩石越致密、孔喉半径越小，岩石所具有的毛细管压力越大，则封堵油气能力越大。

坳陷内发育有多时代、多类型以泥质岩为主的封堵层。沉积环境、成岩作用及后期构造活动强度诸因素，控制着一个坳陷或地区盖层的发育程度、展布和封盖能力，不同的潜山在地质演化过程中具有较大的差异，形成潜山上覆盖层在时代、岩性、封盖类型等方面有较大的差异。盖层封盖能力的有效性取决于岩石的致密程度，对岩层的厚度要求相对较低。

济阳断陷盆地潜山油藏封盖层的岩性主要是泥质岩类，以及下古生界致密灰岩、白云岩。就盖层的时代而言，从古生代、中生代—古近纪—新近纪都有分布较稳定的泥质岩发育段。

根据地层、岩性纵横向展布特征，划分为区域性盖层和局部性盖层两种类型，区域性盖层指沉积环境稳定，泥质岩类发育，分布范围广，厚度大、变化小。而局部性盖层指具有封堵能力，但地层、岩性相对变化大，对潜山油藏起局部封盖作用。区域性盖层有石炭系—二叠系，古近系沙三段和新近系泥质岩，局部性盖层有奥陶系下马家沟组、侏罗系坊子组、古近系沙四段—孔店组。

6）油藏类型

根据前期对济阳坳陷的勘探研究证实，中古生界潜山为他源型油藏，油藏类型主要由以下4种：风化壳油藏、潜山内幕油藏、构造油藏、地层不整合油藏（图 3-3-9）。

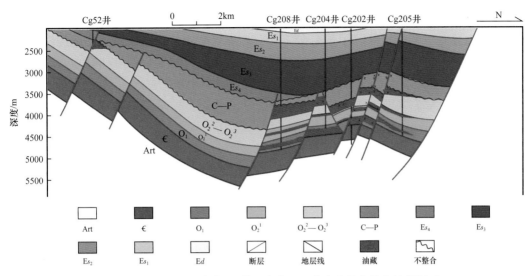

图 3-3-9　车镇地区车古 37 井—车古 202 井古生界南北向油藏剖面

其中风化壳、潜山内幕型、构造油藏在富台潜山、埕岛、高青等地区均发育，这种类型潜山往往能够直接与洼陷内的古近系烃源岩接触，油源条件好，风化壳和潜山内幕储层发育，形成层状潜山油气藏，与储层发育情况一致，下古生界在纵向上大致可分为四个油气集中段：馒头组底部—太古宇顶部、冶里—亮甲山组下部—凤山组上部、下马家沟组上部、八陡组—上马家沟组上部。

风化壳油藏发育于潜山顶部，主要层位为下古生界上马家沟组上部、八陡组，如果其他层系出露于潜山顶面，也可由于遭受风化、剥蚀、储层物性变好而含油；潜山内幕油藏受印支期岩溶作用影响，下古生界储层垂向分带十分明显，馒头组底部、冶里—亮甲山组下部与凤山组上部、下马家沟组上部地层中溶蚀孔隙、缝洞发育，储集油气形成潜山内幕型油藏，其他层系储集性能较差，一般不具备储集性能，但断层附近，由于构造裂缝发育，也可形成潜山内幕油藏。

在南部的缓坡套尔河地区除了发育风化壳油藏、反向断层遮挡形成的油藏之外，还发育下古生界及上古生界遭受剥蚀形成的地层剥蚀油藏，如义和庄油田奥陶系八陡组和下马家沟组断块以岩溶型块状油藏为主，潜山油气藏各块具有独立的油水系统，油水界面受控于构造幅度，属于典型的断块潜山油气藏。油藏高度大，义古 12 潜山油气藏高度达 309m，连通性好，原油性质好，富集高产。大王庄油田的大 1 块在 2001 年上报古生界二叠系上石盒子组地层剥蚀油藏含油面积 4.1km^2；控制储量 371×10^{4}t。此外，在济阳坳陷的局部地区还发育小规模的残丘山油藏如车古 2 井区。

3. 勘探成效

针对重点地区车镇地区车西北带古生界、大王庄鼻状构造上古生界、埕岛—桩海下古生界勘探取得了较好的勘探效果，特别是负向构造带和斜坡带勘探的成功，使潜山经过十多年的沉寂后再焕青春。近三年上报控制储量 3206×10^{4}t。

1）大王庄上古生界

上古生界是大王庄地区除了沙二段之外，上报探明储量最多的层系，已经探明含油面积 4.7km²，探明储量 471×10⁴t，控制储量面积 4.1km²，控制储量 371×10⁴t，占全部控制储量的 76%。2017 年大王庄地区新增古生界控制含油面积 2.71km²，控制石油地质储量 167.98×10⁴t，展示了大王庄地区古生界良好的勘探前景。2018 年大古斜 678 块上报叠合控制含油面积 6.74km²，控制石油地质储量 594.02×10⁴t。

2）车西煤成气

2018 年针对车西洼陷煤成气进行了较为系统的评价工作，首先是通过精细构造解释车古 27 井的西部，远离沙三段烃源岩的车古 29 井区—庆云地区，即车西北西向大断层控制的区域附近，通过落实构造一系列古生界构造圈闭，共落实上古生界有利圈闭 12 个，有利圈闭面积 57.8km²。

3）埕岛下古生界

埕岛北部中排山完钻的埕北古斜 14 井在马家沟组 3792.00～3938.56m 井段中途测试，采用 10mm 油嘴放喷排液求产，油压 1.2MPa，出口原油 40.7m³，折算日产油 51.3t，不含水。埕北古斜 14 井钻探的成功，展现出该区下古生界有较大的勘探潜力和广阔的勘探前景，是济阳坳陷效益勘探的重要领域。针对潜山共部署探井 18 口，完钻探井 8 口，工业油流井 4 口，工业油流率 50%。累计上报控制储量 1241.16×10⁴t，预测储量 1013.2×10⁴t。

第四章　宽频宽方位高精度地震勘探技术

渤海湾盆地经过 60 多年的勘探开发已经处于勘探中后期，地层、岩性、复杂断块和潜山等隐蔽油气藏比例已经达到 80% 以上，对地震勘探技术提出更高的要求。"十一五"以来，围绕如何提高地震资料品质，针对渤海湾盆地复杂多变的近地表条件，开展了基于爆炸理论正演分析的激发岩性、药量、井深逐炮变化的单点激发技术攻关；针对传统组合检波器的缺点，研发了陆用压电单点检波器，各项指标达到了 MEMS 数字检波器水平，且成本低、兼容性好、易实施，打破了国外单点检波器技术垄断，实现了规模化现场应用，是目前国际上唯一大规模生产应用的陆用压电型检波器。针对单点高密度地震资料宽频、宽方位和海量数据特点，攻关"两拓一保"的宽频处理技术，形成了以 OVT构建、方位各向异性速度分析及成像为核心的全方位地震资料处理技术系列，实现了从窄方位向全方位的技术跨越，复杂地质目标的识别能力大幅度提升。

第一节　宽频宽方位高精度地震采集技术

一、炸药震源定量化精确激发理论与技术

爆炸震源作为激发源的人工地震勘探是地球物理勘探中重要方法之一，如何提高炸药震源的激发频率和能量是震源研究的关键问题，在近地表结构精细调查基础上，需要对炸药爆炸激发地震波的过程进行研究，但目前对于炸药震源理论的研究主要建立在经典空腔震源模型的基础上，难以描述实际地震勘探中炸药震源起爆、演化等波场特征。

1. 震源激发地震波理论模型

针对石油地震勘探采集激发的实际问题，发展了空腔震源模型，建立了炸药震源激发地震波场理论模型。首先，分析了炸药震源激发地震波的整个过程，总体描述了炸药震源激发地震波场理论模型的不同阶段；其次，针对空腔震源模型简化炸药震源的问题，建立了炸药震源的空腔膨胀模型描述炸药震源的作用过程，通过该模型可以得到炸药震源初始参数与弹性区特征之间的关系，将弹性区特征作为空腔震源模型的初始条件，从而得到炸药震源初始参数与弹性波场之间的关系；最后，利用黏弹性介质模型描述真实介质对初始弹性波幅频特征的吸收与衰减作用，从而使炸药震源激发地震波场模型能够对全场地震波幅频特征进行描述，为地震波场的控制提供理论指导（牟杰等，2014；牟杰，2015；于成龙等，2017；于成龙，2018）。图 4-1-1 为通过模型计算得到不同初始爆炸压力、不同膨胀系数初始弹性波的质点振动频谱，通过研究炸药震源的爆压和膨胀指数对地震波频谱的影响规律，指导选择满足激发要求的最优参数。

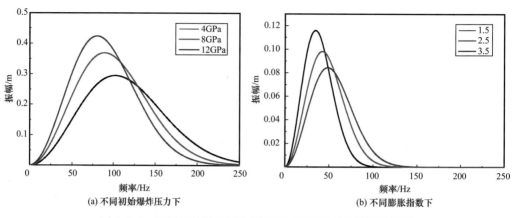

图 4-1-1　不同初始爆炸压力和不同膨胀指数时的地震波频谱

2.有限长柱形装药震源激发地震波场模型

在实际地震勘探中，一般使用长径比较大的柱形药包进行激发地震波生产试验，其优势主要体现在方便生产、成本较低，重要的是可以产生频率和能量更高的地震波，能提供更高的分辨率。因此，研究建立柱形装药激发地震波场模型，了解柱形炸药激发的地震波场特征，对柱形装药产生的波场进行控制，为产生高能高频地震波提供理论依据。

本文利用一维球形爆腔准静态模型叠加的方法，对长径比较大的柱形装药进行近似替代，首先给出柱形装药爆炸产生的爆腔和塑性区的特征尺寸和初始参数与弹性区之间的关系，然后使用叠加震源近区的地震波的方法，给出合成地震波的幅频特征，建立柱形装药震源激发地震波近似计算模型。由图 4-1-2 所示柱形装药和球形装药主频值与振幅值对比，结果表明从主频的角度考虑柱形装药激发的地震波要优于球形装药。

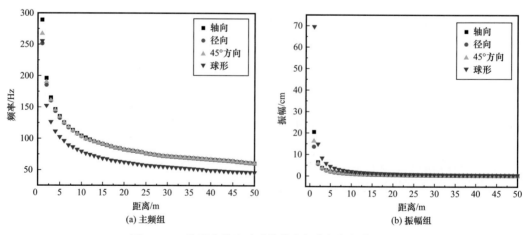

图 4-1-2　柱形装药和球形装药主频值与振幅值对比

3.炸药震源定量化精确激发设计技术

通过开展大量的点试验与线试验，综合应用表层结构调查方法对济阳探区表层结构进行研究，对速度、密度、岩性界面及虚反射界面等参数进行提取，构建了济阳近地表结构多参数模型，为激发岩性、井深的确定提供依据。基于炸药震源激发地震波场的理论研究，建立了炸药震源定量化精确激发设计理论与方法，形成一套炸药震源激发地震波场模拟系统，可以对激发条件和地震波特性分析，可进行实际激发条件下激发效果分析和评估，给出炸药激发参数优化对比结果，实现了炸药震源定量化精确激发方案快速设计，该技术已经在实际生产中得到大规模应用，采用炸药震源激发出了更宽频带的地震波。

二、单点采集观测系统设计

"十二五"期间发展的高精度观测系统采用的接收方式主要是组合接收，对于当时的勘探开发需求是适应的。随着油田对于更精细目标勘探的需求，"十三五"期间主要发展了单点接收的观测系统及其配套技术，有效克服了以往组合接收对高频压制的缺陷，提高了精细目标的成像精度。单点采集野外施工减少了压噪环节，使得单炮信噪比较低，单点采集必须与高密度观测系统相结合，通过偏移成像提高最终的成像效果，因此单点采集技术涉及的重点有 3 个，分别是单点接收的适用性，单点观测系统参数敏感性及单点观测系统评价技术。

1. 基于地质目标的观测系统分析

1）单点高密度采集适应性

以往认为组合接收会降低地震资料的高频成分，使地下反射信号通过组合叠加产生畸变，降低了原始资料的保真性，因此不管是东部老油区，还是西部山前带、沙漠地区的地震勘探，都认为应该采用单点高密度进行采集，到底单点高密度适合哪种情况，通过理论分析进行了研究。建立地质模型，对组合与单点接收在波形差异、频谱差异、地质细节刻画上进行了对比分析。制作一个 5 层地质模型，在近地表有一个厚度从 20～150m 变化的低降速层，第 4 界面设计为倾斜。为了研究组合对薄互层反射特征的影响，在第 4 界面下增加了两个厚度为 10m 的薄层，组成薄层模型。图 4-1-3、图 4-1-4 为不同组合基距和炮检距时的叠加结果，可以看出，随着组合基距和炮检距增大，反射波的波形畸变不断增强；当炮检距为 1500m 和 2500m 或组合基距为 25m 和 50m 时，组合后波形严重畸变，反射波成为高频微振，完全失去薄层的反射波波形特征。

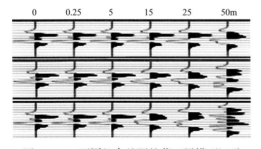

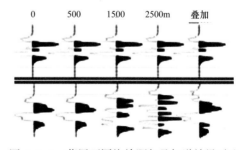

图 4-1-3　不同组合基距的薄互层模型记录　　图 4-1-4　薄层不同炮检距与叠加道效果对比

图 4-1-5 是零炮检距组合后的一次反射波的频谱图。在近零基距组合或炮检距为零时，有效波主频最高、频带最宽，随着组合基距和炮检距的增大，反射波的频谱向低频方向移动，频谱宽度变窄，随着炮检距的增大，向低频方向移动的幅度增大，频谱宽度变得更窄，主频和频带宽度大幅降低；当组内基距为 15m，炮检距达到目的层埋深的 0.8 倍时，波形就发生了严重的畸变，并出现陷频现象；当组内基距大于 15m，随着炮检距增加，有效波波形严重畸变，并出现多个陷频点。

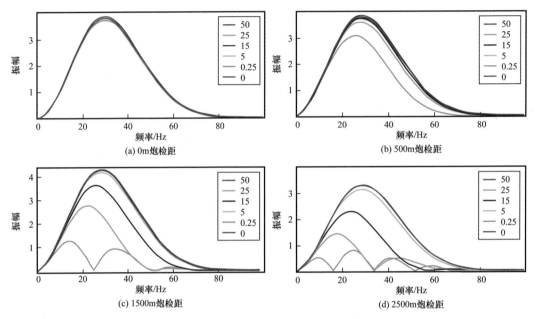

图 4-1-5　不同炮检距的反射波频谱

组合的平均效应对成像细节有较大影响。图 4-1-6 是不同数量检波器组合条件下，用叠前深度偏移方法进行成像的结果。在单点无组合条件下，偏移成像效果好，分辨率最高，20 个检波器组合的成像剖面与地质模型对比发生了较大的变化，尖灭位置刻画得不太清楚；40 个检波器组合的成像剖面效果明显变差，说明组合的平均效应损害了地质目标的精细成像，降低了地震横向分辨率。

2）单点采集观测系统评价技术

在单点高密度观测系统评价方面，提出一种观测系统偏移覆盖次数的概念评价观测系统，图 4-1-7 为叠加覆盖次数和偏移覆盖次数对比。根据克西霍夫偏移计算原理，计算不同深度、不同速度，并考虑拉伸切除的影响，计算每个面元偏移后实际的覆盖次数。从图中可以看到，覆盖次数与偏移覆盖次数相差巨大，每个面元不同，是因为每个面元的均匀性不同，与每个面元的偏移效果不同一样。

面元内覆盖次数虽然相同，但是每个面元的炮检距属性不同，每个面元的偏移响应有差异，与偏移覆盖次数有较好的对应效果。偏移覆盖次数高，偏移响应效果更好。

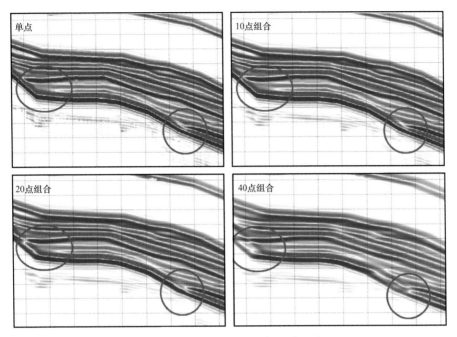

图 4-1-6 不同组合的模拟剖面效果对比

60	60	60	60	60	60	60
60	60	60	60	60	60	60
60	60	60	60	60	60	60
60	60	60	60	60	60	60
60	60	60	60	60	60	60

(a) 叠加覆盖次数

19204	19253	19285	19302	19302	19285
19204	19252.8	19285	19302	19302	19285
19204	19252	19285	19302	19302	19285
19204	19252	19285	19302	19302	19285

(b) 偏移覆盖次数

图 4-1-7 叠加覆盖次数与偏移覆盖次数差异

2. 观测系统参数敏感性分析

1）不同面元对分辨率的影响

对罗家数据抽取不同面元处理成像（图 4-1-8），分析不同面元大小对岩性的细节刻画。从效果来看，6.25m 与 12.5m 分辨率相似，25m 对一些细节的刻画较为模糊。

2）炮道密度对地质成像信噪比的影响

炮道密度是影响地震资料成像效果的关键因素，通过对罗家高密度资料进行不同炮道密度退化处理，分析不同炮道密度对成像的影响。分三个时窗，对不同炮道密度的偏移结果进行分频信噪比统计分析，分别是浅层、中层、深层，分析炮道密度变化对不同频带信噪比的影响。

从浅层、中层、深层的资料分析来看，随着炮道密度的提高，浅层不同频率成分信噪比明显提高，但是增速减小；中深层全频带（中低频为主）信噪比明显提高，但是增速减小；深层炮道密度的提高对 60Hz 以上能量的信噪比没有改善，图 4-1-9、图 4-1-10 为中层炮道密度与信噪比关系。

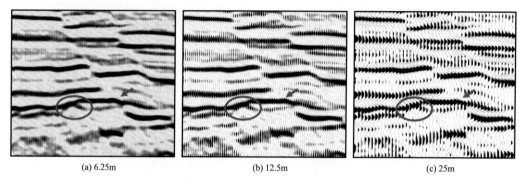

（a）6.25m　　　　　　　　（b）12.5m　　　　　　　　（c）25m

图 4-1-8　不同面元成像效果

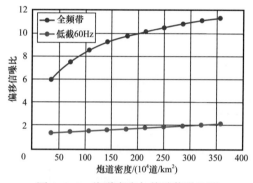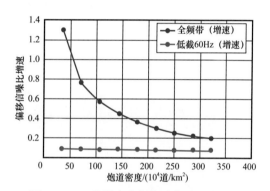

图 4-1-9　炮道密度与偏移信噪比图　　　　　图 4-1-10　炮道密度与偏移信噪比增速图

三、宽频激发技术

1. 基于宽频激发的近地表调查技术

济阳坳陷地层结构及沉积特征复杂，近地表沉积物中蕴含着丰富的物源和古环境信息，如何从有限的近地表速度、岩性数据中识别出最佳的激发层，建立典型近地表模型，是一项非常有意义的工作。

本次研究野外取样的微测井点位包含 45 个工区 3339 个，静力触探点位包含 36 个工区 2503 个。通过详细分析济阳坳陷浅层地层结构及沉积特征，绘制东营凹陷南北方向的滨三区—高 94 北—高 94 段和东西方向的桓台—临淄段近地表岩性模型，沾化凹陷绘制义东—四扣—孤北—孤岛段近地表岩性模型，惠民凹陷绘制临邑北—商河—商 102 段近地表岩性模型。

1）东营凹陷近地表岩性参数建模

从北向南的近地表岩性模型，选取了滨三区、高 94 北、高 94 三个工区的岩性数据（图 4-1-11），反映东营凹陷自北向南从河流相到混合带再到风成黄土的演化过程。滨三区在地表以下 5~20m 的岩性较为复杂，以粉土和粉黏互层为主，夹杂有少量的河道砂和河漫沼泽沉积物，岩土颗粒变化较大。粉土层锥尖阻力值比粉土 / 粉黏交互层还要大，建议以粉土 / 粉黏互层作为激发层。高 94 北工区以河流相为主，近地表沉积类型较单一，岩性也是主要为粉土和粉黏，河道砂较少。但是与滨三区不同的是，粉土和粉黏的厚度都较大，地表以下 5~10m 的岩性多以粉土为主，在 10m 以下存在一套厚度 2~5m 的粉黏层，并且较为稳定，适合于作为激发层。到最南部的高 94 工区，自北向南呈现河流相到混合带再到风成相的过渡，激发井深在 20m 以下。

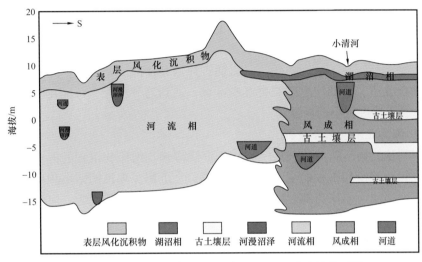

图 4-1-11 滨三区—高 94 北—高 94 段近地表岩性模型图

东营凹陷南斜坡从西向东的近地表岩性模型，选取了博兴南工区桓台—临淄段的近地表岩性数据。从如图 4-1-12 所示的模型看，横向反映了风成黄土的沉积厚度和姜石层沉积演化过程。垂向上，最上面是表层风化沉积物，中间为风成相黄土层，最下层为河流相沉积层。风成沉积自西向东明显增厚。桓台地区黄土厚度在 20m 左右，姜石含量少，激发井可以钻穿到黄土层以下。博兴地区出现了黄土—姜石沉积旋回，黄土层以下还存在厚砾石层，多套姜石和砾石导致下钻困难。因此，井深只能选择在黄土中。

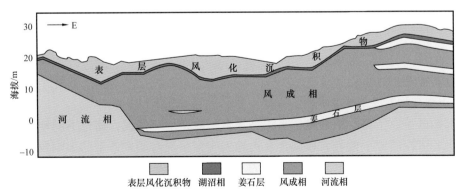

图 4-1-12 东营凹陷南斜坡桓台—临淄段近地表岩性模型图

2）沾化凹陷近地表参数建模

选取沾化凹陷自西向东的义东、四扣、孤北、孤岛工区做了自西向东连片近地表岩性模型。自上往下三角洲相展布较稳定，自西向东逐渐变薄，浅海相沉积向海岸推进，沉积厚度在不断加大，岩性以灰黑色粉质黏土和粉土为主，粉砂层几乎不发育。浅海下层是潮坪相，孤岛 30m 取心井在 27m 埋深处发现了一套较厚的潮坪相沉积层。该区块激发井深为潜水面下浅海相沉积层更为合适，岩性较为稳定，不存在较厚的粉砂透镜体。

3）惠民凹陷近地表参数建模

根据临邑北—商河—商 102 段建立连井近地表模型，第三期古河道搬运能力强、沉积物粒度较粗，底部最粗可达中砂，第二期、第一期古河道时期，气候温暖湿润，平原河流普遍沼泽化，含有丰富的螺化石。三期古河道整体向北东方向迁移，该区块激发井深选择的难点在于，三期河道砂交叠沉积区域，遇到这种情况，只能在多期河道砂的夹层中选择薄黏土层进行小药量激发。

4）济阳探区近地表综合分析

东营凹陷从北向南第四纪浅层沉积相为滨浅海相与河流相沉积的混合相带—河流相沉积—风成相与河流相沉积的混合相带—风成黄土沉积。惠民凹陷沉积微相自北向南为河漫湖泊—河漫滩—河床边滩。沾化凹陷自下而上沉积演化依次为：河流相—潮坪相—浅海相—潮坪相（义东尖灭）—海陆过渡相（孤北以东）—三角洲相。车镇凹陷第四纪浅层主要发育滨浅海相与河流相沉积的混合相带。

充分结合济阳探区第四纪的地质背景、浅层沉积物分布特征，运用沉积学与地球物理学理论，建立了济阳探区四个重点区块的近地表岩性参数建模，为后续针对不同的近地表沉积环境，定量化精确设计激发参数，寻找研究区内最佳激发层位，提高地质目标的地震资料分辨率，提供了有利的指导。

2. 高密度分布式震源组合激发技术

济阳坳陷经济发达、人口稠密，地表建筑物、地下城建设施、水域农田多，给野外地震采集施工造成较大困难。随着安全、环保管理力度的加大，炸药震源在复杂区域地震勘探中的应用将越来越受到限制。为了解决激发面临的难题，开展了多类型震源联合激发研究，进行复杂地表条件下炸药震源、小型可控震源、小型气枪震源、电火花震源组合应用的深入分析，形成高密度分布式震源组合激发技术，对跨越复杂障碍区的勘探施工具有非常重要的意义。

1）小型可控震源激发技术

东部探区涉及土路、柏油路、水泥路等多种复杂地表情况，通过不同地表资料对比分析认为，可控震源平板与大地耦合及近地表压实情况对激发效果的影响较大，耦合与压实良好的土路面激发效果最好，其次为水泥路面与柏油路，疏松土路、农田、方砖地面效果较差；因此在施工过程中尽量选取压实较好的平整地表进行激发。

基于东部不同地表条件激发效果的总结，统一了小型可控震源施工参数设计的认识，有利于获取最佳施工因素，提高可控震源资料品质。建议采用以下激发参数，振动台次：1台2～3次；扫描频率：6～88/96Hz，可考虑dB/Hz=-0.1；扫描长度：20～24s；驱动幅度：70%。配合小型震源激发参数优选，对观测系统设计进行了分析研究。从野外激发效果来看，近排列远道资料品质受噪声干扰较大，干扰较小时，远道记录初至较清楚。而排列1～15信噪比较高，16～20反射信息变弱、信噪比略低，第21排列起信噪比较低。因此，小型可控震源施工，建议采用以下观测系统参数：30～40线，L_x=3.6～4.9km，200～300道，L_y=4.8～7.4km。

在胜利济阳复杂区域应用小型可控震源激发，弥补了因炸药震源无法实施而导致的资料的缺失和观测系统属性变差的问题。

2）高密度小药量炸药震源浅井激发技术

对于东部复杂地表区的勘探采集来说，采用小药量炸药浅井激发，通过高密集点位组合来提高覆盖次数，可达到和深井大药量相同剖面效果，能够解决跨越障碍区大药量炸药震源无法施工的难题。

3）电火花震源激发技术

电火花震源是一种将电能转化为机械能的动力装置。东部工区水域较多，采用电火花震源在水中激发，通过选择合适参数，例如较大输出能量、较深沉水深度、合适的放电方式（电极间隙）等，采集到的单炮品质较好，信噪比高，各目的层反射齐全。

4）多震源匹配处理技术

和井炮比较，电火花和可控震源在能量、相位和频率存在较大的差异，有必要在子波校正前进行去噪和振幅一致性处理。图4-1-13是富台-2019工区使用子波匹配滤波技术得到的处理资料。左边是初叠剖面，明显看出三个地方在能量、信噪比和分辨率有较大差异，右边为子波校正后的剖面，相位、振幅和频率一致性好，同相轴连续性好，信噪比提高，成像效果明显变好。

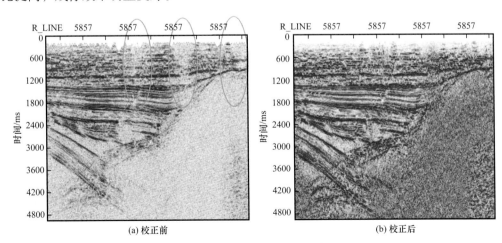

图4-1-13　子波校正前后示意图

5）高密度分布式震源组合激发效果分析

罗家-2017项目位于东营市北部，地表情况复杂。为保障地震资料整体效果，城区内应用震源和炸药联合激发，保证了安全施工，获得了完整地震资料；针对大型水库，采用电火花震源（水库内），小型可控震源（坝体上），炸药震源（外围）联合的施工方法，保证了资料的完整，确保地质任务完成（图 4-1-14）。

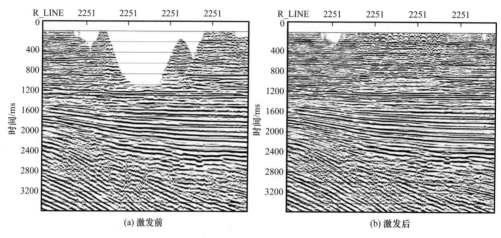

(a) 激发前　　　　　　　　　　　　　　　　(b) 激发后

图 4-1-14　多震源联合激发前后剖面对比

四、高灵敏度检波器

高灵敏度单点检波器研制选择了两个研究方向：一是高灵敏度陆用压电检波器，二是低频高灵敏度动圈检波器。陆用压电检波器是加速度型检波器，可以单道单只无组合接收，适合高精度宽频野外采集，陆用压电检波器具有动态范围大、能量强、频带宽、弱信号拾取能力强、信号保真度高、分辨率高等特点（任立刚等，2015）。通过高灵敏度陆用压电检波器的研制与应用，可提高地震波弱信号的接收能力，拓宽地震波频带，提高地震资料的分辨率和信噪比。低频高灵敏度动圈检波器通过检波器设计上的改进，提高对地震波弱信号的拾取能力，通过提高灵敏度解决常规检波器单个接收能量弱的问题，又通过低频高灵敏度和高频检波器拓宽地震波频带，实现宽频采集。

1. 高灵敏度陆用压电检波器

陆用压电检波器是一种基于压电效应的传感器（尚新民等，2017）。它的敏感元件由压电材料制成，压电材料受力后表面产生电荷。此电荷经电路放大和变换阻抗后就成为正比于所受外力的电量输出。

1）陆用压电机芯结构设计

在机芯设计方面，通过分析压电加速度检波器的电压灵敏度影响因素，认为提高压电材料的压电常数和减小压电检波器电容是拓展压电检波器灵敏度的一个途径，因此在保持现有压电材料其他电性能参数的基础上，改变材料配方提升了压电常数并尽可能将压电材料的电容值减小。为了提高压电晶片对信号的响应能力，依据胡克定律，优化了陆用压电检波器机芯机电转换部分压电晶片的结构。新工艺、新结构增加了检波器机芯抗干扰、抗冲击、高低温等防护能力。

2）陆用压电检波器放大电路设计

在电路设计方面，综合考虑电压放大器和电荷放大器的特点的基础上选用电压放大器，在电路设计方面注重布线方式，达到平衡走线提高抗干扰能力，元器件的选用采用噪声系数小的器件，在设计上做到提高抗干扰能力的同时减小电路系统噪声。基于上述研究，成功研发出带宽 5～400Hz，动态范围达到 110dB 的陆用压电检波器。

2. 低频高灵敏度动圈检波器

1）动圈检波器的基本结构

动圈式检波器的结构可以分成弹性系统与磁路系统两个部分，如图 4-1-15 所示。其中图 4-1-15（a）为动圈式检波器的外形图，图 4-1-15（b）为动圈式检波器的内部结构图，在图 4-1-15（b）中，磁路系统为永久磁铁，弹性系统包括弹簧片、线圈、线圈架。

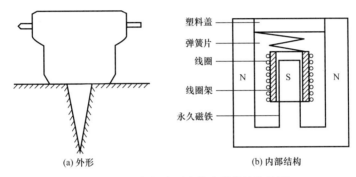

图 4-1-15　常规动圈式检波器的结构简图

2）适应低频的结构改造原理

检波器的自然频率就是检波器在无任何阻尼的情况下振动时的频率。由于检波器的弹性系统主要由检波器的惯性体和连接件弹簧片组成。因此频率主要由弹簧片的刚度及惯性体质量所决定。检波器的自然频率 f_n 为：

$$f_n = (K/M)^{1/2}/2\pi \tag{4-1-1}$$

式中　K——弹簧片的刚度，它的大小与弹性模量有着直接的关系；

　　　M——检波器惯性体质量。

由式（4-1-1）看出，检波器的谐振频率主要是受到弹簧片的刚度和惯性体质量影响。其中，弹簧片的刚度主要受到弹簧片花型、厚度和弹性模量的影响，其中弹簧片的厚度及臂长对频率的影响最大。惯性体质量即线圈、弹簧片等的质量之和。

（1）弹簧片性能改造。

动圈式检波器弹性系统中的关键部件——弹簧片的固定方式主要为三指点平衡式，主要振动原理是将弹簧片的臂视为一端固定，另一端自由悬伸在外的悬臂梁。在惯性体质量不变的情况下，最有效地降低检波器频率的方法是减小厚度 h 和增加臂长 L。为了拓展检波器低频性能，重点做如下改造：一是增加卡簧，增加低刚度弹簧片的稳定性，减少因降低弹簧片刚度而带来的弹性系统的畸变；二是改进弹簧片的形状，设计出更加稳定的三角形弹簧片。

（2）惯性体质量的优化改进。

增加惯性体的质量可以降低弹性系统的谐振频率。动圈式检波器的惯性体主要由引线簧、接线柱、漆包线和线架组成。其中引线簧和接线柱的质量可以忽略不计，主要考虑增加漆包线和线架的质量。改进后的弹性系统除增加了固定卡簧外，也改进了线圈架的尺寸，在确保增加线圈匝数的基础上，也增加了惯性体的质量。

五、单点地震接收

配合高炮道密度的采集方式，在接收环节上应用单点接收。从生产应用上看，单点接收主要指单只检波器接收。单只检波器接收与传统的检波器串接收相比较可以避免组合效应对频率的压制作用、避免同道检波器由于埋置条件的差异而带来的静校正问题（甘志强等，2013）。

1. 单点接收的适应性分析

1）单点接收地震资料的信噪比分析

（1）不同检波器接收单炮的信噪比分析。

通过单点速度型检波器与检波器串接收的生产单炮对比，检波器串接收资料的信噪比较单点接收的信噪比高。分频扫描后检波器串接收资料的信噪比仍然比单点资料信噪比高。不同类型单点检波器接收资料的信噪比亦不相同，速度型检波器接收资料的信噪比高于加速度型检波器。分频扫描后依然是速度型单点资料的信噪比高于加速度型单点资料。

（2）不同检波器接收资料的剖面比较。

因为不同类型检波器接收的单炮资料具有不同的信噪比，如果期望单点采集资料在信噪比上达到与组合接收相同的效果，覆盖次数就需要相应的提高，是否能用一个定量关系来研究不同检波器资料对最终剖面的贡献？分析不同类型检波器接收单炮的信噪比，主要分析了两种加速度型单点检波器：陆用压电检波器、DSU3 检波器；两种速度检波器：超级检波器和超级检波器组合，定量分析四种检波器单炮全道集的信噪比。通过定量分析可以看到陆用压电检波器的信噪比峰值为 0.67，DSU3 检波器 Z 分量信噪比峰值为 0.62，超级单点的峰值为 0.94，超级组合的为 1.22。

$$N = \text{Setion}^2_{S/N} \times \left(\frac{1}{\text{Shot}_{S/N}} \right)^2 \qquad (4\text{-}1\text{-}2)$$

式中　N——覆盖次数；

　　　$\text{Shot}_{S/N}$——单炮记录信噪比；

　　　$\text{Setion}^2_{S/N}$——期望剖面信噪比。

当两种接收方式的期望剖面信噪比相同时，覆盖次数的关系：

$$N_{(1)} / N_{(2)} = \left[\text{Shot}_{S/N(2)} / \text{Shot}_{S/N(1)} \right]^2 \qquad (4\text{-}1\text{-}3)$$

根据式（4-1-3）推导出不同单点接收与组合接收在覆盖次数上的关系。

① 单点速度型检波器与组合速度型检波器：$N_{(1)}/N_{(2)}=1.7$。

② 单点加速度型检波器（陆用压电）与组合速度型检波器：$N_{(1)}/N_{(2)}=3.3$。

③ 单点加速度型检波器（DSU3）与组合速度型检波器：$N_{(1)}/N_{(2)}=3.9$。

如果期望剖面达到相同的信噪比，单点速度型检波器接收的覆盖次数是组合接收的1.7 倍；陆用压电检波器接收覆盖次数达到 3.3 倍，DSU3 检波器接收覆盖次数达到 3.9 倍。

（3）基于相干性的信噪比定量分析。

常用的信噪比计算方法有能量叠加法、频谱估算法、特征值法，这几种方法计算信噪比时都没有考虑到道距对信噪比的影响，因此这几种算法计算不同道距资料的信噪比是相同的，主要原因是不同道距的频率成分和能量没有发生变化。

单点高密度采集一般应用较小的道距接收，小道距单炮同相轴相干性增强，连续性好，信噪比高。这种与道距相关联的信噪比与相关性有关，当道距较小时，在相关半径范围之内时，相关性强，信噪比高；反之，大于相关半径时，信噪比低。研究了基于相干性的信噪比定量分析方法，相干性互相关法的依据是对于相邻地震道，信号具有相关性，而噪声不具有相关性。

2）单点接收资料的频率分析

目前经常用到频谱是振幅谱，振幅谱的意义是频率成分，每个频率分量的幅度大小。常用的百分比谱、分贝谱是每个频率分量振幅与峰值频率振幅的比值。高（低）频能量强，频谱向高（低）频拓宽。

（1）单点与组合频谱差异分析。

检波器组合具有低通高截的作用，频率特性的公式为：

$$\Phi\left(n,f\right)=\frac{\sin\left(n\pi f\Delta t\right)}{n\sin\left(\pi f\Delta t\right)} \tag{4-1-4}$$

随着组合基距的增大，组合的通放带变窄，高频受到压制。组合接收突出了中低频的能量，压制了高频能量，使得频谱变窄。

（2）速度与加速度检波器信号频谱差异分析。

加速度检波器与速度型检波器频谱相比较，加速度信号的频带宽度比速度信号的频带宽出许多。主要原因是高频能量强，低频能量弱。

（3）频谱和信噪比（谱）之间关联性分析。

信噪比估算：通常应用频率域估算法，在频率域里可以将信号和噪声区分开来。将给定频率范围内的能量作为信号，剩下的部分就作为噪声。频谱计算：是每个频率分量振幅（能量）与峰值频率振幅（能量）的比值。从中可以看出，信噪比谱和频谱（振幅谱）一样，都是不同频率能量在系统内所占的比重。

3）速度信号转化为加速度信号分析

通过对检波器的力学原理分析，得出检波器的力学方程为：

$$x\left(t\right)=A\sin\left(\omega t+\varnothing\right) \tag{4-1-5}$$

式中　ω——角频率；

A——检波器振动的最大振幅；

$\varnothing$——传感器的初始相位。

由于速度检波器感应速度信号，加速度检波器感应加速度信号，速度与加速度之间是微分的关系，对检波器感应信号式（4—1—5）进行微分，得到加速度的信号，即

$$x' = \omega A\cos(\omega t + \varnothing) \tag{4—1—6}$$

而 $\omega = 2\pi f$，因此对于同一振动信号，加速度振幅谱和速度振幅谱之间存在着线性关系，即

$$a = 2\pi f v \tag{4—1—7}$$

式中　a——加速度；

　　　f——频率；

　　　v——速度。

通过微分计算可以看出，微分之后得到的信号能够保持信号的正弦（余弦）特征，与原来的信号相比较只是振幅、相位发生了变化，微分后的信号振幅与频率呈正比，高频段振幅大，所以信号呈现高频特征。

2. 单点接收工艺

1）单点接收耦合

对于目前陆上地震勘探普遍使用的检波器，从大地质点振动到检波器输出电信号的能量转换的角度，耦合分为两部分，即分别对应地表介质与检波器外壳组成的振动系统（第一系统）和检波器外壳与线圈组成的振动系统（第二系统）。前者主要包括检波器与空气的耦合和与大地介质的耦合。

而良好的检波器耦合是由作用到检波器尾锥上的切力所决定，差的检波器耦合主要由其重力作用所确定。垂直检波器的耦合谐振频率取决于土壤的坚硬程度。良好的埋置可以避免耦合谐振频率落入地震波的优势频段。增加检波器尾锥可以改良检波器的耦合效果，但超过一定长度后则产生负面影响。

检波器外壳与空气（流体）的耦合方面，以风为例，当风以角度 θ 作用于检波器及地面，检波器会受到水平方向风压 pH 作用，该作用力通过检波器外壳施加在尾锥受力的 B 向上，破坏与大地介质耦合和干扰"第二个耦合系统"（外壳与线圈组成的振动系统）的地震信号"传递"，可通过研制新型检波器和埋置检波器以减小风的作用力。

2）单点接收野外采集耦合工艺

（1）正常地表耦合工艺。

为保证检波器和大地耦合及避免风力影响，在长期的生产实践中，不断地总结提高检波器的耦合工艺，保证了单只检波器的接收效果。提出了野外"六步法"埋置单点检波器。六步法为"清杂草、挖坑清坑、放置、插实、压线、埋土"六个步骤。

（2）硬化地表耦合工艺。

在硬化地面的特殊地形，接收的重点是保证弱反射信息的接收，提高接收信号的保

真度。针对硬化路面进行检波器耦合工艺的对比试验，分别对检波器采取正常埋置、石膏贴、圆盘、压土袋四种埋置方法，对比四种不同埋置方式所得到的单道记录，从波形对比看，用石膏贴检波器的方法与埋置方法最为接近；从不同检波器耦合方式的单道自相关子波对比看，用石膏贴检波器的方法与埋置方法最为接近。

六、宽频地震资料重构

压缩感知技术突破了香农采样定理的局限，大大节省了采集数据所占的空间，成为提高地震勘探效率的重要方法（张良等，2017）。在障碍物密集区的三维地震勘探中如何取得高质量地震资料，是一个重要的技术难题。本章节研究以不规则块状障碍物为例，通过抽取在障碍物划分不同的采样网格，利用 Jitter 随机采样方法原理进行试算，量化分析采样间隔参数对覆盖次数的影响情况。

1. Jitter 随机采样方法及算法

空间规则采样简单易采用，纵横向都采用相同间隔，这样势必会造成周期性的假频和真实频率都在傅立叶域里被稀疏表示，导致无法区分。而如果随机采样，就可以将互相干的假频转化为易于滤除的噪声。也就是说，随机采样可以更好地恢复完整数据。所以采样间隔应用压缩感知理论时，要求采样为随机采样，目的就是将假频混叠效应转化为低幅值噪声。所以，Hennenfent 和 Herrmann 等提出了 Jitter 采样来解决此问题。相对规则采样，Jitter 采样既能保证随机性，又能控制最大采样间隔。

图 4-1-16 是采用随机欠采样和 Jitter 欠采样两种算法，对 480 道地震数据做 30% 缺失采样。其中，随机采样道间距最大为 150m，Jitter 采样间隔更均匀，平均道间距不超过50m。从重构结果看，随机采样在道间距较大的地方恢复是会出现一些过拟合现象，随机欠采样的重构质量为 1.3615；Jitter 采样的重构质量较高，达到 3.8907。

2. 障碍物区的 Jitter 随机采样试算

济阳坳陷由于地表障碍物种类和数量较多，炮检点布设和安全距离标定有较大的挑战，且极易造成地震资料缺失带。以往弥补缺失的手段基本集中在障碍物内加密小药量井炮、可控震源、电火花震源。勘探成本有限的情况下，必须打破传统采集模式，用更少的炮检点获取同等于常规采集的效果，对障碍物区进行随机采样点布设，相对于障碍物附近冗余弥补点位，可以达到一个资料品质更高而生产成本更低的目的。

地震勘探中的障碍物有点状障碍物，如油井、水井等；线状障碍物，如河流、公路、油气管线、高压线等；块状障碍物，如工厂、村庄、水库、湖泊、养殖区等；时变障碍物，如滩海的潮汐变化、季节性的河流、水浇地等。点状障碍物可以通过小距离恢复炮、加密炮避开，时变障碍物通过调整采集时间可以避免，因此，影响野外采集的主要问题是块状障碍物。本节以块状障碍物为例，通过抽取在障碍物划分不同的采样网格，利用 Jitter 随机采样方法原理进行试算，量化分析采样间隔参数对覆盖次数的影响情况。

1）块状障碍物采样间隔选取

选取的第一个块状障碍物是连片村庄，横向涉及 1800m，纵向涉及 1400m。障碍物

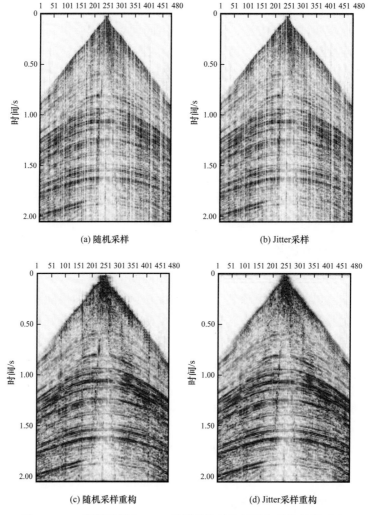

图 4-1-16　随机采样和 Jitter 采样单炮缺失记录和重构结果对比

内分别划分 50m、100m、150m、200m、250m 的正方形采样间隔（图 4-1-17），在不同的采样间隔里，都保证至少有一个采样点。从覆盖次数的对比可以得出：150m 采样间隔，障碍区覆盖次数还是能基本达到 210 次以上；200m 的采样间隔，覆盖次数还是能基本达到 200 次以上；250m 的采样间隔，会出现覆盖次数低于 80% 的条带。所以针对这个障碍物，如果采用正方形的 Jitter 采样，采样间隔定在 200m 最为合适。

　　选取的第二个块状障碍物是高店水库，横向涉及 1600m，纵向涉及 2300m。也是同样分别划分了 50m、100m、150m、200m、250m 的正方形采样间隔，每个采样间隔里都至少保证有一个采样点。从覆盖次数的对比可以得出：200m 的采样间隔时，水库内的覆盖次数在 180 次以下的不明显，但是 250m 的采样间隔，水库内的覆盖次数降到了 80% 以下。针对这个障碍物，采样间隔也是定在 200m 最为合适，也就是说四炮里面选一炮是可行的。这样既做到了尽量减少炮点，又可以通过稀疏促进策略，达到预期的重构效果。

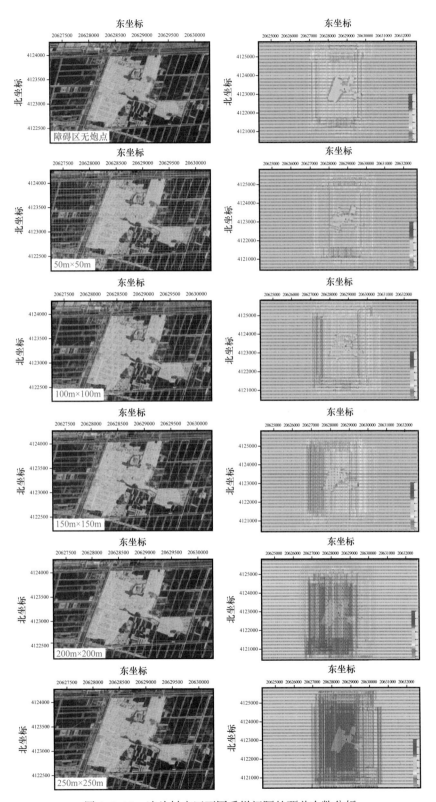

图 4-1-17 连片村庄区不同采样间隔的覆盖次数分析

2）基于处理流程的数据正则化

随着地震处理解释技术进步，地震勘探目标逐渐转向深层、复杂构造、地层和岩性圈闭油气藏，要求地震勘探数据均匀、对称和波场连续无假频采样，物理属性规则分布，因此不完整、不规则数据的规则化处理是数据处理中的一项关键技术，对改善面元属性、炮检距分组、提高叠加数据的信噪比和偏移成像质量都有特别的优势。

针对济阳探区大型障碍物密集的特点，将面元均化处理技术应用于地震勘探数据叠前时间偏移处理流程中。由于大型障碍物（村庄、工厂、水库等）安全距离的问题，会导致面元大小、覆盖次数的不一致，使得采用相同面元尺度统一网格后，出现障碍物区与邻近区相交处覆盖次数分布的严重不均。面元均化技术的实用，可以在统一处理网格后，使得障碍物区的覆盖次数达到基本一致，消除覆盖次数差异造成的能量差异，改善成像效果，保证野外施工质量。

面元均化技术是向相邻面元借道，在一定距离内补齐缺失道，使一些空的面元变"实"，通过均化面元属性使各面元内的炮检距更加均匀。

图 4-1-18 是陈官庄工区大型障碍物区炮检点分布图，障碍物区炮点偏移点位较多，会对偏移成像造成影响，同样进行了面元均化处理。从图 4-1-19 中可以得出，面元均化后，从浅到深资料的能量一致性变好。

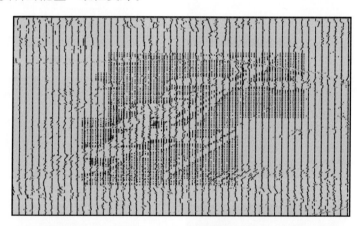

图 4-1-18　陈官庄工区大型障碍物区炮检点分布图

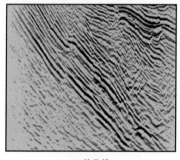
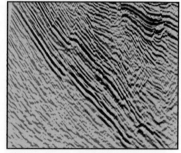

(a) 均化前　　　　　　　　　　　　　(b) 均化后

图 4-1-19　陈官庄工区面元均化前后剖面对比

第二节　复杂地质目标高精度地震处理技术

一、基于地质目标的观测系统设计及优化评价

观测系统设计在地震勘探中有着重要的作用。地震资料能否满足设计地质目标勘探的需求，在很大程度上取决于观测系统的选择。济阳坳陷历经半个多世纪的勘探，勘探开发目标主要以精细刻画"薄、小、碎"地质体为主，对三维地震资料的空间分辨能力、保真度及成像精度要求越来越高，三维地震勘探也已经全面进入二次采集，甚至三次采集的新阶段，基于水平层状介质的宏观点论证的传统观测系统设计方法已难以适应现阶段高精度三维地震观测系统设计的精度要求，基于地质目标的观测系统设计与分析评价技术研究成为现阶段地震勘探的关键技术研究方向。

在前期研究的基础上，攻关形成了"以油藏与主要勘探开发地质目标为出发点和落脚点，围绕精细刻画油气藏、地质体的目标，瞄准油藏与开发目标层系，反推地震采集参数，并以此作为观测系统优化设计与分析评价基本依据"的三维观测系统设计理念，建立了地质目标导向的三维观测系统设计思路、流程，同时，研究形成了"五化六性"观测系统设计与分析评价方法，并研发形成了具有完全自主知识产权的"基于地质目标的观测系统设计评价软件"，推动了单点高密度三维地震技术在胜利探区应用，大幅度提高了三维地震资料的成像精度、保真度与纵横向分辨能力。

1. 三维地质模型的建立与正演模拟

1）基于融合面的三维复杂地质体高效建模方法

三维复杂地质体建模不仅要能适应各种复杂的地质现象，还要考虑如何避免烦琐的操作过程从而提高建模效率，针对以上需求提出了一种基于融合面的三维建模技术。首先引入"块体"和"子块体"的概念，"块体"和"子块体"都是建模过程中形成的模型的一部分，"子块体"是复杂"块体"进一步划分的结果，"块体"和"子块体"都是一个封闭的区域，而融合就是形成这些封闭体的一种方法。

在地质学上，地下地质体一定是可以被填充满的，可以看成一个填充的块体。该块体是由各种各样的分界面构成。地质学上抽象出断层、层面等概念，也可以通俗地给定一个统一的名称——界面。为了建立这些封闭块体，用界面来代替断层、层位等名称。

通常界面是零散的，一个区域由多个界面包围。一般是上下两个界面，上界面和下界面大部分时候不是单一的一个面，它们可能是多个界面相交，比如断层和层面相交，层面和层面相交。融合就是针对某个封闭区域，找出这些界面的交线，相交的两个界面，取出包围封闭区域的部分，形成一个封闭块体。对于一个封闭块体而言，可以把它数字化成一个长方体，那么断层、层面或者说长方体的六个面，就成了分割块体的封闭界面。融合的优势在于它不局限于具体的物理意义，能处理断层、逆断层封闭等。

建模过程中的融合主要通过两种方式实现：基础融合面算法和复杂融合面算法，前

者适用于简单构造，后者适用于特殊或复杂构造。

将该技术研发形成软件与商业软件进行对比。图 4-2-1（b）为自主研发软件完成的永安镇 200km² 面积三维建模结果，断层封堵性较好，断层、层位融合效果较好，砂体边界刻画清楚、期次明显，与商业软件效果相当。与商业软件相比，自主研发软件建模过程简便、效率高，可以快速处理大数据，能够处理复杂切割断层，可后期镶嵌。

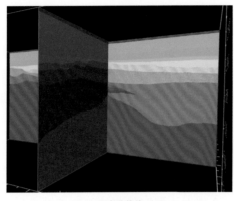

(a) 商业软件　　　　　　　　　　(b) 自主研发软件

图 4-2-1　自主研发软件与商业软件建模结果对比

2）基于照明技术的模拟分析

目前实际生产中有两大类正演模拟方法，一种是波动方程类方法，一种是射线类方法。波动方程类模拟方法被认为是最为合理有效的方法，通过合理的波动方程选择，能够实现各种复杂构造下的正演模拟工作。但是波动方程类方法最大的缺点是计算效率低下，基本无法满足实际生产的需求。为了克服普通射线类方法和波动方程类方法的某些局限，Cerveny 等（1983）相继发展了一种将波动方程与射线理论相结合的方法即射线束方法。该方法同时考虑了波的运动学和动力学特点，适用于复杂的非均匀介质模型，还能考虑介质的吸收作用，无须进行两点射线追踪，具有速度快、精度高的特点，对焦散区、临界区及暗区等都具有较好的效果。

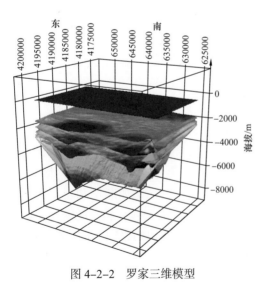

图 4-2-2　罗家三维模型

以罗家工区为例，采用罗家地区的模型和实际设计的参考观测系统进行分析评价。针对该地区设立了两套观测系统，为了论证两套观测系统优劣，首先根据罗家地区解释资料，建立了典型的罗家构造模型（图 4-2-2）。该模型的第三层为进行论证的目的层。在该模型下使用观测系统进行正演模拟照明度计算，获得了如图 4-2-3 所示结果。可以非常直观地看出观测系统 2 照明效果明显优于观测系统 1。

(a) 观测系统1 (b) 观测系统2

图 4-2-3 成像照明能量分析图

2. 面向地质目标的观测系统设计与评价技术

1）地质目标导向观测系统设计与评价的基本思想

在充分了解探区地震地质条件、地震资料与勘探历程的基础上，深化探区地质目标认识，利用部署区处理解释最新成果建立探区地质模型；提取各目的层在全区的深度、速度、倾角、方位角等地球物理参数；利用模型和实际资料反推观测系统参数；以满足地质需求、处理需求为重点，依据地震资料空间采样"充分性、均匀性、对称性、连续性"，综合考虑"地震采集地表、装备可实施性"与"经济可行性"的"六性"原则，进行观测系统多样化合理设计；利用目的层照明分析、叠前偏移算子相应分析（共聚焦分析）、采集脚印分析及面元属性分析等分析评价技术优选观测系统（图 4-2-4）。

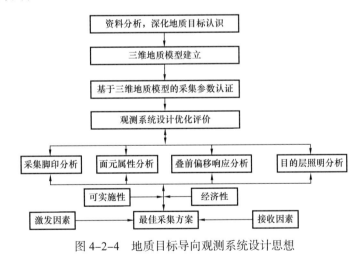

图 4-2-4 地质目标导向观测系统设计思想

2）"五化六性"目标导向观测系统设计评价方法

"五化六性"地质目标导向观测系统设计评价方法是相对于基于水平层状介质的非地质目标导向宏观点论证方法而言的。

其中，"五化"分别为：（1）地球物理参数提取全局化，利用部署区处理解释最新成果提取各目的层在全区的深度、速度、倾角、方位角等地球物理参数，作为参数论证、观测系统设计与分析评价的模型依据，改变了全区只提取 2~3 个论证点地球物理参数的传统模式；（2）参数论证模型化，从地质模型出发，结合实际资料反推观测系统参数；

（3）观测系统设计需求化，更加突出地质需求与处理需求；（4）分析评价系统化，指分析评价技术性内容更全；（5）分析评价可视化，综合了可实施性与经济性，指定性与定量相结合，由相面到地下照明。

"六性"分别为：

（1）充分性。充分性反映离散地震波场所携带的连续地震波场的信息多少，地震采集的离散波场信息要满足信号波场空间、时间采样定律要求，能保真恢复信号连续波场信息。影响采样充分性的因素主要包括：排列片的接收范围（排列长度和横纵比）、道间距、接收线距、炮点距及炮线距等。在高密度数据处理中，对地震波场采样充分性分析显得尤为重要，充分性对数据处理中关键环节的影响表现为：由于采样不足，导致数据中出现假频现象，假频对后续的某些处理步骤有不良影响，如叠前噪声衰减、多域统计分析与处理、与数学变换相关的处理（如 F–K，τ–p，Radon 等）及偏移成像等。

（2）对称性。狭义的对称性指在炮域和检波点域采集地震波场的参数相同。即道间距 = 炮间距 = 接收线距 = 炮线距。广义的对称性指道间距 = 炮间距；接收线距 = 炮线距。从面元属性上反映了面元内炮检距及方位信息对称性。对称采样的优点：保持了采样波场的对称性；数据特征与线的方向无关；CMP 间的属性恒定（相同）；较好地压制相干噪声；数据适合于炮、检域串联处理；数据适合于更复杂的处理和分析（OVT 处理、AVO 分析、叠前偏移、反演、各向异性研究等）。

（3）均匀性。均匀性通常指炮、检点空间布设的均匀程度，反映在面元属性上，均匀性指地震数据体的炮检距分布均匀性、覆盖次数分布均匀性、方位角分布均匀性等（姚江，2017）。主要包括以下几个指标：道均匀性，即三维勘探中道距和接收线距之比；炮均匀性，即三维勘探中炮点距和炮线距之比；炮道均匀性，即炮密度和道密度之比。均匀性的衡量是以上参数越接近于 1 越好。

（4）连续性。连续性指对各种地震波场在不同数据域（炮域、检波点域、CMP 域、OFFSET 域、OVT 域等）连续程度，即记录到的反射信号波场和各种噪声波场均具有很好的空间连续性。

（5）可实施性。地表具备相应观测系统的野外实施条件。

（6）可行性。观测系统设计方案应当与当前的野外地震采集装备情况和采集成本控制要求相适应，设计方案具备地震采集装备与经济的双重可行性。

二、宽频宽方位地震资料处理技术

随着探区勘探程度的不断提高，均已进入隐蔽油气藏勘探阶段，面对薄互层、低序级断块、地层尖灭、裂缝等地质问题，常规地震成像技术难以满足需求。近年来，经过不断的探索研究，逐渐发展形成了宽频宽方位地震资料成像技术。宽频宽方位地震资料处理技术可有效地解决成熟探区存在的勘探难题，对成熟探区的勘探开发工作意义重大。

1. 多信息约束的频带展宽处理技术

宽频带地震资料是有效识别薄储层和研究储层横向变化规律的基础。宽频地震处理技术就是在遵循叠前保幅处理原则上，通过多信息约束的频带展开处理等技术，拓宽有效信号频宽，提高地震资料对薄储层的识别能力，满足叠前储层预测和流体检测的要求。

1）频带宽度对地震资料分辨能力的影响

地震波频宽是地震勘探中能有效带回多少地下信息的决定性因素。频带越宽，地震成像处理的精度越高。地震频带宽度对于提高反演识别储层能力也起重要作用，地震高频信息能够提高反演储层识别精度，图 4-2-5（a）是有效频宽 8～75Hz、主频为 30Hz 的地震资料反演剖面，从反演剖面上来看，储层是分不开的，图 4-2-5（b）是有效频宽 8～110Hz、主频为 45Hz 的地震资料反演剖面，从反演剖面上来看，频带拓宽高频增加后，反演储层识别能力提高，叠置储层砂体可以很好地分开，对油气连通性分析及油气开发有更好的指导。

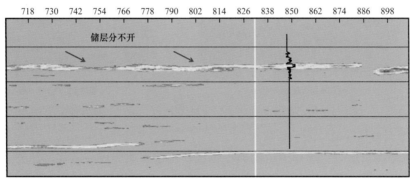

(a) 有效频宽8～75Hz、主频为30Hz的地震反演剖面

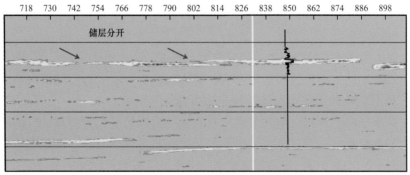

(b) 有效频宽8～110Hz、主频为45Hz的地震反演剖面

图 4-2-5　不同高截频率地震资料反演剖面对比

高频信息对于提高地震属性反演能力意义重大，地震低频信息在构造成像、波阻抗反演、岩性解释、油田开发等领域也起到了非常重要的作用。图 4-2-6（a）为地震频带 6～60Hz 提取的沿层地震均方根振幅属性，可以看到储层与非储层及岩性变化带都非常清楚，图 4-2-6（b）是提频后属性平面图，经过提频处理后，尽管地震频带整体提高了，频带变为 10～65Hz，但是低频成分少了，储层与非储层识别能力反而降低了，低频数据中清楚的岩性变化带也变得模糊。

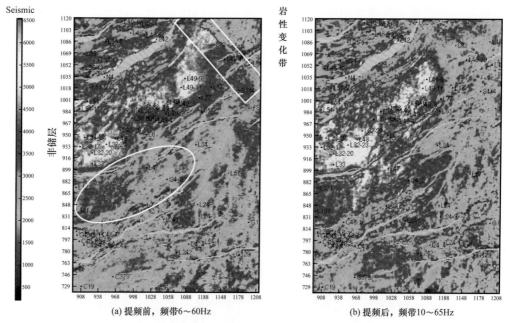

(a) 提频前，频带6～60Hz　　　　　　(b) 提频后，频带10～65Hz

图 4-2-6　提频前后低截频不同地震均方根属性平面图对比

2）基于台站信号的低频补偿技术

在常规地震采集时，选择少量的典型位置，将低频地震仪与常规检波器进行点对点布设。在室内评价地震信号在各频率段的有效性时，估算出低频恢复的极限及校正因子，达到对常规地震数据进行低频补偿，大幅度提高地震资料分辨率的目的。这种技术的优势在于避免了大量使用低频检波器造成的采集成本攀升，少量增加台站式低频检波器的施工难度也相对较小。

（1）台站式宽频地震仪与三维地震联合采集技术。

进行常规检波器地震数据的低频补偿，必须以具有一定重合度的低频检波器地震资料为基础。利用宽频地震仪大动态范围具有低频响应特点，布设一定数量宽频地震仪，与地震采集同步录制，获得与地震采集资料匹配的数据信号，为常规检波器采集数据的低频校正奠定数据基础。通过分析采集区的三维观测系统，结合实际地表地貌特点，研究宽频台站式地震仪的布设，使得宽频数据与三维地震数据达到最小重合度下数据耦合。

（2）基于台站信号的低频恢复方法。

以同步采集到的低频数据和常规三维数据为基础，通过两种检波器的差异分析，评估低频信息的有效性，开展利用低频地震仪采集信号扩展常规采集低频端的相关研究，并形成针对常规检波器资料的低频恢复方法。最低有效频率估算及反滤波器的构建是该方法的核心和关键。

① 常规检波器最低有效频率信号可靠性估算方法。

将地震记录高信噪比频带范围的下限频率值称之为最低有效频率（lowest reliable frequency，LRF），最低有效频率限定了可恢复有效信号的低频极限。采用两种检波器频谱比的方法来估算最低有效频率。

② 基于台站低频信号的约束校正技术。

确定了 LRF 之后，估计反滤波器，对常规检波器记录的低频进行恢复。在频率域将常规检波器数据的频谱乘以最低有效频率和最高有效频率截断的反滤波器，实现对检波器低频的补偿。针对单道估计低频恢复曲线不稳定的问题，采用多道同时反褶积的方法计算低频恢复曲线，将多个点对点对比的常规检波器和低频检波器地震数据作为反褶积的输入，利用最小二乘的方法反演常规检波器低频恢复曲线。这种反演的做法不仅避免了人为挑选单道低频恢复曲线时的人为干预因素，而且在噪声较强的环境下仍然有效，计算过程更加稳定、结果更加准确。

（3）实际资料应用效果。

应用如上低频恢复方法完成了胜利东部滨三区常规检波器低频补偿工作。从该连井剖面上可以看出，利用补偿低频之后的地震资料经过反演处理后，储层的发育情况与井点处吻合情况较好，能够更好地反映储层的分布情况（图 4-2-7）。

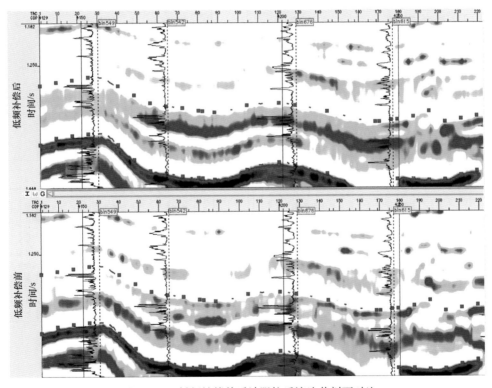

图 4-2-7 低频补偿前后波阻抗反演连井剖面对比

3）基于地震层位约束的井控频带拓展技术

由于地震资料的高频段能量弱并且受噪声影响严重，单纯地依靠地震的高频信息进行小步长反褶积容易造成提高资料分辨率的同时降低资料的信噪比，不利于地震资料的解释。测井资料包含丰富的高低频信息。利用测井资料中的高频信息校正地震资料高频段噪声、约束反褶积过程，有助于解决一般反褶积提高分辨率的同时降低信噪比的问题。

（1）技术实现思路与过程。

利用地震资料常规处理得到中高频信息，基于测井的提高分辨率处理得到高频地震信息，通过信号重构技术得到较宽频带的地震资料。首先对地震数据进行信噪比分析，获取有效频带和待提升频带，并将待提升频带雷克子波与测井反射系数褶积，得到井旁期望地震道；然后通过使井旁地震道与反子波褶积后逼近井旁期望地震道，求取井点处的反子波；再对反子波进行空间内插后，与地震数据褶积得到高频地震数据体；最后将常规反褶积等方法得到的中高频数据与井控处理得到的高频数据进行融合，得到高分辨率宽频叠前地震数据，信噪比基本不变。

（2）实际资料处理。

图 4-2-8 为井控拓频前后的叠加与道集，该方法拓频后在提高资料分辨能力的同时，具有一定的压制低频噪声的作用。

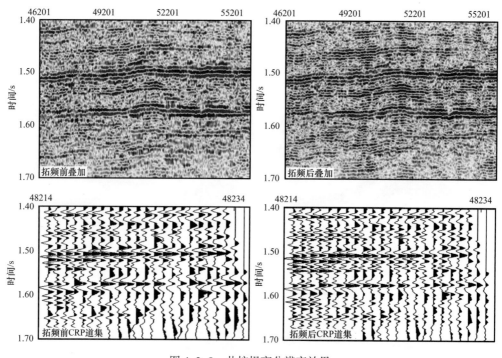

图 4-2-8　井控提高分辨率效果

2. 宽方位地震资料处理技术

1）OVT 域数据规则化及提高信噪比技术

OVT 域数据在规则化处理方面具有先天优势，在 OVT 域内，地震数据具有固定的方位和炮检距范围，因而数据相似性更好，插值因子求取更合理，并可以取得更好的插值效果（袁刚等，2016；印兴耀等，2018）。

不同于常规的二维去噪，OVT 道集的全区单次覆盖的特性使得每个 OVT 道集都类似一个三维数据体，无须做太复杂的规则化处理即可得到完整的三维数据体。这为"体模式"去噪处理提供了很大便利（图 4-2-9）。

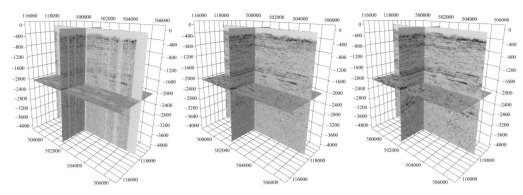

图 4-2-9　初始状态、规则化后、体模式去噪后 OVT 道集

2）宽方位层析建模技术

将宽方位数据按炮检点位置分方位分别进行 Kirchhoff 叠前深度偏移，得到分方位的 ODCIGs，并在此基础上进行多方位的射线追踪，建立多方位联合的反演求解，形成宽方位层析建模技术（图 4-2-10）。

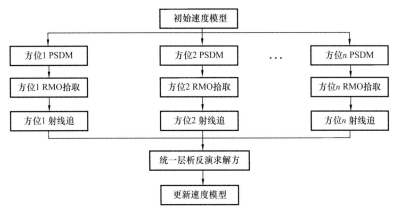

图 4-2-10　多方位联合层析反演流程示意图

3）宽方位深度偏移成像技术

传统的射线束形成方法是局部 τ-ρ 变换，存在泄露噪声和低分辨率的问题。本次研究方法是将拉东谱能量作为先验信息加到最小二乘反演过程中，以改善射线束形成的分辨率，解决泄漏噪声的问题。然后将该方法得到的结果应用于各向异性射线束偏移方法中，由于该方法具有运动学射线追踪求取中心射线位置和旅行时、利用速度场随路径的变化来控制射线宽度、利用几何关系和泰勒展开来控制振幅和时间展布的特点，因此可以更好发挥宽方位地震资料的优势、克服单点资料中深层信噪比低的问题，在宽方位地震资料成像方面具有很好的应用效果。

为了解决宽方位资料计算量大的问题，该方法在计算效率方面也进行了两步优化。第一步，特征波场的提取。对输入的任意道集进行面元化排序，实现每个面元的平面波分解，提取有用的特征波场数据。第二步，特征波平面波场的偏移，按提取的特征波，按同相轴循环进行偏移。

4）各向异性介质宽方位高斯束偏移成像技术

主要研究了能够灵活地适应复杂观测系统的共炮域各向异性高斯束叠前深度偏移方法。根据 Claerbout 提出的反射波成像准则，成像结果可以看作正向传播的震源波场与反向传播的接收波场之间的互相关，推导得到最终的成像公式：

$$I_s\left(r\right)=C\sum_L\int\mathrm{d}\omega\int\mathrm{d}p'U\left(r,r_s,L,p,p',\omega\right)\cdot D\left(r_s,L,p',\omega\right) \tag{4-2-1}$$

式中　I_s——单炮成像结果，最终偏移成像结果为所有的炮成像值的叠加；

　　　p，p'——分别表示震源和束中心位置处出射的高斯束的射线参数；

　　　$D\left(r_s,L,p',\omega\right)$——地震记录加窗倾斜叠加的结果；

　　　C——已知系数；

　　　ω——角频率；

　　　r——地下成像点空间位置；

　　　$U\left(r,r_s,L,p,p',\omega\right)$——共炮域高斯束叠前成像算子。

$$U\left(r,r_s,L,p,p',\omega\right)=-\frac{i\omega}{2\pi}\iint\frac{\mathrm{d}p_x}{p_z}u_{GB}^*\left(r,r_s,p,\omega\right)u_{GB}^*\left(r,L,p',\omega\right) \tag{4-2-2}$$

式中　$u_{GB}^*\left(r,r_s,p,\omega\right)$——震源位置 r_s 处以 P 和 P' 方向出射的表征地下局部地震波场的单条高斯束；

　　　$u_{GB}^*\left(r,L,p',\omega\right)$——束中心位置 L 处以 p 和 p' 方向出射的表征地下局部地震波场的单条高斯束；

　　　p_x，p_z——射线参数的 x，z 分量。

对实际资料进行偏移处理，取 Crossline2044 时的切片，其偏移结果如图 4-2-11 所示，可以看出商业软件偏移结果较好地反映了地下构造的变化，整体同相轴连续性较好，目的层（沙三段、沙四段）成像较为清晰，但局部区域连续性较弱，振幅保真性不理想。高斯束偏移结果同商业软件偏移结果基本一致，目的层（沙三段、沙四段）同相轴连续性增强，振幅保真性进一步提升（图 4-2-11）。

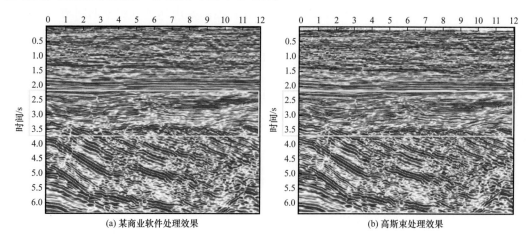

(a) 某商业软件处理效果　　　　　　　　　　　(b) 高斯束处理效果

图 4-2-11　罗家地区实际资料处理（Crossline2044）

5）OVG 道集方位各向异性校正及道集属性提取

为保证最终偏移成像、叠前道集及由此地震数据所提取属性的准确性，消除方位各向异性处理成为高分辨地震资料处理的重要步骤。道集的方位各向异性校正方法有很多，非刚性匹配校正技术因其易于实现、效果显著被广泛应用。OVG 道集属性提取主要是使用旅行时椭圆方位各向异性拟合的方法，通过非刚性匹配过程中产生的位移场，计算 OVG 道集中同相轴起伏高点和低点的动校正时间，进而计算出该方位的快速度和慢速度（图 4-2-12）。

三、极复杂地质体高精度成像技术

渤海湾盆地是我国东部重要的油气能源产区，以胜利油田为例，属于典型陆相复式油气区，被地质学家称为石油地质"大观园"，沉积类型多、含油层系多、油藏类型多。经过 60 多年的勘探开发，勘探目标全面转向"薄、小、碎、深"地质体，传统的地震技术无法适应勘探目标的转变，需针对勘探对象开展高精度成像理论与方法的研究，以满足勘探生产实际需求。"十二五"以来，以渤海湾盆地复杂地质体精细描述为目标，提出了"功能细分、分级处理"的成像策略，探索了极复杂地质体成像的新理论，建立了面向河道、潜山、复杂断裂不同尺度高精度成像配套技术体系，完成满覆盖 1000km² 以上高密度资料处理，资料成像精度大幅度提升。

1. 极复杂地质体的地震成像理论与方法探索

在传统的物探处理技术中，以基于规则采样的反射波为对象建立的一套理论体系，在油气勘探发现中起到了关键作用。随着勘探进程的不断深入，大尺度地质构造基本被认识清楚，地下介质中存在许多细小的构造，如微小断层、裂缝、尖灭圈层等小尺度地质目标，传统理论与方法存在一定程度的不适应，需要探索一些新的成像理论与方法。

1）小尺度地质体地震绕射波成像技术

绕射波源自地下的局部不连续体，携带了断层、尖灭、断裂、河道及盐丘边界等地下小尺度目标体的重要信息，并且可以指示油藏开采中的流体流动引起的地震反射系数的变化，是构造解释、岩性解释及油田开发阶段精细描述的重要目标。"十二五"以来，针对绕射波机理、正演、成像、速度建模、应用等技术环节进行了系统攻关，取得了以下 3 项研究成果。

一是研究了时空域优化的差分递推正演模拟技术，新方法将空间采样间隔、时间步长、速度、密度等融合在差分递推格式中，提高正演模拟数据的精度，更准确地刻画小尺度地质体的地震绕射特征，对河道、断层、缝洞等 6 类典型非均匀地质体理论模型进行了正演模拟，形成正演记录 300 炮，并据此分析了地质体尺度与绕射波分辨能力之间的关系，结合地震资料、解释成果与油藏模型，建立了陈家庄、董 2 井北等二维地质模型 3 个，三维模型 1 个，并正演模拟数据 3000 多炮，明确了"只要存在非均质地质体，都会产生绕射波，但绕射波特征相差较大；尺度大于 40m 的地质体能够分辨其边界，而小于 40m 的地质体只能认为是一个绕射点"的观点。

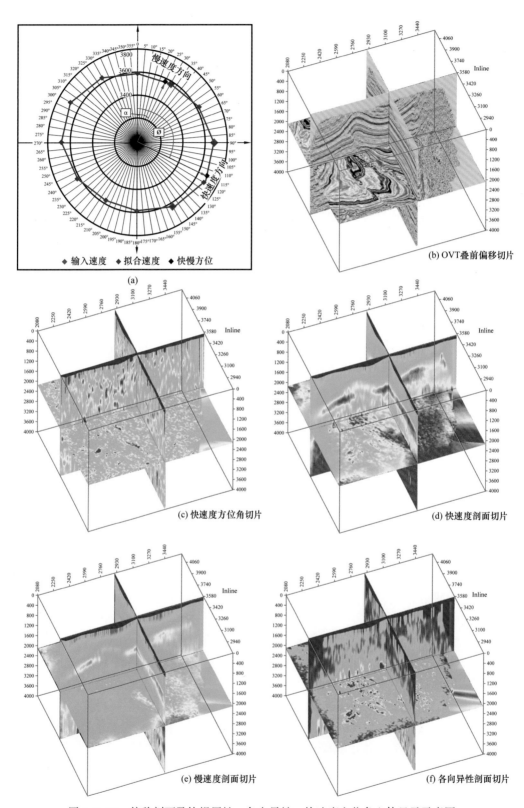

图 4-2-12　偏移剖面及快慢属性、各向异性、快速度方位角立体显示示意图

二是研究了多域绕射波分离技术，深化了倾角估计的方法有效预测反射波能量的方法，减少了绕射能量的损失，更好地实现绕射波的分离，完善并发展了平面波域绕射波分离技术，编写了三维分解算法，增强了技术的实用性。从试验结果来看，倾角域绕射波分离算法和平面波域绕射波分离算法均可很好地实现绕射波与反射波的分离；倾角域绕射波分离方法主要针对成像道集，适用于点状绕射体的波场分离，平面波域分离方法主要针对叠前炮记录，适用于刻画断层及绕射体端点位置。

三是开发了针对绕射目标的 EMO 叠前时间偏移成像方法，将炮检偏移距的双平方根方程改写为于同一位置的等效偏移距点的双平方根方程，在给定的偏移距范围内形成共绕射点（CSP）道集，包含了偏移孔径内绕射波起点到终点的全部能量，更适合解决绕射波发育的复杂非均质体成像问题。EMO 叠前时间偏移与常规叠前时间偏移在大断面的成像上差异不大，但在对绕射目标体的细节刻画上，EMO 叠前时间偏移明显好于常规偏移。

2）炮检点位置随机的地震数据观测方法

地震数据采集是油气勘探的核心环节，地震波成像质量的改善、地震地质解释精度的提高，甚至油气勘探效益的提高，都直接依赖于地震数据品质的提高。当前，地震数据采集理论和技术进展一个重要方向就是采样理论从 Shannon 采样发展到压缩感知采样。

在当前勘探目标和地表条件越来越复杂、低油价成为常态的情况下，空间随机采样可能以更少的炮检点带来同等投资获取数据情形下的更高的成像质量。在"两宽一高"地震数据采集逐渐普及的情况下，对空间随机采样方法技术进行研究是非常有意义的。尤其对于东部老油区，在地表条件导致规则采样越来越难实现的情况下更加有意义。

"十三五"期间，探索了基于压缩感知理论的观测方式研究，根据野外施工的可行性，设计了 4 种单炮观测系统，在模型数据和实际数据中应用中取得以下 3 点认识。

一是系统分析了地震数据采样理论，指出了 Shannon 采样和压缩感知随机采样各自的优缺点和适用范围，提出了压缩感知随机采样的基本原则：现有采集网格上的 Gauss 随机采样和压缩感知随机采样有可能提供更有利成像的数据。指出 Gauss 随机采样、波场稀疏表达方法和数据恢复算法是压缩感知采样的三位一体的要素，不可割裂。

二是提出了针对东部盆地波场特征和现有观测网格下 Gauss 随机采样系统的设计方法，把常规观测网格作为 Gauss 随机采样系统的期望，把数据恢复的最高波数作为 Gauss 随机采样系统的方差，进行观测系统的设计，兼顾现有观测系统的照明均匀和规则无假频数据恢复的最高波数（最高空间分辨率）。

三是指出地表噪声、近地表速度及静校正和地下介质复杂程度都制约压缩感知随机采样观测方式的应用，复杂地表和复杂地下介质情况下使用压缩感知随机采样时要特别慎重，尤其在油藏描述需要保真成像情形下更是如此。

2. 模型正演及井信息约束的深度域成像方法

"十三五"期间，以济阳坳陷极复杂地质体高精度成像为核心，深入分析了区带地质与地震资料特点，提出了"井约束反向追踪速度反演 + 各向异性叠前深度偏移"的技术思路，开发了地质信息约束速度反演技术、基于网格的层析反演建模技术及大数据快速偏移成像技术等关键技术，建立了极复杂地质体精细成像技术。

1）基于地质目标的井约束深度域速度建模技术

针对济阳坳陷复杂构造的特点，结合勘探开发 50 多年海量的测井数据，提出了"多信息融合 + 反向追踪层析"建模思路，较好解决了砂砾岩体、潜山速度变化大、地震成像精度低，陡坡带砂砾岩体、潜山存在的诸多地震成像难题。

改进了克里金插值变异函数，充分利用层速度分层的特点，建立了"平面弱各向异性，垂向强各向异性"的套合结构的变异函数模型，开发了深度方向移动加窗技术，既保证了精度，又提高了效率，实现了区域级的三维测井速度场建模；借鉴融合理论，提出了克里金插值误差函数的融合准则，研发了多尺度 Gabor 变换测井速度场分解技术，获得不同空间和波数信息的速度场，实现了与偏移速度的多尺度融合，建立了多级融合的速度模型；提出了从成像点射线追踪的速度层析反演方法，优化了射线追踪算法，从拾取的成像点向上至地表进行反向射线追踪，按照与实际野外观测系统相匹配的原则，形成射线子集，建立了井约束反演方程，形成了井约束层析反演技术。

在花古 1 井区实际应用，新速度模型与井速度吻合程度高，过花古斜 101 井东西向剖面，古生界地层倾角减小，更加符合地质认识，与实钻井也更加吻合。新资料地震成像精度得到显著提高，花古 6 井震误差由 519m 减小到 10m。该井的钻探成功，一举向西扩大了花古 101 井区上古生界含油气范围，展示了良好的勘探前景。

2）大数据快速逆时偏移成像技术

偏移成像是确定地球介质形态的重要环节，逆时偏移相对于单程波动方程偏移算法和克希霍夫偏移算法等射线偏移算法，在处理陡倾角构造和复杂速度模型上有着明显的优势。但逆时偏移也存在存储大、计算量大的特点，特别是在高密度采集常态化的背景下，大数据逆时偏移效率问题尤为突出。

针对制约逆时偏移运算效率问题，对逆时偏移的吸收边界条件、计算网格、GPU 并行策略三方面进行了改进和优化，计算量大大减少，运算效率显著提高。

改进了吸收边界条件，由完全匹配层吸收边界改进为基于卷积的完全匹配层吸收边界，不分裂波场变量，节省了波场存储空间，提高了计算效率；改进了计算网络，由固定网格变为时空双变网格，根据精度需求进行时空网格大小调整，在保证精度需求的情况下，显著减少计算网格格点数据，大幅度减少计算量；改进了 GPU 并行策略，由单线程管理改进为多线程管理，多卡并行的 GPU 计算和通信由交替变为同步进行，计算效率大幅度提高。

改进后基于多核异构的 GPU 协同逆时偏移成像技术，在保证成像质量的前提下，运算效率大大提升，加速比达到 152∶1，推动了该技术在实际生产中的推广应用。

3. 单点高密度采集资料的处理关键技术

单点检波器采集的使用必须要与高密度采集相结合，通过高密度采样才能保证对噪声进行无假频的采集，同时单点资料信噪比低，也必须通过高密度采集改善成像质量。

单点高密度采集使得原始资料的方位角大大加宽，宽方位处理技术成为单点高密度资料处理的关键技术。"十三五"期间提出全方位高密度地震处理技术路线，建立一条完整的单点高密度地震宽方位处理方法与流程，推动了成果工业化应用。

开发了 OVT 道集 TTI 介质积分法叠前深度偏移方法，从实用化角度出发，选择研究高效的 TTI 介质旅行时追踪算法，并在此基础上开展基于 OVT 道集的 Kirchhoff 积分叠前深度偏移研究，得到适用于巨量数据的 Kirchhoff 叠前深度偏移算法。研究各种提高成像精度的方法技术，进一步提高积分法叠前深度偏移的质量；针对常规 TTI 介质 Kirchhoff 积分叠前深度偏移只能输出偏移距道集，抹杀了宽方位数据的方位照明特征，降低了成像效果，形成了 OVT 数据 TTI 介质 Kirchhoff 积分叠前深度偏移方位角度道集的生成方法，研究了通过旅行时场梯度计算角度的方法，用以输出 360°方位的角度道集，为后续各向异性参数建模和 AVAz 分析提供有效的道集，与业界 ES360 软件相比，比从地下往上打射线计算量小得多，实现了全方位道集输出的实用化。

研究了基于全方位成像道集的层析速度反演与建模技术，常规层析速度反演方法基于偏移距道集或者角度道集，没有利用道集中的方位特征，层析中所有方位的 RMO 均认为一致。在宽方位成像中，根据道集中的方位角信息，进行真正的方位角度道集剩余深度差测量和射线追踪，进行全方位成像道集的层析速度反演，提高层析速度反演的效果，与其他偏移速度分析方法相比，全方位共成像点道集给出了地震波沿着不同方位、不同张角传播的剩余时差，全方位层析偏移速度分析充分考虑了地震波在速度模型中的传播路径，可以准确地沿着波传播、反传播的射线路径对速度模型进行整体修正，与偏移方法结合密切，效果更好；开展了全方位成像道集层析反演正则化技术研究，为了提高层析反演的精度、改善反演效果、降低反问题的多解性，开展层析反演正则化研究，已知模型的构造特征时，反演矩阵垂直于地质界面方向提取突变信息时空间展布范围较窄，平行于界面方向时展布范围较宽，等价于约束平行界面方向较垂直界面方向更加光滑，实现了引入地质构造信息的反演结果，提高速度模型的反演精度。

在济阳坳陷先后完成了东风港 –2016、罗家 –2017、陈官庄 –2018、唐庄 –2019、草桥北 –2020 等单点高密度地震 11 块，满次面积 2337km^2，老资料频带范围 5～50Hz，单点高密度资料频带为 5～105Hz，频带拓宽了 55Hz。与老资料相比，偏移剖面有效频宽提高了 20Hz 以上，有利于沙三段、沙四段薄层与特殊岩性体的追踪与解释。横向分辨能力大幅度提高，断裂系统清晰，断层断点、断面刻画清楚。时间切片上老资料反射特征模糊，新资料反射特征清楚，河道、断层等沉积特征易于追踪与描述。与高精度地震相比，圈闭识别精度从 0.05km^2 精确到 0.01km^2，断距识别能力从 8～10m 提升到了 5m，能识别的储层厚度从 10～15m 提高到了 5～10m。

四、多波资料的联合成像技术

在油气勘探要求越来越高的当前，多波地震资料处理越来越受到重视和欢迎。在济阳坳陷已经进行了长期的多波地震技术的生产应用，取得了一些经验和成就，突显了多波资料处理方法技术的重要性。针对多波资料处理中的难点问题开展了多波资料联合静校正及速度建模、多波资料高精度偏移成像、多波资料约束的高精度处理等技术方法的研究攻关，在实际资料处理中取得了明显的应用效果。

1. 多波资料联合静校正及速度建模技术

攻关研究了基于面波反演的纵横波资料联合静校正处理技术和多波资料联合速度分析及建模技术。

1）多波资料联合静校正技术

纵波和转换波资料里存在范围广泛且能量较强的面波信息，而面波又携带了大量的近地表横波速度信息。利用面波的频散特征，联合应用纵波和转换波资料的面波信息，通过高精度的波场插值及 Radon 变换得到频率—速度谱，进而提取频散曲线。由于面波频散特征反映了近地表介质弹性参数的垂向变换，利用获取的频散曲线就可以反演地层的横波速度进行转换波静校正。

（1）面波频散曲线提取。

面波携带了近地表横波速度的信息，因此被用于研究浅部地层的速度结构。自然界中的面波是频散的，它们的速度依赖于频率。面波频散特征反映了近地表介质弹性参数的垂向变换，通过获取频散曲线进而来反演地层的横波速度剖面。

高品质的地震面波记录为高精度的频散曲线提取提供了必要的前提条件。目前主要的频散曲线提取算法有相位差法、τ–p 变换算法（倾斜叠加算法）、F–K 变换算法、时频分析法和小波分析算法等。本书采用的是 τ–p 变换算法，对于均匀介质，在 t–x 域中为直线的面波在 τ–p 域中为一个点，而在 t–x 域中为抛物线的反射波在 τ–p 域中为一个椭圆，据此特性得到频散曲线。

（2）横波速度反演。

研究揭示了面波在弹性半空间介质中的传播特性，将其频散特性应用于解决浅层工程地质问题。目前，面波工程勘探研究可以归结为正演、反演两个方面。

在已知介质模型各层 V_{Sm}、V_{Pm}、H_m、ρ_m 的条件下，根据弹性波动理论建立描述面波相速度 C 与波动频率 f 及其他弹性参数之间关系的面波频散方程 $F(C, f)$，并解方程 $F(C, f) = 0$ 的根，即计算不同频率时的面波传播速度，由此了解特定介质模型中的面波频散特征。

（3）实验区多波资料静校正处理。

针对实际三分量资料进行静校正处理，图 4–2–13 为静校正前后的剖面对比，可以看到静校正后剖面同相轴的能量和连续性变好。

2）纵横波联合速度分析与建模技术

纵波转换波速度分析是多波地震资料处理的核心问题之一，由于转换波的传播过程中含有纵波速度与转换横波速度两个因素，并且其射线路径不对称，使得转换波的速度分析工作变得更为复杂，较单一波型资料的速度分析和建模更加困难。

（1）原理及实现。

基于前期纵波与转换波速度分析的研究基础，推导了纵横波场联合时距方程：

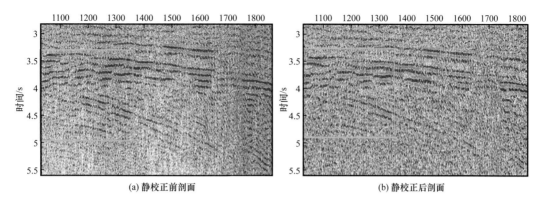

(a) 静校正前剖面　　　　　　　　　　　(b) 静校正后剖面

图 4-2-13　静校正前后剖面

$$t_{\mathrm{ref}}^2 = t_{\mathrm{ref0}}^2 + \frac{x^2}{v_{\mathrm{ref}}^2} - \frac{2\eta x^4}{v_{\mathrm{ref}}^2 \left[t_{\mathrm{ref0}}^2 v_{\mathrm{ref}}^2 + \mu x^2 \right]} \tag{4-2-3}$$

式中　t_{ref}——纵横波反射波场反射波到达时间；

t_{ref0}——纵横波反射波场双程反射时间；

v_{ref}——纵横波反射波场叠加速度；

x——激发点到接收点之间的水平距离。

将纵波波场、转换横波波场的速度分析进行统一，实现了纵横波联合速度分析技术，能够同步在 R 分量和 Z 分量上实现纵波速度场与转换波速度场各向异性多参数速度分析，利用纵波波场与转换波波场的各自优势相互约束，求取更加可靠的纵、横波速度场。

（2）实验区多波实际数据处理。

根据纵、横波场互相影响的实际情况，利用纵横波场统一反射波时距方程，在罗家地区 3D3C 地震实际资料上实现了纵横波联合速度分析测试，在罗家 3D3C 叠前时间偏移 CIP 道集上实现了纵横波场相互匹配与成像，提升了转换波场成像精度（图 4-2-14）。

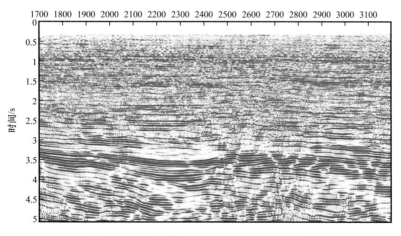

图 4-2-14　转换波叠前时间匹配成像结果

2. 多波资料高精度偏移成像技术

多波地震资料叠前深度域偏移技术是提高地震资料分辨率的有效方法，通过建立与完善成熟可靠的多波资料叠前深度域偏移技术流程，研究开发了多波资料叠前深度域偏移方法技术，提高了多波资料叠前深度域偏移水平。高斯束代表了地下有限范围内的局部波场，其为相互独立的且可以相互叠加，上述特点使得该方法可以对多次波至进行成像，具有优于 Kirchhoff 偏移的成像精度；另外，高斯束初始波前为平面，根据此特点通过加窗的局部倾斜叠加进行平面波分解并利用对应的高斯束进行延拓成像，又使得该方法具有接近于 Kirchhoff 偏移且远高于逆时偏移的计算效率（杨珊珊等，2015）。

1）构建弹性矢量波叠前高斯束格林函数

格林函数的构建是高斯束偏移的核心问题，在当前标量波高斯束格林函数的基础上，推导了弹性波高斯束表达式，通过不同角度的弹性波高斯束加权积分获得了弹性波高斯束格林函数的表达式，为后续弹性矢量波高斯束偏移方法奠定坚实的基础。

2）弹性矢量波高斯束波场延拓算子

在波动方程类矢量波偏移方法的基础上，通过将弹性波高斯束表征的格林函数代入 Kirchhoff–Helmholtz 积分中，并通过高频近似构建了解耦的弹性波高斯束波场反向延拓算子，该波场延拓算子对于提取弹性波地震记录中的本型波能量，压制非本型波干扰有着重要的作用，可有效压制波场分离不干净带来串扰噪声。

3）弹性矢量波保幅成像条件

将弹性波震源波场通过震源处出射的弹性波高斯束的叠加积分表示，并对弹性波地震记录进行加窗局部倾斜叠加得到弹性波高斯束表征的解耦的反向延拓波场，对二者应用弹性矢量波保幅成像条件，改善偏移剖面振幅均衡性，获得高精度保幅偏移成像剖面。

4）借助 GPU/CPU 协同计算并行实现

在弹性矢量波保幅高斯束偏移方法的基础上，通过使用 GPU/CPU 协同并行计算的方法来进一步提高计算效率和节省 I/O 存储，实现高效弹性矢量波高斯束偏移方法。

应用 SEG 起伏地表模型进行试算，测试本方法的成像效果。该模型具有典型的复杂地表构造，由图 4-2-15 可以看到其地表高程变化剧烈，且近地表速度变化明显。

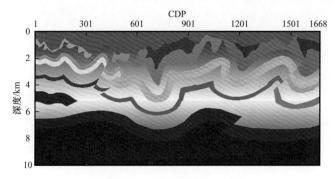

图 4-2-15　SEG 起伏地表模型

图 4-2-16（a）为 Kirchhoff 偏移成像结果，虽然模型的基本构造得到成像，但是剖面中含有大量的偏移噪声。图 4-2-16（b）为基于 Gray 所提出的局部静校正法偏移结果，同 Kirchhoff 偏移相比，其成像结果信噪比明显提高，但是其浅层成像效果不够理想，含有大量的噪声。图 4-2-16（c）为保幅延拓法的偏移结果，可以看到同局部静校正法相比，保幅延拓法不但有效加强了深层的能量强度，并且压制了浅层噪声，提高了近地表的成像精度。其同图 4-2-16（d）的"直接下延"波动方程偏移的成像结果非常接近，且浅层构造更为清晰。

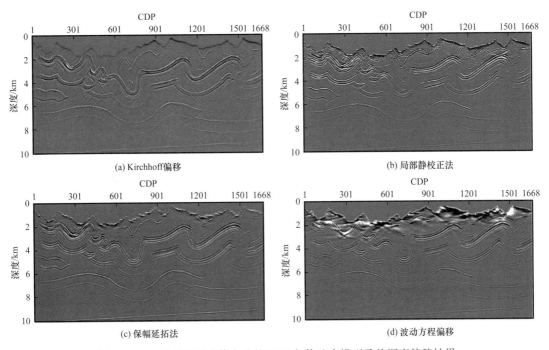

图 4-2-16　基于不同成像方法的 SEG 起伏地表模型叠前深度偏移结果

3. 多资料约束的高精度处理技术

在深度域速度分析及建模过程中，井约束层析速度反演建模可以有效提高速度场的精度，进而提高资料成像的质量。

在层析速度分析中权衡反演精度和计算效率，选定 LSQR 方法作为速度层析反演的主要方法，并加入正则化来提高层析反演的稳定性和精度。利用 Lanczos 方法求解最小二乘问题，对数据误差传递进行压制，并且收敛速度较快。加入正则化消除射线涂抹的影响，使反演问题的病态程度减弱。使用声波时差测井等资料对反演进行控制和约束，提高了反演的精度，获得较好的反演效果。

将上述速度分析及逆时偏移方法应用于罗家工区的实际资料处理中。选用地震资料共 576 炮，模型为 12.5m×5m 网格偏移。由图 4-2-17 的偏移剖面可以看出本项目方法偏移剖面的同相轴连续性更好。

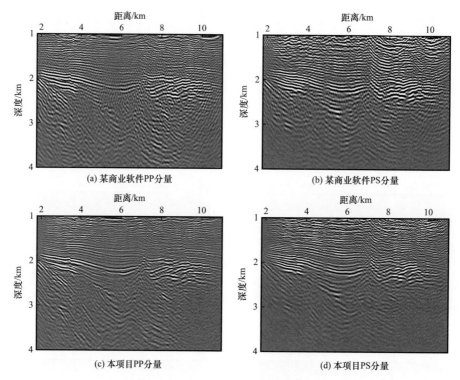

图 4-2-17　罗家实际资料偏移剖面

第三节　复杂地质目标精细地震解释技术

济阳坳陷是典型的陆相断陷盆地，构造演化复杂，沉积类型多，储层非均质性强，圈闭类型多，成藏规律复杂，特别是"十三五"以来，勘探目标"薄、小、碎、深、隐"特点更为明显。随着地震采集、处理技术的进步与发展，地震资料品质不断提高，包含的信息更为丰富，如何充分利用各种地震信息提高复杂地质目标描述的可靠性及精度，对地震解释的理念和方法技术提出了新的挑战，除了需要进一步发展常规地震属性、反演等解释技术，宽频宽方位地震解释、深度域解释、人工智能等新方法新技术成为研究的重点，地震解释技术手段更丰富、资料应用更全面、描述目标更精细。针对复杂地质目标勘探开发需求，基于地震资料品质提升，经过多年的持续攻关研究，逐步发展形成了复杂断块、岩性、潜山等不同类型油气藏地震描述技术系列。

一、宽频宽方位地震资料解释

随着东部老区油田勘探开发不断深入，勘探目标已由构造油气藏为主转向隐蔽油气藏为主，利用地震属性预测岩性和有利储集体正成为地震解释工作的重点。地震属性提取方法很多，从地震数据体中可以提取的地震属性近百种，随着地震技术的发展，特别是高密度地震技术的攻关应用，获得的地震信息更丰富，地震资料具有宽频、宽方位、保真性好等特点，通过时频域地震属性、方位地震属性、地震体属性等属性提取方法研究及应用，充分挖掘地震信息，为复杂地质目标的精细描述提供了更丰富的技术手段。

1. 宽频地震资料解释技术

1）基于 EMD 的地震低频信息提取方法

Huang 等（1998）认为任何信号都是由若干本征模函数组成，一个信号都可以包含若干个本征模函数，如果本征模函数之间相互重叠，便形成复合信号。经验模态（EMD）分解的目的就是为了获取本征模函数，然后再对各本征模函数进行希尔伯特变换，得到希尔伯特谱。垦西 1 井基于 EMD 的低频共频率剖面如图 4-3-1 所示。在 20Hz 低频共频率剖面中，在含油储层下方存在强振幅异常，说明强振幅异常能够刻画含油储层。

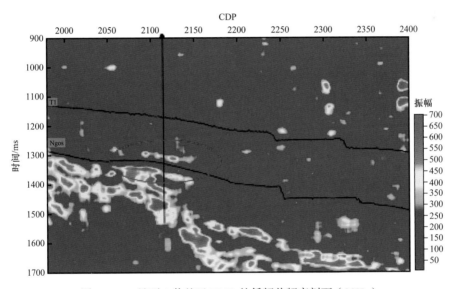

图 4-3-1　垦西 1 井基于 EMD 的低频共频率剖面（20Hz）

2）分频差异体属性提取方法

由于含流体储层在高低频的响应不同，因此利用高低频差异信息可以用来进行储层预测。在对井旁合成地震道进行分频差异分析基础上，将分析结果应用整个研究区。首先对义 141 井、义 142 井及义 98 井进行分频差异分析，由于井数据中没有吸收因子，先假设目标层中的含油砂岩的品质因子为 30，然后根据 $\alpha = \pi f / Qv$ 估算吸收因子，然后根据单成波方程合成地震道，正演采用的子波为 30Hz 雷克子波，优势频率为 20Hz 与 50Hz，最后对合成地震道进行广义 S 变换，提取分频差异，图 4-3-2 为义 142 井计算结果。图 4-3-3 给出了目标层 Es_3^9 砂体组的分频差异属性分析，分频差异凸显了砂体的位置。

2. 宽方位地震资料解释技术

基于方位各向异性理论，利用方位叠前道集，提取方位属性，进行裂缝型储层预测。

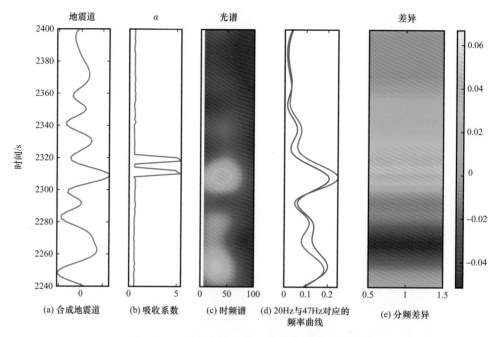

图 4-3-2　渤南洼陷义 142 井的分频差异体属性

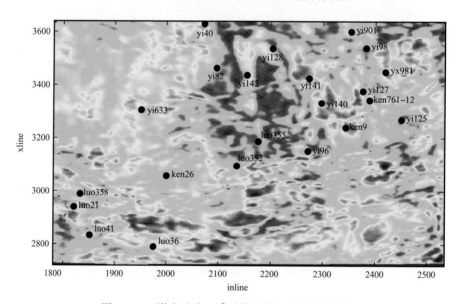

图 4-3-3　渤南洼陷 Es_3^9 砂体的分频差异属性分析

1）分方位差异体属性提取方法

为了更好地检测裂缝的发育程度，需要充分发挥不同方位道集的作用，构建高灵敏度的分方位差异属性。基于各向异性理论，结合分角度差异属性提取思想与裂缝识别因子，构建分方位差异属性：

$$F = R(\varphi_1) - c_1 R(\varphi_2)$$

$$F = \left[R(\varphi_1) - c_1 R(\varphi_2) \right]\left[R(\varphi_1) - c_2 R(\varphi_2) \right]$$

$$\vdots$$

$$F = \prod_{i=1}^{n} R(\varphi_1) - c_i R(\varphi_2) = R(\varphi_1)^n - (c_1 + c_2 + \cdots + c_n) R(\varphi_1)^{n-1} R(\varphi_2)$$

$$+ (c_1 c_2 + c_1 c_3 + \cdots + c_{n-1} c_n) R(\varphi_1)^{n-2} R(\varphi_2)^2 + \cdots + \prod_{i=1}^{n} (-c_i) R(\varphi_2)^n$$

（4-3-1）

其中权重系数表示为不同含水砂岩、泥岩的界面对应的不同方位角度反射系数之比。

罗家沙一段储层以生物灰岩为主，由于生物灰岩储层的岩性横向变化较大，纵波速度特征对岩性变化及油水分布不敏感，用常规叠前纵波反演难以准确预测沙一段生物灰岩储层及其油水分布。

利用不同方位的地震数据提取了 6 个方位道集在目标层的振幅属性，然后分别对 90° 与 0°、120° 与 30°、150° 与 60° 求差异属性，差异属性凸显了生物灰岩的特征（图 4-3-4），90° 与 0 的差异最明显，与实际钻探储层分布更吻合。

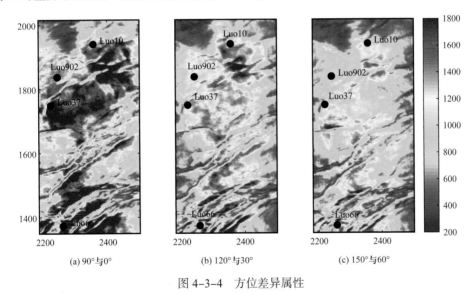

图 4-3-4　方位差异属性

2）方位各向异性叠前反演方法

宽方位采集处理地震资料包含了丰富的方位信息，利用方位各向异性研究裂缝等非均质性对象奠定基础，以各向异性理论为指导，进行了岩石模量方位特征分析，研究方位岩石模量叠前地震弹性阻抗反演方法，实现基于方位岩石模量的地层裂缝地震预测。

根据 Aki-Richard 近似，推导了平面波入射情况下，各向同性介质中的基于杨氏模量、泊松比和密度的纵波反射系数线性近似方程（YPD 反射系数近似方程）。该方程建立了地震纵波反射系数与杨氏模量反射系数、泊松比反射系数和密度反射系数的线性关系。YPD 公式表达式为：

$$R(\theta) = \left(\frac{1}{4}\sec^2\theta - 2k\sin^2\theta\right)\frac{\Delta E}{E}$$

$$+ \left(\frac{1}{4}\sec^2\theta\frac{(2k-3)(2k-1)^2}{k(4k-3)} + 2k\sin^2\theta\frac{1-2k}{3-4k}\right)\frac{\Delta\sigma}{\sigma} \quad (4\text{-}3\text{-}2)$$

$$+ \left(\frac{1}{2} - \frac{1}{4}\sec^2\theta\right)\frac{\Delta\rho}{\rho}$$

以 YPD 近似公式为基础，在贝叶斯反演框架下，假设待反演岩石模量、泊松比及密度反射系数服从柯西分布，该分布假设可以最大限度提高反演分辨率，假设似然函数服从高斯分布，同时在反演目标函数中加入初始模型约束，并通过初始模型建立各道去相关矩阵，消除待反演参数间的互相关性，建立了一种叠前地震直接反演方法。

根据方位岩石模量直接反演方法，可以将方位弹性阻抗转化成方位岩石模量，并将方位岩石模量拟合成椭圆，正演模拟表明椭圆率与裂缝密度正比，裂缝密度越大椭圆率也越大，因此可以方位岩石模量椭圆率进行裂缝预测。

通过对利津地区岩石物理分析发现方位杨氏模量椭圆率可以指示裂缝密度，椭圆长轴方向可以指示裂缝走向。图 4-3-5 为利津 li912 井区沙三上白云岩层段预测裂缝密度和裂缝走向，图中显示 li912 井的井旁裂缝发育，与实钻吻合。

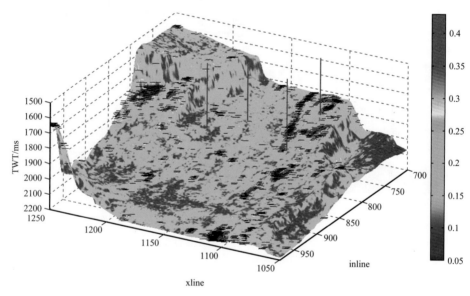

图 4-3-5　li912 井区沙三上白云岩层段裂缝预测图

3. 地震体属性解释技术

1）地震体属性提取

相干体是一种十分有效的地震解释技术，它在小断层识别、河流相储层预测及其他地质异常体检测中都有很好的应用。相干体有三代算法，目前普遍公认的是第三代基于特征值算法（简称 C_3 算法）。不同的相干体表征公式，地质含义不好直接评价，但是有一定的物理意义的。C_{31} 是第一本征值的占比，反映的是主能量；C_{32} 分子、分母的组合都不好理解，但由于第一本征值通常比第二本征值大很多，其取值应该是负的，色标选取要反色才能与其他属性对比；C_{33} 也是两组组合，但其值肯定是正的；C_{34} 这种定义，主要还是想突出第一本征值和第二本征值的差异。图 4-3-6 为第三代相干算法检测断层，从图中可以看出，该相干算法能有效识别微小断层。

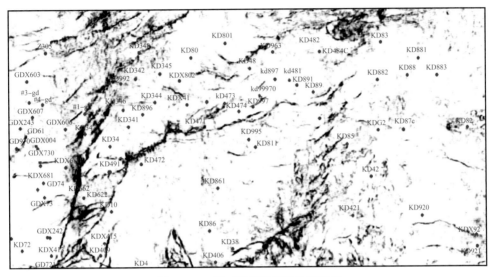

图 4-3-6　第三代相干算法检测断层

　　蚂蚁算法是模拟自然界中真实蚁群的觅食行为而产生的一种新型仿生类优化算法，该算法主要通过人工蚂蚁智能群体间的信息传递达到寻优目的，是一种正反馈机制（即蚂蚁总是偏向于选择信息素浓的路径），通过信息量的不断更新而达到最终收敛于最优路径的目的。蚂蚁追踪技术正是基于蚂蚁算法的原理，由斯伦贝谢公司在 Petrel 软件中推出的一种断裂自动分析和识别的智能系统。该技术的基本原理如下：在地震数据体中散播大量的蚂蚁，在地震属性体中发现满足预设断裂条件的断裂痕迹的蚂蚁将释放某种"信号"，召集其他区域的蚂蚁集中在该断裂处对其进行追踪，直到完成该断裂的追踪和识别。而其他不满足断裂条件的断裂痕迹，将不再进行标注，最终将获得一个低噪声、具有清晰断裂痕迹的蚂蚁属性体。

　　2）地震属性分析方法

　　在地震属性储层预测中通常使用单一属性预测，当储层与围岩的岩石物理差异较小时，往往存在多解性，该多解性可以通过多属性融合技术加以改善。常用的属性融合方法包括多属性的人工叠合、基于属性的颜色融合及基于地震属性数据的融合算法。

　　所有的颜色都可以看作是 3 个基本颜色——红（Red），绿（Green），蓝（Blue）的不同组成，多属性 RGB 图像通过定义映射函数 S 而形成，该映射函数反映了三个分量映射到一个输出值。对地震数据进行时频分析，得到每一道的时频分析剖面。经过时频分析，对于任一采样点来说，得到了该时刻的振幅谱曲线。在振幅谱曲线上数据多，需要抽取具有典型特征的数据。选择 3 个互不重叠的低、中、高频的通频带，并在每个频带内求振幅的平均值。这样得到对应于低、中、高频的 3 个特征，将它们分别对应红、绿、蓝三原色，按 RGB 颜色模型将其合成，结果每个介质点对应一种合成颜色，就得到地下介质特征分布的彩色剖面图。

图 4-3-7（a）至图 4-3-7（c）所示分别为 Xin25 三维工区的原始地震数据、相干体、最大正曲率体，图 4-3-7（d）所示为最大正曲率和相干体的属性融合结果，从图中可以看出断层边界清楚，且小断层信息更丰富，能识别不同级别的断层，指导断层平面组合。

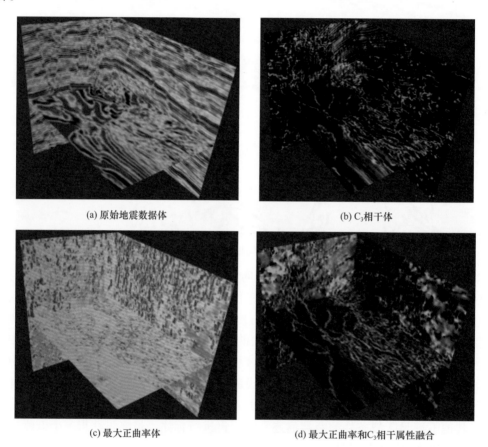

(a) 原始地震数据体　　　　　　　　　　　　　(b) C_3 相干体

(c) 最大正曲率体　　　　　　　　　　(d) 最大正曲率和 C_3 相干属性融合

图 4-3-7　属性融合实际应用（T_0=900ms）

地震属性种类较多，不同地震属性对不同岩相的反映特征不同，为了获得高精度的储层预测结果，需要综合利用多种地震属性。地震多属性融合的基本原理就是要先进行属性优化，从地震属性集优选出高效的地震属性，去除冗余信息，降低地震属性集维数。

多源信息融合是一个复杂问题。假设有 n 个数据来源 D_1，$\cdots$，D_n 及未知信息 A，并且已经处理得到每个数据源对于未知信息的条件概率 $P(A|D_i)$，$i=1$，$\cdots$，n，该条件概率表示在单一数据源下未知信息的概率分布情况。多源信息概率融合方法将上述 n 个条件概率融合为联合条件概率 $P(A|D_1，\cdots，D_n)$，综合多源信息对未知信息进行估算。

3）地震属性优化方法

利用人的经验或数学方法，优选出对所求解问题最敏感的属性个数、最少的地震属性或地震属性组合，提高地震预测精度。有神经网络和统计分析两类优化方法（Wu X J et al.，2013）。各种地震属性反映储层或含油气性特征的灵敏度具有很大的不确定性，在不同地区、不同层位，对油气类别或某种储层特征敏感的（或有效的、最具有代表性的）地震属性组合存在较大差别，一些属性可能对分类还起着干扰作用，为此，需要在地震—地质模型理论分析和实际经验基础之上优选地震属性（段友祥等，2016）。

优选步骤如下：（1）根据隐蔽油气藏的地质特征，建立地震—地质模型，根据模型理论与实际经验对地震属性进行初选；（2）井旁道或连井剖面地震属性分析，了解所提取属性的总体异常特征分布规律，对储层特征或含油气性有明显对应关系的属性进行必要的处理；（3）结合实钻资料，运用数学方法进一步分析地震属性与储层特征或含油气性的对应关系，达到最优特征组合。

二、深度域地震解释技术

叠前深度偏移处理技术目前已经非常成熟且成为常规处理手段，但直接利用深度偏移资料解释主要用于构造描述，而储层预测仍停留在时间域阶段，无法充分利用叠前深度偏移资料的全部信息。制约深度域资料解释的主要原因是误差及深度域属性分析理论不明等（何惺华，2004；王开燕等，2017）。本次在基于模型的深度域成像误差分析及深度域合成记录研究基础上，提出了解释中可行的误差校正方法，探讨了深度域地震属性物理意义及波阻抗反演方法。

1. 深度域地震信号波场机理及标定技术

1）典型储层模型偏移结果波场特征分析

结合渤海湾盆地典型油田的油气地质特征，分别建立了火成岩模型、砂砾岩体模型、潜山储层等模型，并对各个地质模型进行高精度的波动方程正演，然后对正演数据进行不同速度、不同参数条件下的叠前时间偏移和叠前深度偏移处理测试，并对不同条件下的成像结果进行对比分析，为直接使用深度域偏移资料解决火成岩、砂砾岩等油藏问题提供理论基础。

火成岩模型大小及各层速度如图 4-3-8 所示，用准确速度进行叠前深度偏移和叠前时间偏移结果，从图 4-3-9 可以明显看出，深度偏移和时间偏移成像结果同相轴清晰易辨，构造形态明显，对比而言，叠前深度偏移能够更好地反映地层真实的构造形态。图 4-3-10 是基于速度谱的成像结果，可以发现偏移速度场不准确时仍然能够较好地成像，但是构造形态会发生变化，无法反映地下实际情况。

砂砾岩体模型大小及各层速度如图 4-3-11 所示，用准确速度进行叠前深度偏移和叠前时间偏移得到的偏移结果如图 4-3-12 所示，对比而言，叠前深度偏移能够更好地反映地层真实的构造形态，同时深度偏移对断层刻画更加明显。

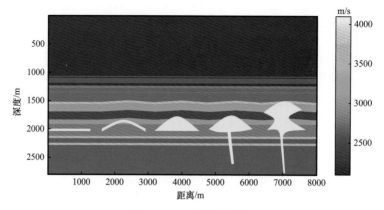

图 4-3-8　火成岩模型

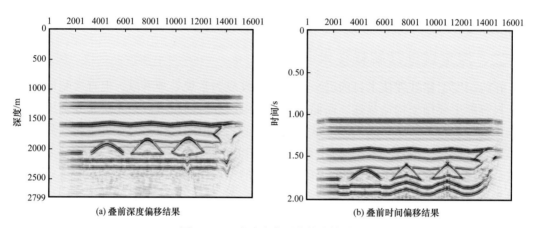

(a) 叠前深度偏移结果　　　　　　　　(b) 叠前时间偏移结果

图 4-3-9　准确速度下的偏移结果

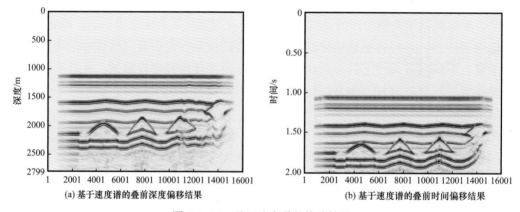

(a) 基于速度谱的叠前深度偏移结果　　　　　(b) 基于速度谱的叠前时间偏移结果

图 4-3-10　基于速度谱的偏移结果

　　潜山地质模型大小及各层速度如图 4-3-13 所示，用准确速度进行叠前深度偏移，同时将偏移剖面与速度模型叠合显示，得到如图 4-3-14 所示的偏移结果，可以明显看出叠前深度偏移成像精确，构造形态明显，能精确反映地层真实的构造形态，对断层刻画明显。

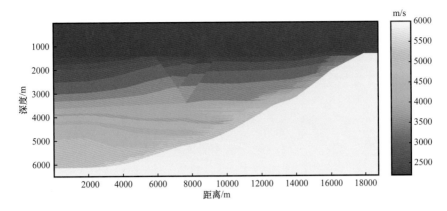

图 4-3-11　砂砾岩地质模型

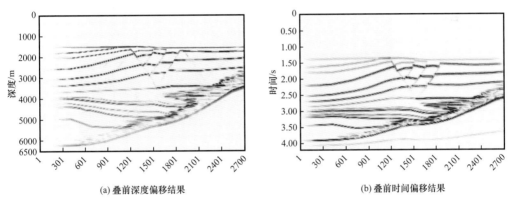

(a) 叠前深度偏移结果　　　　　　　　(b) 叠前时间偏移结果

图 4-3-12　准确速度下的偏移结果

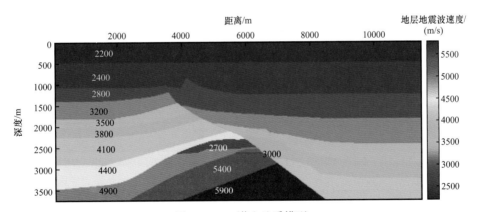

图 4-3-13　潜山地质模型

　　对偏移速度进行不同程度的平滑处理，对同一正演数据进行偏移处理，将偏移剖面与精确速度模型做叠合显示得到（图 4-3-15），以图（a）所示的左侧尖灭点和右侧斜坡为参考，分析不同程度的偏移速度对成像结果的影响。通过表 4-3-1 中数据分析可知，不同程度的平滑速度都能实现成像，但成像结果会改变，存在深度和横向的误差，并且不同平滑程度导致的误差大小会有所差异。

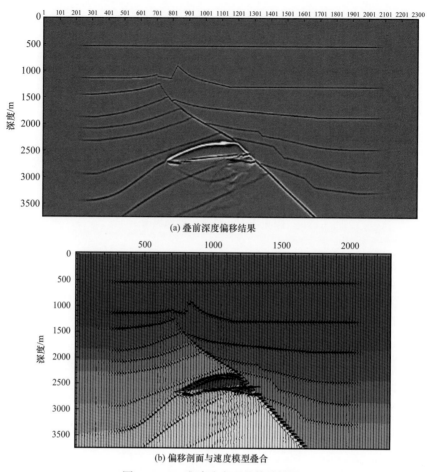

(a) 叠前深度偏移结果

(b) 偏移剖面与速度模型叠合

图 4-3-14　准确速度下的偏移结果

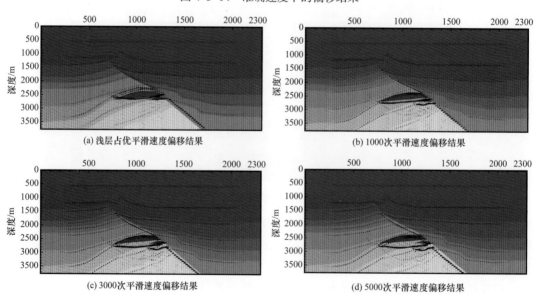

(a) 浅层占优平滑速度偏移结果

(b) 1000次平滑速度偏移结果

(c) 3000次平滑速度偏移结果

(d) 5000次平滑速度偏移结果

图 4-3-15　平滑速度下的偏移结果

表 4-3-1　不同平滑速度下的偏移结果与精确结果误差

构造部位	误差类型	平滑 1000 次	平滑 3000 次	平滑 5000 次	浅层占优平滑
左侧尖灭点	深度误差	10	35	65	−190
	水平误差	−25	−60	−100	−100
右侧斜坡	深度误差	25	85	125	−195

2）深度域井震匹配方法

（1）深度域合成记录方法。

时间域褶积模型的本质是时间位置的子波和对应位置的地层反射系数相乘后相加，但时间域资料中的子波波形不会改变，而深度域资料中的子波波形是随时改变的，利用褶积模型制作深度域合成记录在理论上是不可行的，需要对深度域井震资料的合成记录标定方法进行研究，提出了非稳态褶积深度域合成记录方法。在深度域地层中对应于某一时间位置的深度位置点的反射系数保持不变，点扩散函数是随速度变化的函数。深度域的成像是点扩散函数和反射系数的运算，是一种非稳态的褶积过程，可以表述为：

$$s = Hr = \begin{bmatrix} w_1 \\ \vdots \\ w_n \end{bmatrix} r \qquad （4\text{-}3\text{-}3）$$

式中　s——一道合成地震记录的向量；

　　　r——该道处的深度域反射系数向量；

　　　w_n——该道处不同深度的点扩散函数；

　　　H——由所有深度的点扩散函数组成的矩阵。

在不同的地层位置，由于地层速度的差异，对应的点扩散函数是不同的，深度域非稳态褶积的计算过程为：求其深度域地层反射系数序列，同时计算各个反射系数对应位置的点扩散函数，求取反射系数与对应位置的点扩散函数的积并进行相加。非稳态褶积的实质是不同速度下点扩散函数与反射系数乘积的叠加，由此可得到深度域的合成记录。

（2）"深时深"转换井震匹配。

叠前深度偏移数据与测井数据在深度上的误差，归根结底是由于偏移速度与测井速度之间误差造成的。为此设计"深时深"转换井震匹配。当偏移速度不准时，会造成深度误差，即使层都拉平，依然存在深度误差。首先提取偏移速度场的纵向变化趋势，根据测井曲线，建立修正速度场；然后将深度域地震数据通过原始偏移速度转到时间域，再通过修正速度场转回深度域，从而实现偏移剖面深度上的校正，实现深度域井震匹配。

抽取实际地震道，同时对该地震道进行相应的拉伸、平移、压缩处理得到图 4-3-16（a），两条地震道在深度上存在误差。其中红色地震道为精确地震道，蓝色地震道为需校正的地震道。对于蓝色地震道，通过"深时深"转换得到如图 4-3-16（b）所示的匹配效果，从图中可以发现，经过"深时深"转换得到的校正地震道与精确地震道达到了最大程度的相似，并且消除了深度上的误差。

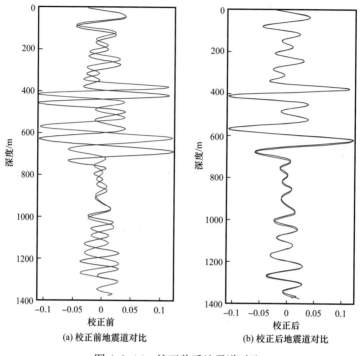

图 4-3-16　校正前后地震道对比

（3）公倍数插值法井震匹配。

针对图 4-3-16（a）抽取的实际地震道，同时对该地震道进行相应的拉伸、平移、压缩处理，可以发现两条地震道在深度上存在误差。其中红色地震道为精确地震道，蓝色地震道为需校正的地震道。对于蓝色地震道，通过公倍数插值法得到如图 4-3-17（b）所示的匹配效果，从图中可以发现，经过公倍数插值法得到的校正地震道与精确地震道达到了最大程度的相似，并且消除了深度上的误差。

（4）罗家实际资料井震匹配。

分别对罗家实际深度偏移剖面 5 口井测井资料进行中值滤波、分层、重采样及深度域合成地震记录，同时提取井旁地震道进行对比分析发现，测井资料深度域合成地震记录与井旁地震道较为相似，但是存在深度误差，需对其进行校正匹配（4-3-18）。

提取井旁地震道，对井旁地震道利用公倍数插值法进行校正，经过匹配校正之后，测井合成地震记录和井旁道相似系数得到提高，波峰及波谷位置得到校正，与测井合成记录对应较好，并且不改变原有地震道的波形。计算各点深度校正值，如图 4-3-19 所示。

根据解释层位及各层位计算出的深度误差，进行沿层校正，得到如图 4-3-19 所示校正后的偏移剖面，与图 4-3-18 校正前偏移剖面对比发现校正后的构造形态未发生改变。抽取单道与原先地震道进行对比，发现波形未发生改变，仅深度位置发生了校正变化。

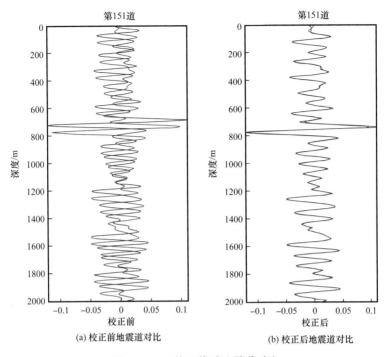

(a) 校正前地震道对比　　　　　　　(b) 校正后地震道对比

图 4-3-17　校正前后地震道对比

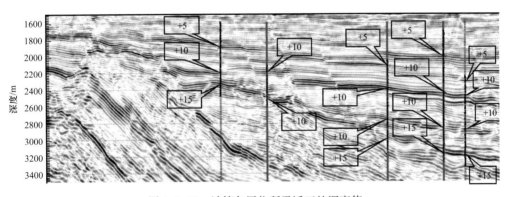

图 4-3-18　计算各层位所需矫正的深度值

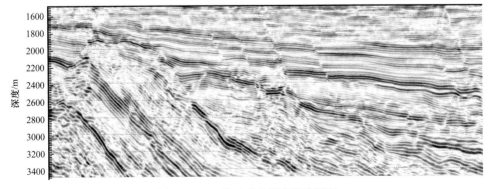

图 4-3-19　校正后的深度偏移剖面

2. 深度域地震属性提取与解释技术

深度域与时间域从不同的角度表征了地震波场，其概念、原理与方法是相互联系的，数学表达方式相似（何惺华，2004）。深度域与时间域可以提取的地震属性种类繁多，数量庞大，基于典型岩性模型和实际资料，分别对时间域和深度域的构造类、振幅类、波形类、频率/波数类属性进行了对比分析，研究了深度域地震属性的基本特征，为地震属性的应用提供指导。从罗家三维深度偏移资料中选取某一层位的同相轴，对该同相轴的深度域属性进行提取及分析。

1）构造类属性

从提取的三维实际资料构造类属性（图4-3-20）可以看出，层位属性可以较好地反映剖面中地层的构造，因为是沿层提取同相轴，可以看到波形相似性较高。

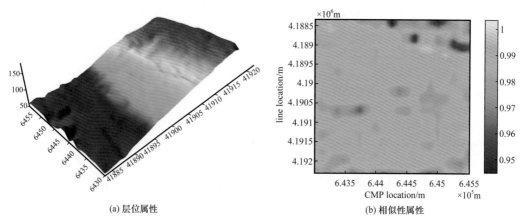

图4-3-20　提取的构造类属性

2）振幅类属性

从提取的三维实际资料振幅类属性（图4-3-21）可以看出，均方根振幅与最大振幅趋势相同，反映了地层波阻抗差的大小。

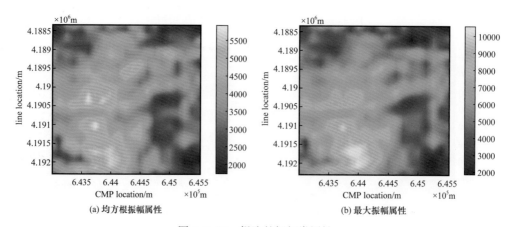

图4-3-21　提取的振幅类属性

3）波形类属性

提取的三维实际资料波形类属性与振幅类属性的趋势基本保持一致。

4）频率 / 波数类属性

从提取的实际三维资料频率 / 波形类属性（图 4-3-22）可知，由于深度域和时间域数据是沿层提取的同一同相轴，因此两者趋势保持基本一致，仅在数值大小上存在差异。

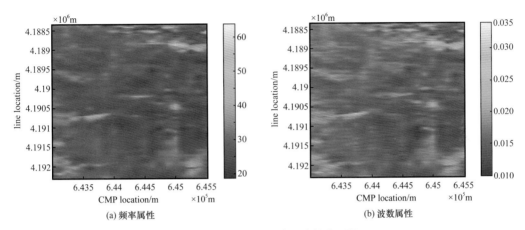

(a) 频率属性　　　　　　　　　　　　　(b) 波数属性

图 4-3-22　提取的频率 / 波数类属性

3. 深度域井约束地震反演算法

业界现行的"深—时—深"转换反演过程首先将深度域资料采用深度域偏移速度场转到时间域，然后在时间域开展层位标定、地震属性分析及地震反演，最后将时间域相关数据经深度域偏移速度场转换到深度域，在深度域进行地震解释。从本质上来说，"深—时—深"深度域反演方法和伪深度域反演方法是一致的，都属于在变换域中执行反演过程，而若要实现真深度域反演应该让两种速度趋于一致，这是开展深度域直接反演方法研究的一个重要出发点。宽带约束反演（BCI）是一种经典的地震反演方法，它充分利用地质解释和测井资料，建立反演初始波阻抗模型，融合地震资料，使用随机逆反演方法实现初始模型的更新修正，最终获得高分辨率宽频带反演结果。

开展罗家工区实际资料的深度域地震直接反演。该工区的地震资料处理经过精确速度场建模与目标处理，获取的深度域地震剖面与井资料在深度域匹配程度相对较高，这为深度域直接反演奠定了良好的基础。

图 4-3-23 给出了波阻抗反演结果，其中主要的地层信息得到了良好展示。通过深度域直接反演方法，初始模型中的低频数段信息得以保留，地震数据的中波数段信息被融入反演结果中，同时高波数段能量也得到了一定恢复，但与测井数据之间仍存在差异，这说明波阻抗反演结果的分辨率较低，薄储层信息不能有效地识别出来。

三、复杂地质目标精细地震解释技术应用效果

济阳坳陷地质条件复杂，油气藏类型丰富，包括复杂断块、岩性、地层及潜山油气藏等多种类型，经过多年的持续攻关研究，基于地震正演、地震属性及地震反演等技术

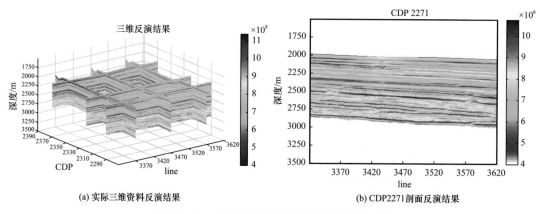

(a) 实际三维资料反演结果　　　　　　　　(b) CDP2271剖面反演结果

图 4-3-23　罗家地区深度域地震直接反演结果

研发，形成了复杂油气藏地震描述技术系列。针对胜利探区复杂断块油藏的特点，研究形成相干倾角融合识别复杂断层、断层增强多体融合识别低序级断层、多体联动三维可视化进行断层空间解释等技术，从而减少了复杂断块油藏解释中的多解性，能够精细识别 5～10m 的小断距的断层，刻画 0.02km² 的小断块。围绕复杂岩性油藏描述，针对不同储层沉积、地震响应特征及描述难点，研发了以叠前反演、流体检测等为核心的技术系列，提出了"浊积岩去灰、滩坝砂定坝、砂砾岩划相、河道砂检油"精细描述方案，形成了地质—地震储层精细描述技术，储层描述精度和可信度大幅度提升。针对潜山油藏描述中存在的地震成像质量差、构造落实、储层难度大等问题，基于深度偏移成像资料，通过构造演化，确定断层解释模式及组合关系，利用相干蚁群追踪形成分序级断层解释技术；研发振幅变化率技术、多尺度边缘检测技术，攻关方位各向异性潜山裂缝预测技术，形成潜山储层预测技术系列，实现潜山油藏精细描述。

第五章　录井—测井精细评价关键技术

渤海湾盆地经过 60 多年的勘探开发已经处于勘探中后期，勘探目标更加复杂、隐蔽，对录井、测井技术也提出更高的要求。针对复杂储层油气勘探中传统录井技术适用能力变弱的现状，通过研制钻井液中油气在线定量检测仪器，开展现场同位素检测技术的应用与研究，解决致密油气甜点确认、产能评价的难题；通过储层精细刻画、油气定量评价，建立了油气层录井综合评价方法和系列；深化复杂地质体测井评价技术，提出了"九性"关系、数字井筒构建和模拟、偶极声波远探测、致密碎屑岩储层产能预测等关键技术，配套形成了适用于渤海湾盆地精细勘探的测井、录井评价方法。

第一节　复杂储层油气录井检测及评价技术

一、钻井液中气体在线定量检测分析技术

为了发展国内录井油气定量检测技术，研制完成半透膜定量脱气器、机械定量脱气器、新型油气检测装置，实现了实时定量地从钻井液中脱出 C_1—C_{10}、苯、甲苯等烃类气体并实时定量检测，突破国内非定量检测 C_1—C_5 的现状，指标达到国外技术标准。

1. 钻井液油气定量脱气器

针对国内钻井液油气样品采样分离方面比较单一，局限于常规的电动脱气，受钻井液流量、温度高低的影响较大，定量化程度不高等问题，研制了半透膜定量脱气器、机械定量脱气器，实现烃类气体组分定量分离和定量采集检测。

1）半透膜定量脱气器

采用 PDMS 半透膜作为 C_1—C_{10}、非烃等油气组分分离介质，设计制作了半透膜脱气器。半透膜脱气器是根据平板膜的特点进行设计的，膜脱气器组件采用 316 号不锈钢作为耐腐蚀材料，整个膜分离探头呈长方形，半透膜覆盖在上下两个矩形空间内，矩形空间中设计了上下对称的"回"形凹槽，"回"形凹槽内部具有气体通道，使矩形空间能够形成载气回路，"回"形凹槽外围对称设计若干螺孔用于固定平板膜。探头顶部同样设计了气体进出口通道，采用标准件气路快插接头分别与两侧矩形气体通道相连接，用于载气的循环。通过响应时间、脱气效率、分离影响因素、定量标定实验，实现对钻井液油气的有效分离和检测（表 5-1-1、图 5-1-1）。

2）机械定量脱气器

通过对液态钻井液参数的测量和取值研究，在确定机械定量脱气器的加热、流量等背景参数的基础上，设计研制了机械定量脱气器，实现定量、连续引流采样、样品加

热及自控、搅拌脱气、数据采集及控制、气体收集及处理等功能。机械定量脱气器主要由定量采样头、恒温加热、搅拌脱气、数据采集、综合控制等模块构成，定量抽取钻井液样品，并在定量的脱气箱内进行油气分离。通过定量采集、温控能力、液位控制等多项功能测试，证明了脱气器具有良好的工作性能（图5-1-2）。定量脱气器脱气效率为45%～50%，高于常规脱气器4%～10%的脱气效率，大大提高了油气快速发现能力。

表 5-1-1　技术指标

指标类型	技术指标
总长度	209mm
膜有效分离面积	46.5cm²
密封螺孔尺寸	$\phi2.0$mm
密封盖板厚度	0.5mm
密封凹槽	宽 2.5mm× 深 1.5mm

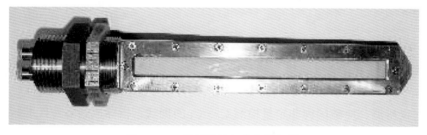

图 5-1-1　平板膜油气分离脱气器

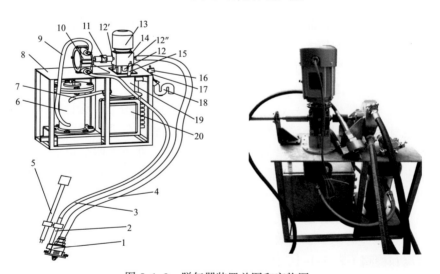

图 5-1-2　脱气器装置总图和实物图

1—采样头；2—钢管；3—软管；4—软轴；5—液位传感器；6—电加热器；7—软管；8 设备外壳；9—软管；10—软管泵；
11—连接器；12、12′、12″—输出端；13—电动机；14—减速机；15—样气出口；16，17—排气口开关；18—排气口；
19—脱气箱；20—控制箱

2.微型气相快速色谱仪

通过对影响色谱仪检测速度的各项因素研究，分析了色谱的定量方法和提高色谱分析周期的方法，采用双通道分析和进样口、色谱柱、检测器保温设计，形成基于 MEMS 技术的微型气相快速色谱仪，实现了 C_1—C_{10} 快速准确分析、缩短了检测周期。油气组分 C_1—C_8、C_1—C_{10} 分析测试，根据样品的采样要求，对各个模块进行分析条件选择，分析柱的柱前压力越大，温度越高，其检测烃类组分的速度越快，选择合适的温度和压力，图 5-1-3 为 C_1—C_8、C_1—C_{10} 检测的标准图谱，标准图谱可以指导现场进行组分的标定和油气峰的定位。C_1—C_8 分析周期为 48s，C_1—C_{10} 为 110s，对比国外分析系统，系统分析周期达到国际先进水平。

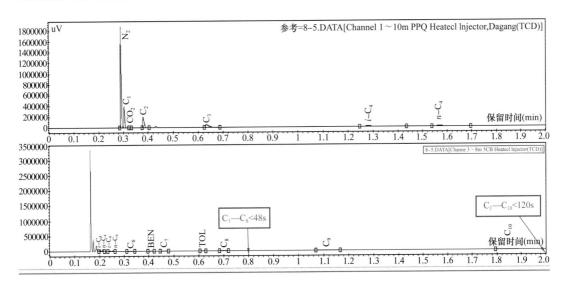

图 5-1-3　C_1—C_8、C_1—C_{10} 分析标准图谱

3.钻井液油气在线检测装置

通过对油气检测系统的气路、电路、信号采集、信号控制等各部分功能的设计，结合油气检测现场需求和项目研究内容，根据对各种元器配件和组成设备的调研和选型，对油气检测系统进行了结构设计和研制（图 5-1-4）。系统软件功能主要包括：色谱控制、系统控制、数据采集、显示模块、解释模块、数据回放、模板建立、数据管理、成果输出等，对油气信息进行实时解释和实时监测。实现了油气检测范围：总烃、C_1—C_{10}、苯、甲苯等。分析周期：C_1—C_5 为 24s，C_1—C_8 为 48s，C_1—C_{10} 为 110s。对比国外分析系统，系统分析周期达到国际先进水平。

4.油气检测系统现场应用测试

通过半透膜油气检测装置和机械定量脱气器油气检测装置现场应用，与常规气测对比具有两项优势：（1）油气显示发现时间比常规气测快 1～3min，具有检测快速、油气显示发现早的优势，对提前发现油气侵，保障钻井安全具有重要意义；（2）检测油气信息更丰富（C_1—C_{10}包括苯和甲苯）、精度更高，有利于弱显示和薄层油气层的发现，油气层界面划分更加准确（图 5-1-5）。左为常规气测检测数据，右为新系统气测检测数据。

图 5-1-4　油气检测装置结构设计和实物图

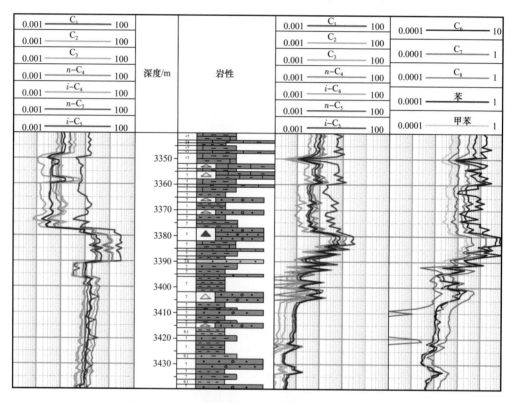

图 5-1-5　L175 测井沙四上亚段综合录井气测对比图

二、钻井液核磁共振在线检测分析技术

针对国内外缺少钻井液携带地层内油质信息的定量检测手段，通过钻井液连续定量进样技术研究，形成了钻井液自动采样技术和装置；基于 Halbach 磁体阵列原理形成内部高均匀场、外部零漏磁场的磁体设计及仿真研究，形成了小型化钻井液核磁共振传感器；通过对钻井液核磁共振在线测量系统的软硬件设计研发，对系统的各个组成部件进行了加工和选型，形成了钻井液核磁共振在线录井仪，最低含油量检测达到 40mg/L（相当于

7级荧光），实现随钻过程中钻井液中含油量的在线定量检测，改变实验室钻井液核磁单点非连续检测的现状，提高复杂地质条件下发现和评价油气的准确性。

1. 钻井液样品在线定量进样装置

针对钻井液自身具有黏度、失水、附着性强的特性，以及返出井筒的钻井液含有的泥沙对系统的进样流畅造成影响的问题，通过分析钻井液的固有特性及返出井筒时的钻井液特点、钻井液核磁共振检测系统对钻井液样品的要求，研发了主要由采样探头、定量采样泵、防爆电机、减速机、清洁软轴组成的自动进样系统（图 5-1-6），既能对钻井液进行过滤等预处理，也能定量采样钻井液样品，同时还具有自动清洁功能，实现了符合核磁检测钻井液样品的连续、定量进样、分析定量化。

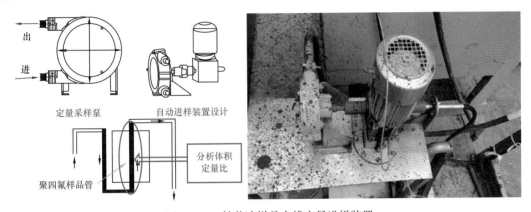

图 5-1-6 钻井液样品在线定量进样装置

2. 小型化钻井液核磁共振传感器

核磁共振传感器是钻井液核磁共振在线分析的核心技术之一。钻井液核磁共振传感器既要保证钻井液样品检测的精度和最小检测限，其结构也要满足在线检测的技术要求。通过对核磁共振检测方法的分析，用 72 块钕铁硼磁体组成双 Halbach 阵列，并采用双磁环嵌套设计实现了磁场均匀分布，确保样品的检测精度满足在线检测要求（图 5-1-7）。

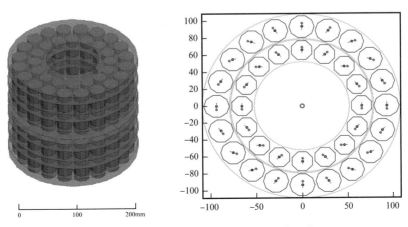

图 5-1-7 小型化核磁共振传感器的总体结构

1）传感器磁体设计及仿真

小型化核磁共振传感器不引入预极化磁体，而采用自动钻井液样品输送，将进样和排样动作分离，在此间隔内样品保持静止不动，通过控制其动作间隔时间来完成核磁共振测量。如图 5-1-7 所示为小型化核磁共振传感器的总体结构。传感器总成的主要几何尺寸参数：外直径 228mm，内直径 90mm，高 200mm，共由两个双环 Halbach 磁环叠加而成。

2）传感器研制与测试

根据小型化核磁共振检测传感器设计研制一台传感器实物。如图 5-1-8 所示，其中图 5-1-8（a）为单个 Halbach 磁环的安装过程，强磁磁块之间的距离很近，必须采用科学的安装工序，保证安全的同时实现磁块的固定，克服磁块之间的强大吸引力和排斥力，避免发生危险，损坏磁体或危害人身安全。图 5-1-8（b）为安装完成的一套 Halbach 磁环，主要靠无磁骨架固定；安装好的 36 个磁块镶嵌在无磁骨架中的开孔中。图 5-1-8（c）为完成安装的传感器磁体阵列。两个 Halbach 磁环互相叠加，此时产生巨大的排斥力，采用无磁铜金属合金杆进行压紧固定，调节各个螺母缩短两个磁环的间距，并在调整中对轴向磁场进行测量，不断优化间距获得最优值，在轴向上实现均匀磁场。

 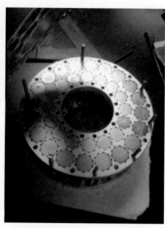 

（a）单个 Halbach 磁环的安装　　（b）安装完成的一套 Halbach 磁环　　（c）完成安装的传感器磁体阵列

图 5-1-8　核磁共振检测传感器的制作

（1）轴向的磁场分布测试。

根据测量结果可以看出，在中心轴向上的磁场强度为中间高，两端低；在磁体阵列中心均匀，在靠近两端的磁场具有非常大的非均匀性。根据测量结果可知，轴向上在传感器中心附近 35mm 的范围内均匀性较好，可作为敏感探测区域。

（2）平面上的磁场分布测试。

对传感器轴向中心坐标系各平面上的磁感应强度分布进行了测量，分别得到了 XY、XZ 和 YZ 平面上 B 的而维分布，如图 5-1-9 所示，三个平面上中心区域一定范围内的 B 的分布具有很好的均匀性，为典型的"马鞍"形，与数值模拟结果吻合，选择中心处直径 20mm 的圆形位置作为敏感区域是可行的。

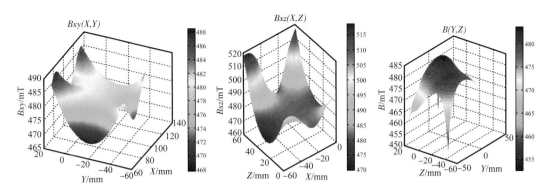

图 5-1-9　磁感应强度 B 平面上的二维分布

3. 钻井液核磁共振在线检测仪研发和测试

核磁共振在线检测系统主要分为硬件系统和软件系统，硬件系统主要实现系统电源控制、钻井液自动采样控制、传感器恒温控制、传感器的分析控制、网络数据传输等功能，实现整体硬件的有序工作。软件系统主要实现控制命令的发送与接收、数据的采集、仪器的监测、数据的计算、存储和显示等功能。采用分体式结构，干湿分离，提高设备安全性；正压防爆设计，可安装在钻井液出口区，提高检测的实时性；开发了核磁共振在线检测软件，实现了连续图表显示和 T_2 谱实时绘制等功能。配套钻井液样品在线定量进样装置，实现了钻井液连续进样、系统自动测量和实时监测。

针对含油性检测能力问题，系统开展了油水分离、含量准确性、最小含油量、检测周期、混油条件含油检测等室内测试，证明仪器能够有效检测钻井液携带地层油的信息。

1）标准样品测试

利用所研制的传感器对核磁共振孔隙度标准样品（中科院廊坊分院制备）进行了线性度标定测试。该系列标准样的标准孔隙度为 0.5%、1%、2%、3%、6%、9%、12%、15%、18%、21%、24% 和 27% 共 12 个孔隙度值。选用 CPMG 首个回波的峰值幅度与标准孔隙度作相关曲线，核磁共振传感器测量的线性度良好，相关系数达到 0.9982，证明其性能优良。

2）油水核磁共振特性测试

利用所研制的传感器对 4 类纯净流体样品和 1 类钻井液样品进行了核磁共振测量，对其进行区分测试（图 5-1-10）。流体样品分别为矿泉水、花生油、煤油和白油。矿泉水、煤油和白油的核磁共振 T_2 分布为标准的单个尖峰形态，不同样品的 T_2 谱峰值位置分别为：矿泉水为 2000ms、煤油为 1000ms、白油为 350ms。花生油和水基钻井液样品的核磁共振 T_2 分布为双峰分布，产生双峰的原因是其中主要含有 2 种物质组分或两种状态。花生油的 T_2 分布峰值位置分别为 80ms 和 300ms。钻井液是一种混合物，测得的两个 T_2 分布上的峰值位置分别为 8ms 和 100ms。被测样品的峰值数量不尽相同，但其特征峰值位置均有明显差异，因此能够在 T_2 谱上予以区分。利用面积比值法还能对不同组分的含量进行定量评价。一方面验证了传感器具有较高的信噪比和稳定的工作状态，另一方面还验证了核磁共振检测方法区分方法的正确性，以及传感器设计、仿真、加工、组装和测试等一系列工艺的正确性。

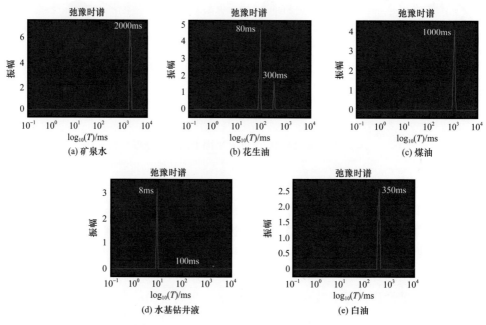

图 5-1-10　测量得到的样品核磁共振 T_2 谱

3）最小含油量的测试

为了测试传感器所能检测到的最小含油量，通过在四氯化碳溶剂中混入白油的配样方法，来配比 100%、40%、4%、0.004%（40mg/L）的含油量溶液，40mg/L 含油量在荧光灯下的显示相当于 7 级荧光，是钻井现场描述油气显示的最低级别。图 5-1-11 是所检测的核磁信号的线性对比图，对信号检测结果的拟合线性曲线达到了 0.9989，证明了传感器的性能优良。

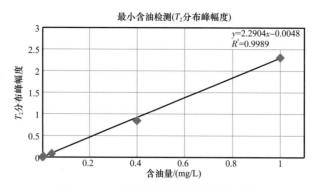

图 5-1-11　最小含油量检测值线性对比

4）油基钻井液体系下的含油性检测

油基钻井液的基油包括白油、柴油、植物油等，油基钻井液的核磁共振特性不同于水基混油钻井液，后者为水包油体系，钻井液、添加油、地层油在 T_2 谱上表现为彼此分离的峰；而前者，水被油包裹，处于束缚状态，添加油、地层油进入钻井液后，会迅速与油基钻井液的峰进行叠合，给判识油层带来很大困难。实验过程中，地层油刚刚加入油基钻井液后会出现新峰［图5-1-12（a），100ms的红色小峰］，但搅拌后，新峰消失，但钻井液峰的形态已发生幅度上的改变［图5-1-12（b）］。因此，在油基钻井液中，地层油的识别虽然有一定的难度，但通过其前后的面积的变化，还是可以判断和识别出地层是否含油。

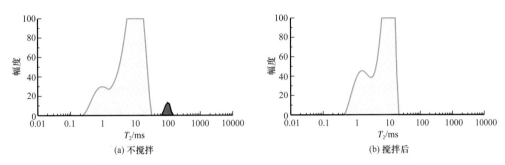

图5-1-12 油基钻井液加入地层油搅拌前后的核磁共振 T_2 谱

4. 钻井液含油量计算方法

在油、水信号分离的基础上，建立比率法和定标法两种钻井液含油率计算方法。

1）比率法

对于能在一维谱或在二维谱上直接分离的油水信号，可采用油信号的积分面积与总信号积分面积的比率来表示含油率；对于纯油基钻井液，尽管地层油可能与钻井液油混合，但仍可根据油峰和水峰面积的变化计算含油率；对于采用氯化锰分离的油水信号，可以采用加锰后的油信号面积与加锰前的总信号面积的比率来表示含油率。当然，对于不同的油质，由于含氢分子数的差异，信号响应也不一致，需要做一定的校正处理。这种方法的优点是不需要多样定标，建立定标线方程；一样标定仪器的最佳状态即可，但计算的含油率为相对含油率。

2）定标法

采用不同含油率的标样进行仪器标定，建立油峰信号面积或幅度与含油率或油的质量之间的关系，在此基础上，根据实测样品的油峰信号幅度或面积即可计算含油率（图5-1-13）。这种方法同样需要对不同的油质进行校正处理。该方法计算的是绝对含油率；需要系列标样、不同油质的标样进行系统标定。

上述两种方法计算的是给定钻井液中的含油率测定方法，要计算地层中的含油率，则需要根据钻井液排量、泵压、钻头直径、钻时等多个参数进行换算。

5. 核磁共振在线定量检测系统现场应用

钻井液含油量在线核磁共振系统在油田钻井现场进行推广应用4口井，每口井的储层进行含油检测，并结合气测数据，获取气和油的全部数据信息，从而发现和评价油气储层（图5-1-14）。现场应用过程中，钻井液核磁共振在线检测仪器能稳定地连续定量抽取钻井液样品进行分析，并对 T_2 图谱进行分析和反演。仪器软件实现了对录井仪器系统的数据读取和传输，并能根据录井仪器的数据格式进行实时配置数据通道，从而使核磁共振在线检测软件能采集、存储相对应的井深、迟到井深、钻时、气测数据等多种数据，使核磁共振数据能进行更好地处理与分析，并建立含油数据与井深的对应关系。

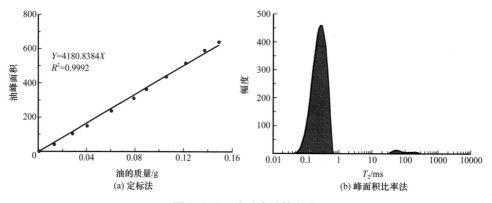

图 5-1-13　含油率计算方法

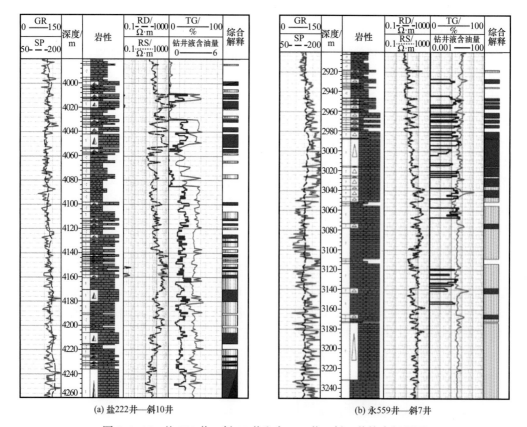

图 5-1-14　盐 222 井—斜 10 井和永 559 井—斜 7 井综合解释图

对于高气油比油气层，油气在常规气测资料显示好，钻井液核磁共振系统检测钻井液含油量与气测显示对应关系好，表明能够有效检测油层的含油量；对于低气油比油气层，在常规气测资料上显示弱，钻井液核磁共振系统检测钻井液含油量对油气发现和评价准确率高，与综合解释吻合率达90%以上。

三、基于碳同位素的致密油气甜点评价技术

碳同位素录井技术实现了随钻过程中快速检测烃类气体的碳同位素，通过该技术在致密油气勘探开发中的应用和研究，形成了致密储层油气甜点碳同位素录井解释评价技术，填补了国内该项技术空白，为页岩致密油气等复杂油气评价提供了手段。

1. 基础理论研究

通过理论分析和数值模拟相结合的思路，首次完成岩屑气释放过程碳同位素分馏数值模拟实验，明确了岩屑气释放过程碳同位素变化特征和影响因素（运移机制、孔隙度、孔隙半径、迂曲度、孔隙压力、岩屑半径、损失时间）的敏感性，实现了同位素的动态变化反映储层地质特征的目的，为致密油气甜点评价奠定理论基础。

岩屑气释放过程碳同位素分馏数值模拟实验综合考虑了页岩中纳米孔发育，假设岩屑气释放过程由一系列纳米管道组成，将放气过程简化为单纳米管中混合气体的输运。研究中综合黏性流动、Knudsen 扩散和竞争吸附的影响。数值模拟采用 DGM 模型。在 DGM 模型中，同时考虑黏性流动和扩散，则扩散通量可以表示为：

$$N_i = -\frac{\nabla p_i}{RT}\frac{\phi_f}{\tau}\left(D_{K,i} + \frac{pr^2}{8\mu}\right) \tag{5-1-1}$$

式中　p_i——气体分压；

　　　ϕ_f——流动孔隙度；

　　　τ——迂曲度；

　　　r——纳米孔道半径；

　　　μ——气体黏度；

　　　$D_{K,i}$——气体 i 的 Knudsen 扩散系数。

通过数值模拟实验，明确了岩屑气碳同位素的变化规律和主要运移机制，岩屑气释放过程碳同位素的变化规律能够反映储层压力、孔隙度，以及恢复计算含气量、判断页岩油气的初期和稳产阶段产量占比、分析自由气和吸附气的占比，为碳同位素技术的应用奠定理论基础。通过数值模拟实验得到以下结论：

（1）Knudsen 是碳同位素分馏的主要运移机制，气体呈现"先轻后重"的变化规律，将气体的扩散速度与其摩尔质量、孔隙半径联系起来，计算页岩气勘探开发所关心的两个问题：含气量和储层物性；

（2）孔隙半径越小碳同位素变重速率越大，表明初期产量占比低，稳产产量占比高；

（3）储层孔隙度越大恢复原位地层气体同位素的时间越短，表明自由气的占比越高、吸附气占比越低；

（4）高压时碳同位素值大于低压，碳同位素值变化规律为高压高孔＞高压低孔＞低压高孔＞低压低孔，表明同位素的变化规律可以判断地层孔隙压力。

2. 基于碳同位素的页岩渗透性和含气量计算模型

岩屑气的释放是一个随时间逐渐展开的过程，岩屑样品罐顶气碳同位素在时间序列下的变化特征分析该页岩样品页岩气地质属性特征。岩屑罐顶气碳同位素变化速率分析页岩基质渗透性特征，岩屑解吸气量与碳同位素平衡关系刻画页岩相对含气量。

1）页岩基质渗透性系数计算模型

岩屑气碳同位素在时间序列下产生变化主要是运移分馏效应所导致的。岩屑的放气并不是一个均质的过程：在放气的前期，岩屑内部气压较大，出气速率较高，出气量也较大，此时，岩屑的放气过程比较符合达西渗流的情况，碳同位素分馏极为微小；随着岩屑内部气体压力的降低，气体运移动力降低，进入滑脱流阶段，天然气碳同位素发生较弱的分馏效应；当岩屑内部压力继续减小，分子自由程增大并大于喉道尺寸时，进入克努森扩散过程，研究认为在这个过程中碳同位素发生较强的分馏效应，并且喉道越细小分馏效应越显著。

从数值计算及实验模拟结果来看，在各个影响因素当中，页岩的基质孔隙网络的喉道尺寸对于碳同位素的分馏速率起到决定性的作用。因此，通过对岩屑气碳同位素的分馏速率的测量，则可以刻画页岩的致密程度与页岩气释放的难易程度。

同时考虑甲烷同位素在气体扩散和吸附解吸过程中产生的分馏，建立偏微分方程组：

$$\phi \frac{\partial p}{\partial t} = -\frac{1}{r^m} \frac{\partial}{\partial r}\left(r^m D \frac{\partial p}{\partial r}\right) - (1-\phi)c\frac{\partial \theta}{\partial t} \qquad (5\text{-}1\text{-}2)$$

$$\phi \frac{\partial p^*}{\partial t} = -\frac{1}{r^m} \frac{\partial}{\partial r}\left(r^m D^* \frac{\partial p^*}{\partial r}\right) - (1-\phi)c\frac{\partial \theta^*}{\partial t} \qquad (5\text{-}1\text{-}3)$$

式中　ϕ——孔隙度；

p——孔隙压力；

m——几何系数；

D——克努森扩散系数；

c——质量守恒比率；

θ——吸附气比率。

用数值解法对上述偏微分方程组求解基质渗透性系数。对于实测的岩屑解吸过程中的甲烷同位素随时间的变化，可以通过高斯牛顿法对数值模型进行拟合从而得到页岩气基质渗透性有关的参数，并用 Levenberg–Marquardt 规范化算法提高迭代效率。

2）页岩相对含气量计算模型

岩屑气释放过程碳同位素由于碳同位素分馏效应，岩屑所释放出的天然气的碳同位素是逐渐变化的，但是其所释放出的所有天然气总的碳同位素值却是固定的。在岩屑被封装时，岩屑能够释放出的气被分成了两个部分，罐子内部的和罐子外部的，罐子内外的碳同位素值与气量应该满足一个平衡关系。岩屑气释放前期的碳同位素分馏较弱，因此罐外气体总的碳同位素值可认为是一个常数，就可以通过罐内岩屑所释放的总气量和碳同位素变化值来推算损失的气量，进而还原页岩总的含气量。

在符合达西流的气体流动模型基础上建立页岩基质中气体对流模型，考虑气体的吸附，以及气体渗透率在滑脱流和过渡流机制下随压力变化特征，并对模型的偏微分方程组进行数值求解。

$$\frac{\partial}{\partial t}\Big[\rho_g\phi+(1-\phi)q\Big]=\frac{1}{r}\frac{\partial}{\partial r}\left(r\rho_g\frac{k_a}{\mu}\frac{\partial p}{\partial r}\right) \qquad （5-1-4）$$

式中　q——吸附气量；

　　　K_a——有效渗透系数。

通过拟合实测甲烷同位素和罐顶气含量，利用上述耦合模型求解页岩含气量指标。具体来说，是一个以下目标函数的最小值问题：

$$S_j(m)=\frac{1}{2}(m-m^{pr})^T C_M^{-1}(m-m^{pr})+\frac{1}{2}\big[F(m)-d\big]^T C_D^{-1}\big[F(m)-d\big] \qquad （5-1-5）$$

其中 m 是待求参数向量，C_M 是待求参数的自相关函数，$F(m)$ 是上述耦合数值模型采用参数向量 m 求解的观测向量（包括累计解吸气量和甲烷同位素等），d 是实测数据，C_D 是实测数据的自相关函数。

3. 成果及应用

东营凹陷致密油气甜点评价不同于页岩油气甜点评价，通过分析研究，建立了评价方法：利用碳同位素特征结合组分湿度系数的特征判断是否外源油气充注，判断致密砂岩油气甜点区。

盐斜 233 井钻井液气碳同位素值在 3500m 左右无论甲烷、乙烷、丙烷同位素值均有变轻的趋势，组分湿度系数增加，分析说明民丰凹陷深部高熟油气的充注导致碳同位素值变轻，低熟阶段生成的原油伴生气（偏干）湿度增加，同时提高了气油比（图 5-1-15）。根据碳同位素特征结合组分湿度系数的特征判断，3500~4300m 层段有外源油气充注，为致密砂岩油气甜点区，其中 3670~3678.5m 试油：油 5.27t/d，少量水；4173~4179.5m 试油结果：油 0.28t/d，少量水。

永斜 932 井钻井液气碳同位素值甲烷基本保持不变，局部加重，组分湿度系数呈规律性减少（图 5-1-16），分析说明沙四上砂岩只进入了本地烃源岩生成的伴生气，无深部油气充注，那么以外源油气运移聚集成藏为主的永斜 93 井油气产量就会差，其中3457~3481m 和 3393~3402m 试油结果：油 0.002/d，少量水。

四、复杂油气层录井综合评价方法

1. 致密砂岩油气录井评价方法

针对致密油气评价的关键因素，利用录井及时、快速、全面、适应性高的优势，优化技术组合，形成了以储层微观结构评价为核心的致密油气录井评价技术系列（表 5-1-2）（孙建孟等，2015）。

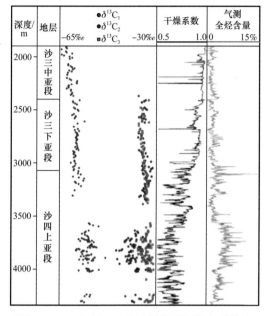

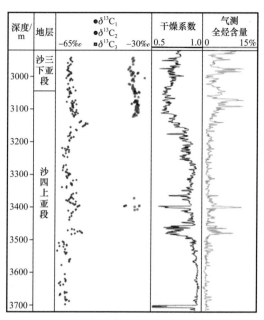

图 5-1-15　盐斜 233 井碳同位素和湿度系数随井深变化图

图 5-1-16　永斜 932 井碳同位素和湿度系数随井深变化图

表 5-1-2　致密砂岩油气录井评价技术系列

评价项目		录井技术	主要作用及解决问题
储集性	岩石学特征	XRD 全岩矿物	测定矿物组分，评价岩石类型和成分成熟度
	物性、孔喉特征	多维核磁共振 QEMSCAN	快速获取孔隙结构评价参数 孔隙度、渗透率，孔喉半径中值/平均值、孔喉分选等
含油性（流体分布特征）		显微荧光薄片 碳同位素技术 气体定量检测技术	分析含油气丰度及其赋存形式
可压裂性		XRF 元素分析	测定岩样中元素含量，进行储层致密性评价
		XRD 全岩矿物	测定矿物组分，确定脆性矿物的含量

1）致密砂岩储层孔隙结构评价方法

核磁共振 T_2 谱原理表明岩心微小孔隙中的流体经历一个相对大的弛豫表面，弛豫速度比大孔隙较快，因此可以用核磁共振 T_2 谱间接的反映孔隙大小分布。依据 T_2 谱峰形态、峰数及弛豫时间等可将孔隙划分为吸附孔（孔径小于 T_2 截止值对应孔径）、渗流孔（大于 T_2 截止值对应孔径）和裂缝（图 5-1-17）。

孔隙结构评价方法是核磁共振 T_2 谱弛豫时间相应转换成了孔隙半径，同时绘制相应的累积曲线，通过生成用于直观评价储层孔隙结构的 4 个评价图版（图 5-1-18），评价致密储层孔隙结构、流体分布等，分析储层孔喉尺度、孔喉分布与占比、可动流体分布、束缚流体分布、歪度、孔喉半径中值、孔喉分选、孔喉半径平均值等。

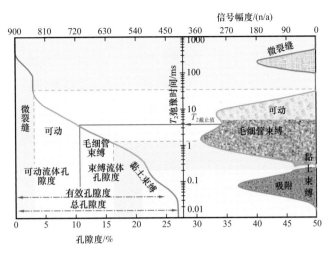

图 5-1-17 致密砂岩孔隙结构及计算示意图

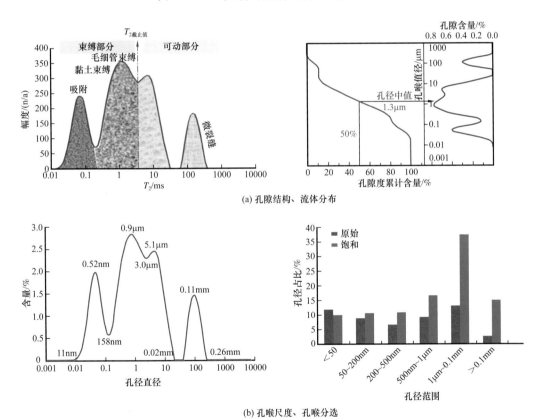

(a) 孔隙结构、流体分布

(b) 孔喉尺度、孔喉分选

图 5-1-18 孔隙结构评价示意图

2）基于致密砂岩储层孔隙结构评价产能的方法

以东营北带致密砂砾岩体储层为对象，首先通过储层孔隙度、渗透率和孔喉半径平均值，结合孔隙结构的其他参数和铸体薄片、毛细管压力曲线形态特征，对低孔低渗透储层进行了重新分类（表 5-1-3）。

表 5-1-3 东营北带致密砂砾岩体低孔低渗储层分类

类型		孔隙度 /%	渗透率 /mD	孔喉半径 /μm	评价结论
I	I₁	$10 \leqslant \phi \leqslant 15$	$10 \leqslant K \leqslant 100$	$1 \leqslant Rm \leqslant 2$	好储层
	I₂		$1 \leqslant K < 10$	$0.6 \leqslant Rm < 1$	较好储层
II	II₁	$5 \leqslant \phi < 10$	$1 \leqslant K < 10$	$0.6 \leqslant Rm < 1$	中等储层
	II₂		$0.1 \leqslant K < 1$	$0.2 \leqslant Rm < 0.6$	
III		$3 \leqslant \phi < 5$	$0.1 \leqslant K < 1$	$0.05 \leqslant Rm < 0.2$	差储层
IV		$\phi < 3$	$K < 0.1$	$Rm < 0.05$	极差储层

根据产液量和是否采取压裂措施，将致密储层产能由好到差划分为四类，通过分析不同产能致密砂岩储层的微观结构，建立了基于致密砂岩储层孔隙结构评价产能的方法。

从不同产能储层核磁谱图、核磁压汞曲线图上看，决定储层产出的主要是孔喉特征，利用核磁谱图和核磁孔隙结构曲线在一定程度上可以定性评价储层的产能（图 5-1-19）。

从数据特征上，参数同样可以反映储层产能，基本与图形的反应特征一致，在一定程度上可以对储层产能进行半定量化的评价（表 5-1-4）。

表 5-1-4 不同试油储层物性和核磁数据特征

类型	类型描述	核磁录井基本数据				核磁孔隙结构参数		储层均质性	储层类型
		孔隙度 /%	渗透率 /mD	信号幅度 /mV	可动流体 /%	中值压力 /MPa	平均孔喉半径 /μm		
A 类	不采取措施，产液量大于 10t	≥8	≥1	≥50	≥40	≤5	≥0.4	好	I、II 1 类
B 类	不采取措施，产液量大于 5t，小于 10t	5～8	0.1～1	30～50	20～40	5～10	0.2～0.4	差	II 类为主
C 类	压裂前产液量小于 5t，压裂后产液量大于 10t	4～6	0.01～0.1	25～40	10～20	10～15	0.1～0.3	差	III 类为主
D 类	不采取措施，产液量小于 5t，压裂也不具工业价值	≤4	≤0.01	≤25	10～20	≥15	0.1～0.3	好	IV 类为主

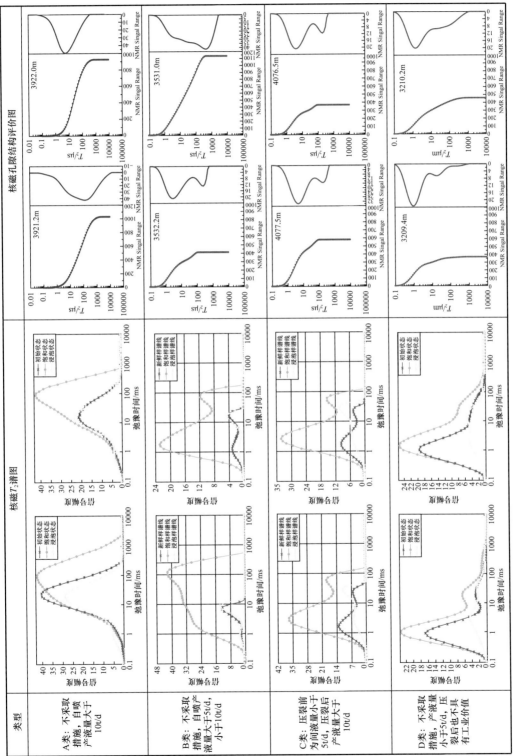

图 5-1-19 不同产能储层微观特征图形特征

2. 页岩油气录井评价方法

页岩油富集高产四大主控条件为烃源岩条件、含油性条件、储集性条件、可压性条件（脆性）。烃源岩条件是页岩油富集高产的物质基础，含油性条件是页岩油富集高产的产出核心，含油性条件是页岩油富集高产的产出前提，可压性条件（脆性）是页岩油富集高产的改造关键。页岩油甜点段的评价需综合烃源岩条件、含油性条件、储集性条件、可压性条件（脆性）四个方面，实现地质和工程甜点的全面评价。针对页岩油富集高产四大主控条件研究建立页岩油甜点段录井综合评价技术方法、体系和标准（表5-1-5）。

表 5-1-5　页岩油甜点段录井综合评价技术体系和标准

评价条件	录井技术	评价要素	参数标准			权重/%
			I 类	II 类	III 类	
烃源岩	热解地球化学	有机质类型	I 或 II$_1$ 型	II$_2$ 型	III 型	20
		R_o/%	>1.0	0.7~1.0	<0.7	
		TOC/%	>4.0	2.0~4.0	1.0~2.0	
含油性	荧光薄片碳同位素钻井液核磁	S_1/（mg/g）	>3.0	2.0~3.0	1.0~2.0	40
		气测全烃	上升幅度3倍	上升幅度1~2倍	无升幅	
		罐顶气组分含量	高	中	低	
		同位素分馏程度	高	中	低	
储集性	岩矿薄片多维核磁	岩相	纹层状	层状	块状	20
		基质孔隙度/%	>8	5~8	<5	
		裂缝发育程度	发育	较发育	不发育	
脆性	XRD/XRF	矿物脆性指数	0.5~0.8	0.3~0.5	0.1~0.3	20
		脆性矿物含量/%	>60	60~50	40~50	

以纯113—斜2井为例，综合含油性、烃源岩、储集性、脆性四项条件评价甜点段：（1）沙三中亚段3230~3260m；（2）沙三下亚段3288~3370m；（3）沙四上亚段3453~3557m。制定页岩油滑套下放位置为：（1）3259.65~3260.80m，（2）3335.68~3336.84m，（3）3464.64~3465.80m，（4）3538.18~3539.34m，与甜点段评价一致（图5-1-20）。

3. 录井油气层综合解释软件系统

系统以模块化架构，图版法和数学地质法解释相结合的思路，形成具有人工智能模式油气层录井综合解释软件系统。实现了数据提取、校正、解释及成果输出等过程的可视化和自动化，有效提高解释评价精度。处理解释100余口井225层油气层，解释符合率整体达到93%以上。

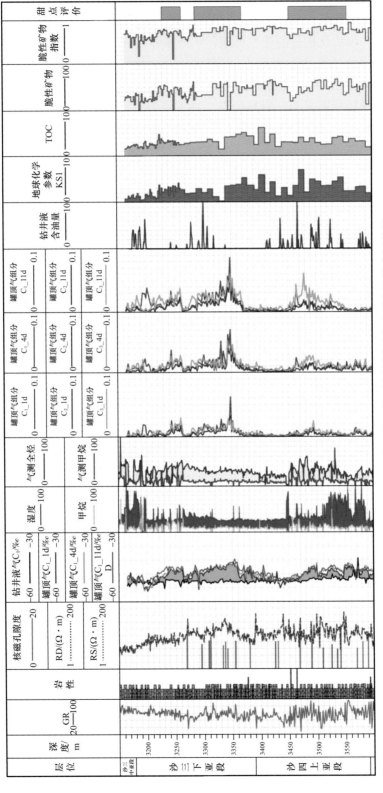

图 5-1-20　纯 113 井—斜 2 井页岩储层储层页岩油甜点段综合评价图

1）软件功能设计实现

系统的开发采用 C++ 语言以保证运行速度、稳定性及编程的灵活性，开发过程中采用了面向对象，模块化构造的开发思路，从而能够在一个较高的层次上保证系统的稳定性与实用性。系统开发过程中建立了解释评价基础数据库、解释评价中间数据库、解释评价成果图文数据库及系统辅助信息库。

实现了"现场资料采集、资料处理、油气层解释评价"三位一体的现代录井技术，将"达到准确采集、及时发现与评价、及时提供决策依据"变为现实。该软件系统实现功能：（1）目标井的选择和数据导入，能够多表批量导入解释所需的数据；（2）参数校正，提供针对气测参数、地球化学参数的校正功能；（3）原油性质评价，提供利用气测参数、地球化学和定量荧光参数、热蒸发烃参数进行原油性质评价的功能；（4）储层评价，依据的标准有石油行业的标准，也可根据不同地区、不同类型储层特征建立自己的标准；（5）含油饱和度计算，提供地球化学和核磁共振评价法计算储层含油饱和度；（6）产能预测，通过地球化学参数、孔隙度进行产能预测；（7）综合解释评价，调用解释模型，对新井的数据进行解释；（8）解释模型创建，建立各种类型的油气层解释模型。

2）提供图版法和数学地质方法两类解释模型

（1）图版法油气水层解释评价：软件系统中设置解释图版有：X–Y 图版、X–Y–Z 图版、气测三角图版、霍沃斯判别法（3H 法）、皮克斯勒图版和其他自定义图版，如烃类比值、相对比值、轻重烃比值、烃气指数，以及其他用户自行设定公式的图版。图版法解释就是利用已建立的油气层解释模板来对目标井的油气显示层进行储层油气水判别，产能情况、原油性质、储层物性等进行评价。

（2）数学地质方法包括人工神经网络、模糊判别、距离分析、相关分析、相似分析、Fisher 准则、灰色系数。以人工神经网络方法为例描述数学地质法进行油气水层解释评价。人工神经网络方法整个建模到解释的流程步骤为：① 装载试油数据；② 对试油数据进行手工校正；③ 校正完毕之后，选取建模参数项，并确定试油结论字段；④ 建立人工神经网络模型；⑤ 可以让模型进行自动学习、改进建立模型；⑥ 保存模型，模型保存后可供下次直接调用；⑦ 提取待解释的数据进行解释评价，得出解释结论。

3）软件系统应用测试

系统菜单下点击模型创建，从这个界面内可以建立油气水解释模型、原油性质判别模型、储层评价模型（图 5–1–21）。其中原油性质判别和储层评价模型都按照相关标准来建立，十分方便。而油气水层解释模型则需要通过较多的测试井的数据建立起来。

图 5–1–21　油气层录井综合解释评价系统界面图

从建立解释模型的需要出发，樊家地区油气区收集了约37口以沙四段试油层段为主的井，首先对取心井段的气测异常数据进行了校正，地球化学和定量荧光数据在单项解释时已经进行了校正。建立图版模型时的参数选择主要考虑了两个方面的因素，一是参数能代表油气丰度，从录井角度看，主要有气测参数、地球化学参数、定量荧光参数、热解参数、核磁含油饱和度参数，二是参数能代表储层的物性，主要有测井孔渗参数、核磁孔渗参数。由于核磁录井的数据相对较少，测井的孔渗数据相对较多，因此在建模时主要使用测井孔渗数据。根据以上分析，建立了樊家地区的油气水层解释图版，主要为 $X—Y$ 型图版（图5-1-22）。

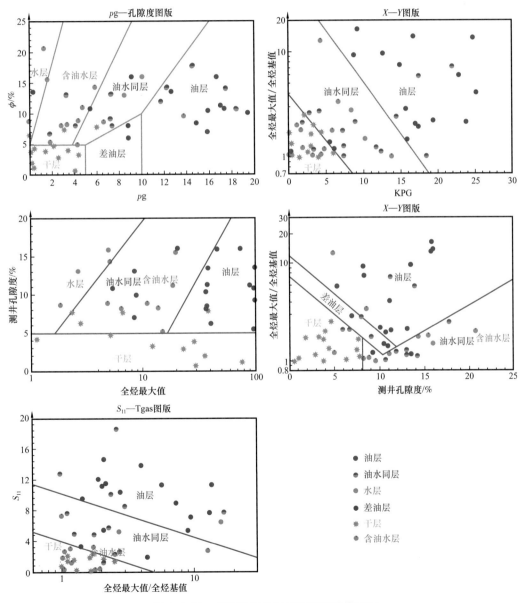

图5-1-22　樊家地区油气层解释评价模型图

第二节　复杂地质体测井评价技术

深化复杂地质体测井评价技术，提出"九性"关系、数字井筒构建和模拟、偶极声波远探测、致密碎屑岩储层产能预测等关键技术，配套形成适用于渤海湾地区的测井评价方法，为项目增储领域实践提供了技术支撑，有效确保项目年新增石油地质储量任务的完成。

一、复杂地质体测井"九性"关系表征方法

1. 岩石物理实验

全面提升了复杂储层的岩石物理实验分析能力，完善了高真空加压饱和、点渗仪、激光粒度仪、岩心快速成像扫描仪等设备，可完成大直径、小直径等多种尺度、高温高压和常温常压条件下的物性、毛细管—岩电联测、声学、核磁等实验分析（图 5-2-1）。

(a) UPSD-4型高真空加压饱和装置

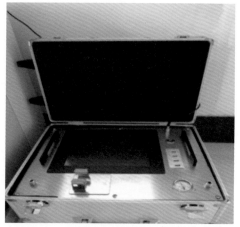

(b) KSQ-Ⅱ型点渗仪

(c) Mastersizer3000激光粒度仪

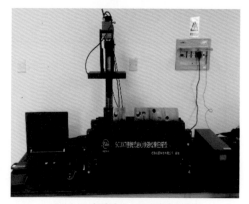

(d) SCUXT便携式岩心快速成像扫描仪

图 5-2-1　实验室购置的新设备

2. 数字岩心建模和模拟

在常规数字岩心建模方法的基础上，系统完成微、纳米级数字岩心构建和模拟技术，建立了国内技术领先、功能齐全的数字岩心处理、快速分析及应用软件（姜黎明等，2016）。

1）多尺度数字岩心建模

在常规数字岩心建模方法的基础上，通过岩心图像配准、多尺度多组分岩心图像分割等图像处理手段，将得到的不同分辨率岩心图像建立关联性，根据关联性将代表不同尺度的岩心图像进行数字化，构建多级尺度的、组分完整的数字岩心模型。并采用最大球算法进行多尺度孔隙网络模型的构建，如图5-2-2所示。

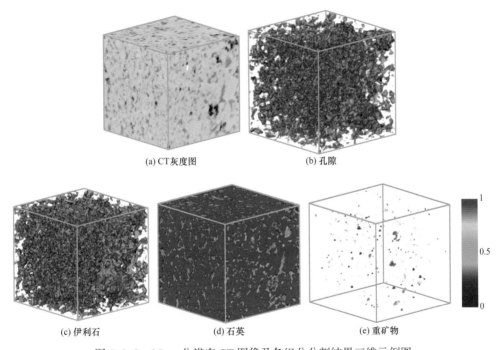

(a) CT灰度图　　　　　　　(b) 孔隙

(c) 伊利石　　　　　(d) 石英　　　　　(e) 重矿物

图 5-2-2　25μm 分辨率 CT 图像及各组分分割结果三维示例图

2）基于孔隙结构的导电模型模拟

针对致密岩心实验驱替困难、时效差，裂缝发育时取样难等问题，应用数值模拟分析替代实验室测量，建立完全饱和地层水的孔喉腔及等价导电模型。假设各个喉道形状相同，得到基于孔隙结构的简化通用导电模型：

$$S_w = \sqrt[n]{\frac{R_w FF(\phi)}{R_t}} \tag{5-2-1}$$

式中　R_t——测井电阻率；

　　　ϕ——基于声波，密度或中子测井计算孔隙度；

　　　$FF(\phi)$——孔喉腔模型计算的地层因素。

该模型能够提高孔隙结构复杂储层的含油气饱和度计算精度。

3）数字岩心渗流参数数值模拟

对于岩石孔隙度较低的岩心，在二维情况下难以准确描述岩石孔隙空间的连通性。选用三维格子玻尔兹曼模型模拟三维数字岩心的岩石传导特性。岩心渗透率的数值模拟结果和实验结果吻合程度高，但三维数字岩心中无法识别孔隙尺寸小于扫描分辨率的孔隙，所以其孔隙度均低于实验室测量值，导致了渗透率数值模拟结果略低于实验结果。

3. "九性"关系

为了更好地完善测井评价体系，以常规和非常规油气藏勘探开发一体化为目标，整合梳理提出了新"九性"关系，其研究内容包括测井属性的表征，以及"九性"之间的关系分析。具体为测井属性与井筒、地层的三大类特性之间的关系（表5-2-1）。其中，对原测井属性的概念进行了拓展，定义为单项及组合测井信息；以及经数学统计或变换得到测井新物理量，如小波变换、积分属性、频谱属性、统计属性、形态属性等。

表 5-2-1　新"九性"内容细分表

序号	新"九性"	常规油气藏	页岩气（油）	煤层气
1	测井属性	单项及组合测井信息；以及经数学统计或变换得到新物理量，如小波变换、积分属性、频谱属性、统计属性、形态属性等	单项及组合测井信息；以及经数学统计或变换得到新物理量，如小波变换、积分属性、频谱属性、统计属性、形态属性等	单项及组合测井信息；以及经数学统计或变换得到新物理量，如小波变换、积分属性、频谱属性、统计属性等
2	井筒环境特性	井身结构、钻井工艺参数、钻井液、破坏带（侵入带）	井身结构、钻井工艺参数、钻井液、破坏带（侵入带）	井身结构、钻井工艺参数、钻井液、破坏带（侵入带）
3	岩性（结构、矿物组分）	岩石类型及结构、矿物组分和含量及非均质性	泥质、灰质、砂质、铁质、有机碳	工业组分：灰分（泥质）、水分、固定碳（有机碳50%～90%）、挥发分（有机组分）
4	物性（基质孔隙结构、次生孔隙）	物性（孔、渗），以及基质孔隙结构、次生孔隙（孔、洞、缝）等宏、微观尺度和相渗三大类参数，以及储集空间类型及配置关系	物性（孔、渗等），以及裂缝：层理缝发育，构造微裂缝、成岩作用收缩缝、有机质演化异常压力缝等	物性（孔、渗等），层理、节理、裂缝网络等发育，以及储集空间类型及配置关系
5	地球化学特性	烃源岩的有机质丰度指标、原油和天然气性质、油田水水性	丰度：干酪根（有机碳0～2%），成熟度：R_o。热演化阶段；类型：腐殖型、腐泥型（Ⅰ、Ⅱ、Ⅲ型）；油田水水性	煤阶、丰度等；煤质分析：类型（镜质组、壳质组、惰质组），成熟度（镜质组反射率），有机总量、黏土、硫化物、碳酸盐、氧化硅；油田水性
6	含油气性与产能特性	含油（气）饱和度、产能预测	吸附气，含油气饱和度（油+溶解气+游离气），产气量=含气量+物性+工艺；产能预测	产气量=含气量+物性+工艺；产能预测

续表

序号	新"九性"	常规油气藏	页岩气（油）	煤层气
7	地层压力与流动、保存特性	压力梯度、润湿性、毛细管力—含油高度、气水倒置、油水倒置、封盖特性	压力梯度、吸附及解吸附、保存特性	压力梯度、吸附及解吸附、保存特性
8	复杂地质体三维非均质性（纵向、径向、周向）	岩性、物性、油气分布、力学性质等三维非均质性	岩性、物性、气分布、力学性质等三维非均质性	岩性、物性、气分布、力学性质等三维非均质性
9	储层可改造特性	岩石力学与地层应力分析、脆性指数	岩石力学与地层应力分析、脆性指数	岩石力学与地层应力分析

4. 储层参数精细评价

低渗透储层孔隙结构复杂，对岩石的导电规律和渗流规律都具有重要的影响，以核磁共振 T_2 谱为桥梁，结合岩电—毛细管联测试验技术，将反应孔隙结构特征的毛细管压力曲线和反应岩石导电特征的电阻增大率曲线进行结合，以分形理论为基础，建立了三者之间的转换关系，形成了以核磁共振 T_2 谱为基础的含油饱和度和基于流动单元划分的渗透率精细评价方法，有效提高了储层参数的评价精度。

1）饱和度精细评价方法

毛细管压力和电阻均受孔喉大小、分布的控制，用电阻增大系数评价储层岩石孔隙结构。利用微分相似原理和积分相似原理，确定每块岩样的核磁共振 T_2 测量与联测毛细管压力—电阻率曲线中的岩电测量数据之间的横向转换系数 C，然后利用横向转换系数 C 将核磁共振测井中的 T_2 谱累加积分曲线转化成电阻增大率曲线，从而定量计算储层岩电参数。

2）渗透率精细评价方法

对储层岩石的孔隙结构特征及其影响因素进行研究，有利于渗透率值的准确求取。结合储层孔隙结构特征和核磁 T_2 谱特征分类，将研究区储层划分为三种流动单元，通过不同流动单元的 T_2 谱特征参数可以建立不同流动单元的划分标准，进行流动单元的识别（图 5-2-3）。在流动单元识别之后分别应用不同流动单元的渗透率计算公式精细评价储层渗透率。从流动单元识别、渗透率评价成果（图 5-2-4）中可

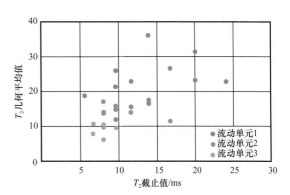

图 5-2-3　T_2 截止值和 T_2 几何平均值

以看到计算的渗透率与岩心实验结果具有很好的关系，其相对误差为 24.6%。

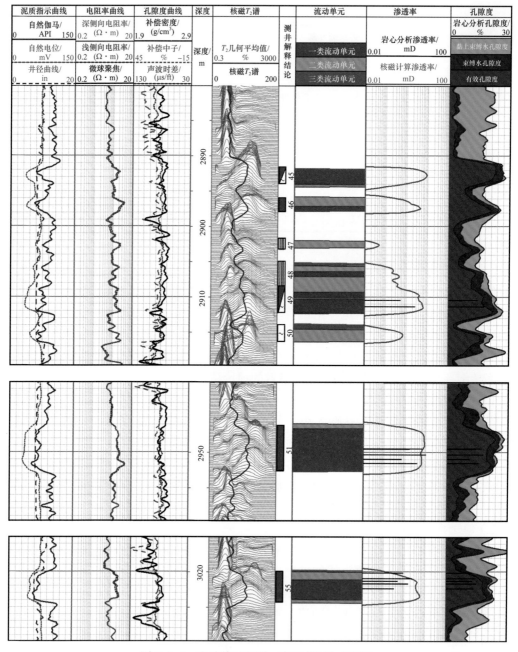

图 5-2-4 流动单元识别、渗透率评价成果图

5. 现场应用效果

为了验证研究方法的适用性，对多口井进行分析处理，对完钻的新井进行跟踪解释及试油分析，同时利用研究成果进行老井精细再评价，实现了生产与科研紧密结合，提高了复杂储层测井评价成效，为优质储量的发现和开发提供了技术支持。图 5-2-5 为花古斜 101 成果图。29 号断层顶部 2479～2481m 以纯石英砂岩为主，电阻率为 25Ω·m，

孔隙度为 8%，从图中可以看到该井裂缝更发育，以破碎型储层单元为主，评价为 Ⅰ、Ⅱ 类储层，试油日产油 51t，日产气 4471m³，二者基本吻合。

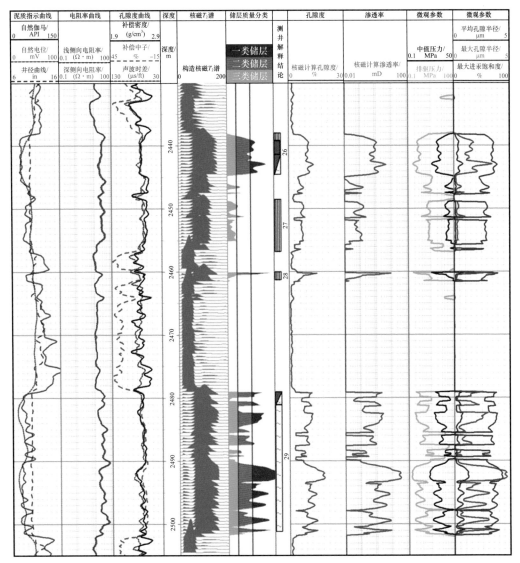

图 5-2-5　花古斜 101 综合评价成果图

二、偶极声波远探测

在声波远探测处理解释技术研究的基础上，开展裂缝类储层参数评价技术的深化研究，形成一套完善的反射横波成像处理和解释评价技术，全面提升井旁附近异常地质体的测井评价能力，整体达到国际先进水平，其中径向探测能力达到国际领先水平。已探测到井外 80m 的地质异常体（国内外探测距离最远记录），可有效描述井旁复杂地层的地质异常体及延伸状况，为油藏描述和地质分析提供技术支持。

1. 偶极声波远探测处理技术

反射声波仪器接收到的全波列需要特殊处理才可以分离出反射波的信息。主要有三方面内容：提取声波时差、提升信噪比和精细刻画地质异常体。声波时差提取是应用 N 次根堆栈法处理声全波波形，并计算慢度—时间（ST）平面图。信噪比提升是应用反褶积、中值滤波、振幅补偿、偏移成像及滤波处理等技术得到。地质异常体精细刻画通常分为叠后偏移和叠前偏移两种，用以精确得到井旁反射体的"真实"位置（图 5-2-6）。

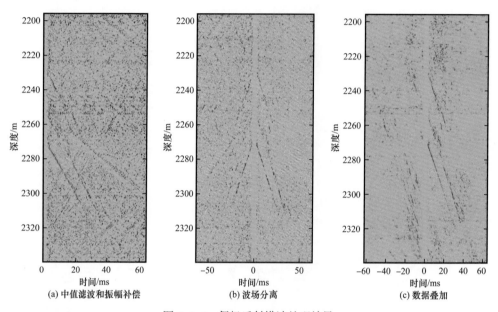

图 5-2-6　偶极反射横波处理效果

(a) 中值滤波和振幅补偿　　(b) 波场分离　　(c) 数据叠加

2. 基于模式库的偶极声波远探测解释技术

通过有限差分、声波绕射理论等进行数值模拟，建立了裂缝、洞、孔三种模型，利用上述形成的处理方法对现有的正交多极子阵列声波进行远探测处理，两者有效结合后建立了条带状、弧状、斑块状三大类远探测成像解释模式，并与地质现象建立联系，建立 4 类 18 种不同缝洞及其组合的模式库，用来指导今后实际井的反射波成像解释。利用数值模拟及信号处理方法，研究偏移成像方法对不同角度裂缝影响，分析裂缝、溶洞和溶孔等地质体对反射横波成像的影响，细化条带状、弧状、斑块状等声波远探测成像解释模式如图 5-2-7 所示。

3. 现场应用效果

滨古 36 井地层以浅灰色、肉红色片麻岩、辉绿岩为主，多极子阵列声波进行远探测分析表明，2320～2360m、2370～2400m 段井外 25m 范围内可见一些明显斑块状异常反射体如图 5-2-8 所示，评价该井段有一定的缝洞发育且有效性较好。

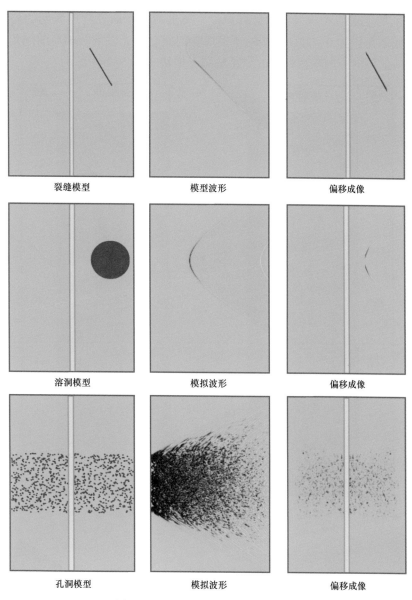

裁缝模型　　　　　　模型波形　　　　　　偏移成像

溶洞模型　　　　　　模拟波形　　　　　　偏移成像

孔洞模型　　　　　　模拟波形　　　　　　偏移成像

图 5-2-7　探测声波反射成像模式图

三、数字井筒构建与测井响应机理模拟

1. 数字地层模型构建

1）几何模型子模块的划分

依据电成像测井资料识别出地层信息，进行子模块的划分，确定其深度范围（厚度）、产状（倾向和倾角），利用常规测井资料解释结果确定岩性。

2）几何模型子模块的构建

即建立具有一定厚度、宽度、倾向和倾角的（垂直于深度的剖面为正方形）长方体模型。其中的厚度对应相应层段的实际厚度，宽度对应于研究物理属性的测井径向探测深度。将初始倾角设为 0，倾向为零的子模块在剖面上绕 X 轴旋转相应的倾角，然后在切面上旋转相应的倾向方向获得最终的数字地层子模块（图 5-2-9）。

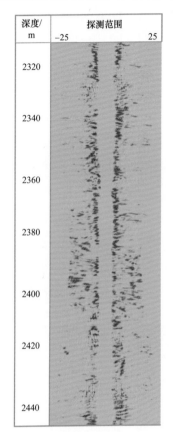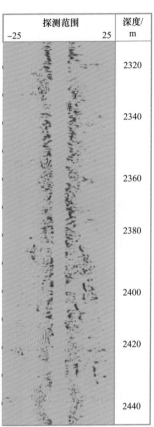

图 5-2-8　滨古 36 井多极子阵列声波远探测处理成果图

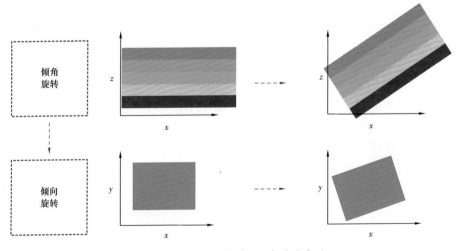

图 5-2-9　子模块构建地层倾角与倾向

3）几何模型子模块的归位与集成

实现了地层倾向与倾角的子模块，在剖面上选取研究物理属性测井径向探测深度两倍作为边长的正方形，在切面上选取该子模块对应研究层段的深度作为模块厚度（图5-2-9）。然后按照每个模块的起始深度与厚度将其从上到下依次排放，获取研究层段对应的数字地层几何模型。

4）利用侧向电阻率测井数据标定电成像数据

将电阻率数据赋值给三维数字地层模型建立数字地层物理模型。构建剖面为6m×6m具有电阻率属性的数字地层物理模型如图5-2-10所示。把数字地层对应井眼15cm处深度为2300～2306m的圆柱面进行展开，经对比发现同电成像空白带充填后数据基本一致。

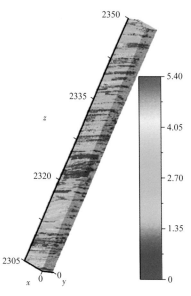

图5-2-10 数字地层物理模型
（色标为 $\log_{10}R$ ）

5）数字地层属性建模

（1）物理属性建模。

在电成像电阻率数据转换为孔隙度数据的基础上，以大尺度数字岩心为训练图像，归位后的电成像孔隙度图像为硬数据，利用多点地质统计Filtersim算法，分层构建数字地层孔隙度模型。对于缺少训练图像的层段，利用邻近的相似层段的全直径岩心作为训练图像，用本层段的软数据进行约束，得到合理的孔隙度分布模型。通过数字地层的孔隙度，结合研究区大量岩心的孔渗关系，完成数字地层的渗透率模型构建。

（2）矿物组分建模。

根据已知的孔隙度值，结合多尺度数字岩心建模过程中得到的不同分辨率的岩心组分比例关系曲线，确定其他矿物的占比。调整每一格点中泥质的比例，使得最终的平均泥质含量与泥质含量测井曲线相吻合（图5-2-11）。通过计算每一格点的密度值得到数字井筒计算密度曲线，将其与测井密度曲线对比，进一步调整组分比例，使数字井筒的组分比例模型符合测井结果。

（3）弹性参数建模。

以数字井筒物性参数赋值为基础，进一步利用孔隙度与矿物含量、黏土类型、纵横波速度实验结果，建立体积模量、剪切模量等计算模型，实现对数字地层每一格点弹性参数赋值。根据数字井筒模型中组分的含量，利用DEM约束法迭代求解得到最终的弹性模量，如图5-2-12（a）、图5-2-12（b）所示。

（4）电性参数建模。

以数字井筒物性参数赋值为基础，进一步利用地层因素、电阻增大率、饱和度等岩电关系，实现对数字地层每一格点电性参数赋值。根据数字井筒组分模型，求解每一格点的 m 值，利用Simandoux公式求解每一格点的电阻率，如图5-2-12（c）、图5-2-12（d）所示。

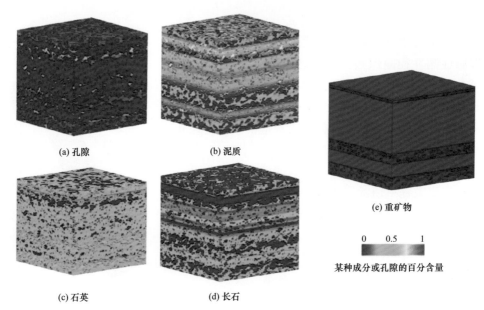

(a) 孔隙　　　　　　　　(b) 泥质

(c) 石英　　　　　　　　(d) 长石

(e) 重矿物

0　　0.5　　1

某种成分或孔隙的百分含量

图 5-2-11　三维数字井筒组分模型示意图

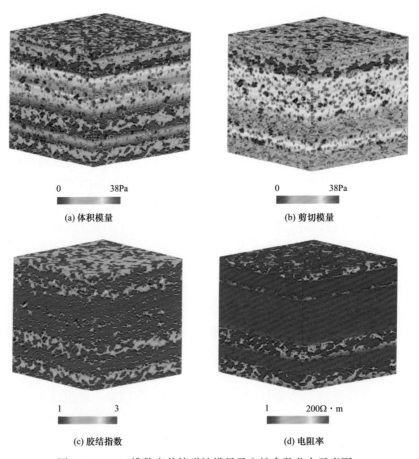

0　　　　　　38Pa

(a) 体积模量

0　　　　　　38Pa

(b) 剪切模量

1　　　　　　3

(c) 胶结指数

1　　　　200Ω·m

(d) 电阻率

图 5-2-12　三维数字井筒弹性模量及电性参数分布示意图

2. 数字地层电阻率测井响应机理模拟

根据数值模拟需求，选择规则网格（体素）或非规则网格（四面体）进行网格剖分，并根据需要，对网格进行加密或粗化。建立井眼影响模型，模型中包含井眼和地层，地层厚度远远超过电极系的长度，将电极系放入井内中心位置，通过有限元数值模拟得到仪器响应结果（图 5-2-13）。

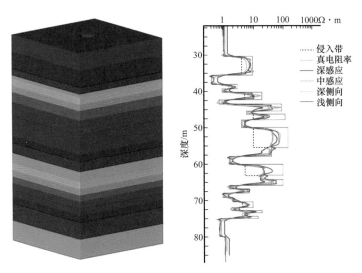

图 5-2-13　仪器响应特征模拟成果图

3. 现场应用效果

以花古地区为靶区，对花古 102 井 2300～2350m 井段开展三维数字地层模型构建与岩石电阻率模拟工作。采用有限元法模拟计算该深度段内的数字地层在 X（正东方向）与 Y（正北方向）的电阻率。从图 5-2-14 中可以看出两组模拟电阻率都基本同电阻率曲线 RT 相吻合，且电阻率变化与构建数字地层电阻率高低层段相对应，电阻率高对应数字地层颜色偏红，表明采用有限元计算数字地层的可行性。

四、致密碎屑岩储层产能预测

以经济可采储量为目标，以油藏测井学为抓手，有效地表征储层"三性"（非均质性、有效性、可压裂性）研究结果，通过研究不同测井条件、地层条件下的储层参数、流体参数、岩石力学参数、压裂参数等的求取方法（孙杰文等，2018），形成致密碎屑岩储层测井产能评价技术与软件模块。

1. 储层产能参数建模

产能参数包括射孔产能比、相对渗透率、流体黏度、地层压力、启动压力梯度、井底流压、供液半径及井眼半径等，在产能模型研究的基础上，建立和改进产能参数计算模型，提高产能参数计算精度是产能预测的最重要一环。

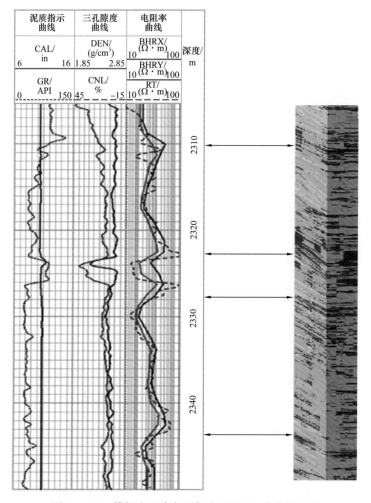

图 5-2-14　模拟电阻率与深侧向测井 RT 曲线对比图

1）基础参数

储层的孔隙度、渗透率、束缚水饱和度参数是储层最基础的参数，储层进行产能预测必须精确确定这些参数。对于有核磁共振资料的井要优先采用核磁方法计算孔渗饱参数；无核磁测井数据时，采用岩心拟合测井曲线求取孔隙度，并进一步利用经验公式计算孔渗饱参数。

2）相对渗透率

$$K_{ro}= \left[1-\left(S_{w}-S_{wb} \right) / \left(1-S_{wb}-S_{or} \right) \right]^{2}\{1-\left[\left(S_{w}-S_{wb} \right) / \left(1-S_{wb}-S_{or} \right) \right]^{2}\} \quad （5-2-2）$$

式中　S_{w}——地层含水饱和度，%；

　　　S_{wb}——束缚水饱和度，%；

　　　S_{or}——残余油饱和度，%。

3）储层流体性质

产能预测中储层流体性质包括流体黏度和体积系数，在这两个参数建模之前，需要用到地层温度、地层压力模型、泡点压力模型、溶解气油比模型等。地层温度可根据胜利地区的测试资料按经验公式计算。地层压差是根据经验公式计算地层压力，然后参考测试资料获得地层静压。溶解气油比结合本项目研究实际和理论方法，采用了经验关系式。体积系数可采用 Standing 公式进行计算。如果有油藏资料，可选用油藏实验数据。流体黏度主要以地区油藏实验数据为经验系数来确定流体黏度。

4）供液半径及井眼半径

一是选取本地区供油半径为固定值 40m；二是采用经验公式：

$$r_e = 24.265e^{0.1535K} \qquad (5-2-3)$$

式中　r_e——供液半径，m；

　　　K——渗透率，mD。

5）表皮系数

表皮系数的表征主要通过储层伤害的几方面来表征，包括井的不完善、井斜因素、流度因素、流体的流型及泄油面积等。本次研究主要根据压裂测试等资料获取表皮系数。

2. 储层产能敏感性分析

影响储层井底流入产能的因素从宏观成因方面看包括储层沉积特性、成岩类型等；从储层本身的特点分析，包括储层物性、储层含油气品质、储层温度及储层压力等；从储集流体性质角度，包括流体黏度、气油比及饱和压力等；从油藏角度看，包括油藏类型及油藏边界等；从工程施工角度看，包括储层伤害、井的完善程度及射孔方式等。

1）储层产能影响因素敏感性分析

储层产能的各参数对储层产能的敏感程度各不相同。找出各参数对产能影响程度的大小，判断影响储层开发的主要因素，可以为生产预测及调整开发提供决策依据。根据产能预测模型，将各个参数与产能的关系概括为三类：线性类、双曲类、指数类（图 5-2-15）。渗透率、有效厚度和生产压差与产能的敏感程度大小取决于曲线斜率的大小，随着参数的逐渐增大，该参数与产能的敏感程度逐渐变小。当黏度、表皮系数取值在一定区间范围内时，敏感性较大。井筒半径和供液半径对产能的影响程度比较低，敏感性较弱。

2）储层产能的主控因素分析

通过交会图技术对储层参数与储层类别进行敏感性分析，优选敏感性参数，为后续储层分类建立基础（图 5-2-16）。

（1）基质孔渗的影响：基质孔隙度对储层类别敏感，基质渗透率虽能识别出三类储层，但对Ⅰ类和Ⅱ类储层识别误差较大。

（2）天然裂缝发育程度：越靠近大断层微裂缝越发育，油气越富集，自然产能越高。

（3）含油饱和度的影响：Ⅲ类储层含油饱和度主要集中范围为 38% 以下，Ⅱ类、Ⅰ类储层含油饱和度大于 38%。

（4）非均质性程度的影响：由裂缝引起的非均质性程度与储层类别基本呈正相关趋势，对产能有提高作用。

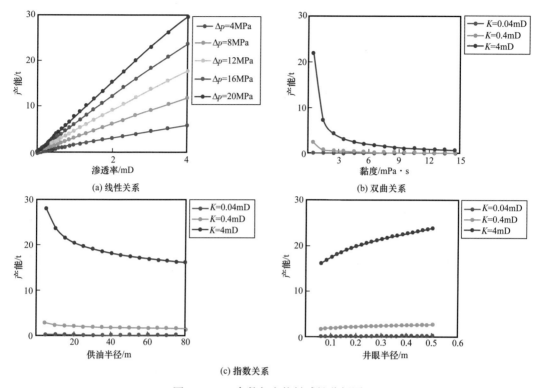

图 5-2-15　参数与产能敏感性分析图

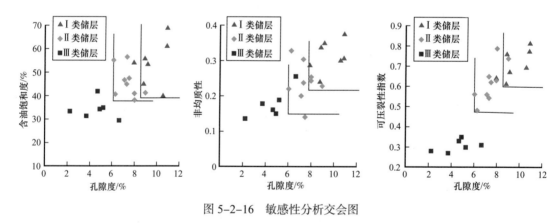

图 5-2-16　敏感性分析交会图

（5）可压裂性指数的影响：压裂可以形成裂缝将原来不连通的孔隙连通起来从而最大限度地增加流体流动空间，提高产能。

根据产能敏感参数交会分析结果，得到不同储层类型的各个敏感参数取值区间（表 5-2-2）。

3. 基于"三性"评价的产能预测方法

为了精确预测储层产能，针对储层有效性、非均质性及可压裂性特征开展研究，分别建立压裂前、后产能预测方法。

表 5-2-2　不同类型储层产能敏感参数取值区间表

储层类型	孔隙度 / %	含油饱和度 / %	裂缝发育程度	非均质程度	可压裂性指数	储层评价
Ⅰ类储层	>8.5	>45	发育	>0.2	0.62～0.82	好
Ⅱ类储层	5～8.5	38～45	欠发育	0.15～0.2	0.36～0.62	中
Ⅲ类储层	<5	<38	不发育	<0.15	<0.36	差

1）储层非均质性评价

利用电成像测井资料提取孔隙度谱，求取变异系数、突进系数等参数，应用统计学方法和劳伦兹曲线法定量评价储层非均质性，如图 5-2-17 所示为储层进行一维和二维非均质性程度表征的成果图，引起非均质性强的原因可以分为两种：一种是裂缝发育；另一种是裂缝不发育，储层本身孔隙结构复杂。前者对产能有提高作用。因此，在对储层进行非均质性评价时需要分析引起非均质性强的原因，与裂缝发育程度综合来评价。

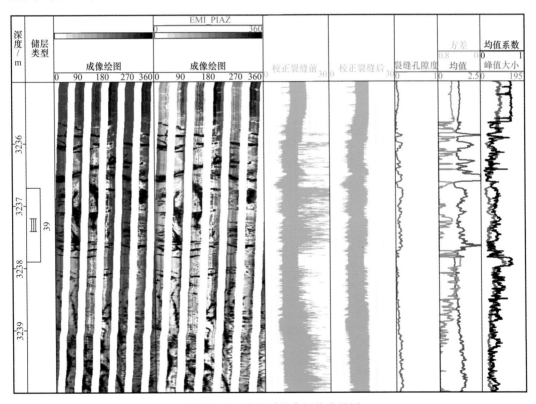

图 5-2-17　非均质综合评价成果图

2）储层可压裂性评价

基于脆性、断裂韧性、水平应力差和裂缝等参数对可压裂性影响的分析，除采用脆性指数表征岩石可压裂性外，研究多系数法可压性评价（表 5-2-3）。

表 5-2-3　多系数法可压裂性评价标准

脆性指数	可压裂指数	天然裂缝	可压裂性评价
0.1～0.3	0.18～0.32	不发育	不好
0.3～0.6	0.36～0.58	中等发育	中等
0.6～0.8	0.62～0.82	发育	好

图 5-2-18 是可压裂性评价效果图，从图中可以看出，在 2330～2334m 层段，储层脆性指数很低，利用多系数评价，发现上部油层段（8 号层）裂缝发育，脆性指数为 0.5，可压裂性指数为 0.64，所以可压裂性评价为好。压裂后此段试油自喷 17.2t，压裂效果较好。

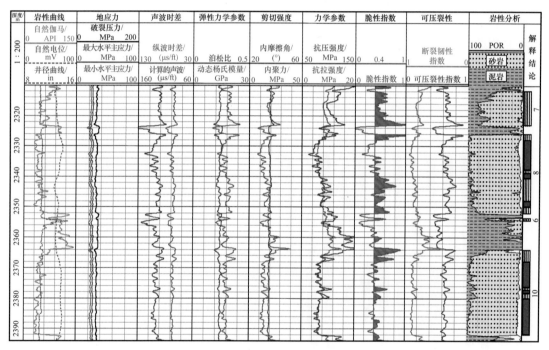

图 5-2-18　可压裂性评价效果图

3）产能有效性划分

将储层非均质性特征参数进行交会分析，分别建立微细裂缝发育地层和微细裂缝不发育地层的储层分类标准。从花古斜 101 井处理成果图可以看到储层非均质特征谱分布偏向左侧，反映储层非均质性强，裂缝不发育段，认为产能差，综合判断为三类储层。2015 年 10 月 16 日—2015 年 10 月 30 日测试仪测试，3191.45～3254.38m 井段日产油 0，日产水 0.22m³，试油结论为水层。

4）基于"三性"评价的储层产能模型

（1）储层有效性。

采用一个加权厚度，对好的储层和差的储层有效厚度赋予不同的权重，体现出它们对产能贡献的差异。厚度权系数模型为：

$$h_{\text{ef}} = ah_1 + bh_2 + ch_3 \qquad (5\text{-}2\text{-}4)$$

式中 h_1——Ⅰ类储层的有效厚度，m；

       h_2——Ⅱ类储层的有效厚度，m；

       h_3——Ⅲ类储层的有效厚度，m。

（2）储层非均质性。

产能预测时，需要引入储层的非均质性因子来对相应的产能公式进行校正。研究发现单位厚度的日产液量与洛伦兹系数成指数关系。因此得到：

$$Q = A_0 \cdot A_1 \cdot K \cdot h_{\text{ef}} \, \text{e}^{3.7281\,(K_{\text{洛伦兹}} - 1)} \qquad (5\text{-}2\text{-}5)$$

式中 A_0——单位厚度产能系数；

       A_1——压后裂缝产能系数；

       K——渗透率，mD；

       h_{ef}——有效厚度，m；

       $K_{\text{洛伦兹}}$——洛伦兹系数。

（3）储层可压裂性。

在单位厚度产能预测模型的系数 A_1 上，需要计算相应的压裂缝长度、宽度和高度。结合研究靶区的特征给出 PKN 模型计算裂缝参数的方法。

PKN 模型的基本假设：岩石是弹性、脆性材料；从裂缝断面看，显示为椭圆，其中裂缝中部最宽；缝内流体流动为层流；缝端部压力与垂直于裂缝壁面的总应力相等；不考虑压裂液的滤失。

裂缝宽度的计算式

$$W = 0.785 W_{\max} \qquad (5\text{-}2\text{-}6)$$

线性流

$$W_{\max} = 0.59 \left(\frac{Q\mu_{\text{a}}L}{E} \right)^{1/4}, \quad \frac{1.92 Q\rho_{\text{a}}}{h_{\text{f}}} < 0.32 \qquad (5\text{-}2\text{-}7)$$

湍流

$$W_{\max} = 0.70 \left(\frac{Q\rho_{\text{a}}L}{Eh_{\text{f}}} \right)^{1/4}, \quad \frac{1.92 Q\rho_{\text{a}}}{h_{\text{f}}} > 0.32 \qquad (5\text{-}2\text{-}8)$$

非牛顿型流体

$$W_{\max} = \left[\left(\frac{128}{3\pi} \right) (n'+1) \left(\frac{2n'+1}{n'} \right)^{n'} \left(\frac{0.9775}{10^4} \right) \left(\frac{1}{60} \right)^{n'} \right]^{(1/2n+2')} \times \left[\frac{Qn'K'Lh_{\text{f}}^{(1-n')}}{100E} \right]^{(1/2n'+1)} \qquad (5\text{-}2\text{-}9)$$

裂缝长度的计算式

$$L(t) = \frac{QW}{8\pi h_f c^2}\left[\mathrm{e}^{x^2}\cdot\mathrm{erfc}(x) + \frac{2x}{\sqrt{\pi}} - 1\right] \quad x = \frac{2c\sqrt{\pi t}}{W} \tag{5-2-10}$$

式中 $L(t)$——裂缝长度，m；

c——压裂液滤失系数，m/min1/2；

t——泵注时间，min；

$\mathrm{erfc}(x)$——x 的误差补差函数；

W——裂缝平均宽度，m；

$W_{\max}$——裂缝最大宽度，cm；

Q——泵注排量，m³/min；

μ_a——压裂液黏度，mPa·s；

ρ_a——压裂液相对密度；

L——裂缝长度，m；

h_f——裂缝高度，m；

E——岩石弹性模量，MPa；

n'——压裂液流动系数；

K'——压裂液稠度系数，Pa·sn。

4. 现场应用效果

对 61 口井进行了产能预测处理，并将处理结果与试油结果进行了对比，预测符合率达到 85.7%。

1）压裂前产能预测

HG102 井 2325～2392m 井段位于二叠系奎山段，岩性为石英砂岩，特低渗透储层，储层类型为裂缝、孔隙双重介质（图 5-2-19），离孔信号和饱孔信号（图中第 5 道和第 6 道）主峰分布显示油层特征。对该层进行了产能处理，第 7 道是流动单元划分成果道，流动单元划分储层类型显示该段地层以裂缝、基质型两种类型为主。第 10 道至第 11 道是产能处理成果道。计算结果显示，产油指数平均为 0.82，最大为 1.77，最小为 0.55。增产指数为 2.4，表明该层具有压裂潜力。测试条件下的预测结果平均产油量为 17.0t/d，平均产水量为 0.39t/d。该层经试油，自喷，日产油 17.2t，含水 9%。试油与计算结果吻合较好。

2）压裂后产能预测

对 CH79 井 27、28、29 小层进行了压裂。压前进行射孔测试联作，日产油 0.25t；压裂测试求产，日产油 7.0t，日产水 1.19m³，其中产水为压裂液返排。计算压前产能与压前试油产能误差为 64%，计算压后产能与压后试油产能误差为 21%，两者结果基本一致，从而说明该模型能较好地进行压后产能预测（图 5-2-20）。

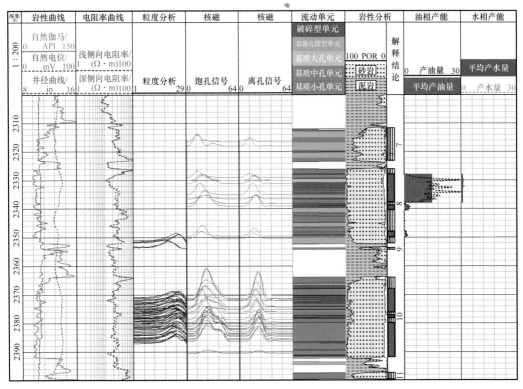

图 5-2-19　HG102 井产能处理成果图

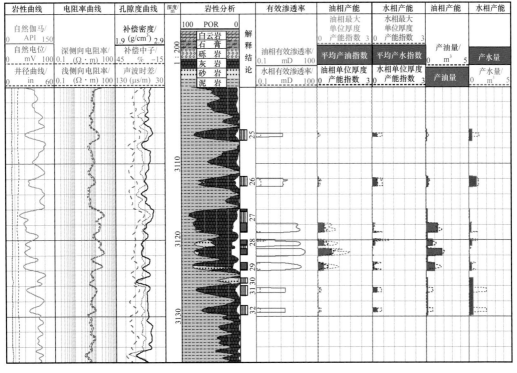

图 5-2-20　CH79 井产能预测成果图

五、薄储层高分辨率自然伽马测井

在东濮凹陷发育砂泥岩薄互层，薄储层特征明显，多数厚度不足 1.0m，在解释及施工措施合理情况下，该类储层可获得较好的经济和社会效益。为了更好地识别评价深部薄储层，研制了高分辨率自然伽马测井仪，分析研究了薄储层测井响应特征和测井识别技术，分析薄储层"四性"关系，确定了储层评价技术。

1.高分辨率自然伽马仪研制

1）仪器设计及分析实验

自然伽马测井仪实测曲线的垂直分辨率是晶体长度、采样间隔、测速、井眼环境等变量的函数，包括仪器硬件结构、数据处理方法和测井施工三个方面。

（1）仪器的设计。

探测器由闪烁探测晶体和高压倍增管组成，是决定仪器性能的关键因素。伽马信号目前最常用的测量方法就是通过采用闪烁晶体 + 光电倍增管来进行探测，在一定的闪烁晶体尺寸范围内，晶体尺寸越小，垂向分辨率越高，但是统计起伏增大，引起测量数值误差越大。晶体的长度是影响分辨率的重要因素，平滑滤波会改变曲线形状，对薄层影响显著。为了提高小晶体的计数率，设计了一种新型伽马探测结构装置，利用在闪烁晶体实现自然伽马 γ 射线到光子转换过程中，产生的光子向四周产生光子，采用晶体的两侧同时探测结构，它在同等晶体尺寸下将计数率提高一倍，减少了统计起伏，提高了分辨率（图 5-2-21）。

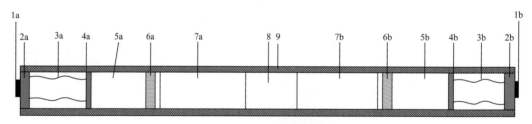

图 5-2-21　伽马探测器结构

（2）试验分析及处理方法研究。

仪器的样机在经过一系列的调试、试验，通过分析说明仪器达到了设计的理论水平，达到了现场试验的条件。

① 光电倍增管坪区测试。

为了检测光电倍增管的性能，保证其在常温和高温下输出信号的一致性，对光电倍增管进行常温坪特性测试、高温稳定性测试、高温坪特性测试。对精度要求较高的场合，常温、高温都要测试坪特性，通过比较优选光电倍增管工作电压，然后在高温条件下验证稳定性。坪特性影响因素包括鉴别器门坎电压、温度。对 4 个探测器分别进行常温、高温下的测试，确定了门槛电压及坪区电压工作点。通过测试得出：坪区工作电压为 1650～1750V（图 5-2-22）。

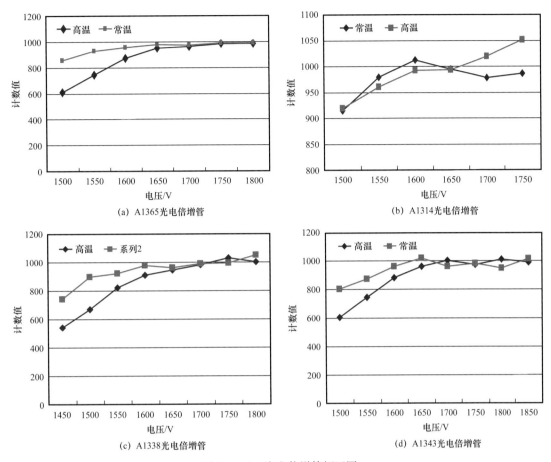

(a) A1365光电倍增管　　(b) A1314光电倍增管

(c) A1338光电倍增管　　(d) A1343光电倍增管

图 5-2-22　光电倍增管坪区图

② 晶体双端探测与单侧探测的比较。

在一定的闪烁晶体尺寸范围内，晶体尺寸与计数率成正比，与计数的统计起伏成反比。设计一种新的伽马信号探测结构，即采用晶体的两侧同时探测，它在同等晶体尺寸的情况下将计数率提高将近一倍（图 5-2-23）。

③ 新型伽马数据滤波处理方法。

针对伽马信号的特点及常规滤波方法的缺陷，通过伽马测井数据、测速、深度采样间隔的综合信息，将伽马测井数据显示的曲线细分为平滑段和非平滑段，不同的区域分别采用不同的滤波系数进行处理，降低滤波对伽马测井数据的影响，从而达到提高伽马测井数据的准确性和分辨率的目的。

④ 多晶体数据合成技术。

采用多晶体对同一个深度进行多次探测，采用深度推移的方法进行合成处理（图 5-2-24）。增加计数率，降低统计起伏，提高精确度。首先，从仪器的设计考虑到各个晶体之间的距离关系，保证各个晶体的记录点之间的距离为采样率的整数倍；其次根据各个晶体的记录深度开辟先进先出的缓冲区，保证数据是同一深度的数据。

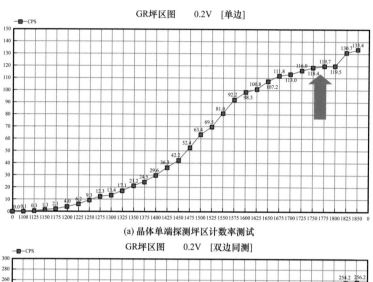

(a) 晶体单端探测坪区计数率测试

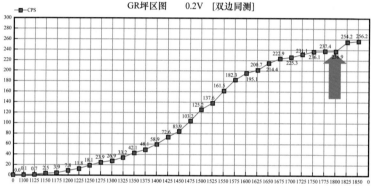

(b) 晶体双端探测坪区计数率测试

图 5-2-23　晶体探测坪区计数测试

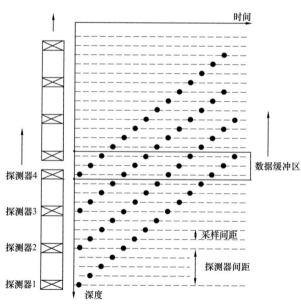

图 5-2-24　深度推移数据处理示意图

通过采用软硬件相结合的方法，将采用同样尺寸单一小晶体的计数速率提高了约2倍，补偿了晶体尺寸减小等引起的计数率变小、统计起伏变大的问题，从而提高了仪器的垂向分辨率。通过将高分辨率伽马的垂向分辨率由常规的0.6m提高到0.3m，仪器达到了现场的实际应用条件（表5-2-4）。

表5-2-4 数字滤波原理参数表

参数	普通伽马	高分辨率伽马	性能、效果
晶体长度	250mm	40mm	提高分辨率约210mm
数量	1	4	采用多个小晶体对同一个深度进行多次探测，采用深度推移的方法进行合成处理
采用屏蔽罩减少围岩	无	采用	减少围岩的影响
采用晶体双端探测技术	无	采用	单一晶体提高计数率2倍
降低储集时间	1s	0.5s	提高分辨率约41.6mm

2）测井软件系统研制。

软件主程序采用VC6.0语言编写，底层采集软件采用VTOOLSD工具进行VXD虚拟设备驱动程序的开发。测井软件在设计的过程中还采用了数据库等技术和模块化的结构设计，是面向用户的一个开放式多功能测井系统，该系统还具有很强的编辑功能，用户可以根据自己的特殊要求，预先存储，以备测井时使用。

软件划分为几个功能明确的模块：建立仪器串、缆心和信号的切换、刻度模块、测井模块、测后处理模块、深度处理模块。其中测井模块包括测井的设置和测井过程两部分。测井的设置主要包括测井驱动的方式、比例设置、采样间隔、显示方式等。进入测井以后，为了监视测井过程中的数据和仪器状况，以及对仪器的控制，可以选择所需的界面。显示数据时不仅可以显示原始数据，还可以显示输出结果等。

2.薄储层特征及测井识别技术

1）薄储层基本特征

东濮凹陷主要油气储层为沙一段—沙四段，总体上砂岩单层厚度较小，多为1～3m的薄砂岩层，互层、薄互层比较普遍（图5-2-25）。沉积微相和砂岩厚度密切相关。例如西斜坡胡状集油田一台阶，水下分流河道砂单层厚度一般为1～3m，河口坝微相砂体和湖泊相滩坝砂单层厚度一般为1～2m，远砂坝微相砂体单层厚度一般小于1m，而席状砂体单层厚度一般小于0.5m。

2）薄储层测井响应特征研究

东濮凹陷常规测井资料特征表明，受围岩和测井仪器分辨率的影响，常规测井系列对薄储层识别及层界面划分精度各不相同，而高分辨率测井资料纵向分辨率高，对储层指示清晰。从图5-2-26常规、高分辨率测井资料与岩心对比图可以看出，高分辨率测井资料与取心数据对应好，界面清晰准确，互层显示明显，分层更细，垂向分辨率高，高达 0.3m。为东濮凹陷深层薄互层精细解释及潜力挖潜奠定了基础。再配合常规测井项目进行薄储层测井的资料采集，基本能够满足薄储层测井解释的需要。

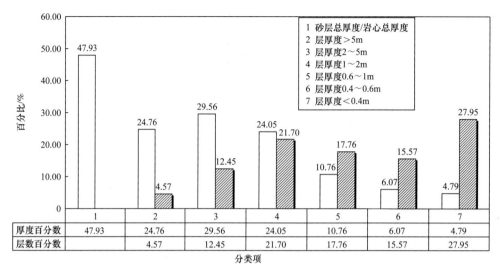

图 5-2-25　东濮凹陷岩心砂岩层数及厚度统计分析图

3. 薄储层"四性"关系及评价方法

1）薄储层"四性"关系研究

本次研究的目的层段为沙三段和沙四段。其四性关系研究见表 5-2-5。

表 5-2-5　薄储层"四性"关系

序号	测井项目	测量目的及用途
1	岩性	沙四段储层岩性以粉砂级长石石英为主，岩性致密，胶结物以碳酸盐为主；沙三段储层岩性以暗色泥岩、细砂岩及粉砂岩为主
2	物性	通过沙三段和沙四段的 1606 个样本数据，对孔隙度和渗透率进行分析，说明了沙三段储层物性比沙四段好
3	含油性	储层录井显示多为油斑、油迹，说明储层厚度不大，但含油性好
4	电性	明 1 块沙二上亚段—沙三上亚段储层围岩以泥岩为主，电阻率低值，为 $1.0\Omega \cdot m$ 左右，油层电阻率明显高于围岩，大于 $1.9\Omega \cdot m$，微电极反映薄储层岩性不均匀，有一定的渗透性
5	岩性与物性	储层物性好，岩性为粉砂质细砂岩—粉砂岩，胶结物以碳酸盐为主；储层物性随着碳酸盐含量的增加而明显变差
6	物性与含油性	随着孔隙度的增大，渗透率也随之增大，对应的油气显示也逐渐变好，说明储层含油性与物性呈递增趋势
7	电性与含油性	电阻率增大，含油饱和度有增大趋势。同时，相同电阻率的储层，受储层物性不同的影响，含油饱和度也不相同；相同含油饱和度的储层，因胶结物含量的不同影响了储层的电阻率

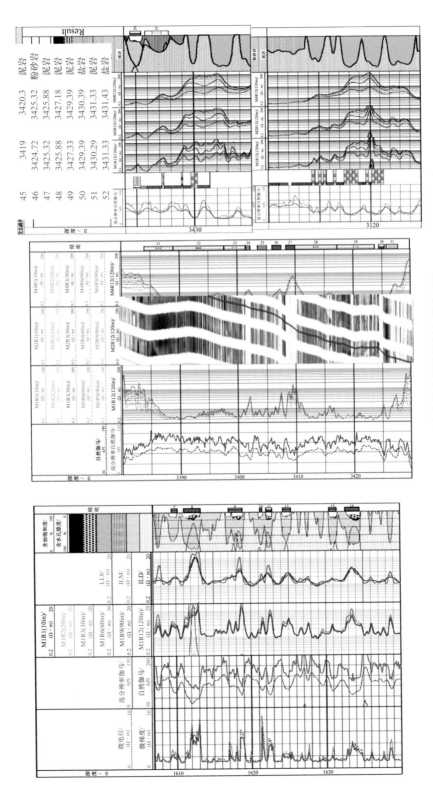

图 5-2-26　常规、高分辨率测井资料与岩心对比

2）薄储层微观特征研究

（1）压汞法孔隙结构特征。

利用压汞法分析了薄储层孔隙结构特点，如图5-2-27所示。图中三种不同的曲线形态呈现三种不同的孔隙结构特征。红线位于中下部、排驱压力较小、毛细管压力相对较小、最大进汞饱和度相对较大；蓝线排驱压力较大、毛细管压力曲线倾斜、毛细管压力较大（或无法读出）、最大进汞饱和度相对较小；粉线介于红线与蓝线之间。

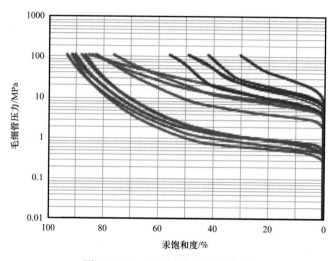

图5-2-27 压汞法孔隙结构特征

（2）孔喉半径分布特征。

深层致密砂岩的孔喉半径均较小，渗透率的贡献值主要来自细小喉道，储集岩的孔喉半径随进汞饱和度的分布范围有所不同，如图5-2-28、图5-2-29所示。通过对孔隙度、渗透率、排驱压力、平均喉道半径等参数分析，把致密砂岩初步分为三类，储层压汞参数特征参数分布见表5-2-6。

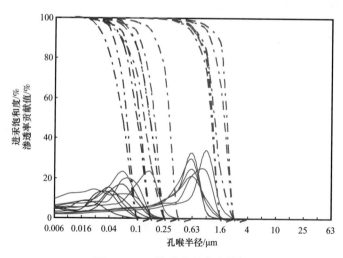

图5-2-28 孔喉半径分布特征

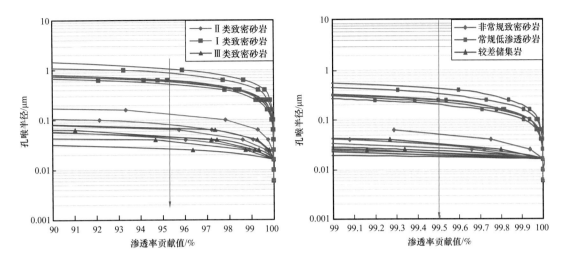

图 5-2-29　不同储集岩渗透率贡献值—孔喉半径关系图

表 5-2-6　三类致密砂岩的压汞特征参数的分布范围

储层类型	产油能力	参数	排驱压力 / MPa	平均喉道半径 / μm	相对分选系数	结构系数	退汞效率 / %
Ⅰ类 致密砂岩	自然产 油气层	范围	0.3～0.7	0.46～0.80	0.20～0.24	0.29～0.55	43.1～46.9
		平均值	0.45	0.56	0.22	0.36	44.6
Ⅱ类 致密砂岩	采取措施 产油气层	范围	2.0～4.0	0.05～0.11	0.19～0.29	0.02～0.08	32.9～43.7
		平均值	3.3	0.07	0.23	0.04	37.3
Ⅲ类 致密砂岩	几乎不产 油气层	范围	4.0～10.0	0.02～0.06	0.60～1.26	0.01～0.02	20.9～28.5
		平均值	6.6	0.04	0.84	0.01	24.7

（3）宏观物性参数与微观特征参数的关系。

孔隙结构的复杂性可以造成孔隙度基本相同或接近的储层之间渗透率差别很大，因此，将孔隙度和渗透率两者组合形成评价储层品质的宏观参数，称为储层品质指数（RQI）：RQI＝（K/POR）$^{1/2}$。再建立 RQI 与微观参数的关系，最终得到宏观物性参数与微观特征参数的关系，即排驱压力减小、分选系数减小及退汞效率越大，储层的渗透率和孔隙度均变大。

4. 薄储层流体的识别方法

1）高分辨率测井识别储层流体

高分辨率测井技术和处理技术是突破薄储层解释评价的关键技术。不但提高了测井资料的纵向分辨率，还对储层的"四性"关系有敏感反映，受围岩影响小，能识别薄层、细分厚层、准确确定层界面和评价储层的物性和含油性。

明新 1 井 40-42 号层属同一砂体，但岩性不均匀，高分辨率阵列感应曲线较好地分辨出了其间小的泥质夹层，解释3层1.4m的薄储层。其中41号层物性较好，高分辨率阵列感应电阻率曲线之间有明显的增阻侵入，显示薄储层含水特征，根据邻井动态分析，解释为4级水淹层。42号层高分辨率静自然电位曲线有较大幅度的负异常，储层渗透性好，与41号层相比，高分辨率阵列感应曲线径向差异小，储层不含水，综合解释为油层，如图5-2-30所示。

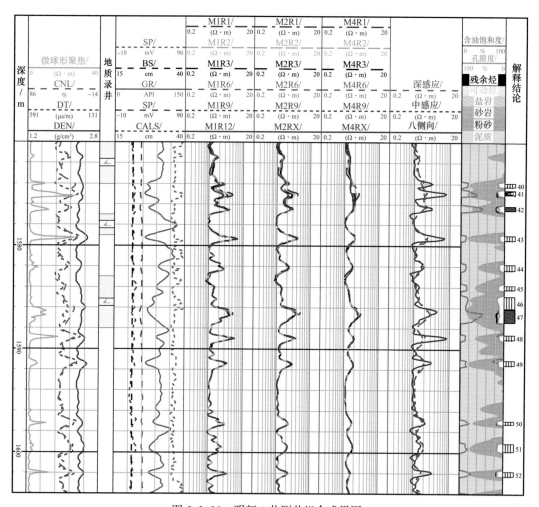

图5-2-30　明新1井测井组合成果图

2）流动单元分析法

流动单元分析是影响流体流动的储层属性参数在各处相似，且岩层特点也相似的纵、横向连续的储集带单元。流动单元不同，流体流动特征也不同。流动单元模型中，红色代表一类流动单元；绿色代表二类流动单元；蓝色代表渗流屏障，如图5-2-31所示。

根据岩心微观分析参数，绘制每一类储层的汞饱和度及渗透率贡献值累计曲线图（图5-3-32、表5-2-7）。从图中可以看出不同类型储层的孔喉半径的分布关系和主峰值。

根据取心井的测井曲线特征、常规物性分析资料和试油试采情况，得到测井曲线特征，以及储层的孔隙度和渗透率等宏观参数的物性下限（表5-2-7）。

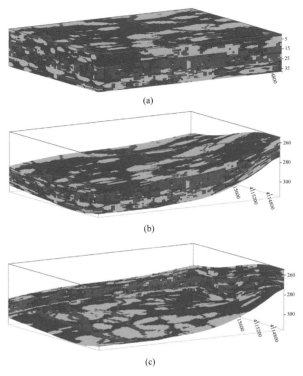

图 5-2-31 流动单元模型

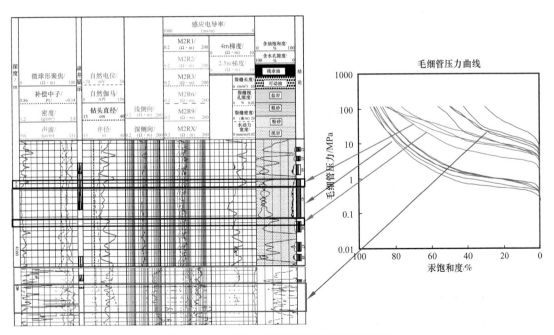

图 5-2-32 测井曲线特征与微观参数对比图

　　流动单元模型是由许多流动单元块体镶嵌组合而成，离散模型包括流动单元划分、流动单元间边界、单元内储层属性相似对油藏模拟及动态分析有很大意义。图 5-2-33 是利用流动单元模型对流体分析测井解释图，从图上可以看出二者反映流体性质一致。

表 5-2-7 储集岩孔喉半径分布关系

储层类型	数值	分布范围	峰值	分选性	备注
Ⅰ类	相对较大	0.4～1.6		相对较好	Ⅲ类储集岩孔喉半径分布范围与Ⅱ类储集岩有所叠加
Ⅱ类	中等值	0.025～0.25	0.063～0.16	较弱	
Ⅲ类	整体偏小	0.016～0.1	0.016～0.63	较弱	

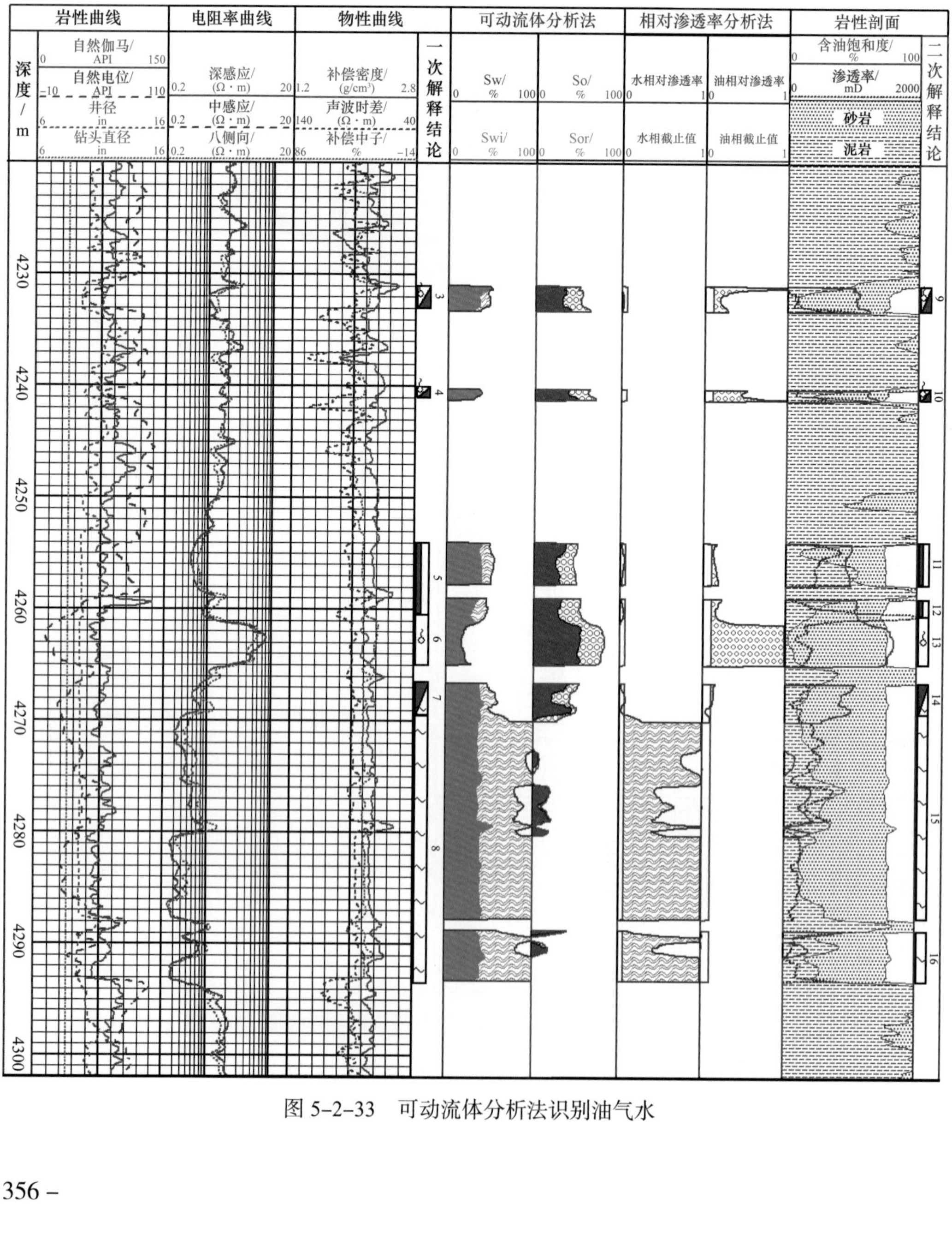

图 5-2-33 可动流体分析法识别油气水

在薄储层流体识别方法中，还可以用曲线重叠法和交会图法寻找储层处曲线的差异及孔隙度—电阻率交会点区分储层、非储层及储层的流体性质（表5-2-8）。

表5-2-8 测井曲线响应特征

储层类型	自然伽马	自然电位	声波时差 / （μs/m）		补偿密度 / （g/cm³）		补偿中子 /%		深（侧向）电阻率 / （Ω·m）		φ/%	K/mD
			分布范围	特征值	分布范围	特征值	分布范围	特征值	分布范围	特征值		
Ⅰ类	中低值	较大负异常	220～235	230	2.48～2.52	2.50	13.8～15.2	15.0	3.2～4.3	4.0	≥9.5	≥0.87
Ⅱ类	中高值	明显负异常	205～227	220	2.51～2.56	2.55	10.0～15.0	12.0	4.5～9.0	5.8	6～9.5	0.09～1
Ⅲ类	高值	小幅负异常	191～218	202～210	2.59～2.69	2.63	8.8～14.0	10.2～12.0	25～60	25～50	φ<6	<0.09

5. 储层解释标准

1）薄储层解释标准

东濮凹陷厚度小于1m的薄储层较发育，而（深部）薄储层厚度整体更小。薄储层"双重介质"储层流体性质的识别，是解释的难题，随着测井技术的发展及测井解释水平的提高，为解决这一难题提供了客观条件。根据测井资料和一些相关资料，确定了油、水、干界限（表5-2-9）。

表5-2-9 东濮凹陷不同区块油、水、干划分标准

序号	区块 储层	文留		刘庄		濮卫环洼带		备注
		φ/%	R_t/（Ω·m）	φ/%	R_t/（Ω·m）	φ/%	R_t/（Ω·m）	
1	油层	>9	≥1.5	>13	≥8.0	>11	≥3.2	
2	油水同层					>11	1.8<R_t<3.2	
3	含油水层							
4	水层	>9	<1.5	>13	<8.0	>11	≤1.8	
5	干层	≤6.5		≤8		≤9		

2）深层储层解释标准

结合薄储层发育区块分析了"四性"关系，分析确定了薄储层解释模型、储层参数计算方法及薄储层判别标准，参数计算结果与岩心分析数据较一致，薄储层解释结果与试油结果基本一致（表5-2-10）。

表 5-2-10 云 12 块、云 3 块解释标准

序号	区块	云 12 块沙三中亚段—沙三下亚段				云 3 块沙三中亚段			
		DT/(μs/m)	RHOB/(g/cm^3)	ϕ/%	R_t/($\Omega \cdot$m)	DT/(μs/m)	RHOB/(g/cm^3)	ϕ/%	R_t/($\Omega \cdot$m)
1	油层				≥ 4.0				≥ 2.0
2	油水同层	≥ 212	≤ 2.61	≥ 6.0	$3.0 < R_t < 4.0$	≥ 223	≤ 2.61	≥ 6.0	
3	水层				≤ 3.0				< 2.0

6. 现场应用效果

1) 高分辨率自然伽马测井仪的应用，提高了薄层识别率

高分辨率自然伽马仪在项目研究期间完成濮深 20 井、文古 4 井、云 12-2 井、濮深 21 井等 9 口井的实际测井施工任务。其中井深最深超过 4880m，井底温度超过 170°，79MPa，资料合格，测井一次成功率 100%。

利用曲线对比、岩心照片对比、岩心数据对比等手段对高分辨率伽马的测井资料进行分析。如图 5-2-34 所示，高分辨率自然伽马测井仪对于 0.3m 以下薄层识别率达 77.1%，0.3m 以上达 93.1%，高分辨率伽马的识别率比普通伽马高 50%。

2) 薄储层评价技术的应用，提高薄储层解释精度和挖掘老井潜力

建立的薄储层解释方法和评价标准，在新井和老井中积极实践，共解释了 14 口新井和 246 口老井复查。经后期投产证实，薄储层解释符合率为 82%。提高了薄储层解释精度，挖掘了老井潜力，在地质上均见到了明显的效果。

（1）濮深 20 井。

濮深 20 井构造位置位于东濮凹陷中央隆起带濮卫洼陷北部，2012 年 07 月 19 日选用常规测井和高分辨率测井。

73#—75# 层，岩性为泥质粉砂岩和粉砂岩，自然伽马曲线显示该套储层顶部和底部泥质含量较高，中间储层岩性较纯，自然电位曲线微弱负异常，井眼规则，三孔隙度曲线反映 74# 层物性最好，综合计算的孔隙度为 7.5%，深感应电阻率值为 6.0$\Omega \cdot$m。录井见油迹和荧光显示，气测显示 4427.82～4429.7m 井段 $\sum C$ 由 0.815 升至 1.246，C_1 由 0.055 升至 0.161，4429.86～4430.75m 井段 $\sum C$ 由 1.104 升至 2.014，C_1 由 0.118 升至 0.256。根据薄储层评价技术综合分析解释 74# 层为油水同层，73#、75# 层为干层（图 5-2-35）。

4405.0～4440.0m，渗透率分析较大，目前日产液 3t，油 0.7t，低能。4520.5～4556.1m，2012 年 8 月 30 日压裂，压裂液 333.3m^3；2012 年 9 月 25 累计产油 36.3m^3、水 286m^3、少量气。

（2）云 12 井。

云 12 井位于东濮凹陷中央隆起带濮卫洼陷带北部云 10 断块区，主要钻探目的是了解濮卫洼陷北部沙三中亚段—沙三下亚段砂体分布及储层物性情况；濮卫洼陷北部沙三中亚段—沙三下亚段烃源岩及含油气情况。利用薄储层评价技术对云 12 井进行了老井复

查，提升了 4 层 9.2m（图 5-2-36）。2011 年对 4259.0～4293.8m 井段试油，日产油 6t，无水。其中 71#—74# 层三孔隙曲线显示物性差，通过流动单元分析 73 号层下部与岩心相一致，误差明显小于测井计算。整体来看该段渗透率在 0.1mD 左右，射孔后为低产油层。

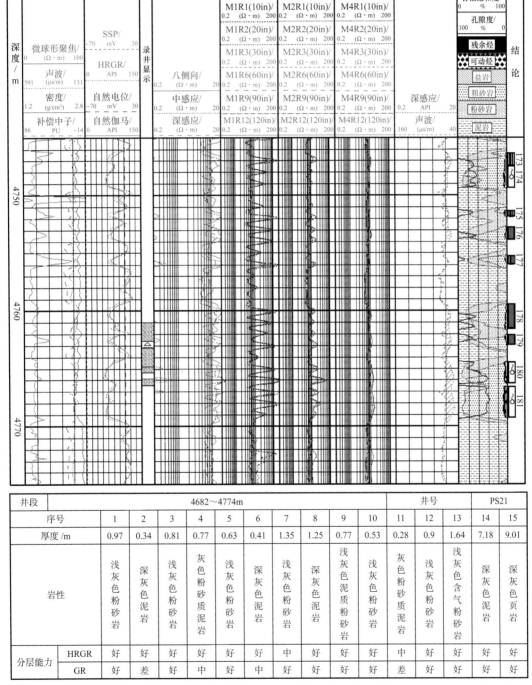

图 5-2-34 濮深 21 井薄储层评价技术解释成果图

井段		4682～4774m										井号		PS21	
序号		1	2	3	4	5	6	7	8	9	10	11	12	13	14	15
厚度 /m		0.97	0.34	0.81	0.77	0.63	0.41	1.35	1.25	0.77	0.53	0.28	0.9	1.64	7.18	9.01
岩性		浅灰色粉砂岩	深灰色泥岩	浅灰色粉砂岩	灰色粉砂质泥岩	浅灰色粉砂岩	深灰色泥岩	浅灰色粉砂岩	深灰色泥岩	浅灰色泥质粉砂岩	浅灰色粉砂岩	灰色粉砂质泥岩	浅灰色粉砂岩	浅灰色含气粉砂岩	深灰色泥岩	深灰色页岩
分层能力	HRGR	好	好	好	好	好	好	中	好	好	好	中	好	好	好	好
	GR	好	差	好	中	好	中	好	好	好	好	差	好	好	好	好

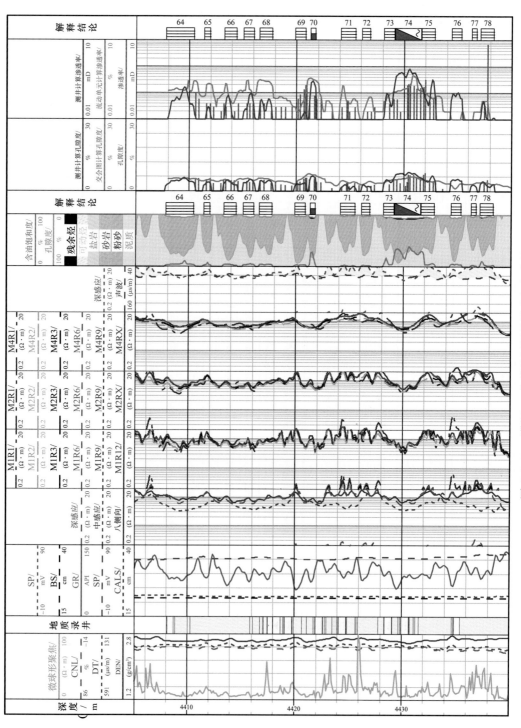

图 5-2-35　濮深 20 井薄储层评价技术解释成果图

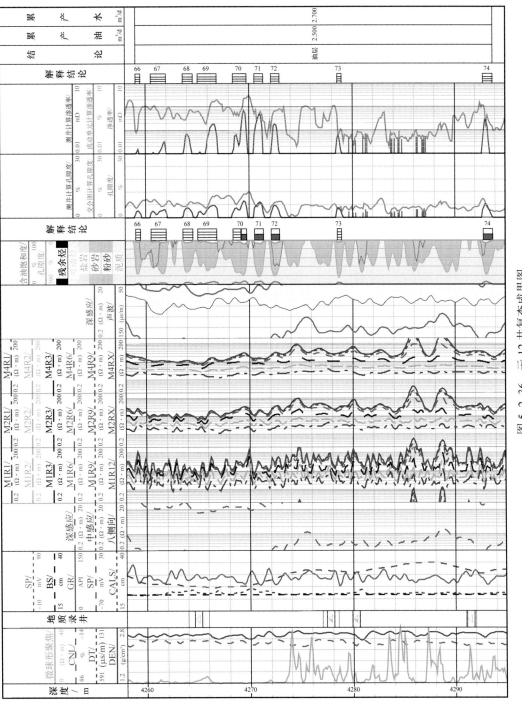

图 5-2-36 云 12 井复查成果图

六、人工智能测井评价专家系统

将深度学习引入人工智能测井评价方法中，研究了深度神经网络模型下的知识表征和推理，重点针对砂砾岩储层，通过增加地层图像模板库、解释模板库、流体信息数据库，深化人工智能专家系统、拓展其推理和预测功能，全面提升测井综合评价能力。

1. 二维图像数据库构建

砂砾岩储层成像测井模式库包括的成像模式有岩性、沉积构造、层理类型、缝洞、构造、沉积相、泥页岩，根据成像测井图像的颜色、形态，建立了不同的砂砾岩岩相分类图像库。

2. 知识表示和推理机制研究

1）电成像图像充填深度学习模型

将基于深度学习的知识表示及推理机制应用在电成像图像空白条带充填方法研究中，通过适当的修改深度神经网络模型结构，在训练迭代过程中，由神经网络获取图像的底层视觉特征（包括结构和纹理信息），并在二维平面上，进行空白条带中的图像缺失部分的推理，最终得到合理的完整图像（图 5-2-37）。

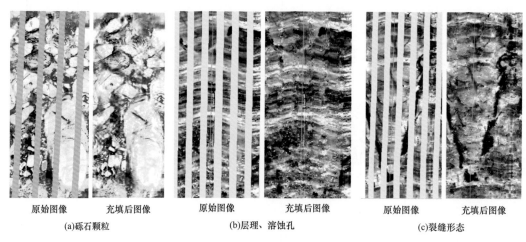

原始图像　充填后图像　　　原始图像　　充填后图像　　　原始图像　　充填后图像

(a)砾石颗粒　　　　　　　(b)层理、溶蚀孔　　　　　　(c)裂缝形态

图 5-2-37　电成像图像充填成果图

2）基于知识定量表征的电成像裂缝自动识别技术

借鉴和使用了人工智能技术，对解释专家裂缝手工拾取和识别经验及裂缝区块总体知识，进行定量化表征，在信息融合的基础上，形成知识规则库，送入知识推理机，同时电成像图像经过图像预处理后得到的二值化图像及进一步由图像细化和 Hough 变换拾取的正弦曲线组，作为推理数据，也送入推理机；由逆向推理机制，得到裂缝拾取和识别结果。图 5-2-38 为裂缝自动拾取与识别结果对比图，拾取的正弦曲线微裂缝，红色、蓝色和绿色分别表示高角度、中角度和低角度正弦线。

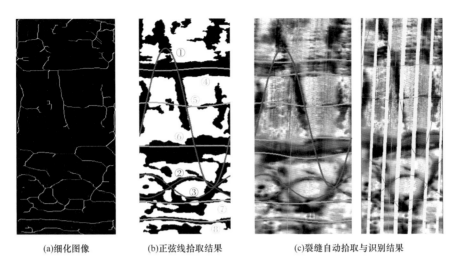

(a)细化图像　　　(b)正弦线拾取结果　　　(c)裂缝自动拾取与识别结果

图 5-2-38　裂缝自动拾取与识别结果对比

3）知识驱动下的砂砾岩电成像精细评价方法

砂砾岩电成像图像经过空白条带充填、基于边缘流的多尺度砂砾岩颗粒边缘提取和基于曲线演化的砂砾岩颗粒区域分割等图像预处理步骤后，得到分割后的砾岩颗粒区域。引入区块地质沉积状况，作为约束条件，将相应沉积条件下的砾岩颗粒磨圆度作为先验知识，自顶向下的驱动砂砾岩颗粒区域的合并和分裂，采用滑动窗口，统计滑动窗口内砾石颗粒大小和数量，构成粒度谱。形成包括砂、细砾、中砾和粗砾的精细粒度剖面。

3.现场应用效果

应用该技术可以精细评价砂砾岩储层砾石含量以识别地层岩性，图 5-2-39 给出了 Y920 井 3555.5～3557.8m 井段的精细评价综合处理成果。图中构建的粒度谱和精细岩性

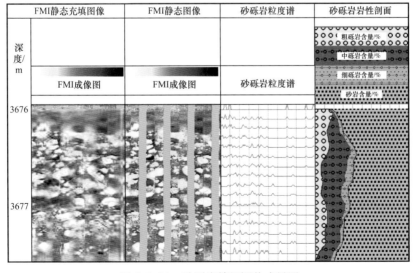

图 5-2-39　砂砾岩精细评价成果图

剖面在解释井段两者的对应性较好，粒度谱直观地呈现了相应井段砾岩颗粒的大小分布，岩性剖面相对于传统的砾岩、砾状砂岩和含砾砂岩的岩性划分，更加精细地区分了砾岩颗粒的大小，而不是笼统地根据井段中所有砾岩部分所占面积划分砂砾岩岩性，不考虑砾岩颗粒的独立性和特殊性。

第六章　提高产能井筒工艺技术

根据炸药的爆轰理论和射流侵彻理论，基于传统的射孔弹内腔结构，对新型射孔弹主装药和药型罩的成分配比、结构、压制密度及成型工艺进行了优化和改进，研制出了新型动态负压射孔弹，不仅提高了负压弹的适用性和实用性，更有利于精确控制动态负压参数，提高动态负压射孔效果。针对渤海湾盆地特低渗透、致密油藏采用常规压裂技术造双翼裂缝，裂缝体积小、压后产能低、产量递减快，无法满足储层规模效益开发的需求。面对更为复杂、更为苛刻储层的挑战，压裂工艺从微观基质认识到宏观裂缝构建全面转变思路，突破常规的双翼对称裂缝结构，综合多簇射孔、低黏压裂液、大排量、大规模加砂等工艺形成了"多缝及缝网"的大型体积压裂技术体系，形成了一套具有前瞻性、现场可操作的高效改造技术体系，可为油气发现和提高产能提供技术支撑。

第一节　动态负压射孔技术

一、动态负压射孔器及仿砂岩射孔试验靶技术

1. 动态负压射孔器技术

"十二五"期间，根据炸药的爆轰理论和射流侵彻理论，基于传统的射孔弹内腔结构，对新型射孔弹主装药和药型罩的成分配比、结构、压制密度及成型工艺进行了优化设计和改进，研制出了102型和127型动态负压射孔弹，技术指标在一定程度上满足了动态负压射孔现场施工要求。

随着动态负压射孔技术的不断推广，一方面，射孔后出现部分动态负压射孔弹毛刺高度和射孔枪涨径偏高问题，给射孔安全带来了较大安全隐患；另一方面，动态负压射孔弹的孔径圆润度降低，影响了动态负压射孔的效果。而且，一种射孔弹对应一种射孔枪，器材通用性差，导致存储和使用的效率降低。

针对原动态负压射孔弹存在的种类多，通用性差，孔眼的圆润度低，外翻毛刺较高等缺点，基于射流形态控制理论和原动态负压弹的设计方法，通过药型罩结构、射孔弹台阶和沟槽结构优化设计与试验，不同枪径与炸高优化设计与试验，研制出了新型动态负压射孔弹 DP41RDX34-K（图 6-1-1），打靶试验如图 6-1-2 所示。

新型动态负压射孔弹统一为一种弹型，根据不同外径的动态负压射孔枪，更换相匹配的弹架定位环头，特殊的外形结构能够满足枪内炸高的合理控制，从而实现一种负压射孔弹匹配多种射孔枪型，达到射穿枪身不伤套管的施工要求。新型弹能够满足102型、127型和140型三种动态负压枪的装配和使用要求。不仅提高了负压射孔弹的适用性和实用

性，更有利于精确控制动态负压参数，提高动态负压射孔效果。通过试验，新型负压射孔弹孔径圆润、外翻毛刺仅为原来的45%左右，射孔枪涨径降低为原来的72%，达到了设计要求。

图6-1-1　动态负压射孔弹

图6-1-2　动态负压射孔弹打靶后射孔枪

根据动态负压射孔爆轰过程数值模拟，充分考虑射孔瞬间高压气体及冲击波载荷的影响，以及瞬间的压力扩散，结合打靶实验数据，将动态负压射孔枪外盲孔孔径由 $\phi32mm$ 优化为 $\phi24mm$，盲孔深度4mm保持不变。对射孔弹架结构和固弹方式进行了优化设计，提高不同射孔枪内炸高的一致性，确保负压射孔弹的开孔效果和工程安全。新型负压射孔枪采用外盲孔设计，六相位分布，盲孔右旋呈60°分布，枪身材质为32CrMo4，102型和127型射孔枪的尺寸分别为 $\phi101.6\times11mm$ 和 $\phi126.8\times12mm$。

新型动态负压器主要指标：

102型：平均孔径21.8mm，毛刺高度1.9mm，耐温/压时间为220℃/105MPa/48h。

127型：平均孔径23.1mm，毛刺高度2.3mm，耐温/压时间为220℃/105MPa/48h。

140型：平均孔径22.2mm，毛刺高度2.4mm，耐温/压时间为220℃/105MPa/48h。

目前，技术成果已在胜利油田进行了推广应用，取得较好应用效果。通过试验，新型动态负压射孔器指标达到了设计要求。

2. 砂岩靶压制模具设计与靶体制备

仿砂岩射孔试验靶需要根据试验靶尺寸及液压机的结构，设计制作砂岩靶压制模具，要求具有较高的抗压强度及良好的可退模性。压制模具主要由上压块、下支撑块、内固定环和外固定环组成（图6-1-3），材料采用铸造碳钢和低合金钢加工而成。

图6-1-3　仿砂岩射孔试验靶压制模具

选择10目～20目、20目～40目、100目～120目的石英砂、300目的高岭土、磷酸铝黏合剂均匀混合，按照一定的质量组分进行配比。将搅拌均匀的砂料放置于第一层压制模具内，并将砂面铺平，砂面高度稍低于模具上沿，便于压制。控制液压机在一定压力下压制靶体并持续一定时间。按照相同的工艺压制第二层到第四层，完成砂岩靶的压制。将试验靶体放入加热炉中进行加热、保温、降温，打开加热炉和压制模具，取出试验靶体，并将试验靶端面打磨处理。

采用混砂、填料、压制、烧结的制靶工艺，结合不同配比、压制压力和烧结温度等先后制作了 20 块仿砂岩射孔靶。压制后射孔试验靶及模具如图 6-1-4 所示。

图 6-1-4 压制后射孔试验靶及模具

3. 孔渗及抗压强度测量

试验靶是模拟储层环境进行射孔实验的基础，试验靶的孔渗等参数与储层的相似程度、与设计要求的符合程度关系到射孔实验的质量和成败。实验证明，本次研究制作的射孔试验靶的孔渗特性及抗压强度等指标都达到了设计要求。

对于射孔效能试验来说，试验靶能否模拟地层的渗透率和抗压强度参数，是衡量试验靶成功与否的重要指标，也是衡量试验数据的有效性和针对性的重要依据。为了检测试验靶的渗透率和抗压强度，在胜利岩电实验室进行了测试。钻取岩心如图 6-1-5 所示。

通过强度测试，砂岩靶平均抗压强度为 45.6MPa，最大相对误差为 16.3%。通常将岩心的抗压强度与平均抗压强度相对误差的 20% 认为人造岩心抗压强度和均质性是否合格的界限，测试结果表明，大尺寸人造试验靶的抗压强度、均质性具有较高的精度。岩心平均渗透率为 87.2mD，平均孔隙度为 18%，技术参数达到了指标要求。

图 6-1-5 钻取岩心

通过仿砂岩靶制作工艺和技术研究，形成了仿砂岩射孔试验靶制作技术，靶体抗压强度、孔渗特性等达到了设计要求，满足了模拟不同储层进行动态负压射孔效能试验的要求。

二、动态负压控制方法及参数设计

"十二五"期间，以动态负压射孔物理实验为基础，建立了动态负压射孔数值分析模型。通过不同工况射孔过程动态仿真，分析了聚能炸药爆炸、金属射流形成、射流侵彻、流体回灌等阶段的响应，得到了测点动态负压值、形成时间、持续时间，通过实验数据与数值仿真结果对比分析，形成了动态负压控制方法，并在矿场进行了推广应用。

地面实验无法模拟真实的井下环境，因此，需要建立井筒环境下的动态负压射孔模型，对井下环境动态负压射孔过程进行分析，研究射孔初始压力、围压等井下射孔参数对动态负压射孔效果的影响，并且对射孔过程中井筒内的物质响应进行定量分析，结合动态负压射孔过程中提取的压力参数，形成井筒环境下的动态负压控制方法。

将室内环境下的动态负压射孔数值模型推广应用到井筒环境，设计井筒环境下的动态负压射孔数值模拟方案，通过射孔过程数值仿真，提取测点动态负压值、形成时间、持续时间等关键数据。根据数值仿真结果，定量分析岩石弹性模量、储层渗透率、孔隙度、射孔起始压力、孔径、孔密、相位、射孔枪长度等因素对动态负压指标的影响规律，拟合动态负压关键参数计算公式，形成井筒环境下动态负压关键参数控制模型。

1. 井筒环境动态负压射孔数值模型及算法

1）动态负压射孔数值模型

图 6-1-6 为井下环境单发弹射孔示意图，井筒内为射孔液（数值模拟中以水表示），射孔初始时刻井液压力为 p，射孔枪内充满空气。通过油管将射孔枪下放至指定层位，引爆射孔弹后，形成的金属射流依次穿过射孔枪枪身、井液、套管、水泥环最终进入地层形成孔道。

AUTODYN 中建立的数值模型如图 6-1-7 所示，为了提高计算效率，根据对称性只需建立 1/4 三维模型。图中标注了模型的主要尺寸。数值模拟中不需要建立完整的套管模型，套管与水泥环、岩石的建模方式相同，都以圆柱靶体的形式建立，射孔弹放置在射孔枪中央。

除了分析井下射流穿孔过程外，还研究井筒内物质的响应，所以选择正确的材料模型来描述井筒内的水很关键，采用 Shock 状态方程描述水，无强度模型。岩石与水泥环都用 RHT 材料模型描述，并且无侧限抗压强度均为 50MPa。

2）动态负压射孔数值模型算法

Euler 算法采用空间坐标，不存在网格畸变问题，适合计算大变形问题，但难以跟踪物质边界。Lagrange 算法采用物质坐标，优势在于处理自由面与物质边界，大变形问题常引发网格畸变甚至导致计算终止。鉴于 Lagrange 和 Euler 算法的优缺点，需要根据不同物质的响应选用合适的算法。为了结合 Lagrange 法及 Euler 法的优点，数值模拟中水、空气、炸药、药型罩、射孔弹外壳以 Euler 网格描述，采用 AUTODYN 中多物质 Euler 高精度求解器；射孔枪、套管、水泥环、岩石以 Lagrange 网格描述，采用 Lagrange 求解器，并且为防止渗漏，前处理中将 Lagrange 网格尺寸设置为 Euler 网格的两倍。

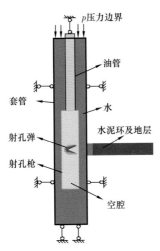

图 6-1-6 井下环境射孔示意图

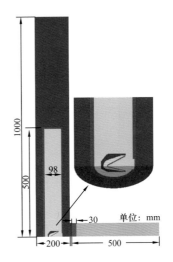

图 6-1-7 1/4 井下射孔模型

数值模拟的边界条件为：

（1）对于所有物质或结构，在前后对称面及上下对称面处施加相应的对称边界。

（2）对井筒外围的柱面施加刚性壁面边界，并在井筒上端开口处对井筒流体施加压力，压力大小为 10MPa，该压力即为射孔初始压力。

（3）对固体结构（套管、水泥环及岩石）的外边界施加 Transmit 边界条件，防止冲击波反射形成干扰。

（4）流体物质与固体物质之间的相互作用通过 Euler 网格与 Lagrange 网格的耦合定义，耦合类型为全耦合，并且考虑射流对枪身、套管、水泥环及岩石的侵蚀作用。

2. 井筒环境下动态负压射孔过程数值模拟

1）动态负压射孔过程模拟

图 6-1-8 呈现了井下射孔过程中一些典型时刻的物质状态，包括炸药爆轰产物、射孔枪内的空气、井筒中的水及射流侵彻岩石形成的孔道。20μs 时刻，已经形成射流并且即将侵彻枪身。20～30μs，射流侵彻套管。由于射流侵彻射孔枪形成孔道，部分爆轰产物及空气将紧随射流从空腔内流出，并在射孔枪外形成气团，70μs 时刻可以观察到这种现象。350μs 时刻侵彻已进入终止阶段，孔道深度不再增加。整个过程中，炸药爆轰产物在射孔枪内急剧膨胀，350μs 时刻已膨胀至空腔体积的一半。

图 6-1-9 描述了混凝土及岩石内孔道周围的损伤，孔道开口处的损伤半径及损伤厚度较大，这是在侵彻的开坑阶段内形成的。在孔道扩径处的损伤厚度并不随孔径增大而变大，而侵彻后期的损伤半径及损伤厚度变化情况与孔径变化保持一致，说明在侵彻的不同阶段，岩石有着截然不同的力学响应。分析认为侵彻的前期阶段射流速度高，岩石体现流体特性，其强度影响小，而在侵彻后期阶段射流速度下降，岩石强度对侵彻状态起着关键作用。

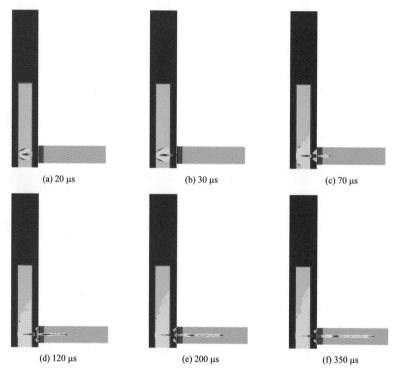

图 6-1-8　射孔过程中的物质状态

图 6-1-9　孔道周围的损伤

2）动态负压射孔过程数值仿真

综合考虑储层渗透率、孔隙度、岩石弹性模量、套管内径、射孔起始压力、动态负压孔密、负压射孔弹装药量、泄压体积八个因素，建立试验方案。

采用有限元软件 LS—DYNA 数值仿真动态负压射孔过程。射孔弹打穿射孔枪后，冲击井筒流体并形成弧形冲击波，在射孔弹背面也透射形成弧形冲击波，但强度小于射孔弹正前方。射孔弹正前方和背面的冲击波在井筒壁面发生重叠，这些高压区在反复反射、透射过程中向井筒上下方传播，且强度不断衰减，最后在孔眼附近形成低压区域。提取射孔段四个不同测点的动态压力数据，得到如图 6-1-10 所示 P—T 曲线。由图可得，测点 1（射孔弹附近）动态负压效果最明显，形成动态负压值为 23.54MPa，形成时间为 165.29ms，持续时间为 308.61ms。

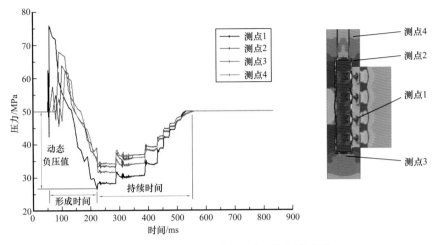

图 6-1-10　不同测点动态压力时间历程曲线

3. 井筒环境下动态负压参数设计

1）动态负压射孔参数影响规律研究

（1）射孔参数对动态负压值的影响规律。

套管、射孔枪和水泥胶结安全的前提下，动态负压值越大，清洁孔道的效果越好。由动态负压射孔过程的动态仿真及孔道流动效率试验可得各参数对动态负压值影响的主次顺序为：负压射孔枪体积＞井筒初始压力＞弹性模量＞渗透率＞孔隙度＞套管内径＞孔密。

（2）射孔参数对动态负压形成时间的影响规律。

射孔爆轰和孔道形成时间约为 70μs，动态负压形成时间越小，越有利于负压对压实带的作用，动态射孔效果就越好。由动态负压射孔过程的动态仿真及孔道流动效率试验可得各参数对动态负压形成时间影响的主次顺序为：孔密＞射孔起始压力＞套管内径＞渗透率＞负压射孔枪体积＞弹性模量＞孔隙度。

（3）射孔参数对动态负压持续时间的影响规律。

动态负压持续时间越长，对孔道碎屑的清理及对压实带的冲刷越彻底，动态负压射孔效果越好。由动态负压射孔过程的动态仿真及孔道流动效率试验可得各参数对动态负压持续时间影响的主次顺序为：孔密＞射孔枪体积＞渗透率＞射孔起始压力＞套管内径＞孔隙度＞弹性模量。

2）动态负压射孔参数设计

根据井底环境动态负压射孔数值仿真结果，结合现场施工过程中高速压力计检测的射孔瞬间井下压力数据，在"十二五"研究成果的基础上，以岩石弹性模量、储层渗透率、孔隙度、射孔起始压力、套管内径、孔密、射孔枪体积为自变量，以动态负压值、形成时间、持续时间为因变量，对井筒环境下的动态负压值的控制模型进行了修正完善，形成了完善的动态负压值、形成时间及持续时间控制模型，井下检测的动态负压参数与设计参数误差仅为 2.3%，达到设计要求。

动态负压控制模型为动态负压射孔工艺评价与动态负压射孔参数优选提供了依据。

三、孔道清洁机理及动态负压值优化设计

1. 动态负压射孔孔道清洁机理

受孔道动态负压作用，储层流体发生涌流，在孔道内壁产生拉力和剪切力，引起压实带岩石破碎，破碎岩石随持续的流体流动冲出孔道。在这个过程中，流体流动减小了压实带厚度，改变了近孔道岩石结构，而岩石结构的变化及孔道负压的降低对孔道流场产生了影响。因此，储层流体的返排、孔道的清洗过程必须考虑近孔道流体与岩石结构的耦合作用。

1）动态负压射孔清洁孔道过程动态仿真

采用有限元软件 LS-DYNA 数值模拟动态负压射孔过程，对射孔弹起爆，产生爆轰产物、爆轰产物传播、射流形成、运动、侵彻、流体回灌等全过程进行了分析，获得了各物质的响应和测点动态压力变化规律。为了减少网格数量，降低计算量，考虑到模型的对称性，建立了全模型的四分之一模型（图 6-1-11）。

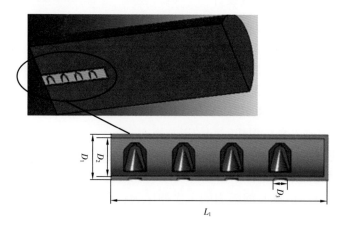

图 6-1-11　动态负压射孔 1/4 数值模型

（1）射流形成与侵彻。

图 6-1-12 呈现了聚能炸药爆炸、射流形成与侵彻枪身的过程。在炸药爆轰产物作用下，药型罩被挤压到射孔弹轴线方向，形成射流。射流形成时间是微秒级的，在炸药起爆后仅 10.994μs，轴线方向上速度达到最大值 5503m/s，在 18.988μs 时，一部分药型罩微元已经被从罩体挤压出来，形成射流，当时间 $t=28.978$μs 时，射流侵彻射孔枪盲孔，形成孔道。

（2）流体回灌。

射流形成孔道后，井筒流体在压差作用下回灌，井筒压力瞬间降低，直到流体回灌完成，射孔枪内外压力持平，井筒压力值逐渐回升至地层压力。如图 6-1-13 所示为整个射孔过程。在 1493μs 时，井筒流体开始回灌，流体进入空腔后，先向对面空腔壁流动，在水体最前端碰到对面空腔壁后，水向四周溅散。在 27241μs 时射孔枪内的空间基本被流体占据，这时射孔枪内外压力基本相等，流体不再回灌至射孔枪。

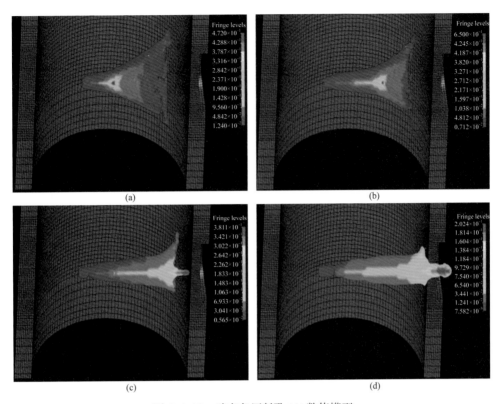

图 6-1-12 动态负压射孔 1/4 数值模型

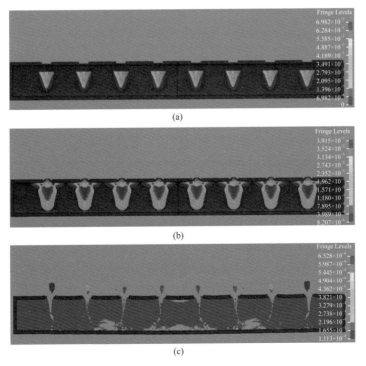

图 6-1-13 射孔过程

2）动态负压射孔清洁孔道过程分析

基于正交实验方法，设计了多种工况下的动态负压射孔孔道清洁数值模拟方案，从不同工况条件下孔道动态压力分布规律，探讨孔道清洁机理。通过对动态负压射孔孔道清洁过程中井筒压力曲线可得，聚能炸药爆炸瞬间，在爆轰冲击波影响下，井筒压力剧增，而随着射流形成与成孔，井筒与地层建立通道，流体回灌，井筒压力随之快速降低。随着回灌的完成，压力逐渐恢复与地层压力持平。图6-1-14所示典型测点压力时间历程曲线说明了上述过程。

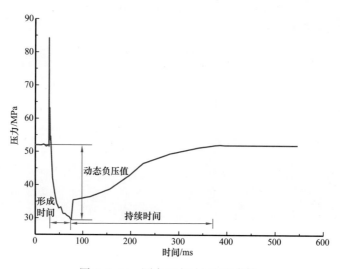

图6-1-14　测点压力时间历程曲线

由图6-1-14可得，动态压力随着时间会出现三个明显阶段：剧增、快速下降、缓慢恢复。可根据三个指标参数来表征测点动态压力特性：动态负压值、形成时间和持续时间。图中形成的动态负压值为22.6MPa，形成时间为45ms，持续时间为300ms。

3）动态负压射孔孔道清洁过程

在聚能射孔弹起爆后，随即孔道附近孔隙压力下降和油藏流体压力释放，产生突然的泄流，这个瞬间的泄流降低了完井液和固体颗粒对孔喉的伤害，疏松了受到破坏的岩石，并把一些松脱物清除到射孔孔道以外。

聚能射孔弹在形成孔道的过程中，高速喷射流击碎基岩颗粒，改变了孔道周围岩石的力学特性。因为破损带岩石变得疏松，其强度远低于周围的岩石，实验数据表明，破碎颗粒渗透率降低的岩层的岩石强度低于2000psi。如果沿射孔孔道快速建立压力梯度（如同采用动态负压射孔系统时的情形），产生一股突然的涌流，就能产生足够的拉力和剪切力，从而使受损岩石破碎。岩石破碎后的持续流动冲走孔道中的充塞物。

2. 动态负压值优化设计

以静态负压射孔方案设计方法为指导，基于动态负压形成与控制方法，结合针对不同储层物性的动态负压环境下打靶试验和流动效率测试数据，建立了动态负压值和动态负压射孔枪弹系统优化设计方法。

在动态负压射孔施工过程中，针对不同储层物性的动态负压值优化设计及动态负压参数（动态负压值、负压形成时间及持续时间）的精确控制是关键。动态负压射孔压力的设计主要包括两部分：一部分是射孔过程中井筒与地层之间建立的负压差（即静态负压值），另一部分是射孔过程中瞬间形成的负压值（即动态负压值）。射孔瞬间的环空压力大小决定了静态负压值的大小，而动态负压射孔枪弹系统的配置方法决定了动态负压值的大小，特别是负压射孔枪的长度（空腔体积）和负压弹孔密（泄流面积）的大小。

动态负压值设计步骤为：（1）根据储层性质，采用负压设计经验公式，确定静态负压值；（2）通过动态负压环境孔道稳定性与压实伤害程度评价，获得适合储层的最大瞬间波动压力；（3）根据不同工况最大波动压力值分析结果，修正经典的负压设计经验公式，提出动态负压值计算模型。

图 6-1-15 为动态负压值与压实带渗透率伤害程度的关系。由图可得，射孔压实带渗透率随着动态负压值的增加，非线性减小；当动态负压值小于 17.52MPa 时，渗透率伤害程度由 87.5% 降低到 42%，而当动态负压值大于 17.25MPa 时，渗透率伤害程度降低幅度很小，因此可以认为，当渗透率伤害程度出现拐点时的动态负压值为最小动态负压值。

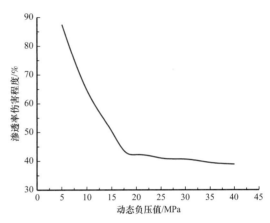

图 6-1-15　动态负压值对射孔压实带渗透率的影响

1）动态负压射孔孔眼稳定性

当孔眼周围岩石的渗透率较低，或流入孔眼的流量较高，或油层部分打开，致使孔眼周围的压降梯度较高，岩石在受载期间极易产生张力破坏。而负压打开油层的瞬间，孔眼周围由于压实带的存在使其渗透率较低，瞬时非达西效应使得流体流入孔眼的流速足够大。为避免孔眼的张力破坏，比较保守的设计就是避免在孔眼内壁处产生净张应力。允许最大不出砂负压的条件是：

$$\left. \frac{\mathrm{d}\sigma_{\mathrm{r}}}{\mathrm{d}r} \right|_{r=r_{\mathrm{p}}} = 0 \qquad （6\text{-}1\text{-}1）$$

根据孔眼稳定准则，由式（6-1-1）得：

$$\frac{3.3932\times10^{-16}\beta\rho_{\mathrm{o}}}{L_{\mathrm{p}}^{2}h^{2}n^{2}r_{\mathrm{p}}}Q_{\mathrm{o}}^{2} + \frac{1.8421\mu_{\mathrm{o}}}{Khn}\frac{Q_{\mathrm{o}}}{L_{\mathrm{p}}} - 2S_{\mathrm{o}}N = 0 \qquad （6\text{-}1\text{-}2）$$

综上所述，可联合求解得到保证孔眼稳定所允许的最大负压差 $\Delta p_{\max}$。

$$\Delta p_{\max} = \frac{1.8421\mu_{\mathrm{o}}Q_{\mathrm{o}}}{KL_{\mathrm{p}}}\ln\left(\frac{r_{\mathrm{e}}}{r_{\mathrm{p}}}\right) + \frac{3.3932\times10^{-16}\beta\rho_{\mathrm{o}}q_{\mathrm{o}}^{2}}{L_{\mathrm{p}}^{2}}\left(\frac{1}{r_{\mathrm{p}}}-\frac{1}{r_{\mathrm{e}}}\right) \qquad （6\text{-}1\text{-}3）$$

式中 L_p——孔眼深度，m；

σ_r——有效径向应力，MPa；

n——射孔密度，孔/m；

μ_o——原油黏度，mPa·s；

p——孔隙压力，MPa；

ρ_o——原油密度，g/cm³；

r_e——孔眼供给半径，m；

β——紊流系数，1/cm；

S_r——孔眼径向应力，MPa；

ϕ——岩石孔隙度，%；

h——射开厚度，m；

S_o——岩石的内聚度，MPa；

K——压实带渗透率，mD；

V_{sh}——岩石泥质含量；

K_b——岩石体积模量，MPa；

E——岩石弹性模量，MPa；

Q_o，q_o——分别表示射孔井和单个孔眼的流量，m³/d；

r_p，r——分别表示孔眼的半径和离孔眼中心轴的半径，m。

2）动态负压值设计模型

（1）射孔最小负压模型。

Tariq 推导了油井射孔最小负压模型：

$$\Delta p_{\min} = \frac{1.308\mu_o^2 Re_c r_{cz}}{K_{cz}^{0.4}\rho_o}\left[\ln\frac{r_{cz}}{r_p} + Re_c r_{cz}\left(\frac{1}{r_p} - \frac{1}{r_{cz}}\right)\right] \qquad （6-1-4）$$

式中 μ_o——原油黏度，mPa·s；

Re_c——油井射孔清洁孔眼临界雷诺数，取为 0.05；

r_{cz}——压实带半径，cm；

r_p——孔眼半径，cm；

ρ_o——原油密度，g/cm³；

K_{cz}——压实带渗透率，mD。

（2）最小动态负压值数学模型。

采用不同孔渗类型的砂岩靶、通用型动态负压枪弹和 102 型深穿透射孔弹，通过不同的枪弹组合，在不同动态负压环境下进行了打靶试验、孔道流动效率测试和射孔孔道精细分析与评价。分析了动态负压值对射孔孔道清洁程度及射孔压实带的破碎情况，进而对流动效率的影响规律。

根据 Tariq 提出的油井射孔最小负压模型，动态负压射孔数值分析得出的最大动态负压值（考虑岩石强度的影响和孔道稳定性判断），基于不同动态负压环境下射孔流动效能实验数据，拟合得到最小动态负压值数学模型。

$$\Delta p_{d\,min} = \frac{1.63E^{0.15}\mu_o^2 Re_c r_{cz}}{K_{cz}^{0.4}\rho_o}\left[\ln\frac{r_{cz}}{r_p} + Re_c r_{cz}\left(\frac{1}{r_p} - \frac{1}{r_{cz}}\right)\right] \quad (6-1-5)$$

式中　E——岩石弹性模量，GPa；

　　　μ_o——原油黏度，mPa·s；

　　　Re_c——油井射孔清洁孔眼临界雷诺数，取为 0.05；

　　　r_{cz}——压实带半径，cm；

　　　r_p——孔眼半径，cm；

　　　ρ_o——原油密度，g/cm³；

　　　K_{cz}——压实带渗透率，mD。

四、动态负压射孔工艺技术

1. 动态负压工具研制与配套

1）电子压力计与携带工具

配套了常规电子压力计和高速率电子压力计，并设计制作了与压力计配套的压力计托筒。高速率电子压力计具有更高的采样频率，能够精确记录射孔瞬间的压力波动，提高数据准确性。常规电子压力计主要检测起、下射孔管柱过程中的压力和温度数据。

为了确保高速率电子压力计可靠工作，优化改进了高速率电子压力计托筒，直接连接在射孔枪下方，使得高速率电子压力计能够更加靠近射孔孔眼，从而对射孔瞬间孔眼处的压力变化进行精确检测。

2）动态负压射孔起爆装置

针对动态负压射孔的特点与技术原理，改进了动态负压射孔起爆装置，可用于102型、127型等枪型的起爆。动态负压射孔起爆装置依靠剪切销控制起爆压力，根据作业的井深、井温及井液密度进行计算，确定所需的剪切销数量。起爆时在井口加压，当压力大于剪切销剪切值时，活塞剪断剪切销，向下运动并撞击起爆器，起爆器输出的爆轰引爆延期起爆管，完成起爆。与原有的油管输送射孔起爆装置相比，动态负压射孔起爆装置更加安全，通用性更强。

3）动态压力控制装置

动态负压射孔过程需要在射孔前建立一个相对高的初始压力环境。为了确保动态负压初始环境的实现，要求动态负压射孔前，根据施工设计，需要在封隔装置以下环空建立初始压力环境。同时隔离射孔段的环空压力，确保射孔瞬间和射孔后持续时间内动态负压不受其他压力环境的影响。因此，研制了带水力锚的动态压力控制装置。配套完善了 7in、5¹⁄₂in 两种尺寸，可适应不同井型施工要求。

4）减震缓冲装置

为了缓解射孔瞬间产生的爆炸冲击波对管柱、套管及水泥环的伤害，避免工程事故，提高动态负压矿场试验成功率，设计了 127 型和 102 型减震缓冲装置，能够满足不同井筒结构的使用要求，吸收射孔瞬间产生的横向和纵向上的冲击力。

新型 HgMp-25C-SL2 减震装置由传统的内腔压缩结构改为心轴滑动式压缩结构，设计了阻尼销钉。优点是提高了减震效果，而且能够消除减震突然挤压时产生的压力波动，避免了其对起爆器的影响，提高了施工的安全性。

5）机械压力复合泄油器

泄油器是动态负压射孔测试联作中重要的连通器件，它需通过投棒撞击或井口打压的方式，实现油管内部和环空之间的连通，保证油管的顺利起出，防止"冒喷提"现象。现在常用的泄油器只能允许一种开孔方式（撞击或压力），且无法进行测压工作。其中压力式泄油器需在环空内打压，对封隔器和油管的承压特性有较高的要求。

在动态负压射孔中，如仅仅使用一种泄油器无法确保顺利开孔，但是若同时使用两种泄油器和测压接头，则需连接多个转换接头，增加了工具串长度和作业强度。而机械压力复合泄油器，同时具备撞击和压力两种开孔方式，保证了施工的一次成功率；省去了转换接头，减少中间连接环节，连接更方便，可靠；压力开孔方式只需在油管内打压，对油管的承压特性要求很低；增加了测压接头，能够进行压力测试。

6）动态压力延期装置

动态负压射孔过程中，为了得到持续的负压环境，增加储层液体返排的强度和时间，提高动态负压射孔效果，要求在射孔瞬间打开延期装置上密封系统，并实现自锁，同时打开下循环系统，确保实现射孔液在设计的时间内进入释能枪体内，故改进配套了动态压力延期装置。动态压力延期装置可根据井况和施工需要对延时时间进行调节，其延时范围为 15min～15h。

2. 动态负压射孔管柱结构设计与安全评价

1）动态负压射孔管柱结构设计

根据动态负压射孔的技术原理，设计了动态负压射孔管柱结构，并建立了动态负压射孔工艺操作方法。管柱结构如图 6-1-16 所示。

在关井状态下进行动态负压射孔后，通过特殊的管柱结构，操作工具打开封隔器下环空与油管内的油流通道，进而实现持续的负压返排，在破除射孔压实带的基础上，进一步清洁孔道内剩余的残留物，增加有效孔道的直径和长度，提高孔道的导流能力。

图 6-1-16　动态负压射孔管柱结构

1—输送管柱；2—内置式压力计；3—开关井装置；4—外置式压力计；5—动态压力控制装置；6—滑套筛管；7—外置式压力计；8—减震装置；9—延时起爆器；10—负压枪；11—射孔枪；12—动态压力延期装置；13—蓄能枪；14—高速压力计

2）动态负压射孔管柱动态响应分析

射孔弹爆炸过程中产生的爆轰波在井筒内释放，一部分能量用于击穿地层形成孔道，另一部分能量在井筒内形成冲击波，推动管柱轴向强烈振动。当遇到井底口袋短、射孔段长、装药量大等特殊工况时，射孔瞬间在井筒内形成的动态载荷能够引起射孔管柱屈曲变形，甚至造成管柱断裂。

在动态负压射孔过程中，由于压力波动范围比较大，压力波冲击载荷作用下管柱的力学响应更剧烈，因此，动态负压环境射孔管柱安全分析尤为重要。

（1）压力波冲击载荷。

根据井底环境射孔过程仿真模型和动态负压射孔过程数值仿真，提取射孔枪底端测点动态压力，得到如图 6-1-17 所示压力时间历程曲线。由图可得，测点的冲击波载荷峰值为 64MPa。

自井底到封隔器位置，每隔 0.5m 取一个测点，提取测点压力波峰值，可得如图 6-1-18 所示沿管柱轴向的压力分布。

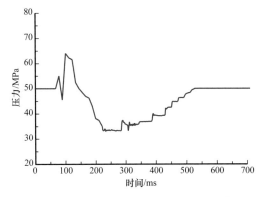

图 6-1-17　载荷测点波动压力时间历程曲线　　图 6-1-18　沿管柱轴向压力峰值分布

（2）管柱结构动态响应分析。

根据管柱结构参数，建立有限元分析模型，采用 LS-DYNA 数值分析射孔压力波冲击载荷作用下管柱结构的动态响应。提取有限元分析结果，得到如图 6-1-19 所示的射孔管柱轴向力随时间的变化规律。

3）动态负压射孔管柱安全评价

动态负压射孔管柱安全评价的步骤为：

（1）确定动态负压射孔管柱结构参数，包括套管、油管、射孔枪、接头、封隔器、减振器等工具的型号及结构参数；（2）通过动态负压射孔过程数值仿真，获得射孔管柱轴向冲击载荷及沿管柱轴向变化的压力波峰值载荷；（3）基于管柱结构动力学方程，采用有限元软件 LS-DYNA，数值分析压力波冲击载荷作用下管柱结构动力学响应；最后，对有限元分析结果后处理，得到管柱轴向应力 / 位移 / 力的时间历程曲线，对射孔管柱结构抗拉 / 抗压 / 抗挤 / 屈服强度进行校核，重点分析封隔器、减振器等关键位置。

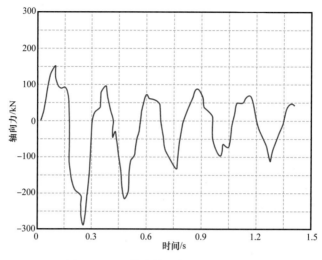

图 6-1-19　管柱轴向力时间历程曲线

3. 动态负压射孔工艺技术完善

1）动态负压射孔静态负压返排一体化射孔工艺技术

根据储层的物性、岩性和井筒结构等参数，优化设计动态负压值和静态负压值。通过动态负压枪/弹的合理配置及特殊的管柱结构，实现井下射孔瞬间的动态负压；根据井斜、射孔液密度等参数，通过向油管内灌注一定高度的液体实现设计的静态负压值。射孔枪串采用油管输送方式在关井状态下进行动态负压射孔后，在孔眼附近产生一定的动态负压，实现孔道压实带的有效剥离，并清洗射孔孔道碎屑和残渣。动态负压射孔后，通过地面控制打开封隔器以下环空与油管内的油流通道，进而实现持续的负压返排，进一步清洁孔道内剩余的残留物，提高孔道的导流能力。

通过工艺改进和完善，形成的动态负压射孔静态负压返排一体化射孔工艺技术，进一步提高了射孔完井效果。

2）动态负压与高导流一体化射孔工艺技术

高导流射孔弹采用熔能材料（铝、聚四氟乙烯等）药型罩设计技术，射孔瞬间在高温高压环境下熔能材料遇水在孔道内发生二次爆炸，在孔道内形成相比于井筒的高压环境，产生向井筒的涌流，破碎压实带，清洁孔道。

动态负压与高导流一体化射孔工艺技术是采用高导流射孔弹，结合动态负压射孔工艺技术，射孔后在井筒及射孔孔道内产生"三次压力"的一种清洁射孔技术。

通过对井筒及储层物性参数进行数值模拟和分析计算得出符合地层特性的动态负压值，根据动态负压射孔优化设计软件对工具串结构，尤其是动态负压射孔枪长度、孔密及分布位置进行优化设计。用油管将射孔工具串输送到目的层后，坐封封隔器，在关井状态下由环套加压引爆动态负压射孔器和高导流射孔器，射孔瞬间在孔眼附近产生一定的动态负压，实现瞬时的压力下降。随着射流进入孔道，熔能材料在高温高压环境下遇水发生二次爆炸，使孔道内压力上升，进而形成孔道至井筒方向的流动压差。根据施工设计，再通过地面控制打开井下工具的关井阀，使封隔器以下环空（地层）与油管连通，实现静态负压返排。从而实现一次下井对射孔孔道加载"三次压力"的作用，进一步疏通和缓解了射孔压实带，清洁了孔道的碎屑，提高了孔道的渗流能力和流动效率，达到提升油井产能的目的。

动态负压射孔静态负压返排一体化射孔工艺技术和动态负压与高导流一体化射孔工艺技术是主要针对低渗透储层射孔后无法见到自然产能而开发的清洁射孔技术，主要通过负压差的作用，降低射孔压实带影响，清洁孔道，提高射孔孔道径向的渗流能力和轴向的流动能力，提高该类储层的产液能力。

4. 推广应用情况

2016—2020 年，采用动态负压射孔工艺技术先后在胜利东部及西部共完成 245 井次的推广应用，施工一次成功率、开孔弹及射孔弹发射率均为 100%，射孔后平均单井产能提高 43% 以上，取得了显著的应用效果，并且有 30 余口井因采用该技术达到正常生产条件，取消了原定的改造计划，提高了时效，节约了生产成本。

随着油田勘探开发的不断深入，低渗透油气产量的比例逐年上升，已经成为重要的接替能源。动态负压射孔能够在射孔瞬间产生破除射孔压实带的动态负压值，尤其与高导流射孔弹有机集成后，射孔后能够产生持续时间内的双压力波峰，有效降低射孔压实带影响，清洁孔道碎屑和残渣，提高孔道径向和轴向渗流效果，增加了油气井的自然产能和注入效率。技术成果具有良好的应用效果和广阔的应用空间。

第二节　深部低渗透储层提高产能压裂技术

一、组合裂缝压裂

由于特低渗透砂岩储层具有超低孔、低渗透的特点，常规压裂形成单一裂缝的方式很难获得较好的增产效果。因此，为了有效地开采特低渗透砂岩储层，必须对储层进行体积压裂，形成复杂缝网。针对这一问题，通过实验研究从裂缝形成机理入手，认识复杂裂缝形成条件，探索多缝构造手段（侯振坤等，2016）；研究暂堵、液体对裂缝构造的作用；深入裂缝内部支撑研究，提高裂缝系统导流能力，经过完整的裂缝系统认识研究，提高工艺改造的油气藏体积，使裂缝最大化接触油气藏，以期获得最大储层改造体积（SRV）和泄油能力，从而提高单井产量。

1. 复杂分支裂缝形成条件

特低渗透油藏储层在孔隙结构和岩石力学特性等方面都不同于常规储层，同时天然裂缝的发育状况也直接影响到缝网的改造效果，为了评价渤海湾盆地特低渗透储层可压性压裂缝网形成方法，通过致密油现场取心结合人工岩心，在室内开展裂缝扩展研究。试验主要从不同地应力、不同压裂液排量两个重要影响因素入手（图 6-2-1、图 6-2-2）。

(a) 砂岩破裂图

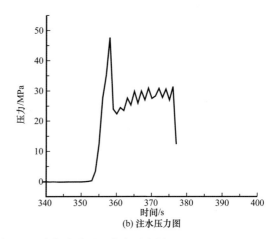

(b) 注水压力图

图 6-2-1　水平地应力 1∶1 砂岩破裂图及注水压力图

(a) 砂岩破裂图

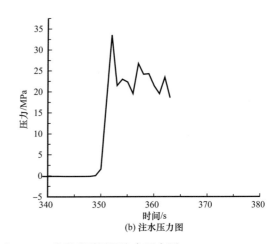

(b) 注水压力图

图 6-2-2　水平地应力比 1∶1.5 砂岩破裂图及注水压力图

1）不同地应力比致密砂岩真三轴水力压裂实验

不同水平应力比条件下，当水平应力比不断增大时，低渗透砂岩的起裂压力不断减小，并呈现出一定规律性变化，当水平应力比为 1∶1.9 时，起裂压力骤然减小，出现断崖式下降。从表 6-2-1 可知水平应力差与砂岩起裂压力的对应关系。

表 6-2-1　应力差与起裂压力表

应力比	应力差 /MPa	平均起裂压力 /MPa
1∶1	0	45.48
1∶1.3	9	40.97
1∶1.5	15	33.50
1∶1.7	21	16.14
1∶1.9	27	2.28

通过实验研究了低渗透砂岩在不同水平地应力比条件下的起裂机理。当水平应力比不断增大时，低渗透砂岩的起裂压力不断减小，当水平应力比为 1∶1.9 时，起裂压力骤然减小，出现断崖式下降。

水平应力比不断增大时，人造砂岩的起裂压力不断减小，并呈现近似线性规律。当水平地应力比超过 1∶1.5 时，容易产生单一主裂缝面，主裂缝面上下贯通试件，主裂缝扩展方向与最大水平主应力方向呈一定角度，且存在一定纵向倾角。

2）不同压裂液排量致密砂岩真三轴水力压裂实验

利用 CT 扫描和真三轴水力压裂实验系统，开展了岩心在不同压裂液排量、同一水平地应力比下的水力裂缝扩展实验（水平地应力比为 1∶1.5），分析了水力压裂作用下，砂岩在破裂、延伸过程中裂缝的起裂、扩展及形态变化，揭示了压裂液排量、水平地应力对砂岩裂缝扩展形态、破裂压力等的影响机理。

对以上实验结果进行整理分析，由图 6-2-3 至图 6-2-6 可得知不同深度模型起裂压力（表 6-2-2）。

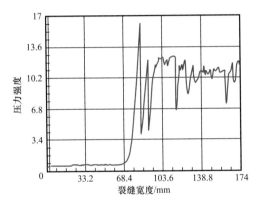

图 6-2-3　排量为 200mL/min 岩心压裂曲线

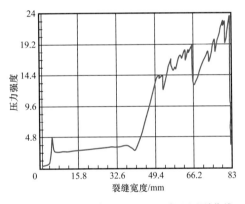

图 6-2-4　排量为 150mL/min 岩心压裂曲线

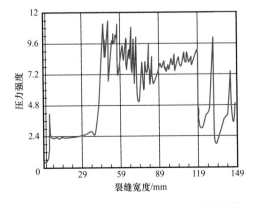

图 6-2-5　排量为 100mL/min 岩心压裂曲线

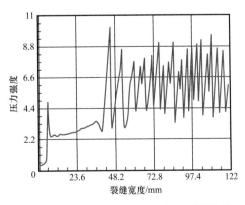

图 6-2-6　排量为 50mL/min 岩心压裂曲线

表 6-2-2 样品起裂压力

压裂液排量 /（mL/min）	200	150	100	50
起裂压力 /MPa	16.2	14.4	11.4	10.1

对不同压裂液排量下起裂压力进行回归分析，构建起裂压力随压裂液排量变化的数学模型：

$$y = ax + y_0 \qquad\qquad (6\text{-}2\text{-}1)$$

式中　y——破裂压力；

　　　x——压裂液排量；

　　　a 和 y_0——拟合参数。

根据拟合曲线（图 6-2-7）可知：$a = 0.0426$、$y_0 = 7.7\text{MPa}$。

在一定的地应力下，压裂时压裂液的排量对试件裂缝的起裂压力有很大的影响。从实验结果可以看出，在地应力比为 1 : 1.5 时，起裂压力随着压裂液排量的增加而增加，呈线性分布，起裂压力范围在 10～17MPa。

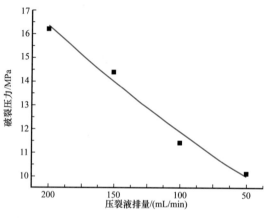

图 6-2-7　岩心破裂压力与压裂液排量的变化关系

从不同排量下试件的压裂曲线可以看出，在压裂时注入的压力随时间不断增大，在达到试件的起裂压力后，试件发生破裂。由图 6-2-7 可以看出，注水压力在达到试件的起裂压力后，依然在起裂压力值上下波动，在此期间，高注水压力除了用于继续裂缝扩展外，还易产生复杂的次生裂缝。从而形成复杂的压裂裂缝。

总结国内外区块裂缝监测发现，裂缝复杂性指数多分布于 0.15～0.50，裂缝复杂性指数 0.30 附近有很多数据点。在胜利东部探区开展了微地震裂缝监测，技术统计发现，本项目提出了裂缝复杂性指数 FCI=0.30 为阈值，用于判断是否形成复杂裂缝。裂缝复杂性指数定义为直井半缝的分支缝波及区宽度与长度之比。

2. 多次暂堵形成多缝压裂技术

"缝端封堵"是指把颗粒状人工封堵剂泵入压裂裂缝远端部，形成缝端封堵区域，实施缝端封堵，迫使裂缝改变原延伸方向，增加裂缝转向半径，使其延伸到离原缝更远的低动用或未动用油藏区，达到更好的增产目的。缝内二次转向压裂，作为常规暂堵转向压裂的改进和补充，与缝网压裂有不同的施工目的和实现方法。

经典的水力压裂裂缝 KGD 模型综合考虑了压裂液黏度、液体压力及裂缝几何形态等多项力学参数，本次所建立的力学模型，主要是基于 KGD 这一力学模型，假设暂堵剂作用于裂缝尖端的 KGD 三维岩体裂缝模型。

假设裂缝内部流体为黏性不可压缩牛顿型流体，并且为层流状态，压裂液流层间的内摩擦力与剪切变形速率符合线性变化规律，根据流体力学，有

$$\tau = \mu \cdot \frac{\partial u_{\mathrm{f}}(x, y)}{\partial x} \tag{6-2-2}$$

式中 μ——压裂液的动力黏性系数，mPa·s；

$u_{\mathrm{f}}(x, y)$——压裂液流速，m/s；

τ——切向阻力，即压裂液内摩擦力，Pa。

具有牛顿型流体层流特征的 KGD 模型流体压力控制方程可以写为：

$$p_{\mathrm{w}} - p_{\mathrm{f}}(x) = \frac{12\mu QL}{h} \int_{f_{\mathrm{Lw}}}^{f_{\mathrm{L}}} \frac{\mathrm{d}f_{\mathrm{L}}}{\left[W(x, y) \right]^3} \tag{6-2-3}$$

式中 p_{w}——井底压力，Pa；

f_{Lw}——积分下限，一个无量纲系数，表示井筒半径与总距离的比值：$f_{\mathrm{Lw}} = R_{\mathrm{w}}/L$；

$p_{\mathrm{f}}(x)$——裂缝内部任意一点的流体压力，Pa；

Q——流体流量，此处即为压裂液排量，m³/s。

根据式（6-2-3）得到一点的流体压力为：

$$p_{\mathrm{f}}(x) = p_{\mathrm{w}} - \frac{12\mu QL}{h} \int_{f_{\mathrm{Lw}}}^{f_{\mathrm{L}}} \frac{\mathrm{d}f_{\mathrm{L}}}{\left[W(x, y) \right]^3} \tag{6-2-4}$$

未施用暂堵材料时，原始裂缝内部流体压力可采用式（6-2-4）计算。

根据实际工艺，裂缝长度方向远远大于宽度方向，裂缝宽度一般是由流体压力、岩石性质、地应力载荷等条件所决定，进而可将裂缝宽度简化为常数，用平均裂缝宽度 W_1 表示，根据式（6-2-5），当 $W(x, y) = W_1$ 时，有

$$p_{\mathrm{f}}(x) = p_{\mathrm{w}} - \frac{12\mu QL}{hW_1^3} \int_{f_{\mathrm{Lw}}}^{f_{\mathrm{L}}} \mathrm{d}f_{\mathrm{L}} \tag{6-2-5}$$

开展了不同暂堵条件下的评价研究，在高排量条件下，联合暂堵措施，具备形成复杂裂缝的条件。但是在正常的施工排量或较小的施工排量（如小于 8m³/min）条件下、地应力差又较大时（如大于 10MPa），能否多次施加暂堵，改造出复杂裂缝？下面测试施加两次暂堵，即在第一次暂堵诱发的转向裂缝起裂延伸后，在其缝端再进行一次暂堵，观测裂缝的复杂性（图 6-2-8）。

从测试结果可以看出，施加两次暂堵之后，裂缝复杂性有明显提升，特别是在高地应力差条件下，裂缝复杂性提高得更加明显。在施加两次暂堵之后，即使是较低排量，也可使裂缝复杂性指数达到 30% 以上，达到复杂裂缝的标准。因此，在正常的施工排量或较小的施工排量（如小于 8m³/min）条件下、地应力差又较大时（如大于 10MPa），可利用多级暂堵措施，改造出复杂裂缝。

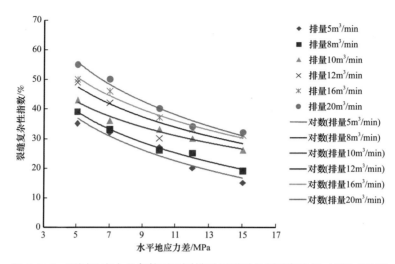

图 6-2-8 不同地应力差条件下不同排量压裂时的裂缝复杂性（施加暂堵）

3. 低黏液体系形成多缝压裂技术

基于前期研究的不同黏度对复杂裂缝形成的影响，已得知与线性胶相比滑溜水应力场影响半径更远，易形成复杂裂缝。在此基础上结合现场实施工艺涉及的排量设计、携砂工艺，开展了技术研究。

1）低黏液体系动态携砂规律研究

采用粒径为 30/50 目，体密度为 1.6g/cm^3 支撑剂，在砂比为 10%，室内排量 4.8m^3/h 下进行滑溜水动态携砂规律实验。实验过程中，观察并记录平板中支撑剂的运移现象及形成沙堤几何形态。

为了便于分析和比较，将支撑剂铺置最终形态绘制成支撑剂铺置最终形态曲线图。实验过程中，支撑剂不断的沉降在裂缝内，沙堤高度不断增加，最终形成的沙堤形态如图 6-2-9 所示。在使用滑溜水实验结束后的沙堤平均高度为 234.0mm，实验所添加的支撑剂中约有 51.1% 沉积在平板中。

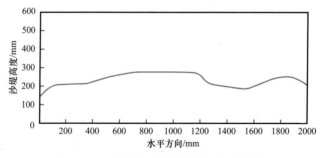

图 6-2-9 滑溜水的沙堤最终形态曲线图

2）低黏液形成多缝参数优化技术研究

基于对滑溜水动态携砂规律的实验研究，通过调整参数，进行了不同砂比与黏度、排量的关系大型物模实验。采用滑溜水液体，粒径为 30/50 目，体密度为 1.6g/cm^3 支撑剂，在砂比分别为 6%、14%、18%、22%，不同排量和黏度参数以流速和黏度两个变量的乘积综合描述。实验过程中观察并记录平板中支撑剂的运移现象及形成沙堤的几何形态。

通过实验结果（图 6-2-10）可以看出随着砂比、流速和黏度的增加，缝高占有比例也随之增加，滑溜水携砂比＜20%，缝高占有率即可达到 40% 以上。

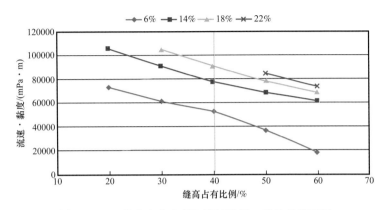

图 6-2-10 缝高占有比例与流速黏度、砂比的关系图

4. 导流主裂缝压裂技术

在铺砂浓度相同时，随着支撑剂粒径的增大，裂缝导流能力增大；40/70 目的支撑剂裂缝导流能力能达到 $21\mu m^2 \cdot cm$，而微米支撑剂的导流能力才 $0.22\mu m^2 \cdot cm$，因此，在铺砂浓度相同时，40/70 目的支撑剂导流能力最大（图 6-2-11）。但是通过大尺寸加砂物理模拟实验可知，不同目数支撑剂进入裂缝的量是不一样的，因此铺制层数也是不一样的，对裂缝导流能力会产生很大的影响，因此分别绘制了 40/70 目、50/100 目、70/140 目支撑剂下，裂缝导流能力随支撑剂铺制层数关系曲线（图 6-2-12）。

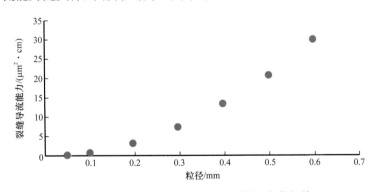

图 6-2-11 裂缝导流能力随支撑剂粒径变化规律

裂缝面支撑剂多层铺置时，相同粒径的支撑剂，铺置层数越多，裂缝导流能力增大（图 6-2-12）。以 40/70 目支撑剂来看，在单层铺置的情况下其导流能力为 $5.04\mu m^2 \cdot cm$，而铺置 6 层的情况下其导流能力增长为 $15.10\mu m^2 \cdot cm$。因此，铺置层数的增加有利于裂缝导流能力的提高。而大物模试验结果中显示小粒径支撑剂铺制层数要远大于大粒径，因此最终导流能力取决于粒径和支撑剂铺制层数双重结果。

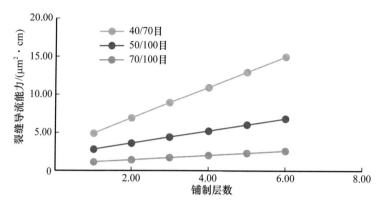

图 6-2-12 裂缝导流能力随裂缝面支撑剂铺制层数变化规律

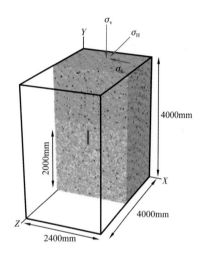

图 6-2-13 不含界面的裂缝扩展
测试模型

5. 裂缝组合参数优化

计算了不同排量、不同裂缝复杂性指数、不同水平应力差条件下的关系（图 6-2-8），当应力差小于 7MPa，优选大排量混合压裂工艺，通过排量和变黏度压裂液体系形成复杂缝网；当应力差介于 7～10MPa 时，优选缝内暂堵多缝压裂工艺，通过加入缝内暂堵转向剂形成复杂缝网；当应力差高于 10MPa 时，采用扩容压裂技术，通过前置滑溜水增大应力波及范围，前置滑溜水和压裂联作的方式形成复杂缝网。不含界面的裂缝扩展测试模型如图 6-2-13 所示。

6. 现场应用效果

通过组合缝网复合压裂技术的攻关和成果应用，储量的发现和动用率大幅提高，使有效储层的深度从 3100m 提升到 4000m，渗透率从 10mD 降低到低于 1mD。为致密油气藏和页岩油气藏的发现提供有力支持。

二、纵向多层均衡压裂改造

1. 分层优化及工艺

1）薄层缝高控制

在含单一砂岩时，压裂裂缝能够持续扩展，虽然由于局部非均匀性，裂缝不规则；在含有隔层时，裂缝依然能够从砂岩层直接延伸至隔层，并持续扩展，由于隔层强度较低，裂缝有过度延伸的趋势；而当隔层强度较高时，裂缝被完全阻挡于砂岩层中，沿互层交界处，形成明显的"T"形裂缝（曾青冬等，2015）。

2）人工转向剂控缝能力研究

（1）转向剂加入方式研究。

通过实验室研究，优选了相应的分散剂，可以实现转向材料的均匀分散，解决了现场施工加入的问题。

在现场施工中，上转向剂事先加入分散剂中，然后再由泵抽入混砂池中，随压裂液一起搅拌均匀，泵入地层。

（2）转向剂合理用量。

从弹性断裂力学理论出发，利用"I"形裂缝延伸判据推导出转向剂所满足的理论模型，采用拟牛顿算法实现该模型的数值求解，并通过编制程序确定了转向剂的最优用量。

当裂缝中心在产层内部，由线弹性断裂力学理论，裂缝壁面上张开应力在裂缝上下两端所产生的应力强度因子分别为：

$$K_u = \frac{1}{\sqrt{\pi a}} \int_{-a}^{a} p(y) \sqrt{\frac{a+y}{a-y}} \mathrm{d}y \qquad (6-2-6)$$

$$K_1 = \frac{1}{\sqrt{\pi a}} \int_{a}^{-a} p(y) \sqrt{\frac{a-y}{a+y}} \mathrm{d}y \qquad (6-2-7)$$

给出人工隔层条件下的张开裂缝净压力分布，并考虑"I"形裂缝延伸判据，即

$$K_u = K_{IC2}$$
$$K_1 = K_{IC3} \qquad (6-2-8)$$

以裂缝下端点为坐标原点，水平向右为 X 轴正方向，垂直向上为 Y 轴正方向，建立直角坐标系，井底压力为 p_{wf}，裂缝内的净压力 p_{net} 分布为：

$$p_{net} = p_{wf} - (\sigma_3 + t_1 d_1) \qquad 0 \leqslant y \leqslant d_1$$
$$p_{net} = p_{wf} - \sigma_3 \qquad d_1 \leqslant y \leqslant h_x$$
$$p_{net} = p_{wf} - \sigma_1 \qquad h_x \leqslant y \leqslant h_x + h \qquad (6-2-9)$$
$$p_{net} = p_{wf} - \sigma_2 \qquad h_x + h \leqslant y \leqslant h_x + h + h_s - d_2$$
$$p_{net} = p_{wf} - (\sigma_2 + t_2 d_2) \qquad h_x + h + h_s - d_2 \leqslant y \leqslant h_x + h + h_s$$

令 $a = (h_x + h + h_s)/2, b = (h_x + h - h_s)/2, c = (h_s + h - h_x)/2$。对式（6-2-6）、式（6-2-7）分压力区间积分，再将两式分别相加和相减计算得到下式：

$$\frac{\pi}{2}(2p_{wf} - \sigma_2 - \sigma_3 - t_1 d_1 - t_2 d_2) + (\sigma_2 - \sigma_1)\arcsin\left(\frac{b}{a}\right) + (\sigma_3 - \sigma_1)\arcsin\left(\frac{c}{a}\right) +$$
$$t_1 d_1 \arcsin\left(\frac{a-d_1}{a}\right) + t_2 d_2 \arcsin\left(\frac{a-d_2}{a}\right) - \frac{\sqrt{\pi}(K_{IC2} + K_{IC3})}{2\sqrt{a}} = 0 \qquad (6-2-10)$$

$$(\sigma_2 - \sigma_1)\sqrt{(h+h_x)h_s} - (\sigma_3 - \sigma_1)\sqrt{(h+h_s)h_x} - t_1 d_1 \sqrt{(2a-d)d_1} +$$
$$t_2 d_2 \sqrt{(2a-d_2)d_2} - \frac{\sqrt{\pi a}(K_{IC3} - K_{IC2})}{2} = 0 \qquad (6-2-11)$$

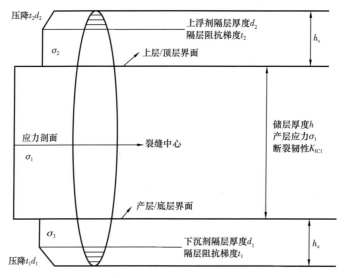

图 6-2-14　加有转向剂的裂缝剖面示意图

联立式（6-2-10）、式（6-2-11），得到关于 h_s 和 h_x 的二元非线性方程组，应用拟牛顿算法来求解非线性方程组，通过 Matlab7.0 语言编程，可以求出上述方程组的数值解。

若计算上转向剂用量，令 $t_1=0$，$d_1=0$，给定一组不同的 d_2 用拟牛顿算法求出相应的 h_s，再绘制出 $d_2—h_s$ 曲线即可确定最优的上转向剂隔层厚度，再根据裂缝尺寸大小可确定出最优的上转向剂用量。

以裂缝半长为横坐标，转向剂最优加量为纵坐标，建立关系曲线图如图 6-2-15 所示。

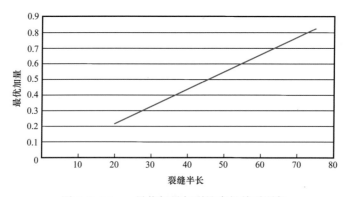

图 6-2-15　最优加量与裂缝半长关系图版

根据转向剂数值模拟得到转向剂向前运移距离，结合上述图版可以确定转向剂的最优加量。

（3）转向剂现场停泵时间优化。

转向剂上升或者下降速度过快，在造缝后转向剂只上升或下降到井筒缝口附近，不能输送到远端，没有起到充分的控缝作用，如果上升或者下降速度过慢，转向剂到达不了裂缝上下端部，失去了阻挡作用。

本文通过转向剂数值模拟实验，得出转向剂上浮下沉到裂缝端部的时间，从而为现场施工的停泵时间作为依据。

2. 分层压裂裂缝干扰

1）直井多层笼统压裂

数模测试得到的压裂过程孔隙压力场和损伤因子场如图 6-2-16 所示。水力裂缝首先从三簇射孔处同时起裂图 6-2-16（a），之后在水平方向和竖直方向上延伸图 6-2-16（b），直至压裂完成，两层同时压裂后裂缝形态如图 6-2-16（c）所示，裂缝扩展较为均衡。

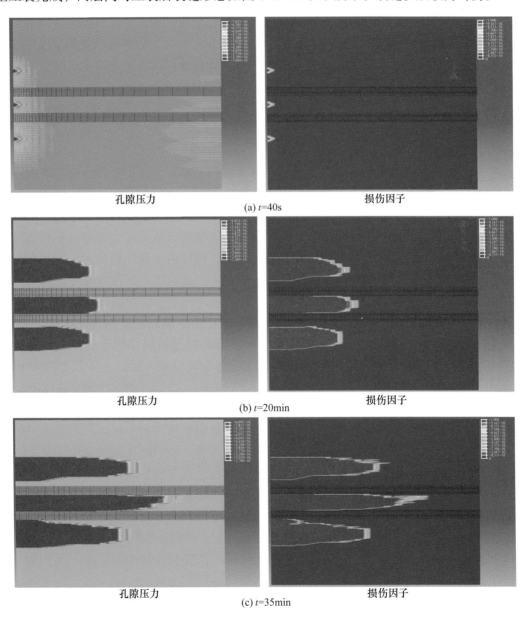

孔隙压力　　　　　　　　　　　　损伤因子

(a) $t=40$s

孔隙压力　　　　　　　　　　　　损伤因子

(b) $t=20$min

孔隙压力　　　　　　　　　　　　损伤因子

(c) $t=35$min

图 6-2-16　　射孔簇间距 $d=15$m 模型压裂过程的孔隙压力场和损伤因子

2）直井多层分层压裂

以三簇射孔为例，按照（1）压裂底层，（2）压裂中层，（3）压裂上层的顺序依次、由下至上压裂，每个压裂层压裂 35min，共压裂 105min。按照簇间距分别为 15m、20m 和 25m 共分为 3 类模型。

（1）压裂底层。

水力裂缝首先从下射孔处起裂，之后在水平方向和竖直方向上延伸，竖直方向上延伸至隔层便停止向上延伸；随后底层射孔停止压裂，中间射孔开始泵注压裂。随后中间裂缝在水平方向和竖直方向上延伸，但很显然直至底层压裂结束时，中间裂缝在竖直方向上被牢牢地控制在两隔层之间。随后中间裂缝停止泵注，顶部射孔开始泵注压裂，顶裂缝起裂后也沿水平方向和竖直方向延伸，但高度方向上向下的扩展也受到了隔层的制约。到压裂结束时，三条裂缝在长度方向上扩展十分充分，在高度方向上受隔层的控制作用较强。本模型里，下层裂缝扩展缝长最大，中其次，上层最小，但三者差别不大。由于中层裂缝在垂向的扩展被隔层所限制，其缝高最小；上下层裂缝由于单侧不受隔层限制，所以缝高明显增大。

（2）压裂中层。

水力裂缝首先从下射孔处起裂，之后在水平方向和竖直方向上延伸，由于簇间距稍大，底层裂缝并未扩展至隔层；随后底层射孔停止压裂，中间射孔开始泵注压裂。随后中间裂缝在水平方向和竖直方向上延伸，但很显然直至底层压裂结束时，中间裂缝在竖直方向上依然被牢牢地控制在两隔层之间。随后中间裂缝停止泵注，顶部射孔开始泵注压裂，顶裂缝起裂后也沿水平方向和竖直方向延伸，同样由于簇间距稍大，在高度方向上向下的扩展并未受到隔层的制约。到压裂结束时，三条裂缝在长度方向上扩展十分充分，隔层对中间层裂缝垂向扩展的控制作用较好。

本模型两隔层之间的中层裂缝扩展缝长最长，但由于被隔层所限制，其缝高最小，整个扩展过程中未进入隔层。可见隔层对中间裂缝的缝高控制作用十分显著。由于上下层裂缝射孔簇间距加大，距离隔层较远、受隔层影响减弱，所以上下层的缝高有所加大。

（3）压裂上层。

水力裂缝首先从下射孔处起裂，之后在水平方向和竖直方向上延伸，由于簇间距很大，底层裂缝并未扩展至隔层；随后底层射孔停止压裂，中间射孔开始泵注压裂，底层裂缝内压力已部分卸载。随后中间裂缝在水平方向和竖直方向上延伸，但很显然直至底层压裂结束时，中间裂缝在竖直方向上依然被牢牢地控制在两隔层之间。随后中间裂缝停止泵注，顶部射孔开始泵注压裂，顶裂缝起裂后也沿水平方向和竖直方向延伸，同样簇间距很大，在高度方向上向下的扩展并未受到隔层的制约。到压裂结束时，三条裂缝在长度方向上扩展较为充分，隔层对中间层裂缝垂向扩展的控制作用较好；由于簇间距较大，其改造效率不如簇间距较小的模型。

本模型两隔层之间的中层裂缝扩展缝长最长，但由于被隔层所限制，其缝高最小，整个扩展过程中未进入隔层扩展。上层由于逢高有些失控，所以，在缝长方面显得不足。

通过研究发现：

（1）对于直井，如果有上下隔层存在，且上下隔层都不被突破，压裂顺序虽然对破裂压力、裂缝延伸速度等有影响，但对最终"裂缝的长度"并无实质性影响。

（2）如果上下有隔层，但只要有一侧隔层被突破，那么裂缝的延展性就不理想。

（3）如果有隔层存在或者有较好的分层界限，则尽可能实施分层压裂，相比笼统压裂，可获得较好的缝长方向延伸且对缝高有一定抑制作用；而且射孔簇间距或者分层间距不宜过大，否则在缝高方向容易失控。

3. 现场应用效果

通过射孔优化、排量、暂堵转向剂的优化设计，在 Y560 区块的单井开展了现场试验，在大排量条件下裂缝控制在 60～65m 一段，实现了储层的有效分段改造。

三、低渗透稠油压裂工艺

1. 稠油高导流能力压裂技术

1）耦合地质力学、脉冲参数的压裂裂缝导流能力

根据胜利油田稠油油藏的地层闭合压力范围，地层弹性模量等参数，建立通道压裂裂缝导流能力解析模型中支撑剂嵌入量、缝宽变化量及裂缝导流能力的计算公式，通过前期研究通道压裂裂缝导流能力影响因素主要包括支撑剂平面分布、地层闭合压力、地层岩石弹性模量、支撑剂弹性模量、支撑剂铺砂浓度及裂缝的几何形状等，给出各影响因素分析范围。

计算结果为变化量对导流能力影响因素进行分析，并根据分析结果对胜利油田压裂施工提供理论指导建议。

（1）支撑剂平面分布对通道压裂裂缝导流能力的影响。

不同 R_s 情况下支撑剂嵌入和变形后测量裂缝导流能力。当 R_s 增大时，导流能力先增大至某一值然后下降，即在支撑剂嵌入和变形后，在某一处有最优距离使得导流能力最大。根据对支撑剂平面分布影响分析结果，建议采用较为稀疏的支撑剂分布方式，通过控制支撑剂柱端面尺寸和支撑剂柱平面分布密度，将 R_s 控制在 1～2（图 6-2-17）。

（2）闭合压力对通道压裂裂缝导流能力的影响。

随着闭合压力上升，则需要使得支撑剂柱间的间距减小才能实现导流能力的最大化，考虑胜利油田储层闭合压力随地区和井的不同变化范围较大，因此在压裂时，建议尽快考虑选取小于 50MPa 储层进行施工（图 6-2-18）。

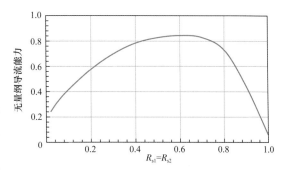

图 6-2-17　支撑剂平面分布对导流能力的影响

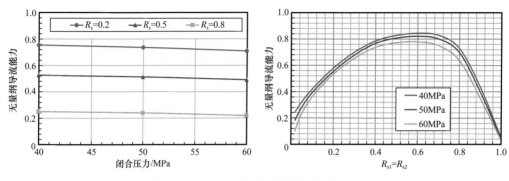

图 6-2-18　闭合压力对导流能力的影响

（3）岩石弹性模量对通道压裂裂缝导流能力的影响。

当岩石弹性模量增大时，支撑剂簇可被设计得更为松散，其抵抗嵌入的能力将增强，而岩层受挤压时的变形也将减小，于是可更好地维持缝宽的大小。因此，在支撑剂簇间距较大时可取到最大导流能力。胜利油田储层岩石弹性模量范围在 31～41.1GPa，为了获得较好的裂缝导流能力，建议在考虑闭合压力的同时，选择弹性模量小于 35GPa 的储层进行压裂施工。

（4）支撑剂弹性模量对通道压裂裂缝导流能力的影响。

当支撑剂弹性模量增大时，可增大支撑剂簇之间的距离，这是因为当支撑剂弹性模量增大时，支撑剂柱抵抗变形的能力增强，挤压作用下支撑剂的变形减小，也更容易维持裂缝宽度。胜利油田闭合压力和储层岩石弹性模量均较大，因此建议选择弹性模量尽可能高的支撑剂进行压裂施工。

（5）支撑剂铺砂浓度对通道压裂裂缝导流能力的影响。

实验表明最大导流能力对应的 R_s 保持不变。支撑剂浓度未对最优支撑剂簇间距产生明显的影响。在压裂施工设计时，建议在支撑剂稀疏分布前提下，控制铺砂浓度 10 及以上，以确保支撑剂柱有足够抵抗压缩的能力，保持裂缝宽度。

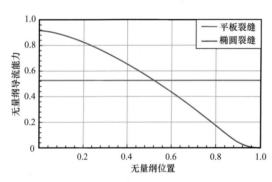

图 6-2-19　裂缝几何形状对导流能力的影响

（6）裂缝几何形状对通道压裂裂缝导流能力的影响。

导流能力在平行裂缝中是常数，并不在裂缝长度方向随位置改变而变化，但是其在椭圆裂缝中将沿长度方向下降（图 6-2-19）。在油气藏模拟时，单裂缝的导流能力通常被视作常数，但实际裂缝往往更接近椭圆裂缝，因此导流能力常数并不合理，建议在模拟时考虑裂缝形体对裂缝导流能力的影响。

2）支撑材料对高导流能力通道的影响分析

支撑剂粒径对支撑剂团运移和沉降速度影响不大，但影响了沙堤形态，随着支撑剂粒径的减小，沙堤趋于平稳。3 种支撑剂粒径下的实验通道占有率对比见表 6-2-3。

表 6-2-3 不同支撑剂粒径下的通道占有率对比表

支撑剂粒径	第一部分	第二部分	第三部分	第四部分	均值 /%
20/40 目	28.28	32.46	32.93	27.61	30.32
30/60 目	32.33	32.87	34.13	32.26	32.9
40/70 目	31.64	33.55	33.24	32.67	32.8

由表 6-2-3 可知，20/40 目的支撑剂产生的裂缝内通道占有率为 30.32%，30/60 目的支撑剂产生的裂缝内通道占有率为 32.9%，40/70 目的支撑剂产生的裂缝内通道占有率为 32.8%，可见支撑剂粒径对高导流通道压裂裂缝的内通道占有率的影响不大。

2. 稠油降黏压裂液

通过稠油降黏和压裂液降阻方面处理剂构效关系的分析，确定具有稠油降黏、压裂液增黏、体系降阻等功能的官能团种类及含量，在此基础上，预期合成并优选系列具有良好降黏效果的功能单体，通过与常规制备压裂液聚合物的单体共聚，制备一种兼具降黏和降阻功能的新型聚合物。

1）降黏剂分子结构分析

（1）水溶性降黏剂。

结合核磁氢谱可以证实水溶性降黏剂存在聚氧乙烯链，与 OP 系列乳化剂结构相似。亲水基团可以与水 / 稠油界面上的复杂极性成分作用，增加活性剂的界面吸附。

（2）自扩散降黏剂。

红外光谱分析显示 $3122cm^{-1}$ 的苯环 C—H 伸缩振动、$1675cm^{-1}$ 处的 C≡O、$1250cm^{-1}$ 的 C—O 伸缩振动，说明聚合物降黏剂含有大量苯环，且苯环上存在羧酸取代基。游离羟基的存在增强了聚合物的亲水性，为降黏剂可以形成水包油乳状液提供了可能。

（3）油溶性降黏剂。

红外光谱说明降黏剂含有芳香基团及醛基。降黏剂中苯环可以与胶质沥青质中的苯环相互作用，拆散堆叠结构；醛基中的 O 能够破坏胶质沥青质分子间的氢键作用，打乱它们的空间结构，从而使更多的降黏剂小分子进入聚集体中，实现内部拆散的功能。

2）性能评价

（1）水溶性降黏剂性能评价。

水溶性降黏剂 SR 样品在室温下为半透明黏稠液体。将其配制成 5000mg/L 溶液进行后续乳化降黏实验。吸取油水分界面上部的乳状液层进行显微观察，发现水溶性降黏剂可以有效地将 1# 原油乳化分散，形成具有较小粒径的乳状液。随着时间增长，乳状液液滴平均粒径增加，数目减少。对于 2# 原油，48h 析水率接近 100%，且 72h 析出水颜色接近无色透明，表明水溶性降黏剂 SR 不能有效将原油增溶到水中。结合显微图像与粒径分布来看，1# 油形成的乳状液液滴粒径细小，而 2# 原油乳液平均粒径明显更大。粒径越大乳液滴越容易发生聚并等破乳行为，从而影响乳状液稳定性（图 6-2-20）。

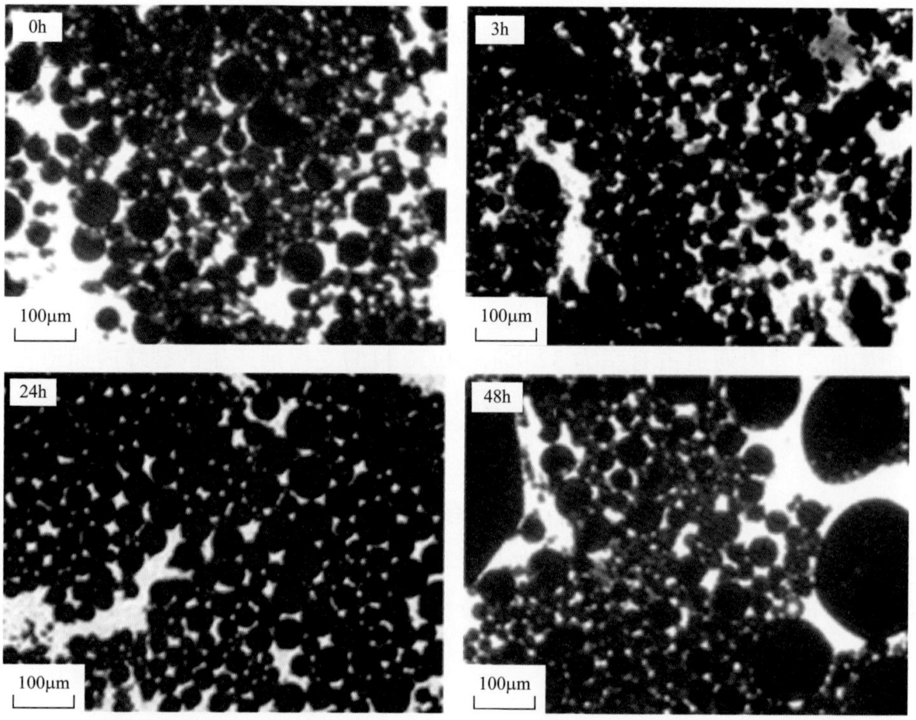

(a) 1#原油

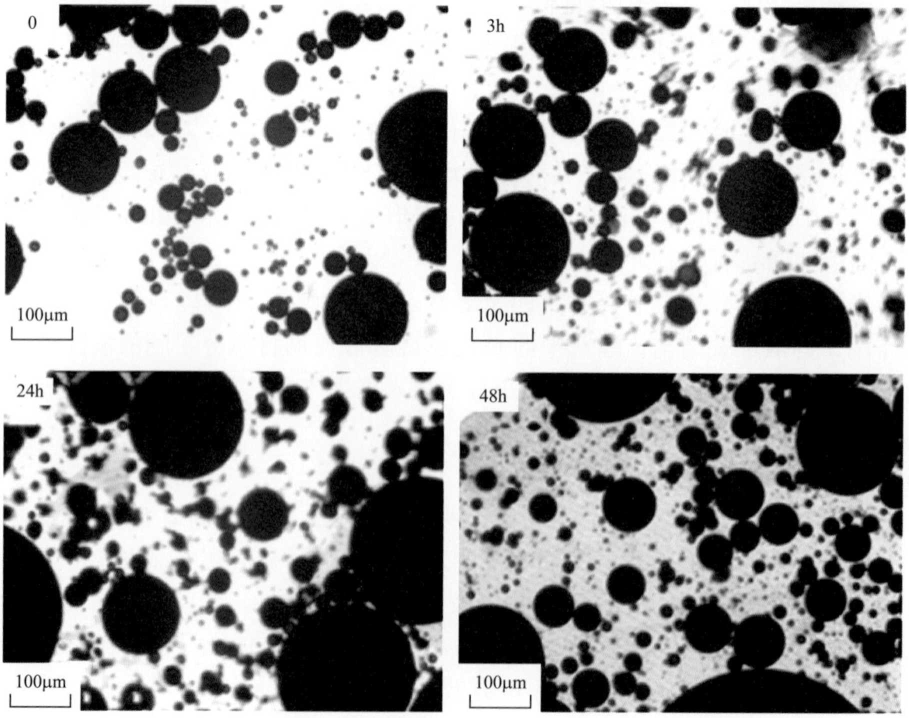

(b) 2#原油

图 6-2-20　1#原油和 2#原油乳状液显微图像

　　水溶性降黏剂 SR 对两种原油均能起到有效的乳化分散效果，乳状液生成迅速，破乳简便；从乳液稳定性、粒径分布等角度来说，相比于 2# 原油，降黏剂 SR 对 1# 原油乳化效果更佳（图 6-2-21）。

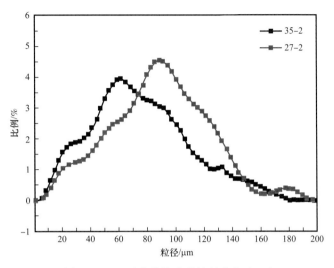

图 6-2-21　两种乳状液的粒径分布（3h）

　　乳化降黏效果不仅要对原油的乳化效果方面评价，乳状液黏度也是重要评价指标。乳液黏度都会随剪切速率的增加而陡降，原因是剪切破坏了液滴间因相互作用形成的结构。随着剪切速率增大，结构全部被破坏，黏度不再随剪切速率变化，呈现出牛顿流体特性（图 6-2-22）。

　　使用 Brookfield DV-3 型旋转黏度计测定降黏率。1# 原油乳状液黏度为 39mPa·s，降黏率为 98.7%。2# 原油乳状液黏度为 237mPa·s，降黏率为 94%。

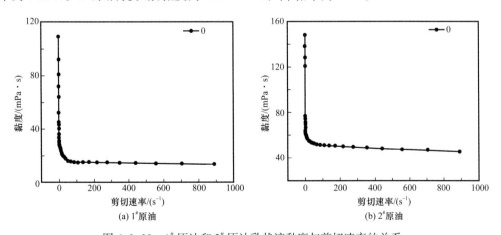

图 6-2-22　1# 原油和 2# 原油乳状液黏度与剪切速率的关系

（2）自扩散降黏剂性能评价。

　　自扩散降黏剂稳定的水包油乳状液显微图像。从图 6-2-23 可以看出，自扩散降黏剂对原油的分散效果良好，油珠基本保持球形，液滴之间挤压接触少，少见挤压变形的情况。

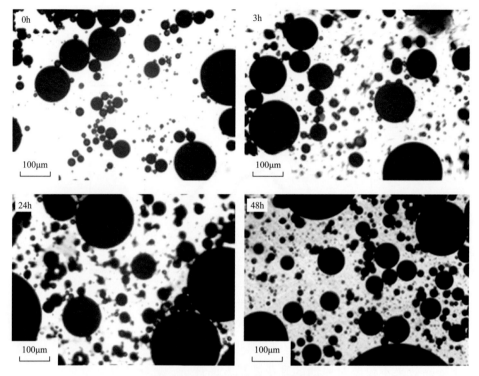

图 6-2-23　原油乳状液显微图像

因为自扩散降黏剂为具有一定界面活性的聚合物，分子量高，具有一定空间结构。具有两亲性的官能团可以吸附在油水界面上，从而促使整个聚合物分子聚集在油滴外围，形成具有机械强度的吸附层，有效防止油滴的聚并。此外，聚合物溶液较高的黏度也不利于油滴的运移接触，有利于稳定乳状液。

自扩散降黏剂稳定的乳状液展示出与水溶性降黏剂稳定乳状液相同的流变特性。随着剪切速率增加乳状液黏度迅速降低，然后保持稳定，在高剪切速率下乳状液显示出牛顿流体特性。

使用 Brookfield DV-3 型旋转黏度计测定降黏率。在油藏温度下 1# 原油乳状液黏度为 183mPa·s，降黏率为 93.9%。2# 原油乳状液黏度为 135mPa·s，降黏率为 95.5%。

上述结果证明了自扩散降黏剂可以有效实现稠油的乳化降黏，乳状液生成简便、破乳迅速，低浓度即可实现高降黏率。值得注意的是，与水溶性降黏剂不同，自扩散降黏剂对黏度较大、胶质沥青质含量更高的 2# 原油降黏效果更好。

（3）油溶性降黏剂降黏效果。

对于油溶性降黏剂 602，同样测试了加入一定浓度降黏剂后 1# 原油和 2# 原油的黏度随着剪切速率的变化和放置时间对于这一变化关系的影响。当 602 浓度为 5% 时，1# 原油在刚配制时，降黏率为 61.7%，随着放置时间的增加，原油黏度变化不明显。2# 原油在刚配制好时，降黏率为 66.2%，随着放置时间增加，黏度逐渐增加。可以看出，602 浓度为 5%，刚加入时对 2# 原油的降黏率是高于对 1# 原油的，但是 602 的降黏效果在 1# 原油中是更加持久的（图 6-2-24）。

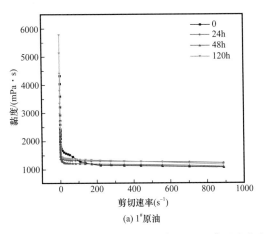 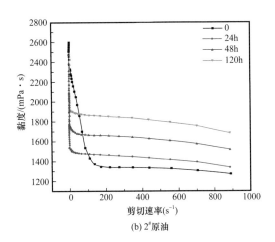

（a）1#原油 　　　　　　　　　　　　　　（b）2#原油

图 6-2-24　　1#原油和 2#原油黏度与剪切速率的关系（602 浓度为 5%）

当 602 的浓度增加至 10%，它对两种原油的降黏效果都有进一步的提升。刚混入时，602 对 1#原油和 2#原油的降黏率分别为 84.6% 和 85.7%，降黏率差别不大。同时，放置时间对两种原油的黏度都没有明显的影响。可以看出，当 602 浓度为 10% 时，602 对两种原油的降黏效果基本保持一致。

油溶性降黏剂都对高黏度、高胶质沥青质含量的 2#原油起到更好的降黏效果。

该部分研究成果表明：更高的胶质沥青质不利于水溶性降黏剂在原油表面吸附。水溶性降黏剂 SR 耐高温性良好，老化后依然能有效实现降黏效果。与水溶性降黏剂相反，自扩散降黏剂对高胶质沥青质含量原油更加有效。油溶性降黏剂都对高黏度、高胶质沥青质含量的 2#原油起到更好的降黏效果。

3. 现场应用效果

以深层低渗透稠油储层为目标，建立了裂缝扩展力学模型，认识了压裂液渗流及裂缝扩展规律，研发稠油降黏一体化压裂液体系，形成了 CO_2+ 稠油降黏 + 高导流通道压裂改造一体化工艺。

四、潜山高温油藏储层改造

南堡潜山以奥陶、寒武系碳酸盐岩油气藏为主，油藏埋深 3800~5500m，地层压力系数为 1.01~1.04，地层温度为 140~190℃。主要发育孔隙—裂缝型碳酸盐岩双重介质油气藏，最大主应力方向为北西—南东向，主要发育压性裂缝，以北东—南西向为主，高角度缝发育，裂缝既是储集空间又是主要的流体流动通道。碳酸盐岩储层酸压改造的目的是沟通优势储集体，因此，提高酸压裂缝长度和酸液有效作用距离，是提高酸压措施效果的关键。酸压改造存在以下问题：

一是温度高，进行酸压改造的酸液体系缓速、缓蚀难度大。储层温度为 140~190℃，常规稠化酸在地层温度下，黏度低，缓速效果差，有效处理范围小；在高温下，酸液对井下管柱及工具损害较大，对缓蚀剂性能提出了更高的要求。

二是储层基质物性较差，存在天然裂缝，但多数被填充，深度酸压改造技术要求高。

从钻井取心看，储层发育网状裂缝和溶蚀孔洞，但大部分被方解石填充，酸压造长裂缝沟通远端储集体，同时对网状裂缝进行有效支撑，提高酸压措施效果难度大。

三是储层非均质性强，措施井段长，进行酸压改造酸液体系降滤难度大，改造范围受影响。钻遇潜山井段平均长，完井方式主要采用裸眼完井，受限于完井方式，难于增大酸液的处理范围。

1. 180℃高温储层改造工作液体系

1）高温羧甲基羟丙基瓜尔胶压裂液

南堡潜山埋深大，储层温度高过180℃以上。应用耐温性能好的羧甲基羟丙基瓜尔胶作稠化剂，可以大幅度提高交联冻胶的耐温性能。针对潜山储层条件优化了高温压裂液体系配方，室内进行了耐温耐剪切性能及流变性能、破胶性能和综合性能评价。实验结果表明：优化后的配方体系可使压裂液在180℃、剪切240min后，黏度保持在100mPa·s以上。高温羧甲基羟丙基压裂液体系具有很好的耐温耐剪切性能，可以满足酸压前置或加砂压裂等储层改造技术的需要。

（1）高温羧甲基羟丙基瓜尔胶压裂液耐温耐剪切性能。

基液：0.6%CMGHPG+防膨剂FACM-38+助排剂FACM-41+高温增效剂FACM-39+交联促进剂FACM-40+杀菌剂，基液黏度：96mPa·s，交联剂：FACM-37，交联比：100:0.6，基液pH值：10.5，交联时间：3min40s。

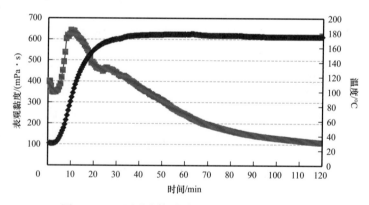

图6-2-25 压裂液体系耐温耐剪切性能（180℃）

耐温耐剪切性能（图6-2-25）：170S-1，180℃，剪切120min，表观黏度109mPa·s。

（2）破胶性能。

根据压裂时裂缝温度场的变化，优化破胶剖面是保证压裂施工成功的关键。在施工中除降低稠化剂、交联比的同时采用分段追加破胶剂技术，完善了压裂液的破胶性能（表6-2-4）。

根据破胶实验结果，确定破胶剂程序如下：（1）破胶剂的追加必须根据实际的施工时间、排量和现场情况变化决定施工中破胶剂的浓度；（2）在前置液部分应尽量避免过快、过多加入破胶剂，使用胶囊破胶剂代替过硫酸铵；（3）在前置液中，破胶剂最大浓度原则上不要超过0.006%，平均浓度在0.003%左右；（4）在加砂过程中应保证破胶剂追加速度平稳，以先慢后快，先少后多的原则加入；（5）加砂的最后阶段（1～2min）应迅速提高加入破胶剂的速度，增加破胶剂浓度；（6）替置液中应继续加入高浓度的破胶剂。在保证压裂液具有良好的流变性能的同时，要求压裂液快速彻底破胶，减少压裂液对储层的损害。

表6-2-4　羧甲基羟丙基瓜尔胶高温压裂液体系破胶性能（180℃配方）

温度/℃	APS 加量/%	不同时间的破胶液黏度/（mPa·s）			
		2h	4h	6h	8h
150	0.03	冻胶	冻胶	冻胶	冻胶
	0.05	冻胶	冻胶	冻胶	冻胶
	0.1	3.74	—	—	—
120	0.05	冻胶	冻胶	冻胶	冻胶
	0.1	2.45	—	—	—
	0.15	2.87	—	—	—
80	APS（%）	1h	2h	3h	4h
	0.1	变稀	变稀	4.64	—
	0.15	4.84	—	—	—
	0.2	2.44	—	—	—

2）高温潜山酸压用酸液体系研究

（1）酸液对储层岩石的溶蚀性能。

酸对岩石的溶蚀性，表征的是酸液实际可溶解岩石量的多少，用溶蚀率表示。不同的酸液、不同的岩石溶蚀率不同，通过岩石的酸溶蚀试验，可以了解不同岩石的溶蚀率，分析酸对岩石的溶解能力。

为了分析南堡潜山碳酸盐岩储层岩石的酸溶蚀率，选择1#、2#构造范围内的五口井的岩样，开展岩石酸溶蚀实验，实验结果见表6-2-5。

表6-2-5　潜山碳酸盐岩储层酸溶蚀实验结果

层位	酸液配方	不同井岩粉酸溶蚀率/%				
		LPN1	NP1-80	NP280	NP21-X2460	NP283
奥陶系	15%HCl	95.0	87.84	92.67	94.27	93.94
	20%HCl	93.8	88.93	92.36	90.89	93.03
	15%HCl＋5%HAC	92.6	87.83	92.78	96.63	92.96

从试验结果可以看出，五口井岩样的盐酸溶蚀率均在 88% 以上，说明储层碳酸盐岩含量较高，具备酸化 / 酸化增产的良好物质基础。随着盐酸浓度的增加溶蚀率变化不大，因此建议选择盐酸浓度为 15%～20%。

（2）高温缓蚀剂优选。

缓蚀剂是酸压或酸化的重要添加剂之一，其重要作用就是控制酸对地面设备、井下管柱、套管等的腐蚀能力在较低的范围。通过不断优选，AM-C032 系列能满足 180℃下缓蚀技术要求（表 6-2-6）。

优选的缓蚀剂在 180℃条件下满足行业要求，在 160℃下，均达到行业一级标准。

表 6-2-6　不同储层酸压工艺优化表

标号	配方	温度 /℃	时间 /h	腐蚀速率 / [g/ (m²·h)]	行业标准 / [g/ (m²·h)]
AM-C032 系列	20% 盐酸 +5% 缓蚀剂 + 0.5% 缓蚀增效剂	180	4	78.1	一级：60～70 二级：70～80 三级：80～100
AM-C032 系列	20% 盐酸 +5% 缓蚀剂 + 0.5% 缓蚀增效剂	160	4	52.6	
WD 系列	20% 盐酸 +5% 缓蚀剂 + 1% 缓蚀增效剂	160	4	47.8	

3）高温缓速酸体系研究

在酸压施工过程中，降低酸岩反应速度以增加酸蚀裂缝的穿透深度是必须要考虑的问题。在低温井中降低酸岩反应速度必要性不是很大，但在高温油藏中实施酸压施工时，合理的降低酸岩反应速度是非常必要的。Nierode 和 Kruk 通过试验发现：倘若油藏温度大于 121℃，那么酸穿透的距离是受反应速率所控制的。在这温度之下，酸液滤失是主要的限制性因素。

延伸活性酸穿透距离最普遍的方法之一是在注酸之前，注入黏度较大的非反应前置液。第二种延缓酸岩反应速度的方法是利用乳化的作用来延缓酸岩反应的速率。第三种降低酸岩反应速率的方法是用胶凝酸来降低酸岩的反应速度。因此，研制在高温、高酸浓度条件下的胶凝酸体系，是提高酸压开发效果的关键因素之一。基于南堡潜山碳酸盐岩储层特点，采用以盐酸为主体酸的稠化酸（胶凝酸）体系作为首选酸液体系（表 6-2-7）。另外 DCA 转向酸也是碳酸盐岩储层酸压改造的又一重要酸液体系。但是由于南堡潜山储层埋藏深、温度高，为了更好地延缓酸岩反应速率和降低腐蚀速率，可以与有机酸配合使用。

（1）高黏度胶凝酸体系。

胶凝剂加量为 0.5%～0.8% 时，酸液在 120～170℃时黏度均能保持在 28～22mPa·s 以上，可以满足碳酸盐岩油藏改造的要求（表 6-2-7、表 6-2-8）。

（2）温控变黏酸体系。

变黏酸酸液体系是在酸液中加入研制的一种性能随温度升高（80～110℃）和氢离子

浓度变化，在酸性环境黏度增大的新型聚合物添加剂，从而降低酸液滤失，随反应的进一步进行和温度的变化，酸液黏度又不断变低的可变黏度酸液体系，从而满足实现酸液降滤、缓速、深穿透的目的（表6-2-8）。

表6-2-7 胶凝酸配方

序号	药品名称	百分比/%	备注
1	31% 盐酸	20	
2	稠化剂	0.5～0.8	
3	高温缓蚀剂	2～4.5	高温下复配缓蚀增效剂
4	高温助排剂	1	
5	高温铁离子稳定剂	1.5	
6	防膨剂	0.5	
7	缓蚀增效剂	0.5～1	
8	防乳破乳剂	1	

表6-2-8 胶凝酸体系综合性能试验结果

项目	实验条件	测试结果	测试仪器
酸液黏度	常温、170s^{-1}	45mPa·s	流变仪
腐蚀速度	90℃	<6g/（m^2·h）	高温高压腐蚀仪
	120℃，15MPa	<20g/（m^2·h）	
	160℃，15MPa	<76.73g/（m^2·h）	
铁离子稳定能力	90℃	300mg/mL	分光光度计
表面张力	高温处理、冷却后测定	31.8mN/m	表面张力仪
降阻率		>61%	矿场统计数据

新型 TCA 温控变黏酸胶凝剂的分子结构为梳型多元阳离子聚合物，该胶凝剂在工厂严格控制其聚合条件，使其分子量控制在 80 万以内。分子主链和支链上的末端基团使其失去活性，分子链中止不再增长，这样 TCA 温控变黏酸胶凝剂在酸液中易于溶解，TCA 温控变黏酸易于配制。配制的 TCA 温控变黏酸黏度较低，在酸液进入地层后酸岩反应过程中通过反应环境条件下的改变实现酸液黏度的增高，从而使得酸液具有较低的滤失速度和反应速度（表6-2-9）。

（3）多组分有机稠化酸流变性能。

180℃多组分有机酸配方：7% 甲酸 +8% 乙酸 +10% 盐酸 +5% 高温缓蚀剂 +1% 铁离子稳定剂 +0.8% 稠化剂 +1% 助排剂 +1% 防乳抗渣剂。

表 6-2-9 温控变黏酸体系综合性能试验结果

项目	实验条件	测试结果	测试仪器
酸液黏度	常温、170s^{-1}	24mPa·s	流变仪
腐蚀速度	90℃	<5g/（m^2·h）	高温高压腐蚀仪
	120℃，15MPa	<30g/（m^2·h）	
	150℃，15MPa	<60g/（m^2·h）	
铁离子稳定能力	90℃	190mg/mL	分光光度计
表面张力	高温处理、冷却后测定	21.8mN/m	表面张力仪
降阻率		>45%	矿场统计数据

（4）破胶液性能。

在高温下自动破胶，破胶液黏度为 3.0mPa·s，表面张力为 27.5mN/m，界面张力为 4.8mN/m，残渣含量为 101mg/L。90℃下，与原油 1∶1 混合，1h 后破乳率 98%。残酸表界面张力低，残渣含量低，破乳效果好，对地层伤害小（图 6-2-26）。

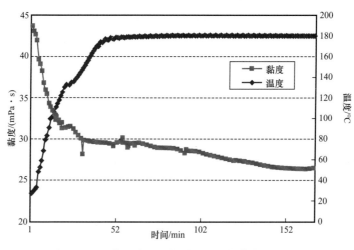

图 6-2-26 高温有机稠化酸流变性能曲线（180℃）

2. 潜山碳酸盐岩储层改造技术

潜山碳酸盐盐储层一般采取酸压进行储层改造，酸压根据不同液体段塞组合，不同规模，主要分为常规酸压、前置液酸压、交替注入酸压等几种技术。

1）常规酸压技术

普通酸压技术也称为常规酸压技术。它是在对储层进行酸压改造过程中，只采用牛顿型普通盐酸酸液对地层进行酸压，尽管井底施工压力也高于地层破裂压力，由于该种工艺及液体特性的限制（主要是滤失控制太差），这种牛顿型酸液压开地层裂缝有限，获得的有效酸蚀作用距离较短，一般在 15～30m（10m≤缝高≤30m，排量 2.0m^3/min），主要适合于伤害严重中浅层的高渗透储层。

2）前置液酸压技术

结合水力压裂形成动态人工裂缝的构想，提出了前置液酸压工艺技术，施工时首先向地层注入高黏低伤害的非反应性前置压裂液，然后注入各种酸液进行酸压改造的工艺技术。该技术以前置液"黏性指进"为主，为实现指进酸压，多采用宽间距、稀孔密射孔技术，并要求前置液和酸液之间的黏度比一般为（200～600）：1，至少要达到150：1。当黏度比小于50：1时，酸液流速约比前置液快2.7倍，会使酸液在前置液中很快穿过，失去指进酸压的效果。黏度比可以按照Ben-Naceur等的研究成果来选取。前置液和酸液之间可以考虑用隔离液，以减少酸与前置液接触后造成前置液黏度的降低。前置液与酸液用量比一般在1：1～1：3。该工艺可通过前置液降低酸液的滤失和酸岩反应速率，实现深度酸压，特别适合于改造低渗透碳酸岩盐储层或用于沟通天然裂缝。

3）前置液酸液交替注入酸压技术

多级注入酸压技术是将数段前置液和酸液交替注入地层进行酸压施工的工艺技术，形成较长的且导流能力较高的酸蚀裂缝，从而提高酸压效果。类似前置液酸压，但其降滤失性和对储层的不均匀刻蚀优于前置液酸压。该工艺的主要优点在于作用范围大，可以获得较长的酸蚀裂缝穿透距离，酸液滤失低，酸蚀裂缝的导流能力高（表6-2-10）。该项技术在20世纪80年代中后期和90年代初得到了广泛的应用，目前已成为实现深度酸压的主流技术。

表6-2-10 不同工艺下动态裂缝与酸蚀裂缝数值

段塞组合	冻胶 + 稠化酸		冻胶 + 稠化酸 + 冻胶	
	160+220	180+240	160+140+80	180+160+80
动态半缝长	102	108	118	122
酸蚀半缝长	82.5	85.7	89.3	93.43
裂缝高度	56.7	57.3	58.2	59.4
导流能力	86.5	112.7	72.4	82.6

根据地层的不同特性，该项技术可以将非反应性高黏液体与各种不同特性的酸液（如普通酸、稠化酸、乳化酸、高效酸等）相结合，构成不同类型、不同规模的多级注入酸压技术。该项技术主要应用于低渗透、特低渗透的碳酸盐岩储层，更适用于重复酸压井。美国卡顿伍德湾油田在大型重复酸压中采用了该项技术，油藏模拟表明有效酸蚀缝长达91～244m，增产效果显著。长庆、四川、塔河油田对碳酸盐岩储层进行了多级注入酸压技术的现场试验及应用，取得了明显的效果。

4）闭合酸压技术

该技术是在高于破裂压力下先注酸形成裂缝，然后在低于破裂压力下继续注酸，改善裂缝特别是近井地带裂缝导流能力。闭合裂缝酸压是针对较软及均质程度较高储层（如白垩岩）的一种工艺技术，对经常酸压后裂缝导流能力不高的储层尤其适合。其特点是让酸在低于储层破裂压力的条件下流过储层内"闭合"裂缝，在低排量下注入酸液，溶蚀裂缝壁面，产生不均匀溶蚀形成沟槽，在施工压力消除及裂缝闭合后，酸蚀通道仍然具有较好的导流能力。闭合裂缝酸压工艺技术适合于已造有裂缝的碳酸盐岩储层，这些裂缝主要有三种形式：闭合压裂酸化前才刚压开的裂缝，以前压裂酸化施工或加砂压裂造成的裂缝及裂缝性油气藏中的天然裂缝。

3. 改造工艺规模选择

南堡潜山储层物性、裂缝发育状况变化大，根据不同的储层条件选用相应的改造工艺。主要考虑储层裂缝的发育程度、改造目的，设计所需要的导流能力、裂缝长度，再优化工艺要点、施工排量、用酸强度，为酸压设计提供依据，具体要求见表6-2-11。

表6-2-11 不同储层酸压工艺参数表

储层分类	综合判别指标Z值	改造目的	裂缝导流/（mD·m）	裂缝长度/m	措施工艺	施工排量/（m³/min）	用酸强度/（m³/m）
I	>0.5	解除堵塞、高裂缝导流能力	>120	20~30	酸化、小型酸压、均匀改造	1.5~3.0	1~3
II	0.37~0.5	较高裂缝导流能力和合适的酸蚀裂缝长度	>50	>60	前置液酸压多级注入酸压	2.0~4.0	3~5
III	0.25~0.37	较长的酸蚀裂缝长度	>30	>120	大型多级注入深度酸压	3.0~5.0	5~7

分别采用冻胶+稠化酸，冻胶+稠化酸+冻胶进行模拟，酸蚀裂缝的长度主要受后续酸液的黏度、酸量的影响。

4. 配套酸压设备

南堡潜山高温裂缝性储层地面情况复杂（海域或人工岛），因此要求配套与之相应的酸压设备及工艺。表6-2-12为不同地面情况下所需设备及排液方式。

表6-2-12 不同区域所需设备及排液方式

井口位置	排量/（m³/min）	施工限压/（MPa）	所需酸压设备	排液设备
海上平台	1~4	70	分橇式三缸压裂泵、混砂橇、高压软管（103MPa）、仪表房	连续油管
人工岛	2~6	85	压裂车组、高压管线	连续油管

5. 现场应用效果

2008年以来，南堡潜山共实施酸压12井次，有效9井次，有效率75%，累计增油$3.2×10^4$t，累计增产气$1853×10^4$m³，取得了较好的应用效果。酸压工艺主要有稠化酸酸化工艺、均匀改造酸压工艺及深度酸压工艺技术。

南堡 280 井位于 2 号构造 2-3 人工岛，采用胶凝酸酸压工艺。该井酸压施工前中途测试产液很少，仅回收混浆水 $0.87m^3$，酸压措施后，10mm 油嘴生产，日产气 $38.4 \times 10^4 m^3$，日产油 $35.8m^3$。

南堡 23-P2008 井采用前置压裂液 + 交联酸 + 转向酸的多级注入深度酸压工艺，总酸量 $510m^3$。措施前，排液不出，措施后，10mm 油嘴放喷，日产气 $26.9 \times 10^4 m^3$。

参 考 文 献

操应长，张会娜，葸克来，等，2015.饶阳凹陷南部古近系中深层有效储层物性下限及控制因素［J］.吉林大学学报（地球科学版），（6）：1567-1579.

陈彦梅，杨德相，李嘉微，等，2016.廊固凹陷沙河街组异常高孔带分布特征及成因［J］.特种油气藏，23（6）：45-49.

慈兴华，2002.济阳坳陷四扣注陷泥质岩裂缝储层预测研究［J］.高校地质学报，8（1）：96-105.

崔宇，李宏军，付立新，等，2018.歧口凹陷北大港构造带奥陶系潜山储层特征、主控因素及发育模式［J］.石油学报，39（11）：1241-1252.

戴金星，倪云燕，黄士鹏，等，2014.煤成气研究对中国天然气工业发展的重要意义［J］.天然气地球科学，25（1）：1-22.

戴金星，戚厚发，1989.我国煤成烃气的 $\delta^{13}C$-R_o 关系［J］.科学通报，34（9）：690-692.

戴金星，1993.天然气碳同位素特征和各类天然气鉴别［J］.天然气地球科学，2（3）：1-40.

戴金星，2011. 天然气中烷烃气碳同位素研究的意义［J］.天然气工业，31（12）：1-6.

丁文龙，张博闻，李泰明，2003.古龙凹陷泥岩非构造裂缝的形成［J］.石油与天然气地质，24（1）：50-54.

董政，佘晓宇，许辉群，等，2018.大港王官屯—乌马营地区中、古生界逆冲推覆构造特征与演化［J］.地球物理学进展，33（5）：1773-1782.

杜金虎，何海清，赵贤正，等，2017.渤海湾盆地廊固凹陷杨税务超深超高温奥陶系潜山油气勘探重大突破实践与启示［J］.中国石油勘探，22（2）：1-12.

段友祥，李根田，孙歧峰，2016.卷积神经网络在储层预测中的应用研究［J］.通信学报，（S1）：1-9.

冯增昭，陈继新，吴胜和，1989.华北地台早古生代岩相古地理［J］.沉积学报，（4）：15.

付立新，楼达，李宏军，等，2016.印支—燕山运动对大港探区古潜山形成的控制作用［J］.石油学报，37（S2）：19-30.

付广，孟庆芬，2003.松辽盆地北部异常高压在油气成藏与保存中的作用［J］.油气地质与采收率，10（1）：23-25.

关德范，王国力，张金功，等，2005.成烃成藏理论新思维［J］.石油实验地质，27（5）：425-432.

郝雪峰，尹丽娟，2014.陆相断陷盆地油气差异聚集模式探讨：成藏动力、输导、方式的关系［J］.油气地质与采收率，（6）：1-5.

郝雪峰，2013.东营凹陷沙三—沙四段砂岩储层超压成因与演化［J］.石油与天然气地质，（2）：167-173.

何登发，崔永谦，单帅强，等，2018.渤海湾盆地冀中坳陷古潜山的三维地质结构特征［J］.地质科学，53（1）：1-24.

何登发，崔永谦，张煜颖，等，2017.渤海湾盆地冀中坳陷古潜山的构造成因类型［J］.岩石学报，（4）：1338-1356.

何惺华，2004.深度域地震资料若干问题初探［J］.43（4）：353-358.

侯振坤，杨春和，王磊，等，2016.大尺寸真三轴页岩水平井水力压裂物理模拟试验与裂缝延伸规律分

析 [J]. 岩土力学, 37 (2): 407-414.

胡洪瑾, 蒋有录, 刘景东, 等, 2018. 东濮凹陷石炭—二叠系煤系烃源岩生气演化及潜力分析 [J]. 地球科学, 43 (2): 610-621.

胡洪瑾, 蒋有录, 刘景东, 等, 2017. 东濮凹陷石炭—二叠系煤系烃源岩新生代生烃特征 [J]. 东北石油大学学报, 41 (4): 7+53-60+115.

贾光华, 高永进, 宋建勇, 2015. 博兴洼陷古近系红层油气成藏期 "源—相—势" 耦合关系: 以金 26 井—滨斜 703 井剖面为例 [J]. 油气地质与采收率, 22 (3): 1-9.

贾志明, 2016. 济阳坳陷石炭—二叠纪沉积演化与储层展布研究 [D]. 北京: 中国石油大学.

姜黎明, 刘宁静, 孙建孟, 等, 2016. 利用 CT 图像与压汞核磁共振构建高精度三维数字岩心 [J]. 测井技术, 40 (4): 404-407.

蒋有录, 房磊, 谈玉明, 等, 2015. 渤海湾盆地东濮凹陷不同区带油气成藏期差异性及主控因素 [J]. 地质论评, 61 (6): 1321-1331.

蒋有录, 王鑫, 于倩倩, 等, 2016. 渤海湾盆地含油气凹陷压力场特征及与油气富集关系 [J]. 石油学报, 37 (11): 1361-9.

蒋有录, 叶涛, 张善文, 等, 2015. 渤海湾盆地潜山油气富集特征与主控因素 [J]. 中国石油大学学报 (自然科学版), 39 (3): 20-29.

李明诚, 2004. 油气运移基础理论与油气勘探 [J]. 地球科学: 中国地质大学学报, 29 (4): 379-383.

李丕龙, 庞雄奇, 2004. 陆相断陷盆地隐蔽油气藏形成: 以济阳坳陷为例 [M]. 北京: 石油工业出版社, 254-293.

李丕龙, 张善文, 宋国奇, 2004. 断陷盆地隐蔽油气藏形成机制: 以渤海湾盆地济阳坳陷为例 [J]. 石油实验地质, 26 (1): 3-11

李丕龙, 张善文, 王永诗, 等, 2004. 断陷盆地多样性潜山成因及成藏研究: 以济阳坳陷为例 [J]. 石油学报, 25 (3): 28-31.

李岳桐, 王文庆, 卢刚臣, 等, 2018. 黄骅坳陷潜山成因分类及其意义 [J]. 东北石油大学学报, 42 (3): 75-83, 127-128.

刘魁元, 武恒志, 康仁华, 等, 2001. 沾化、车镇凹陷泥岩油气藏储集特征分析 [J]. 油气地质与采收率, 8 (6): 9-12.

刘庆, 张林晔, 沈忠民, 等, 2004. 东营凹陷富有机质烃源岩顺层微裂隙的发育与油气运移 [J]. 地质论主, 50 (6): 593-597.

刘为, 2015. 大港油田中南部上古生界沉积相分析 [D]. 湖北: 长江大学.

马奔奔, 操应长, 王艳忠, 等, 2014. 车镇凹陷北带古近系中深层优质储层形成机理 [J]. 中国矿业大学学报, 43 (3): 448-457.

牟杰, 王仲琦, 于成龙, 2014. 耦合介质对炸药震源爆炸地震波能量和主频影响规律试验研究 [J]. 兵工学报 (S2): 115-121.

牟杰, 2015. 炸药震源激发地震波近场特征试验研究 [D]. 北京: 北京理工大学.

任立刚, 张光德, 杨德宽, 等, 2015. 速度检波器与压电检波器相位差异分析及应用 [J]. 地球物理学进展, 30 (1): 454-459.

尚新民，朱军，关键，等，2017.陆用压电单点检波器研发与应用［J］.地球物理学进展，32（6）：2655–2662.

甘志强，杨海，陈静，2013.关于 MEMS 三分量数字检波器施工使用的几点思考［J］.物探装备，23（1）：46–50.

邵龙义，董大啸，李明培，等，2014.华北石炭—二叠纪层序—古地理及聚煤规律［J］.煤炭学报，39（8）：1725–1734.

宋国奇，郝雪峰，刘克奇，2014.箕状断陷盆地形成机制、沉积体系与成藏规律：以济阳坳陷为例［J］.石油与天然气地质，35（3）：303–308.

宋国奇，宁方兴，郝雪峰，等，2012.骨架砂体输导能力量化评价：以东营凹陷南斜坡东段为例［J］.油气地质与采收率（1）：4–10.

宋国奇，2002.含油气盆地成藏组合体理论初步探讨［J］.油气地质与采收率（5）：4–7.

宋明水，2004.济阳坳陷中、新生代成熟度曲线及其在剥蚀量计算中的运用［J］.高校地质学报，10（1）：121–127.

孙建孟，韩志磊，秦瑞宝，等，2015.致密气储层可压裂性测井评价方法［J］.石油学报，36（1）：74–80.

孙杰文，尹帅，崔明月，2018.基于阵列声波测井评价致密砂岩储层地应力［J］.测井技术，42：181–184.

索艳慧，李三忠，许立青，等，2015.渤海湾盆地大歧口凹陷新生代构造演化与盆地原型［J］.地质科学，50（2）：473–488.

谭秀成，肖笛，陈景山，等，2015.早成岩期喀斯特化研究新进展及意义［J］.古地理学报，17（4）：441–456.

王方超，2015.大港油田中南部上古生界沉积相分析及储层研究［D］.湖北：长江大学.

王广利，张林晔，王铁冠，2006.3β–烷基甾烷在中国古近系陆相沉积中的发现及其地质意义［J］.科学通报，51（12）：1438–1442.

王广利，2010.济阳坳陷古近纪分子古生物及其沉积环境［J］.中国石油大学学报（自然科学版），34（3）：8–24.

王行信，周书欣，1992.泥岩成岩作用对砂岩储层胶结作用的影响［J］.石油学报（4）：20–30.

王惠勇，陈世悦，李红梅，等，2015.济阳坳陷石炭—二叠系煤系页岩气生烃潜力评价［J］.煤田地质与勘探，43（3）：38–44.

王开燕，肖增佳，蒋彦，等，2017.深度域随机模拟地震反演方法及其应用［J］.地球物理学进展，32（4）：1665–1672.

王文庆，李岳桐，卢刚臣，等，2017.黄骅坳陷中部潜山地质特征及油气勘探方向［J］.断块油气田，24（5）：613–617.

王艳忠，操应长，葸克来，等，2013.碎屑岩储层地质历史时期孔隙度演化恢复方法——以济阳坳陷东营凹陷沙河街组四段上亚段为例［J］.石油学报，34（6）：1100–1111.

王永诗，郝雪峰，胡阳，2018.富油凹陷油气分布有序性与富集差异性：以渤海湾盆地济阳坳陷东营凹陷为例［J］.石油勘探与开发，45（5）：785–794.

王永诗，李继岩，2017.济阳坳陷平方王油田碳酸盐岩潜山内幕储层特征及其主控因素［J］.中国石油大
　　学学报（自然科学版），41（4）：27-35.

吴伟涛，高先志，李理，等，2015.渤海湾盆地大型潜山油气藏形成的有利因素［J］.特种油气藏（02）：
　　22-26.

乔秀夫，王彦斌，2014.华北克拉通中元古界底界年龄与盆地性质讨论［J］.地质学报，88（9）：1623-
　　1637.

蕙克来，操应长，金杰华，等，2014.冀中坳陷霸县凹陷古近系中深层古地层压力演化及对储层成岩作
　　用的影响［J］.石油学报，35（5）：867-878.

谢树成，龚一鸣，童金南，等，2006.从古生物学到地球生物学的跨越［J］.科学通报，51（19）：2327-
　　2336.

谢树成，殷鸿福，解习农，等，2007.地球生物学方法与海相优质烃源岩形成过程的正演和评价［J］.地
　　球科学：中国地质大学学报，32（6）：727-740.

徐春光，2014.渤海湾盆地上古生界煤和煤系烃源岩生烃特性研究［D］.北京：中国矿业大学.

徐杰，计凤桔，2015.渤海湾盆地构造及其演化［M］.地震出版社，8-13.

徐进军，金强，程付启，等，2017.渤海湾盆地石炭系—二叠系煤系烃源岩二次生烃研究进展与关键问
　　题［J］.油气地质与采收率，27（1）：43-49.

颜照坤，2014.黄骅坳陷古近纪构造—沉积演化过程研究［D］.成都：成都理工大学.

杨珊珊，黄建平，李振春，等，2015.高斯束成像方法研究进展综述［J］.地球物理学进展（3）：1235-
　　1242.

杨子玉，廉梅，胡瑞波，等，2014.埕海潜山构造特征及油气充注机制研究［J］.石油天然气学报，36（9）：
　　39-42+34.

姚江，2017.基于属性评价分析的三维观测系统优化设计与应用效果［J］.石油物探，54（4）：384-390.

殷鸿福，谢树成，童金南，等，2009.谈地球生物学的重要意义［J］.古生物学报，48（3）：293-301.

印兴耀，张洪学，宗兆云，2018.OVT数据域五维地震资料解释技术研究现状与进展［J］.石油物探，57
　　（2）：155-178.

于成龙，王仲琦，2017.球形装药爆腔预测的准静态模型［J］.爆炸与冲击，37（2）：249-254.

于成龙，2018.炸药震源激发地震波场控制与应用［D］.北京：北京理工大学.

袁淑琴，周凤春，张洪娟，等，2018.埕海断裂缓坡区构造特征与油气聚集规律［J］.长江大学学报（自
　　科版），15（15）：16-22.

袁刚，王西文，雍运动，等，2016.宽方位数据的炮检距向量片域处理及偏移道集校平方法［J］.石油物
　　探，55（1）：84-90.

张晶，李双文，付立新，等，2014.渤海湾盆地孔南地区碎屑岩潜山内幕储层特征及控制因素［J］.岩性
　　油气藏，26（6）：50-56.

张良，韩立国，许德鑫，等，2017.基于压缩感知技术的Shearlet变换重建地震数据［J］.石油地球物理
　　勘探，52（2）：220-225.

张林晔，洪志华，廖永胜，等，1996.八面河低成熟油生物标志化合物碳同位素分析和研究［J］.地质地
　　球化学，（6）：73-76.

张林晔，刘庆，张春荣，2005. 东营凹陷成烃与成藏关系研究［M］. 北京：地质出版社.

张松航，梁宏斌，唐书恒，等，2014. 冀中坳陷东北部石炭—二叠系烃源岩热史及成熟史模拟. 高校地质学报，20（3）：454–463.

张志攀，罗波，2017. 渤海湾盆地黄骅坳陷南部乌马营地区构造特征及其油气地质意义［J］. 天然气勘探与开发，40（3）：31–37.

赵贤正，蒋有录，金凤鸣，等，2017. 富油凹陷洼槽区油气成藏机理与成藏模式：以冀中坳陷饶阳凹陷为例［J］. 石油学报（1）：67–76.

赵贤正，金凤鸣，王权，等，2014. 冀中坳陷隐蔽深潜山及潜山内幕油气藏的勘探发现与认识. 中国石油勘探（1）：10–21.

钟大康，朱筱敏，张琴，2004. 不同埋深条件下砂泥岩互层中砂岩储层物性变化规律［J］. 地质学报，78（6）：863–871.

朱东亚，张殿伟，刘全有，等，2015. 多种流体作用下的白云岩储层发育过程和机制［J］. 天然气地球科学，26（11）：2053–2062.

曾联波，肖淑蓉，1999. 低渗透储集层中的泥岩裂缝储集体［J］. 石油实验地质，21（3）：266–269.

曾青冬，姚军，2015. 水平井多裂缝同步扩展数值模拟［J］. 石油学报，36（12）：1571–1579.

Barclay S A，Worden R H，2000. Effects of reservoir wettability on quartz cementation in oil fields［J］. Spec.Publs int. Ass. Sediment，29：103–117.

Berger G，Lacharpagne J C，Velde B，et al.，1997. Kinetic constraints on illitization reactions and the effects of organic diagenesis in sandstone/shale sequences［J］. Applied Geochemistry，12（1）：23–35.

Bohacs K M，Carroll A R，Neal J E，et al.，2000. Lake–basin type，source potential，and hydrocarbon character：An integrated se–quence–stratigraphic–geochemical framework［M］//Gierlowski–Kordesch E H，Kelts K R. Lake basins through space and time.Tulsa：American Association of Petroleum Geologists：3–34.

Bu H Yuan P，Liu H，et al.，2017. Effects of complexation between organic matter（OM）and clay mineral on OM pyrolysis. Geochimica et Cosmochimica Acta，1–15.

Cerveny V，Psencik L，1983.Gaussian beams and paraxial ray approxima–tion in three–d imensional elasticin homogeneous media［J］. Geophysical Journal.

Chang J，Qiu N，Zhao X，et al.，2018. Mesozoic and Cenozoic tectono–thermal reconstruction of the western Bohai Bay Basin（East China）with implications for hydrocarbon generation and migration［J］. Asian Earth Sci.，160，380–395.

Cheng Y J，Wu Z P，Lu S N，et al.，2018. Mesozoic to Cenozoic tectonic transition process in Zhanhua Sag，Bohai Bay Basin，East China［J］. Tectonophysics，730：11–28.

Clauer N，Liewig N，Pierret M C，et al.，2003. Crystallization conditions of fundamental particles from mixed–layer illite–smectite of bentonites based on isotopic data（K–Ar，Rb–Sr and δ180）［J］. Clays and Clay Minerals，51（6），664–674.

Dos Anjos S M C，De Ros L F，de Souza R S，et al.，2000. Depositional and diagenetic controls on the reservoir quality of Lower Cretaceous Pendencia sandstones，Potiguar rift basin，Brazil［J］. AAPG Bulletin，84（11）：1719–1742.

Du P, Cai J, Liu Q, et al., 2019. The role transformation of soluble organic matter in the process of hydrocarbon generation in mud source rock [J]. Petroleum Science and Technology, 1–8.

Dutton S P, Loucks R G, 2010. Reprint of: Diagenetic controls on evolution of porosity and permeability in lowerTertiary Wilcox sandstones from shallow to ultradeep (200–6700m) burial, Gulf of Mexico Basin, U.S.A.[J]. Marine and Petroleum Geology, 27 (8): 1775–1787.

Dutton S P, 2008. Calcite cement in Permian deep-water sandstones, Delaware Basin, west Texas: Origin, distribution, and effect on reservoir properties [J]. AAPG Bulletin, 92: 765–787.

Fu H, Han J, Meng W, et al., 2017.Forming mechanism of the Ordovician karst carbonate reservoirs on the northern slope of central Tarim Basin [J]. Natural Gas Industry B, 4 (4): 294–304.

Grice K, Cao C Q, Love G D, 2005.Photic zone euxinia during the Permian–Triassic superanoxic event [J]. Science, 307 (5710): 706–709.

Halbach M, Koschinsky A, Halbach P, 2001. Reporton the discovery of Gallionella ferruginea from an active hydrothermal field in the deep sea [J]. International Ridge–Crest Reseach, 10 (1): 18–20.

Hendry J P, Wilkinson M, Fallick A E, et al., 2000.Ankerite Cementation in Deeply Buried Jurassic SandstoneReservoirs of the Central North Sea [J]. Journal of Sedimentary Research, 70 (1): 227–239.

Hunt J M, 1990. Generation and migration of petroleum from abnormally pressured fluid compartments [J]. AAPG Bulletin, 74 (1): 1–12.

Hunt J M, 1979. Petroleum geochemistry and geology. San Francisco[J]. W.H Freeman, 617.

Jiang Y L, Fang L, Liu J D, et al., 2016.Hydrocarbon charge history of the Paleogene reservoir in the northern Dongpu Depression, Bohai Bay Basin, China [J]. Petroleum Science, 13 (4): 625–41.

Jiang Y L, Hongjin H, Gluyas J, et al., 2019. Distribution Characteristics and Accumulation Model for the Coal–formed Gas Generated from Permo–Carboniferous Coal Measures in Bohai Bay Basin, China: A Review [J]. Acta Geologica Sinica (English Edition), 93 (6): 1869–1884.

Liu N, Qiu N, Chang J, et al., 2017.Hydrocarbon migration and accumulation of the Suqiao buried–hill zone in Wen'an Slope, Jizhong Subbasin, Bohai Bay Basin, China [J]. Marine and Petroleum Geology, 86: 512–525.

Lv D W, Chen J T, 2014. Depositional enviroments and sequence stratigraphy of the late Carboniferous– early Permian coal–bearing successions (Shandong Province, China): sequence development in an epicontinental basin [J]. Journal of Asian Earth Sciences, 79: 16–30.

Meng T, Liu P, Qiu L W, et al., 2017. Formation and distribution of the high quality reservoirs in a deep saline lacustrine basin: A case study from the upper part of the 4th member of Paleogene Shahejie Formation in Bonan sag, Jiyang depression, Bohai Bay Basin, East China. Petroleum Exploration and Development, 44 (6): 948–59.

Meyers P A, Ishiwatari R, 1993. Lacustrine organic geochemistry, an overview of indicators of organic matter sources and diagenesis in lake sediments.Organic Geochem., 20: 867–900.

Peltonen C, Marcussen Y, Bjrlykke K, et al., 2009. Clay mineral diagenesis and quartz cementation in mudstones: The effects of smectite to illite reaction on rock properties [J]. Marine and Petroleum

Geology, 26 (6): 887–898.

Shen A, She M, Hu A, et al., 2016. Scale and distribution of marine carbonate burial dissolution pores [J]. Journal of Natural Gas Geoscience, 1 (3): 187–193.

Wang G, Li P, Hao F, et al., 2015 .Dolomitization process and its implications for porosity development in dolostones : A case study from the Lower Triassic Feixianguan Formation, Jiannan area, Eastern Sichuan Basin, China [J]. Journal of Petroleum Science and Engineering, 131: 184–199.

Wu D, Liu G J, Sun R, et al ., 2013. Investigation of structural characteristics of thermally metamorphosed coal by FTIR spectroscopy and x–ray diffraction [J]. Energ. Fuel, 27 (10), 5823–5830.

Wu X J, Jiang G C, Wang X J, et al., 2013. Prediction of reservoir sensitivity using RBF neural network with trainable radial basis function [J]. Neural Computing & Applications, 22 (5): 947–953.

Xi K L, Cao Y C, Wang Y Z, et al., 2015. Factors influencing physical property evolution insandstone mechanical compaction : the evidence from diagenetic simulation experiments [J].Petroleum Science, 12 (3): 391–405.

Yang Y Q, Qiu L W, Yu K H, 2016. Origin and reservoirs characterization of lacustrine carbonate in the EoceneDongying Depression, Bohai Bay Basin, East China : Lacustrine Carbonate Bohai Bay Basin [J]. Geological Journal.

Yuan G H, Cao Y C, Jon Gluyas, et al., 2015. Feldspar dissolution, authigenic clays, and quartz cements in open and closed sandstone geochemical systems during diagenesis : Typical examples from two sags in Bohai Bay Basin, East China [J]. AAPG BULLETIN, 99 (11): 2121–2154.

Yuan G, Cao Y, Jia Z, et al., 2015. Selective dissolution of feldspars in the presence of carbonates : The way togenerate secondary pores in buried sandstones by organic CO_2 [J]. Marine and Petroleum Geology, 60: 105–119.

Yuan G, Cao Y, Gluyas J, et al., 2017. Reactive transport modeling of coupled feldspar dissolution and secondary mineral precipitation and its implication for diagenetic interaction in sandstones. Geochimica et Cosmochimica Acta, 207: 232–255.

Yuan P, Liu H, Liu D, et al., 2013. Role of the interlayer space of montmorillonite in hydrocarbon generation : An experimental study based on high temperature–pressure pyrolysis [J]. Applied Clay Science, 75–76, 82–91.

Zhao X, Jin F, Wang Q, et al., 2015. Buried–hill play, Jizhong subbasin, Bohai Bay basin : A review and future propespectivity [J]. AAPG Bulletin, 99 (1): 1–26.

Zhao X, Zhou L, Pu X, et al., 2018. Hydrocarbon–generating potential of the Upper Paleozoic section of the Huanghua depression, Bohai Bay Basin, China [J]. Energ. Fuel, 32 (12), 12351–12364.